“1+X”职业技能等级证书教材

# 矿山开采数字技术应用

有色金属工业人才中心　组织编写

化学工业出版社
·北京·

**内容简介**

《矿山开采数字技术应用》为“十四五”职业教育国家规划教材，它是在教育部、国家发展改革委等推动“1+X”职业技能等级证书工作的背景下，面向矿山开采数字技术应用的、校企联合编写的一部应用型教材。通过本书可以全面了解矿山地、测、采专业的全流程作业及规范，并通过三维矿山软件实现数字化矿山、绿色矿山建设的理念，让读者掌握三维矿山软件初级、中级、高级应用能力。《矿山开采数字技术应用》分为9个单元，主要内容包括矿山开采概述、三维模型分类介绍、三维地质建模与更新、地质资源储量估算、矿山测量建模、开采系统建模、地下矿开采三维设计与优化、露天矿开采三维设计与优化和工程出图等内容。

本书融入党的二十大精神，落实立德树人根本任务，助力德技并修，培养矿山工匠。

本书可作为应用型本科、高职高专院校和中职院校采矿工程、金属与非金属矿开采、地质工程、测绘工程等专业的教材参考书，也可作为学习三维矿业软件的培训参考书。

**图书在版编目（CIP）数据**

矿山开采数字技术应用/有色金属工业人才中心组织编写．—北京：化学工业出版社，2021.2（2024.11重印）
“1+X”职业技能等级证书教材
ISBN 978-7-122-38152-1

Ⅰ.①矿… Ⅱ.①有… Ⅲ.①数字技术-应用-矿山开采-职业技能-鉴定-教材 Ⅳ.①TD8-39

中国版本图书馆CIP数据核字（2020）第243876号

责任编辑：邢启壮 旷英姿 李仙华　　装帧设计：王晓宇
责任校对：边 涛

出版发行：化学工业出版社（北京市东城区青年湖南街13号 邮政编码100011）
印 装：河北延风印务有限公司
787mm×1092mm 1/16 印张18 彩插5 字数263千字 2024年11月北京第1版第3次印刷

购书咨询：010-64518888　　售后服务：010-64518899
网 址：http://www.cip.com.cn
凡购买本书，如有缺损质量问题，本社销售中心负责调换。

定 价：48.00元

# 《矿山开采数字技术应用》编写委员会名单


**主　编**　梁　超　刘九青　文义明

**副主编**　赵丽霞　郝云柱　马　月

**参　编**（按姓名汉语拼音排序）

陈昱玲　黄春涛　李雅轩　廖天天　林吉飞

刘　伟　刘晓明　谭期仁　汤　丽　陶瑞雪

夏建波　肖　鹏　谢凌琛　杨　璐　杨　殷

张　爽　祝丽华

# 前言

当今社会科技日新月异，矿业作为国民经济的基础行业，它依然对整个社会乃至整个人类文明的进步起着举足轻重的作用。特别是进入 21 世纪以来，我国倡导全面建设小康社会，走科技含量高、经济效益好、资源消耗低、环境污染少、人力资源优势得到充分发挥的新型工业化道路，矿业的技术革新变得十分重要。本书在讲授专业知识的同时，有机融入党的二十大精神，推进健康中国建设、推进法治中国建设、坚持绿水青山就是金山银山的理念，有利于培养学生的家国情怀，提高道德素养。

本书以地、测、采为学科基础，以三维矿业软件为主要工具，对矿山地上、地下整体地、测、采工程进行统一描述、数字表达、精细建模、虚拟再现、仿真模拟、智能分析和可视化决策，保障矿山安全、高效、绿色、集约开采和多联产，实现采矿高效及自动化，推动采矿科学与技术的创新发展。本书 2023 年入选为“十四五”职业教育国家规划教材。

本书面向中职专业（岩土工程勘查与施工、国土资源调查、地质调查与找矿、水文地质与工程地质勘察、掘进工程技术、地质与测量、采矿技术等相关专业）、高职高专专业（国土资源调查、区域地质调查及矿产普查、水文地质与勘查技术、矿产地质与勘查、工程地质勘查、矿山地质、矿山测量、摄影测量与遥感技术、金属与非金属矿开采技术等相关专业）和应用型本科专业（地质工程、资源勘查工程、勘查技术与工程、测绘工程、遥感科学与技术、采矿工程、安全工程、金属与非金属矿开采等相关专业），通过本教材可以全面了解矿山地、测、采专业的全流程作业及规范，并通过三维矿业软件实现数字化矿山、绿色矿山建设的理念。本教材旨在推广矿山开采数字技术应用职业技能等级证书，让读者掌握三维矿业软件初级、中级、高级应用能力。书中部分图片在后面配有彩色插图，以供读者方便学习。

矿山开采数字技术应用职业技能等级分为三个等级——初级、中级、高级，三个级别依次递进，高级别涵盖低级别职业技能要求。由于篇幅所限，本书将初级、中级、高级相关内容进行融合，其中各级别对应章节分别为：

初级——第 1 章、第 2 章；

中级——第 3.1.1 节～第 3.1.3 节、第 3.2.1 节～第 3.2.4 节、第 3.3 节、第 4.1 节、第 5.1 节～第 5.2 节、第 5.3.1 节～第 5.3.3 节、第 6.1 节～第 6.3 节、第 7.1 节～第 7.4 节、第 8.3 节～第 8.6 节、第 9 章；

高级——第 3.1.4 节、第 3.2.5 节～第 3.2.6 节、第 4.2 节～第 4.7 节、第 5.3.4 节～第 5.3.6 节、第 6.4 节、第 7.5 节～第 7.6 节、第 8.1 节～第 8.2 节、第 8.7 节～第 8.8 节。

另外，为让读者更好地了解学科专业新进展、行业发展新动态，本书分别在第 3.4 节、第 5.4 节、第 7.7 节及第 8.9 节介绍了当前行业的新技术、新工艺，方便读者更好地学习。

在本教材的编写过程中，得到了矿山各行业专家的指导，并得到了许多宝贵意见和建议，在此表示感谢！也对教材中所参阅的知识和成果的所属单位和作者表示真诚的感谢！

由于编者水平有限，书中难免存在不足之处，恳请广大读者批评指正，以便及时修订与完善！

**编者**

# 目 录

## 1 矿山开采概述

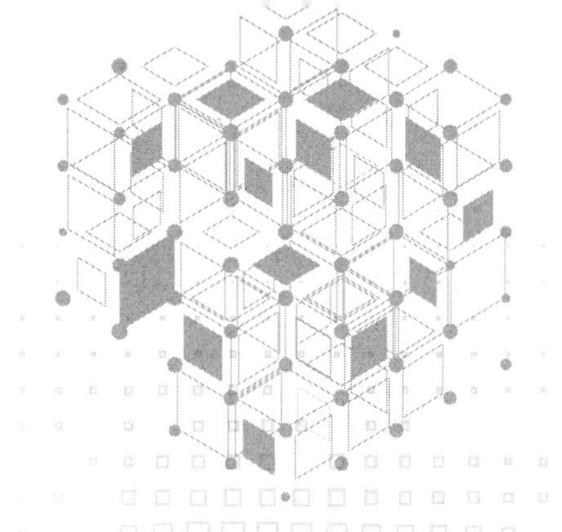

# 1 矿山开采概述

矿山开采是从地壳中将可利用矿物开采出来并运输到矿物加工地点或使用地点的行为、过程或工作。采矿的目的是为国民经济发展提供原料，它是从自然界开采矿物燃料、金属矿石、化工原料、矿物肥料等各种矿产，供给社会经济，以满足人们生产生活的需要。

矿产资源，根据形态不同，可分为气态矿产、液态矿产和固态矿产三大类。天然气是气态矿产的代表；石油属液态矿产；煤炭、金属矿石、非金属矿石及建筑材料等则均属固态矿产。固态矿产开采方式可分为露天开采、地下开采、海洋开采、特殊开采。

把矿体上部的覆盖岩石和两盘的围岩剥去，使矿体暴露在地表进行开采的方法，称为露天开采。露天开采分为机械开采和水力开采。地下开采是指从地下矿床的矿块里采出矿石的过程，通过矿床开拓，矿块的采准、切割和回采 4 个步骤实现。地下采矿方法分类繁多，常用的是以地压管理方法为依据，可分为空场法、崩落法、充填法三大类。

采矿工业与其他工业比较有如下特点：采矿生产受自然环境（矿体埋藏条件、地形、气候、地理位置、岩石性质等）的影响；生产场所和工作条件不断变化；等等。考虑上述特点，采矿工作者的任务就是要针对具体矿床条件，认识自然环境的客观规律性，不断改善生产技术和工艺方法，安全、经济地把矿产资源开采出来。

## 1.1 矿山地质概述

### 1.1.1 矿山地质基本术语及定义

#### 1.1.1.1 普通地质部分

地层：地层形成于不同时代，可以理解为在一定地质时期内所形成的层状岩石，包括沉积岩、岩浆岩和变质岩。

沉积岩：自然界的风化剥蚀产物或化学结晶物等经过河流、风、重力等搬运、沉积而形成松散的沉积物，这些松散的沉积物经过一定的物理、化学以及其他的变化和改造，最终固结形成坚硬的岩石，这类岩石便为沉积岩。

岩浆岩：为岩浆作用形成的岩石，可直观理解为岩浆冷凝形成，是组成地壳的主要岩石。

变质岩：是指地壳中早先形成的岩石（包括岩浆岩、沉积岩和变质岩）经过变质作用（热变质作用、动力变质作用及混合变质作用）形成的新岩石。

水平构造：岩层在平稳的上升运动作用下，仍保持其水平产状，这种构造称为水平构造。

倾斜构造：岩层层面在较大范围内向同一个方向倾斜，倾向和倾角变化不大（无突变）的构造称为倾斜构造，也称为单斜构造。

褶皱构造：在地壳运动的影响下，岩层受应力作用发生塑性变形，形成波状弯曲，这种构造形态称为褶皱构造。褶皱构造中的一个基本弯曲称为褶曲，它是组成褶皱构造的基本单位。

背斜：是岩层向上弯曲、两翼相背倾斜的构造。其核心部位的岩层形成较早，而两侧的岩层形成较晚。

向斜：是岩层向下弯曲、两翼相向倾斜的构造。其核心部位的岩层形成较晚，而两侧的岩层形成较早。

节理：节理又称裂隙，是指岩石脆性变形的破裂面两侧没有发生明显相对位移的断裂构造，其破裂面称为节理面。

断层：是具有显著位移的断裂。

断层面：是指把地质体断开成两部分并沿之滑动的破裂面。断层面是稍有起伏的不规则面。断层面的产状同岩层产状测量原理相同，可用走向、倾向和倾角来描述。大断层的断层面通常是一群产状大致相同的断层面组成的断层带。

正断层：上盘相对下降、下盘相对上升的断层。

逆断层：上盘相对上升、下盘相对下降的断层。

平移断层：指断层两盘顺断层面走向相对移动的断层，也称为走滑断层。

产状：指地质构造在三维空间的产出状态。从几何学角度来看，任何地质构造都可以概括成面状构造和线状构造。面状构造与线状构造的空间位置由不同的产状要素来表示。面状构造的产状要素包括走向、倾向和倾角。线状构造的产状要素包括倾伏向、倾伏角和侧伏向、侧伏角。

走向：岩层面（倾斜面）与水平面的交线所指示的方向即为岩层的走向，这条交线称为走向线，走向线指示两个对立的方向，如 N—S 走向、NW—ES 走向。由于过一个岩层面可以有无数个水平面，所以走向线也不唯一，但它们均指向同一个方向，即同一地点同一岩层的走向只有一个。

倾向：岩层面（倾斜面）上与走向线垂直且方向向下的直线在平面上的投影所指的方向即为岩层的倾向，这条直线叫做倾向线，它可以看作是一个方向向下的向量。

倾角：倾斜线与其在平面上的投影所夹的锐角称为（真）倾角，即地质构造面或倾斜岩层面与水平面之间的夹角。

倾伏向：指线状构造在空间的延伸方向，即某一倾斜直线在水平面上的投影线所指示的向下倾斜的方位。

倾伏角：指直线与其在平面上的投影所夹的锐角。

侧伏角：当线状构造位于某一倾斜岩层面内时，此线与平面走向线之间所夹的锐角即为侧伏角。

侧伏向：指构成侧伏角的走向线的那一端的方向。

**1.1.1.2 矿山地质部分**

矿床：是指在地壳中由地质作用形成的，其所含有用矿物资源的数量和质量，在一定的经济技术条件下能被开采利用的综合地质体，包括地质的和经济的双重含义。一个矿床至少由一个矿体组成，也可以由两个组成，甚至由十几个、上百个矿体组成。

矿体：是指含有足够数量矿石、具有开采价值的地质体，其有一定的形态、产状和规模。矿体周围的无经济意义的岩石是矿体的围岩。矿体与围岩的界限有的截然清楚，有的逐渐过渡。在后一种情况下，矿体的界限需根据采样的成分分析所查定的边界品位加以确定。矿体中与矿石伴生的无用岩石，称为夹石或脉石。

矿石：是指可从中提取有用组分或其本身具有某种可被利用的性能的矿物集合体，可分为金属矿物、非金属矿物。矿石中有用成分（元素或矿物）的单位含量称为矿石品位，金、铂等贵金属矿石用“g/t”表示，其他矿石常用百分数表示。

区域地质调查：是指在选定地区的范围内，进行全面系统的综合性地质调查研究。它既是地质工作的先行工作，又是基础研究工作。其主要任务是通过详细的地质填图，为经济和国防建设、科学研究及进一步普查找矿提供基础地质数据，其工作详细程度一般分为小比例尺（1∶100万～1∶50万）、中比例尺（1∶20万～1∶10万）和大比例尺（1∶5万～1∶2.5万）。

普查找矿：又称矿产普查，与区域地质调查不同，普查找矿的目的较为明确，它是为寻找和评价矿产而进行的地质调查工作。其任务包括查明工作区内与矿产有关的地质构造、地层、岩石等条件；预测可能存在矿产的有利地段；通过各种有效的方法，如地质学方法、地球化学方法、地球物理方法、航空测量方法及少量的探矿工程，在有利的成矿地带内找矿，并对发现的矿化点或矿床进行初步评价。

地质勘探：是在普查找矿的基础上，为查明一个矿床的工业价值而进行的地质调查研究工作。通常将地质勘探和矿山地质工作的开发勘探统称为矿床地质勘探。

矿山地质工作：是矿山基建和生产过程中，对矿床继续进行勘探、研究和生产管理的地质工作。其基本任务是为矿山的生产和建设服务。矿山地质工作的内容包括两部分，即开发勘探和矿山地质管理。其中，开发勘探从时间上又分为两个阶段，即基建勘探和生产勘探。从习惯上讲，矿山地质工作主要包括生产勘探和矿山地质管理工作。

矿床地质勘探的类型：根据矿床的地质特点，尤其按矿体主要地质特征及其变化的复杂程度对勘探工作难易程度的影响，将具有相似特点的矿床加以归并而划分的类型，称为矿床地质勘探的类型。矿床地质勘探的类型是在大量探采资料对比基础上，对已勘探矿床勘探经验的总结。

勘探工程网度：以每个穿透矿体的勘探工程所控制的矿体面积来衡量，常用工程沿矿体走向的距离与沿倾向的距离相乘的形式来表示。

勘探线：是指将勘探工程从地表到地下按一定间距，布置在一定方向彼此平行的垂直面上，由于在地表上看，各工程都分布在许多平行的直线上，所以称为勘探线。

勘探网：是指将勘探工程有规律地布置在两组互相交叉的勘探线交点上，组成网状系统，其形状有正方形、长方形、菱形等，最常用的是正方形勘探网和长方形勘探网。

二维码 1
相关地质基本术语概述

其他相关地质基本术语与定义的介绍与补充请扫描二维码 1 查看。

### 1.1.2 地质编录的基本流程

矿山工作中常见的地质编录主要有：坑道编录、钻孔编录、探槽编录、浅井编录、小圆井编录等。

（1）坑道编录　坑道编录一般绘制两壁一顶，具体编录流程如图 1-1 所示。

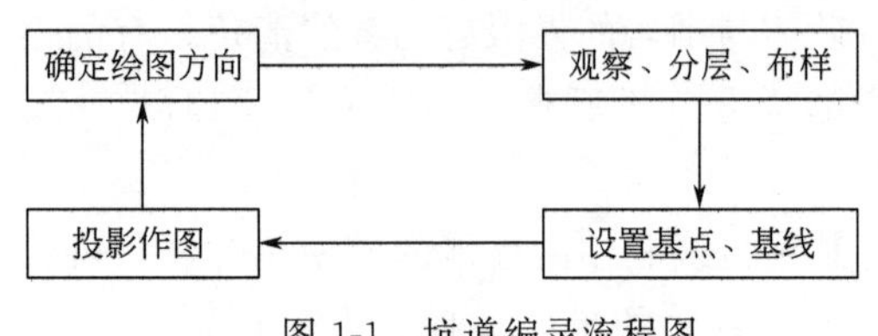

图 1-1　坑道编录流程图

主要步骤为确定绘图方向，观察、分层、布样，设置基点、基线，投影作图，其中投影作图采用压平法，先绘制轮廓图，后进行地质要素投影上图。

（2）钻孔编录　钻孔为矿山地质最为常用的勘探手段，其编录流程如图 1-2 所示。

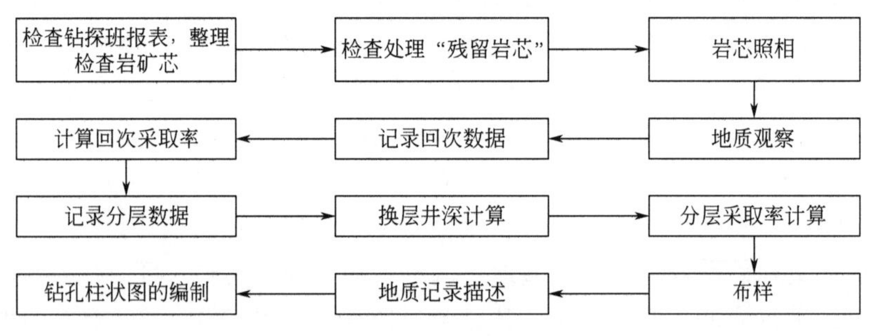

图 1-2　钻孔编录流程图

主要步骤包括：检查钻探班报表，整理检查岩矿芯；检查处理“残留岩芯”；岩芯照相；地质观察；记录回次数据；计算回次采取率；记录分层数据；换层井深计算；分层采取率计算；布样；地质记录描述；钻孔柱状图绘制。

二维码 2
地质编录详细介绍

地质编录详细介绍与补充请扫描二维码 2 查看。

### 1.1.3 地质勘查工程数字化

勘查工程数字化的本质为将勘查工程所获取的地质信息进行数字化处理。所涉及的具体内容包含以下方面。

（1）地表模型的建立　地表模型的建立是勘查工程数字化的前期工作，所依据的数据为高程点信息或等高线信息，见图 1-3。

图 1-3　地表模型建立

（2）勘查工程模型的建立　勘查工程基于目前的技术手段、经济原则和其工程目的的特殊性，多为线状工程，如钻探、槽探、坑探等。主要依据工程的施工定位测量数据，将勘查工程的线状延伸信息提取出来，形成最终的勘查工程模型，见图1-4。

（3）地质信息的数字化　这是勘查工程数字化的核心，根据前述勘查工程编录流程可知，勘查工程在编录过程中，会将所勘查到的地质信息投影绘制，这一过程其实就是以勘查工程为参考系的地质信息数字化，如在编录过程中设立基点、基线并以此为基准测量地质信息的相对坐标。而现在所做的，是将这个参考系由勘查工程转移至大地参考系，由于已将勘查工程模型建立，故这一步虽然烦琐、工作量大，但本身很简单，其实就是对各类地质信息提取其空间数字坐标和地质属性数据，将之展现在勘查工程模型中。

（4）三维地质体的建立　在前述地质信息数字化之后，依托其进行最终三维地质体的建立，主要涉及点-线-面-体的拟合过程。这一过程本质为地质信息的空间推测过程。如根据钻孔信息，在多个钻孔形成的勘探面上勾勒矿体截面，再通过多个矿体截面拟合为三维矿体，见图1-5。

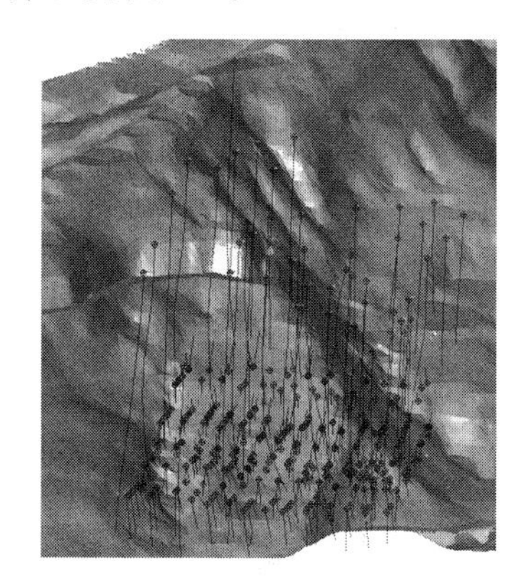

图1-4　勘查工程模型的建立

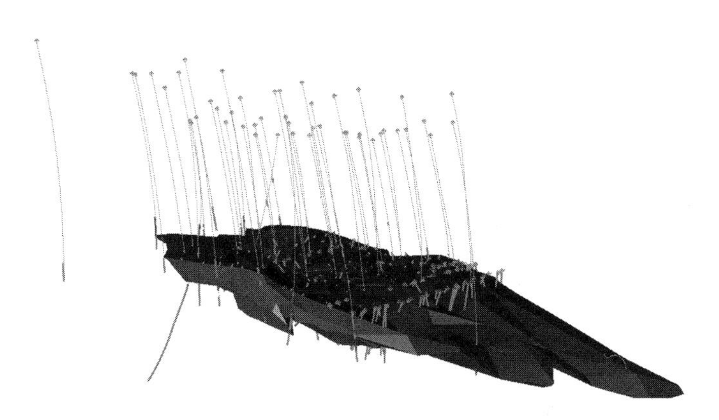

图1-5　三维矿体模型的建立

## 1.1.4　地质图件概述

地质图件主要分为普通地质图和专题地质图两大类。普通地质图主要绘制展现各类基本的地质要素；专题地质图则主要用于突出专业方向性的地质要素，如工程地质图主要突出其工程地质性质的相关要素，水文地质图则主要突出水文专业的地质要素。常见的专题地质图还有构造地质图、第四纪地质图、基岩地质图、矿产地质图等。

普通地质图是专题地质图的基础，专题地质图是普通地质图的衍生，各类地质图又可细分为平面图、剖面图、柱状图等。

### 1.1.4.1　地质图的读图

地质图上内容多，线条、符号复杂，见图1-6，阅读时应遵循由浅入深、循序渐进的原则，一般步骤及内容如下。

（1）图名、比例尺、方位　了解图幅的地理位置，图幅类别，制图精度。图上方位一般用箭头指北表示，或用经纬线表示。若图上无方位标志，则以图正上方为正北。

（2）坐标网　用于分辨其坐标类型。

（3）地形、水系　通过图上地形等高线、河流径流线，了解地区地形起伏情况，建立地貌轮廓。地形起伏常常与岩性、构造有关。

(4) 图例、图签　图例是地质图中采用的各种符号、代号、花纹、线条及颜色的说明，通过图例，可对地质图中地层、岩性、地质构造建立初步的概念。图签则主要展现地质图的作图单位、作图人员等信息。

(5) 地质内容　可按如下步骤进行。

首先看地层岩性，了解各年代地层岩性的分布位置和接触关系。其次看地质构造，了解褶皱及断层的产出位置、组成地层、产状、形态、规模及相互关系。最后根据地层、岩性及地质构造的特征，分析该地区的地质发展历史。

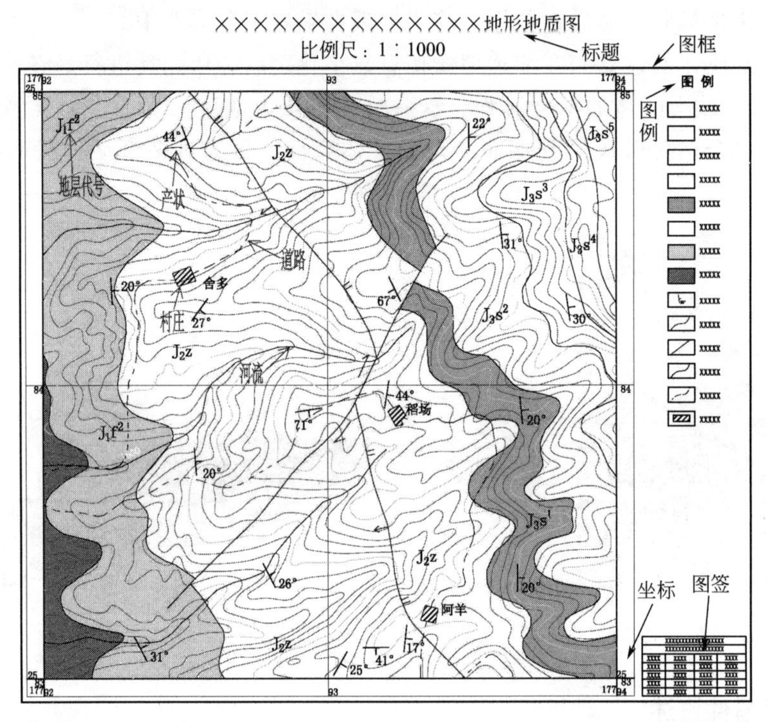


图 1-6　普通地质图

### 1.1.4.2　普通地质图

1）平面图图件要素

(1) 图名、比例尺、方位　图名：一般命名为“某某地区地形地质图”，置于图件正上方。

比例尺：主要分为图形比例尺（图 1-7）和数字比例尺两类，多置于图名下方。

方位：一般平面图件的正上方为北方，正下方为南方，有些平面图则因特殊原因，不能按此规则进行绘制，此时即需绘制方位图示，图 1-8 所示的为指北针。

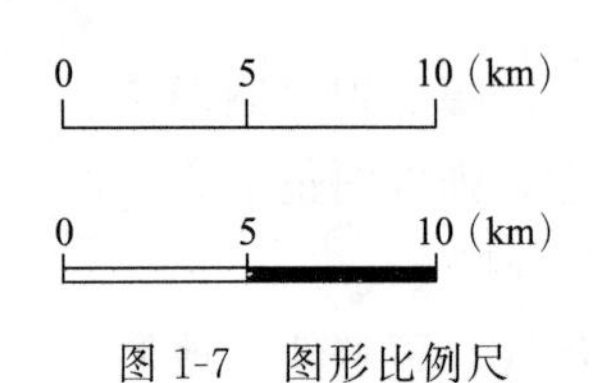


图 1-7　图形比例尺

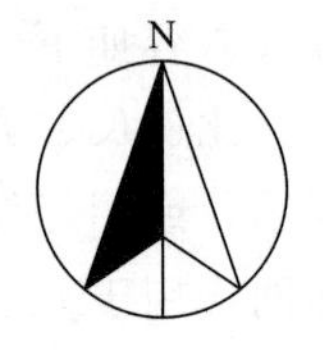


图 1-8　指北针

（2）坐标网　地质图所用坐标网主要为两种类型，一为经纬坐标，纵向为纬度，横向为经度；二为直角坐标，常呈网状，网格距离为 1km 者则称为公里网。

（3）地形、水系　地形：主要通过等高线来展现该地区的地形情况，等高线上标注其高程或在重要地段标注高程点来辅助地形要素的展现，见图 1-9。

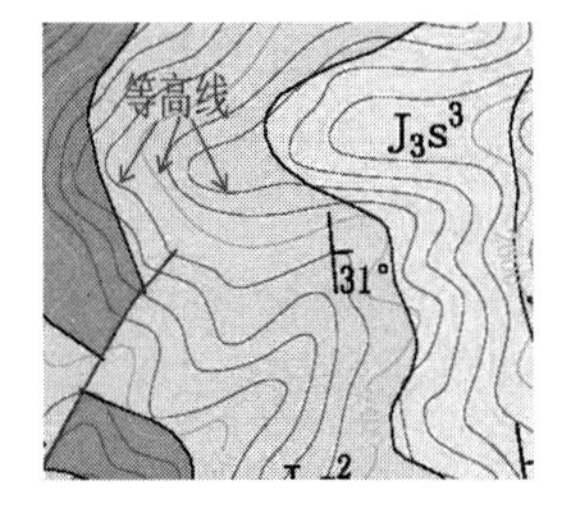


图 1-9　等高线

水系：将地区地表水体（河流、湖泊等）以线或色块展现于图件上。

（4）图例、图签　图例及图签均有固定的行业规格，不可随意绘制，图签一般置于图件右下角，图例则可灵活布置。

（5）地质内容　主要有地层、构造等。地层一般以色块和地质界线区分，不同地层涂以不同色块，并用地质界线隔开。构造则主要为断层、褶皱及产状符号，断层用红色粗线绘制，线上标注断层信息，褶皱则通过绘制其枢纽进行展现，产状符号有固定的平面绘制规格。

2）剖面图图件要素

剖面图区别于平面图的要素主要有标尺、地形起伏线、岩性花纹、产状符号、方位角等，见图 1-10。

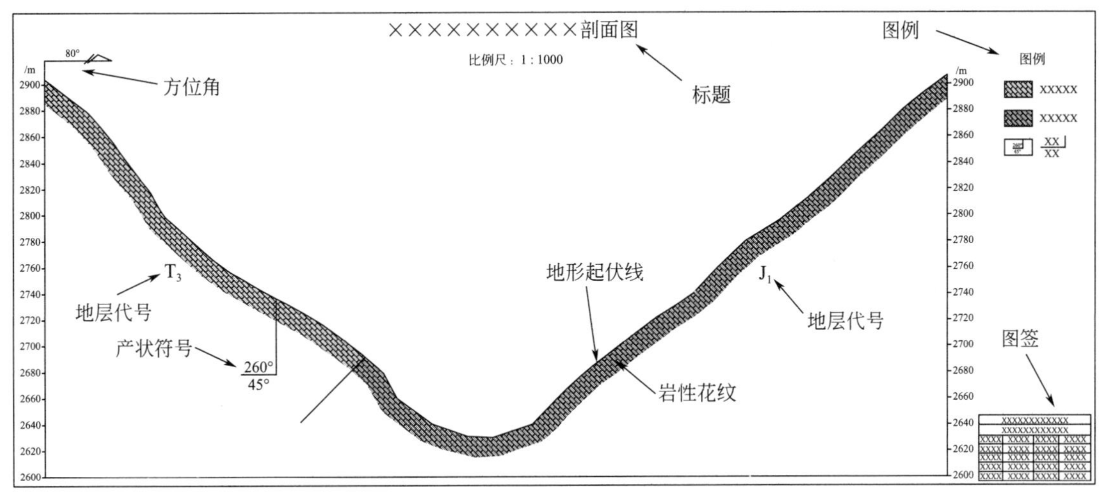


图 1-10　剖面图

（1）标尺　图件分置于两侧的垂线，标注有刻度及高程，表达其高程信息。

（2）地形起伏线　地形起伏线用于表现剖面线所处位置的地形起伏情况，是剖面图的重要因素。

（3）岩性花纹　在剖面图中，不同岩性要用岩性花纹来区分及表达。

（4）产状符号　剖面图中的产状符号有别于平面图，平面图采用的是图形表达，剖面图采用数字表达。

3）柱状图图件要素

柱状图的核心要素即为岩性柱状图，其他要素均围绕其展开。

（1）岩性柱状图　绘制于图件正中，纵向按比例绘制，横向则为固定宽度，以各地层的岩性花纹填充。

（2）岩性描述　置于岩性柱状图右侧，对地层岩性进行详细描述。

（3）钻孔数据及年代地层　置于岩性柱状图左侧，主要有分层深度、分层采取率、年代地层名称及代号等。

**1.1.4.3　矿产地质图**

矿产地质图为专题性地质图，在普通地质图的基础上主要突出矿产信息，如矿体、勘探工程等。

1）平面图图件要素

区别于普通地质图的要素主要为矿体、勘探工程。

（1）矿体　矿体在平面上用较为明显的颜色绘制其轮廓进行表达，若为露天矿则采用实线，若为潜伏矿则可用虚线。轮廓内可以花纹填充或色块填充。矿体代号则为“KT＋编号”，见图 1-11。

（2）勘探工程　勘探工程对于矿产地质图非常关键，常用不同的符号进行勘探工程的表达。代号则为“勘探工程大写首字母＋编号”，见图 1-12。

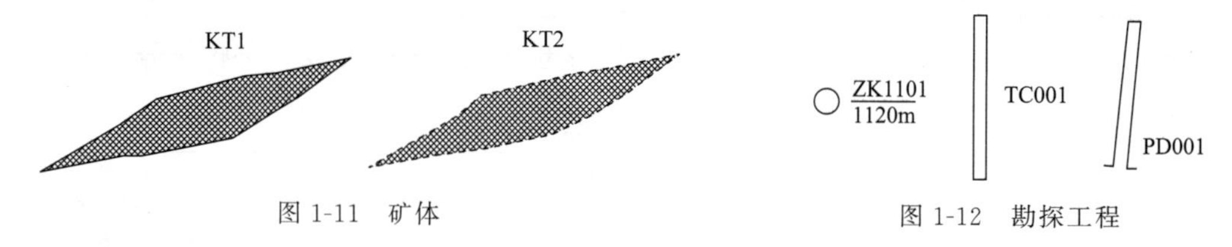


图 1-11　矿体　　　　图 1-12　勘探工程

2）剖面图图件要素

矿产专题的剖面图类中常见的是矿体投影图，见图 1-13，其主要突出矿体、探矿工程等。

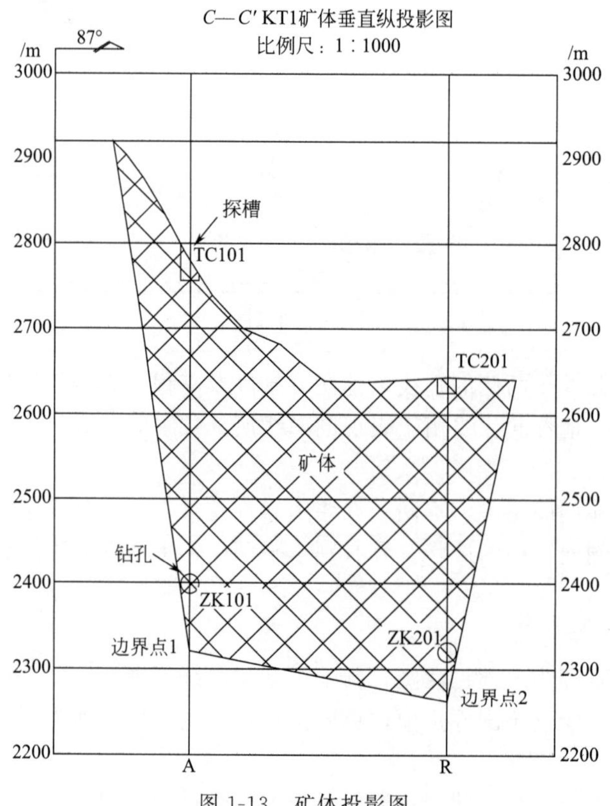


图 1-13　矿体投影图

# 1.2 矿山测量概述

## 1.2.1 矿山测量基本术语及定义

水准面：液体受重力作用而形成的静止平面。

大地水准面：把一个假想的与静止均衡状态的海洋平面重合，并向陆地延伸，且包围整个地球的光滑封闭曲面叫大地水准面。

绝对高程（海拔）：某点沿铅垂线方向到大地水准面的距离。

相对高程：某点沿铅垂线方向到任意（假定）水准面的距离。

高差：地面上两点高程之差。

图 1-14 中的 $H'_A$ 和 $H'_C$ 即为 $A$ 点和 $C$ 点的假定高程。$A$、$C$ 两点的高差为：

$$h_{AC}=H_C-H_A=H'_C-H'_A \tag{1-1}$$

$C$、$A$ 两点的高差为：

$$h_{CA}=H_A-H_C=H'_A-H'_C \tag{1-2}$$

由此可见，地面两点的高差与高程起算面无关联。

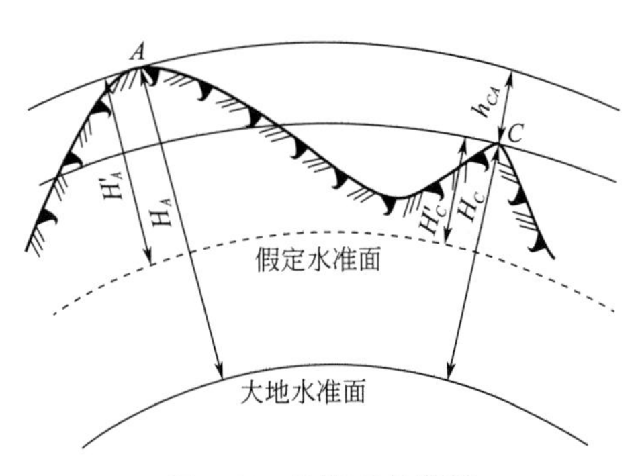


图 1-14 地面点的高程

方位角：从标准方向北端起，顺时针方向量至直线的水平夹角，称为该直线的方位角，如图 1-15，其角值范围为 0°～360°。

象限角：从标准方向线的北端或南端，顺时针或逆时针量至某直线的水平锐角，以 $R$ 表示，取值范围为 0°～90°。

测量常用的坐标系统有大地坐标系、空间直角坐标系、平面直角坐标系。

大地坐标系（图 1-16）是以地球椭球的起始大地子午面、大地赤道面和椭球体面为起算面和基准面而建立起来的空间坐标系。大地坐标系是大地测量的基本坐标系，其大地经度 $L$、大地纬度 $B$ 和大地高 $H$ 为此坐标系的 3 个坐标分量。它包括地心大地坐标系和参心大地坐标系。

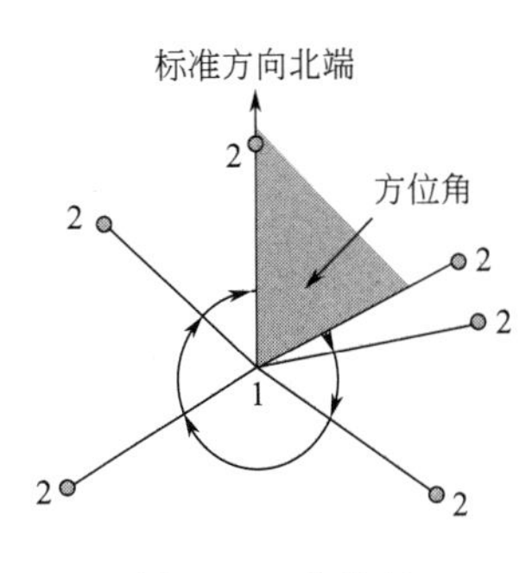


图 1-15 方位角

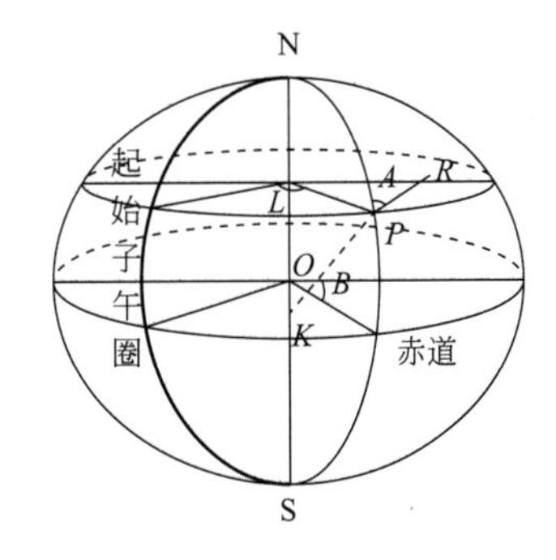


图 1-16 大地坐标系示意图

其中，对于地心大地坐标系，其地面上一点的大地经度 $L$ 为大地起始子午面与该点所在的子午面所构成的二面角，由起始子午面起算，向东为正，称为东经（0°～180°），向西为负，称为西经（0°～180°）。大地纬度 $B$ 是经过该点作椭球面的法线与赤道面的夹角，由赤道面起算，向北为正，称为北纬（0°～90°），向南为负，称为南纬（0°～90°）；大地高 $H$ 是地面点沿椭球的法线到椭球面的距离。

空间直角坐标系是以地球椭球为基础建立起来的空间直角坐标系。其坐标原点位于参考椭球体的中心，$z$ 轴指向参考椭球的北极，$x$ 轴指向起始子午面与赤道的交点，$y$ 轴位于赤道面上且按右手系与 $x$ 轴呈 90°夹角。某点在空间的坐标可用该点在此坐标系的各个坐标轴上的投影来表示。空间直角坐标系可用图 1-17 来表示。

平面直角坐标系是利用投影变换，将空间直角坐标或空间大地坐标通过某种数学变换映射到平面上，这种变换又称为投影变换。在我国采用的是高斯-克吕格投影，也称为高斯投影。

高斯投影满足以下两个条件：

① 它是正形投影；

② 中央子午线投影后应为 $x$ 轴，且长度保持不变。

将中央子午线东西各一定经差（一般为 6°或 3°）范围内的地区投影到椭圆柱面上，再将此柱面沿某一棱线展开，便构成了高斯平面直角坐标系，如图 1-18 所示。

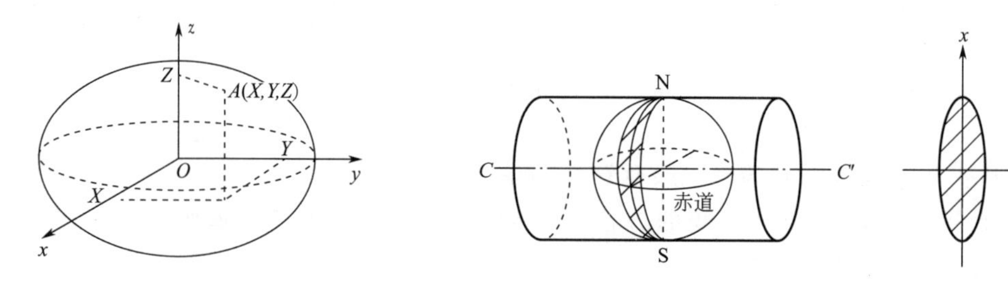


图 1-17 空间直角坐标系示意图

图 1-18 高斯投影

高斯投影存在长度变形，为使其在测图和用图时影响很小，应相隔一定的地区，另立中央子午线，采取分带投影的办法。我国国家测量规定采用六度带和三度带两种分带方法，如图 1-19 所示。六度带和三度带与中央子午线存在如下关系：

$$L_{中}^{6}=6N-3;\quad L_{中}^{3}=3n \tag{1-3}$$

式中，$N$、$n$ 分别为六度带和三度带的带号。

六度带自首子午线开始，按 6°的经差自西向东分成 60 个带。三度带自 1.5°开始，按 3°的经差自西向东分成 120 个带。三度带的中央子午线与六度带中央子午线及分带子午线重合，减少了换带计算。

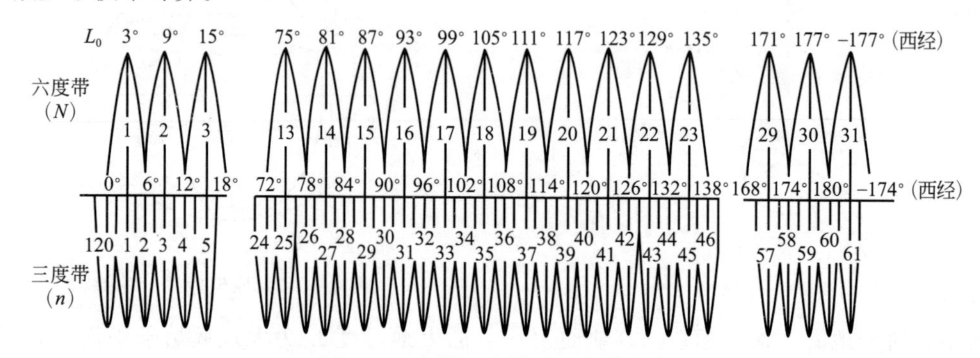


图 1-19 高斯三度带及六度带分布

### 1.2.2 矿山露天测量内容

露天矿开采方法具有投资少、建设期短、经济效益高等优点。我国有很多适于露天开采的矿物，露天开采煤炭在我国煤炭工业中占有极为重要的位置。在露天矿的建设和生产过程中，需要进行一系列的测量工作，这些配合露天矿开采所进行的测量工作统称为露天矿测量。露天矿测量工作与地形测量的自然条件基本相同。露天矿测量的主要任务也是测定测量对象的空间位置，并根据测量中获得的资料和绘制的图纸来解决生产中所遇到的问题。

露天矿测量的基本原理和所使用的仪器与地形测量基本相同。然而由于露天矿生产的特殊性，与其相对应的测量工作也有其自身的特点。

测量对象方面：在地形测量中，是以地形点和地物点为主要测量对象，这些点的位置，在一定时期内可以视为是固定不变的。而露天矿测量的主要对象是各种工程，它们的位置随着采矿工程的进行是经常变化的。

测量条件方面：地形测量和露天矿测量，虽然都是在露天条件下进行的，然而露天矿需要在全年各个时期进行相应的测量工作，而且露天矿矿坑中运输繁忙紧张、灰尘大、测点经常被电铲和推土机破坏，因此露天矿的测量方法与地形测量也有所不同。

测量精度方面：在地形测量中，测量精度主要是以制图精度为依据，故测绘不同比例尺的图纸，精度要求也不相同。露天矿测量的精度，则是以能否解决生产问题为标准，其测量的精度也是依据要解决的生产问题来确定。

下面主要从三个方面介绍露天矿测量方面的内容，即：露天矿控制测量、露天矿工程测量、露天矿矿图。

（1）露天矿控制测量　为满足露天矿各种各样的工程测量的需求，一般是在矿坑周围根据矿区的首级控制网布设基本控制网，以此作为露天矿坑的内测量工作的依据，然后再以基本控制网为依据在矿坑工作平台上布设工作控制网点，并以此作为采剥工程测量和采矿场的一切测量工作的基础。

① 基本控制：矿区基本控制网是在矿区首级控制网的基础上加密而形成的，基本控制点应均匀地分布在露天矿场的四周边帮上，使每个控制点在矿场尽可能大的范围内都通视良好。

② 工作控制：为了满足矿坑内进行日常的生产测量，单靠矿坑周围边帮上已建立的基本控制点是不足的，所以还要在基本控制点的基础上，再进一步加密布设工作控制网点。

建立工作控制网点的方法较多，有单三角形法、经纬仪导线法、线性锁法、剖面线法等。采用哪种方法应根据露天矿的地形、矿坑的轮廓、开采的方向、高一级别控制点的分布情况、采剥深度及进度、测量方法和精度要求而定。

（2）露天矿工程测量　露天矿工作控制点建立后，即可进行露天矿的各种碎步测量工作。主要包括掘沟工程测量、爆破工程测量、排土场测量、境界线标定、验收测量。

① 掘沟工程测量：露天矿的掘沟工作，主要用于开拓矿山通路和新开采台阶。沟道的横断面形状有两种：双壁沟（双侧沟），见图 1-20（a），常用于深凹露天矿山；单壁沟（单侧沟），见图 1-20（b），常用于山坡型露天矿。

开段沟一般在新开辟的出入沟进行，其目的就是为开采台阶开辟第一条工作线，其测量步骤和方法如下：

a. 准备工作。在开沟测量之前要认真阅读以下设计资料：沟道平面图；沟道纵断面图；

沟道横断面图。依据上述设计资料，可计算标定数据，拟定实测方法。

b. 标定工作。沟道工程测量的主要任务是将沟道的中心线、坡顶线、沟底高程和坡度以及沟底宽度等标定在实地上。

② 爆破工程测量：下面主要讲解深孔爆破测量。深孔爆破的测量任务是为穿孔爆破设计提供爆破地段的平面图，测量步骤如下。

a. 穿孔前测绘爆破地段平面图。

b. 在平台上按设计图标定钻孔位置。

c. 进行穿孔后的外业测量及内业工作。

穿孔后爆破前要在爆破区进行平面测量、高程测量、炮孔剖面测量和孔深测量。根据这些资料绘制爆破地区的平面图、剖面图，如图 1-21 所示。此外，尚需确定最小抵抗线、底部抵抗线、计算装药量和爆破量等。

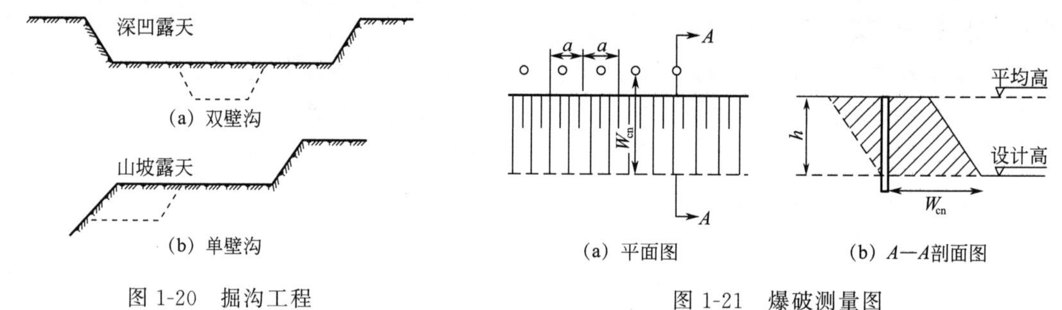


图 1-20　掘沟工程

图 1-21　爆破测量图

(a) 测绘爆破区段平面图。根据台阶上的工作控制点 $A$、$B$，按视距极坐标法，测绘出坡顶线、坡底线、孔位以及地质界限等，如图 1-22 所示。并在已测绘好的台阶平面图上绘出爆破区边界，标注有标高的特征点，然后将在外业用钢尺、皮尺或测绳直接丈量得到的孔间距、孔深等要素注记在图上，图的比例尺为 1∶500 或 1∶1000。

(b) 测绘剖面图。炮孔剖面测量是测定通过炮孔中心并垂直于坡顶线的垂直断面。这些断面能表示出炮孔爆破时的最小抵抗线，根据这些资料才能正确地计算装药量。剖面测量一般常用剖面法或垂线法，如图 1-23 所示。

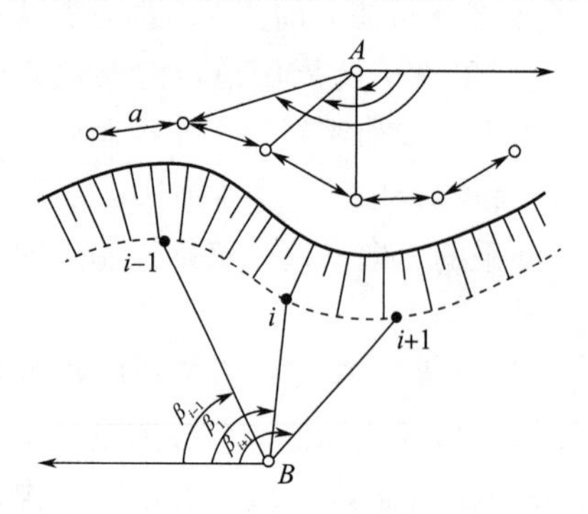


图 1-22　炮孔位置测量图

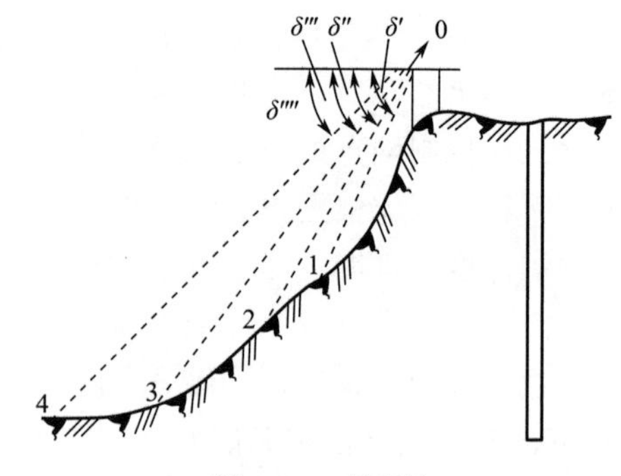


图 1-23　剖面法

d. 进行爆破后的爆堆测量。

当需要分析爆破效果或测定松散系数时，则应在爆破后，铲装前，测量爆堆的形状和体积。爆堆的测量方法如图 1-24 所示。

e. 进行铲装后测量工作。

③ 排土场测量：排土场的测量任务有以下内容。

a. 提供排土场地区的地形图。

b. 根据地形图，选定排土场的位置，计算排土场的容积，设计排土的推进方向。

c. 确定排土场定期测量的内容，包括：排土台阶的坡顶线和坡底线；排土场内的运输线路的位置；排土场附近的勘探巷道和取样地点；排土场下沉点的观测等。

④ 境界线标定：露天矿境界线的标定（图 1-25），是根据露天矿境界线设计图进行的，具体方法如下。

a. 用图解法标定数据。

b. 将境界线标定于实地。

c. 检查验测量。

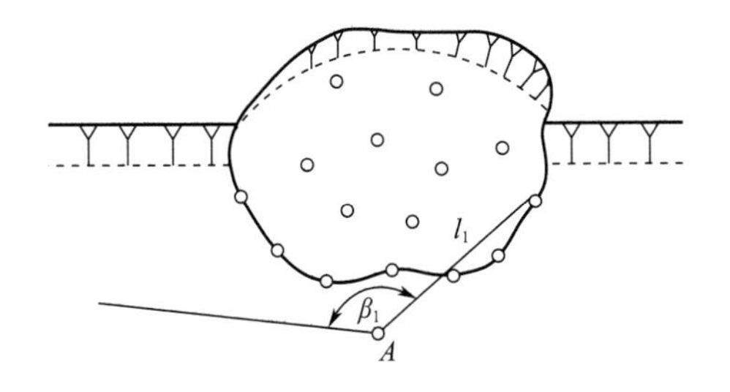


图 1-24　爆堆测量

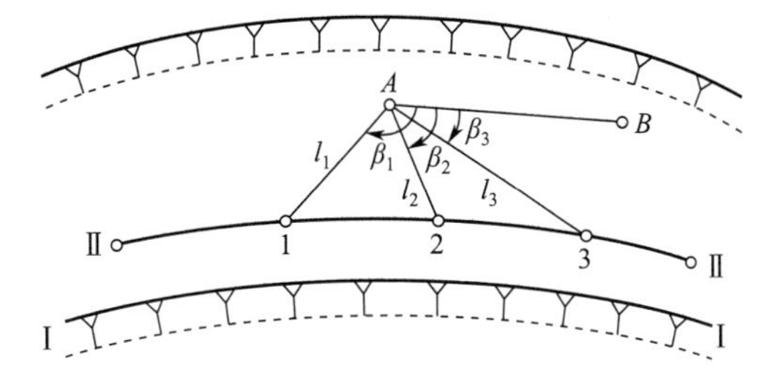


图 1-25　露天矿境界线的标定

⑤ 验收测量：验收测量的主要对象有以下方面。

a. 实测计算期初期和末期各生产台阶推进区段的坡顶线和坡底线。

b. 上、下平台的高程和地质界线。

c. 测算在阶段平台上崩落的矿岩量。

d. 测定台阶上储存的矿岩量。

e. 测定贮矿场储存的矿石量。

验收测量的周期取决于验收对象的性质和生产进度，一般以旬、月、季或年为周期。如采场和贮矿场通常是每月验收 1～2 次，排土场每半年或一年验收一次。

（3）露天矿矿图　为了反映露天矿地面的地物、地形、采剥工程情况和矿体的埋藏情况，合理地进行采剥工程设计，科学地进行生产指挥和管理，露天矿也要绘制一整套的矿图。

## 1.2.3　矿山地下测量内容

矿山地下测量是指矿山建设与生产时期在矿井内的全部测量工作，主要负责巷道施工的掘进工程、开拓工程和贯通工程等。在井巷开拓和采矿工程设计时，对巷道的起点、终点、方向、坡度、断面规格等几何要素，都有明确的规定和要求。井下测量是矿山生产建设过程中实现安全生产的重要一环，是一项重要而严谨的技术性工作，是搞好生产技术管理、实现安全生产的重要手段。井下测量工作主要包括中腰线标定、延伸、导线测量、高程测量等。

（1）井下控制测量　分为井下平面测量、井下高程控制测量。井下平面测量包括井下平面控制测量和采区测量，目的是建立井下平面测量的控制，作为测绘和标定井下巷道、硐室、回采工作面等的平面位置的基础，也能满足一般贯通测量的要求。井下高程控制测量方法主要有水准测量和三角高程测量两种。井下高程测量的内容和任务是：在井下主要巷道内精确测定高程点和永久导线点的高程，建立井下高程控制；给定巷道在竖直面内的方向；确定巷道底板的高程；检查主要巷道及其运输线路的坡度和测绘主要运输巷道纵剖面图。

（2）联系测量　将矿区地面平面坐标系统和高程系统传递到井下的测量，称为联系测量。将地面平面坐标系统传递到井下的测量称平面联系测量，简称定向。将地面高程系统传递到井下的测量称高程联系测量，简称导入高程。矿井联系测量的目的就是使地面和井下测量控制网采用同一坐标系统。

（3）立井几何定向　在立井中悬挂钢丝垂线由地面向井下传递平面坐标和方向的测量工作称为立井几何定向。几何定向分一井定向和两井定向。

（4）贯通测量　采用两个或多个相同或同向掘进的工作面掘进同一井巷时，为了使其按照设计要求在预定地点正确接通而进行的测量工作，称为贯通测量。

（5）巷道测量　井下测量的主要对象是巷道测量。和地面测量工作一样，应遵循“从高级到低级，从整体到局部”的原则。巷道测量的主要任务是确定巷道、硐室及回采工作面的平面位置与高程，为矿山建设与生产提供数据与图纸资料。

### 1.2.4　常用测量仪器介绍

（1）全站仪　全站仪由于兼具经纬仪和测距仪的优点，且以数字形式提供测量成果，具有操作简便、性能稳定、数据可通过电子手簿与计算机进行通信等优点，使其在矿山测量中得到了广泛的应用。

（2）电子经纬仪　电子经纬仪相对于传统的光学经纬仪而言，在读数方面以数字形式提供测量结果，且操作简便、性能稳定，避免了人为操作的误差，大大提高了读数精度。

（3）手持式激光测距仪　手持式激光测距仪在矿山的应用主要是利用它和国产经纬仪相结合，组合成一台无棱镜式的半站仪，使之应用在井下采场测量点位、断面高度、采场体积等方面。井下测量中使用手持式激光测距仪可以肉眼看到红色激光点。在井下测量中也可以单独使用手持式激光测距仪，其具有可存储大量的测量数据、无需井下测量记录等优点。

（4）光学经纬仪　由于外业、内业工作量大，观测时间长，观测精度较低，其正逐步被电子经纬仪、全站仪所代替。

（5）三维激光扫描仪　三维激光扫描系统主要由三维激光扫描仪、计算机、电源供应系统、支架以及系统配套软件构成。三维激光扫描仪作为三维激光扫描系统的主要组成部分，是由激光射器、接收器、时间计数器、马达控制可旋转的滤光镜、控制电路板、微电脑、CCD 机以及软件等组成，是测绘领域继 GPS 技术之后的又一次技术革命。它突破了传统的单点测量方法的不足，具有高效率、高精度的独特优势。三维激光扫描技术能够提供扫描物体表面的三维点云数据，因此可以用于获取高精度高分辨率的数字地形模型。

### 1.2.5　测量图纸概述

将矿区的地貌、地物、矿体、地质构造、钻孔、井巷、采场、空区等，通过测量按一定的比例，在图纸上用正射投影的原理缩绘的图形称为矿图。利用矿图才能进行开拓和采矿设计，安排采掘顺序，制定生产计划，指导安全生产，圈定矿体和计算储量。矿图是矿山生产建设的重要技术基础资料，闭矿后矿图也要长期保存。

（1）矿山测量图纸分类　按开采方式和范围，矿图分为露天开采矿山测量图和地下开采矿山测量图。

露天开采矿山测量图包括：基本测量图，主要有矿区基本地形图和阶段采剥工程平面图；开采专用图，主要有矿区总图，矿区平面控制、高程控制和地形分幅图，采剥工程平面图，工业场地平面图，采场验收平面、剖面图，爆破工程平面、剖面图，贮矿场平面、剖面图，排土场、尾矿坝平面图，采区防排水工程系统图，矿区历次购地平面图，边坡移动观测平面、剖面图，三级矿量计算平面、剖面图等。

地下开采矿山测量图包括：基本测量图，主要有矿区基本地形图和阶段水平巷道平面图；专用测量图，主要有矿区总图，矿区平面、高程控制和地形分幅图，井上、井下对照图，工业场地平面图，井下经纬仪导线和水准点分布图，采准、切割巷道平面图，采场平面、剖面图，井筒装备和提升系统几何关系图，井筒竖直剖面图，井底车场平面图，主要运输巷道断面图，各种地下硐室平面、剖面图，立体巷道系统图，矿区历次购地平面图，三级矿量和损失计算图等。

（2）比例尺及分幅　矿图一般采用 1∶200、1∶500、1∶1000、1∶2000、1∶5000 的大比例尺。为了便于测绘、拼图、使用和保管，根据比例尺的不同，规定两种基本图幅规格：比例尺为 1∶5000 时，采用 400mm×400mm；其他比例尺时，一般采用 500mm×500mm。有时，为了用图方便，可采用矩形图幅。

某些工矿企业和城镇，面积较大，而且测绘有几种不同比例尺的地形图，编号时是以 1∶5000 比例尺图为基础，并作为包括在本图幅中的较大比例尺的基本图号。例如，某 1∶5000 图幅西南角的坐标值 $x=20.0$km，$y=10.0$km，则其图编号为“20－10”[图 1-26（a）]。这个图号将作为图幅中较大比例尺所有图幅的基本编号。一幅 1∶5000 的图可以划分为 4 幅 1∶2000 的图，其编号是在 1∶5000 图号的后面分别加上罗马数字Ⅰ、Ⅱ、Ⅲ、Ⅳ，就是 1∶2000 比例尺图幅的编号，如图 1-26（b）中的甲图幅，其编号为“20－10－Ⅰ”。同样，1∶2000 的图幅可以划分成 4 幅 1∶1000 的图，其编号是在 1∶2000 图号的后面分别加上Ⅰ、Ⅱ、Ⅲ、Ⅳ，即为 1∶1000 图幅的编号，如图 1-26（b）中的乙图幅，其编号为“20－10－Ⅳ－Ⅲ”。而图 1-26（b）中的丙图幅（1∶500 的比例尺），其编号为“20－10－Ⅳ－Ⅱ－Ⅱ”，它是在 1∶1000 比例尺的图号后面再加上Ⅰ、Ⅱ、Ⅲ、Ⅳ，即为 1∶500 比例尺图幅的编号。

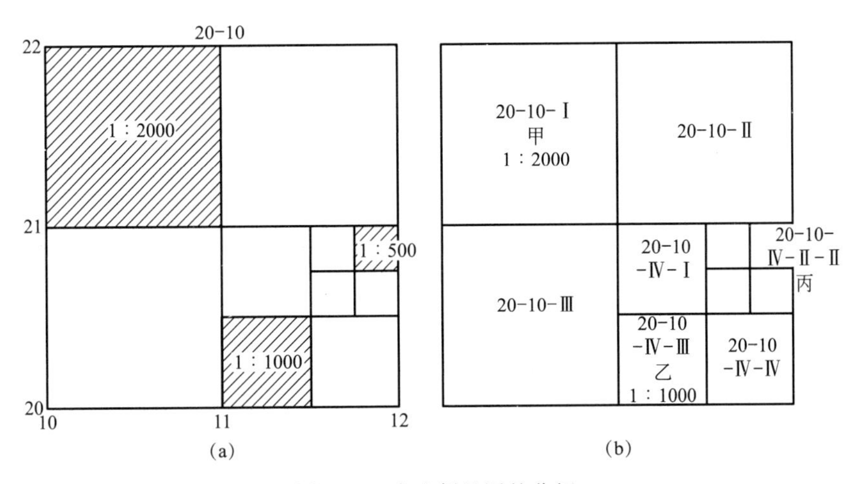


图 1-26　大比例尺图的分幅

（3）矿山测量图图例　图例用来表示制图对象的各种统一规定的符号、颜色、说明和注记，如名称、序号、标高等。中国金属矿山矿图图例绘制要按国家测绘地理信息局颁发的大比例尺地形图现行图式和矿山所属的部委颁发的有关矿坑测量统一图例来绘制。如果规定的图例不足，各矿可自行补充，但必须做到统一、形象、通用、简单和易读，部分图例如图 1-27。

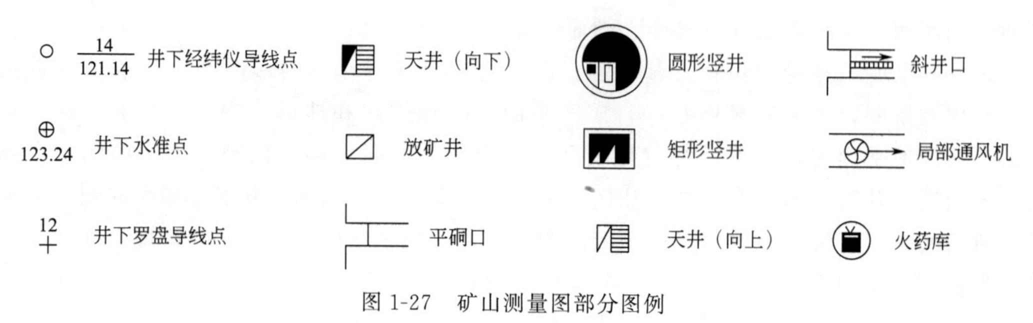


图 1-27　矿山测量图部分图例

（4）矿图绘制　一幅高质量的矿图，应该详细地反映出井上下各种复杂的空间形体和时间概念，应具有内容齐全、准确可靠、整洁美观、清晰易读等特点。所以，矿山测量人员必须准确、及时地提供测量资料，按生产要求绘制出各种矿图。

① 矿图按其使用性质可分为基本矿图和专用矿图两种。图的比例尺为 1∶200～1∶5000。基本矿图是直接根据测量数据绘制的，这种图也称为原图，该图测绘要求严格，因为它是编绘其他图纸的依据。井田区域地形图、工业广场平面图、采掘工程平面图以及主要巷道平面图等均属基本矿图。专用矿图是为配合生产需要而绘制的图纸。井上下对照图、井底车场平面图、井筒断面图和主要保护煤柱图等均属于专用矿图。

② 矿图的图例划分、编号、坐标方格网的绘制与地形图测绘中的方法相同。

③ 矿图的图例符号与地物符号相同，也分为比例符号、非比例符号和注记说明符号。为了正确地把井上、井下各种测绘对象准确、明显、形象地反映在图纸上，便于人们阅读，有关部门制定了全国统一的矿山测量图例，供全国矿山测绘人员使用。

# 1.3　地下开采概述

地下开采是指从地下矿床的矿块里采出矿石的过程，通过矿床开拓、矿块的采准、矿块的切割和矿块的回采 4 个步骤实现。地下采矿方法分类繁多，常用的是以地压管理方法为依据，将之分为空场法、崩落法、充填采矿法三大类。地下采矿系统主要包括运输、提升、通风、排水、供风、供水、供电、充填等系统。

## 1.3.1　地下开采基本术语及定义

### 1.3.1.1　金属矿地下开采单元的划分

（1）矿区的划分　矿井（坑口）是一个具有独立矿石提运系统并进行独立生产经营的开采单位。习惯上，将划归矿井（坑口）开采的这部分矿床称作井田（有时也叫矿段）；将划归矿山开采的这部分矿床称作矿田；将划归矿业公司开采的矿床称作矿区。

（2）矿段的划分　井田沿倾斜方向尺寸往往较大。由于开采技术上的原因，缓倾斜、倾斜和急倾斜矿体还必须将其沿倾斜方向，按一定的高度，再划分成若干个条带来开采，这些条带称为阶段，在矿山常称中段。

阶段沿走向很长，此时根据采矿方法的要求，将矿体沿走向每隔一段距离划分成一个块段，称为矿块。矿块是地下采矿最基本的回采单元，它也应具有独立的通风及矿石搬运系统。

（3）盘区的划分　开采近水平矿体时，如果也按缓倾斜矿体那样划分为阶段开拓，由于阶段间的高差太小，如用竖井开拓时，井底车场不能布置；如用沿脉斜井开拓，则倾角小于5°～8°时，空车串车不能靠自重下放。因此，近水平矿体开拓时都不划分阶段而采用盘区开拓。

盘区沿走向的长度，主要由采区运输平巷内的运输方式来确定。盘区沿倾斜方向往往较长，可达数百米，这时还要将盘区沿倾斜方向划分成若干条带，其称为采区。采区是盘区开拓时的独立回采单元。

**1.3.1.2　金属矿地下开采的顺序**

（1）下行式　开采急倾斜及倾斜矿体时，阶段间的开采顺序通常采用下行式，即阶段间由上向下、由浅部向深部依次开采的顺序，这样可以减少初期的开拓工程量和初期投资，缩短基建时间。

（2）上行式　由下向上、由深部向浅部的开采顺序称上行式。这种开采顺序，特别对矿体较厚的倾斜及急倾斜矿体在下部已采阶段的空区上方回采是极不安全的。一般只有用胶结体充填下部采空区或者留大量矿柱，或者开采薄矿体时才有可能采用。

**1.3.1.3　金属矿地下开采的步骤**

矿床进行地下开采时，一般都按照开拓、采准、切割、回采的步骤进行，这样才能保证矿井正常生产。

（1）开拓　开拓是从地表开掘一系列的巷道到达矿体，以形成矿井生产所必不可少的行人、通风、提升、运输、排水、供电、供风、供水等系统，以便将矿石、废石、污风、污水运（排）到地面，并将设备、材料、人员、动力及新鲜空气输送到井下的工作。矿床开拓是矿山的地下基本建设工程。为进行矿床开拓而开掘的巷道称为开拓巷道，例如竖井、斜井、平硐、风井、主溜井、充堵井、石门、井底车场及硐室、阶段运输平巷等。这些开拓巷道都是为全矿或整个阶段开采服务的。

（2）采准　采准是在已完成开拓工作的矿体中掘进巷道，将阶段划分为矿块（采区），并在矿块中形成回采所必需的行人、凿岩、通风、出矿等条件。掘进的巷道称为采准巷道，一般主要的采准巷道有阶段运输平巷、穿脉巷道、通风行人天井、电耙巷道、漏斗颈、斗穿、放矿溜井、凿岩巷道、凿岩天井、凿岩硐室等。

（3）切割　切割是指在完成采准工作的矿块内，为大规模回采矿石开辟自由面和补偿空间，矿块回采前必须先切割出自由面和补偿空间的工作。凡是为形成自由面和补偿空间而开掘的巷道，称为切割巷道，例如切割天井、切割上山、拉底巷道、斗颈等。

不同的采矿方法有不同的切割巷道，但切割工作的任务就是辟漏、拉底、形成切割槽。采准切割工作基本是掘进巷道，其掘进速度和掘进效率比回采工作低，掘进费用也高。因此，采准切割巷道工程量的大小，就成为衡量采矿方法优劣的一个重要指标，为了进行对比，通常用采切比来表示，即从矿块内每采出1000t（或10000t）矿石所需掘进的采准切割巷道的长度。利用采切比，可以根据矿山的年产量估算矿山全年所需开掘的采准切割巷道总量。

（4）回采　在矿块中做好采准切割工程后，进行大量采矿的工作，称为回采。回采工作开始前，根据采矿方法的不同，一般还要扩漏（将漏斗颈上部扩大成喇叭口）或者开掘堑沟；有的要将拉底巷道扩大成拉底空间，有的要把切割天井或切割上山扩大成切割槽。这类将切割巷道扩大成自由空间的工作，称为切割采矿（简称切采）或称补充切割。切割采矿工作是在两个自由面的情况下以回采的方式（不是掘进巷道的方式）进行的，其效率比掘进切割巷道高得多，甚至接近采矿效率。这部分矿量常计入回采工作中。

回采工作一般包括落矿、采场运搬、地压管理三项主要作业。如果矿块划分为矿房和矿柱进行两步骤开采时，回采工作还应包括矿柱回采。同样，矿柱回采时所需开掘的巷道，也应计入采准切割巷道中。

**1.3.1.4　三级矿量**

开拓、采准、切割和回采这四个开采步骤的实施过程，也是矿块供矿能力的逐步形成和消失过程，四者之间应保持正常的协调关系，以使矿山保持持续均衡的生产。

国家为了考核一个矿山的采掘关系，保证各开采步骤间的正常超前关系，依据矿床开采准备程度的高低，将矿量划分为三个等级，即开拓矿量、采准矿量及备采矿量。

（1）开拓矿量　凡按设计规定在某范围内的开拓巷道全部掘进完毕，并形成完整的提升、运输、通风、排水、供风、供电等系统的，则此范围内开拓巷道所控制的矿量，称为开拓矿量。

（2）采准矿量　在已完成开拓工作的范围内，进一步完成开采矿块所用采矿方法规定的采准巷道掘进工程的，则该矿块的储量即为采准矿量。采准矿量是开拓矿量的一部分。

（3）备采矿量　在已进行了采准工作的矿块内，进一步完成所用采矿方法规定的切割工程，形成自由面和补偿空间等工程的，则该矿块内的储量称为备采矿量。备采矿量是采准矿量的一部分。

**1.3.1.5　金属矿地下开采的损失和贫化**

（1）矿石的损失　在开采过程中，由于种种原因使矿体中一部分矿石未采下来或已采下来而散失于地下未运出来的现象叫作矿石的损失。损失的工业矿石量与工业矿量之比，叫作损失率。采出的工业矿石量与工业矿量之比，叫作回收率。两者均用百分数表示，损失率和回收率的和为1。

（2）矿石的贫化　开采过程中，由于采下的矿石中混入了废石，或由于矿石中有用成分形成粉末而损失，致使采出的矿石品位低于工业矿石的品位，此现象叫作矿石的贫化。采出矿石品位降低值与原工业矿石品位的比值，叫作贫化率，其也用百分数来表示。

二维码3
地下开采基本术语与定义详细介绍

（3）岩石的混入　在矿床的开采过程中，由于技术原因，采出的矿石中不可能完全都是工业矿石，必有一部分废石混入到采出矿石中来，增加了采出矿石量，此现象叫作岩石的混入或混入岩石。混入的岩石量与采出的矿石量之比，叫做废石混入率（混入废石率）。

地下开采基本术语与定义详细介绍及补充请扫描二维码3查看。

## 1.3.2　地下开采相关建设工程介绍

（1）开拓的基本概念　有些矿床埋藏在地下数十米至数百米，甚至更深。为了开采地下矿床，必须从地面掘一系列井巷通达矿床，以便人员、材料、设备、动力及新鲜空气能进入井下；而为使采出的矿石，井下的废石、废气和井下水能排运到地面，亦要建立矿床开采时的运输、提升、通风、排水、供风、供水、供电、充填等系统，这一工作称为矿床开拓。但这些系统不一定每个矿山都需设备，如用充填法开采时才有充填系统，用平硐开拓时可不设机械排水系统。

矿床开拓是矿山的主要基本建设工程。一旦开拓工程完成，矿山的生产规模等就已基本定型，很难进行大的改变。矿井开拓方案的确定是一项涉及范围广，技术性、政策性很强的工作，应予以重视。

按照开拓井巷所担负的任务，可分为主要开拓井巷和辅助开拓井巷两类。用于运输和提升矿石的井巷称为主要开拓井巷，例如作为主要提运矿石用的平硐、竖井、盲竖井、斜井、盲斜井以及斜坡道等。用于其他目的的井巷，一般只起到辅助作用的称为辅助开拓井巷，如通风井、溜矿井、充填井、石门、井底车场及阶段运输平巷等。

(2) 开拓方法的分类　矿床开拓方法一般以主要开拓井巷来命名，例如主要开拓巷道为竖井时称为竖井开拓法。地下矿床开拓方法很多。作为开拓方法分类，应力求简单，概念明确，并且要能够适应新技术发展的需要。一般把开拓方法分成两大类，即单一开拓法和联合开拓法。

凡在一个开拓系统中只使用一种主要开拓井巷的开拓方法称为单一开拓法；在一个开拓系统中，同时采用两种或多种主要开拓井巷的开拓方法称为联合开拓法。如上部矿体采用平硐开拓，下部矿体采用盲竖井开拓，这就构成了联合开拓法。开拓方法的分类详见表 1-1。

**表 1-1　开拓方法分类表**

| 开拓方法分类 | | 主要开拓巷道类型 | 典型的开拓方法 |
|---|---|---|---|
| 单一开拓法 | 平硐开拓法 | 平硐 | (1) 下盘穿脉平硐开拓法；<br>(2) 上盘穿脉平硐开拓法；<br>(3) 下盘沿脉平硐开拓法；<br>(4) 脉内沿脉平硐开拓法 |
| | 斜井开拓法 | 斜井 | (1) 脉内斜井开拓法；<br>(2) 下盘斜井开拓法；<br>(3) 侧翼斜井开拓法 |
| | 竖井开拓法 | 竖井 | (1) 下盘竖井开拓法；<br>(2) 上盘竖井开拓法；<br>(3) 侧翼竖井开拓法；<br>(4) 穿脉竖井开拓法 |
| | 斜坡道开拓法 | 斜坡道 | (1) 螺旋式斜坡道开拓法；<br>(2) 折返式斜坡道开拓法 |
| 联合开拓法 | 平硐与井筒联合开拓法 | 平硐与竖井或斜井 | (1) 平硐与竖井（盲竖井）联合开拓法；<br>(2) 平硐与斜井（盲斜井）联合开拓法 |
| | 竖井与盲井联合开拓法 | 竖井、盲竖井或盲斜井 | (1) 竖井与盲竖井联合开拓法；<br>(2) 竖井与盲斜井联合开拓法 |
| | 斜井与盲井联合开拓法 | 斜井、盲竖井或盲斜井 | (1) 斜井与盲竖井联合开拓法；<br>(2) 斜井与盲斜井联合开拓法 |

随着井下无轨采矿设备的出现，开始出现斜坡道开拓的矿井。斜坡道是用于行走无轨设

备的斜巷，无轨设备可以从地面直驶井下工作地点，但斜坡道施工工程量大，只有特大型矿山用斜坡道运送矿石。

各种开拓方法详细介绍与补充请扫描二维码 4 查看。

二维码 4
开拓方法详细介绍

### 1.3.3 地下矿山八大系统基本作用及构成

工业上将矿山正常生产所需布置的一系列工程统称为“矿山生产八大系统”，即运输系统、提升系统、供电系统、排水系统、充填系统、供风系统、供水系统、通风系统。

（1）运输系统　运输系统指将地下采出的有用矿物和废石等由采掘工作面运往地面转载站、选矿厂或将人员、材料、设备及其他物料运入、运出的各种运输作业。矿山运输的特点是运量大、品种多、巷道狭窄、运距长短不一、线路复杂、可见距离短，因而作业复杂、维护检修困难、安全要求高。矿石地下运输是指回采工作面到出矿天井或采区矿仓之间的运输，矿石在阶段运输巷道装车并组成列车，由电机车牵引送到斜井井底车场，再用卷扬机、钢丝绳和提升容器（如箕斗、罐笼、串车等）沿斜井将矿石运到井口（地表）的过程。电机车司机的安全操作是电机车安全运行的关键，其应由经过培训考试合格的人员担任。开车前，必须发出开车信号。开车时，要集中精力，谨慎操作。司机离开座位时，必须切断电动机电源，将控制手把取下保管好，扳紧车闸，但不要关闭车灯。司机在行车时，必须随时注意线路前方有无障碍物、行人或其他危险情况。列车接近风门、巷道口、弯道、道岔或噪声大等区域以及前方有车辆或视线有障碍时，必须减低速度和发出报警信号。电机车架空线的悬吊、架设应符合有关质量标准。架空线的悬挂高度（自轨面算起）在运输巷道内，不低于 1.8m；在调车场及电机车道与人行道交叉点，不低于 2m；为了便于架空线路维修和及时切断电源，需设分段开关。

（2）提升系统　提升系统是指沿矿井井筒运出矿石、煤、废石或矸石，以及升降人员、设备和器材等。提升方式有钢丝绳提升、竖井提升系统、斜井提升系统、矿井提升设备等，其中以钢丝绳提升应用最广泛。

（3）供电系统　供电系统是由供电线路和变电、配电设备组成的系统。井下供电系统包括井下中央变电所、采区变电所、工作面配电点或移动变电站和高低压电缆网。井下中央变电所由两回路或更多高压电缆供电，并引自地面变电所的不同母线段。任一回路停止供电时，其余回路能担负全部负荷。中央变电所一般设在井底车场附近靠水泵房的硐室内，经高压配电箱，用橡套电缆向井下水泵房、变流站、采区变电所供电，并经降压变压器供应车场附近的低压动力及照明。地面供电系统包括地面变电所和高、低压配电网。地面变电所有两回路电源进线，任一回路因故障停止供电时，另一回路应仍能担负矿井的全部负荷，以保证可靠供电。变电所内一般设主变压器两台，一台停止运行时，另一台必须保证安全生产的用电负荷。

（4）排水系统　排水系统是指排除矿山涌水的方法和设施。排水系统分直接排水、分段（接力）排水和集中排水。当矿井多水平生产时，如上部水平涌水量大于下部，宜将下部涌水先排至上部水平，再由上部水平排至地面，称分段排水；如下部水平的涌水量大，则宜分别直接排至地面，以免各水平都安设大流量水泵，称直接排水；如上部水平涌水量很小时，将上水平的水自流放到下水平，上部水平可不设水泵，称集中排水。水仓容量应不小于矿井

4～8h 的正常涌水量，以防因电网或水泵的短时故障淹没井巷，也利于平衡矿井用电负荷。水仓入口应设篦子，水中含有大量杂质时，还应设沉淀池，防止淤泥和杂物吸入水泵。矿井必须装备工作、备用和检修三套水泵。工作水泵的能力，应能在 20h 内排出矿井一昼夜的正常涌水量。备用水泵的能力应不小于工作水泵能力的 70%，工作水泵和备用水泵的总能力应能在 20h 内排出矿井一昼夜的最大涌水量。检修水泵的能力应不小于工作水泵能力的 25%。必须装备两路水管，其通过能力分别与工作水泵和备用水泵相适应，使两水泵能同时开动，以保证雨季排水。

（5）充填系统　其是将充填料从制备、仓储、制浆到输送至充填区的各个环节或单元的系统。充填方法与充填料输送方法不同，充填系统的组成单元和功能不同。就应用最普遍的水力输送而言，一般包括充填料制备、充填料仓储、料浆制备与计量控制、管路输送等 4 个模块。

（6）供风系统　其是井下设备用风的系统，比如凿岩机、风镐等设备需要供风提供动力。供风系统常采用地面站全矿集中供风，在地面设置集中压缩空气站让其可以经过管道网络对整个矿山的各个作业点提供高压风。

（7）供水系统　其是指井内渗水经沉淀后由地面水池经水管送入井内各采掘工作巷和需水点所组成的系统。地下供水系统管网应通达各开拓、采准、回采的中段与作业面，水压、水量能满足湿式凿岩及对爆堆洒水及冲刷巷道粉尘的需要。

（8）通风系统　其是矿井通风方式、通风方法和通风网络的总称。通风系统按进回风巷在井田位置不同，可分为中央式、对角式、分区式和混合式。

矿井通风系统的基本作用是：

① 供给井下足够的新鲜空气，满足人员对氧气的需要；

② 冲淡井下有毒有害气体和粉尘，保证安全生产；

③ 调节井下气候，创造良好的工作环境。

矿井通风系统是由通风机和通风网络两部分组成。风流由入风井口进入矿井后，经过井下各用风场所，然后进入回风井，由回风井排出矿井，风流所经过的整个路线称为矿井通风系统。

### 1.3.4　地下开采典型采矿方法介绍

依照在对矿石进行回采过程中对采场进行管理的方法的差异，金属与非金属矿山的地下开采方法基本有以下几种类型。

（1）空场采矿法　这种采矿方法的主要特点就是在进行回采的过程当中，对采空区采用暂时留存或者是永久留存的矿柱进行技术性的支撑加固，采空区始终处于一种空着的状态。根据矿壁与矿块表现出来的实际结构差异以及进行回采作业的工作特点，该采矿法又能够划分成全面采矿法、阶段矿房采矿法以及房柱采矿法。

（2）崩落采矿法　这种采矿方法是通过崩落围岩的办法来使地压管理得到实现的采矿方法，也就是在崩落矿石的过程中，通过强制或者是自然的方式把围岩崩落以用来填充采空区域，进而实现对地压的管理与控制。该采矿方法的特点就是在矿石陆续采出之后，通过有计划、有步骤的方式利用崩落的矿体中存在的上下盘岩石以及覆盖岩层来对采空区进行合理的填充，通过这种方法可及时地实现对采空区地压的控制，妥善地处理好采空区，通常情况下是在矿体围岩处于一种不稳定的状态、地表情况可以承受陷落的情况下采用该种采矿方法。具体的方法包括单层崩落法、分层崩落法、分段崩落法以及阶段性崩落法。

(3) 留矿采矿法　这种采矿方法是把采下的很大一部分矿石暂时留存在矿房中，采矿工人以矿石堆为作业地点进行工作，主要的开采对象是矿石及其围岩中比较稳定的中厚与急倾斜薄矿体。该采矿方法的特点就是在进行回采的过程当中，在采空区的位置暂时放置一些开采出来的矿石，借助这些矿石配合采空区的矿柱对采空区形成支撑作用，通常是在矿石条件比较稳定，不容易出现氧化、自燃以及粘连现象，且矿体的围岩情况比较稳定的情况下采用。

(4) 充填采矿法　这种采矿方法是在回采工作面逐步进行推进的过程中，通过填充料对矿体采空区域进行填充的一种采矿方法。它的主要特点是进行回采的过程中，矿体采空区域依靠其内部填充的充填材料、支柱以及两者配合而出现的人工支撑体对采空区进行支撑。这种采矿方法通常应用于开发具有较高价值、具有较高回收率要求、能够较方便地获取充填料、地表不能出现陷落情况以及地质情况较为复杂特殊的矿体。

二维码 5
几种典型采矿方法详细介绍

几种典型采矿方法详细介绍及应用条件、特点等请扫描二维码 5 查看。

### 1.3.5　地下采矿图纸概述

地下采矿中常用的图纸有：

① 开拓系统坑内外平面复合图，常用比例尺为 1∶1000～1∶5000；
② 开拓系统纵投影图，常用比例尺为 1∶1000～1∶2000；
③ 开拓系统横剖面图，常用比例尺为 1∶1000～1∶2000；
④ 矿井通风系统图（立体），常用比例尺为 1∶500～1∶2000；
⑤ 充填系统图，常用比例尺为 1∶500～1∶2000；
⑥ 充填搅拌站工艺配置图，常用比例尺为 1∶200～1∶1000；
⑦ 中段平面图，常用比例尺为 1∶500～1∶2000；
⑧ 主井、副井纵剖面图，常用比例尺为 1∶200；
⑨ 竖井断面图，常用比例尺为 1∶50；
⑩ 井巷断面图，常用比例尺为 1∶50；
⑪ 溜井、破碎硐室系统图，常用比例尺为 1∶200～1∶1000；
⑫ 无轨开拓斜坡道系统图，常用比例尺为 1∶500～1∶2000；
⑬ 井底车场图，常用比例尺为 1∶500；
⑭ 采矿方法图，常用比例尺为 1∶500。

## 1.4　露天开采概述

### 1.4.1　露天开采基本术语及定义

把矿体上部的覆盖岩石和两盘的围岩剥去，使矿体暴露在地表进行开采的方法，称为露天开采。露天开采分为机械开采和水力开采。原生矿床多以机械开采为主，以下仅介绍机械开采的有关概念。

划归一个露天矿开采的全部矿床或其中一部分，称为露天矿田。从事露天矿田开采工作的矿山企业称为露天矿。进行露天采剥的工作场地称为露天矿场。根据矿床的埋藏条件，露天矿场分为山坡露天矿场和凹陷露天矿场。它们以露天矿场的封闭圈为界，封闭圈以上为山坡露天矿场，封闭圈以下为凹陷露天矿场。

露天矿场的构成要素如下：

（1）台阶　露天开采时，通常把露天矿场内的矿岩划分成一定厚度的水平分层，用独立的采掘、运输设备自上而下逐层开采，上下分层间保持一定的超前关系，从而形成阶梯状，每一个阶梯就是一个台阶。露天矿场是台阶和露天沟道的总和，故台阶是露天矿场的基本要素之一。台阶的构成要素如图 1-28 所示，其包括：

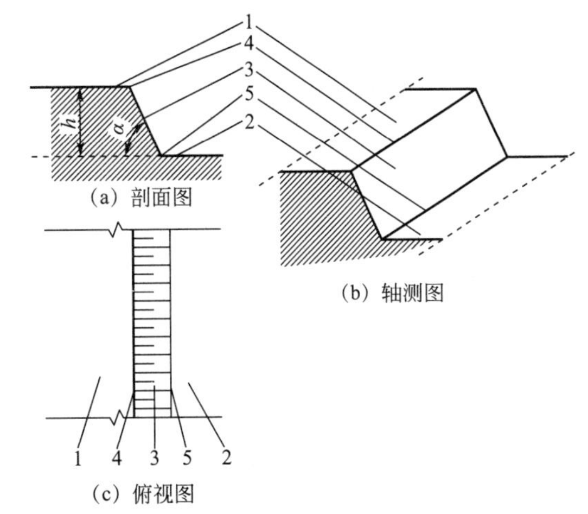


1—台阶上部平台；2—台阶下部平台；
3—台阶坡面；4—台阶坡顶线；5—台阶坡底线；
$\alpha$—台阶坡面角；$h$—台阶高度

图 1-28　台阶构成要素

① 台阶上部平台，指台阶上部水平面；

② 台阶下部平台，指台阶下部水平面；

③ 台阶坡面，指台阶的倾斜面；

④ 台阶坡顶线，指台阶坡面与上部平台的交线；

⑤ 台阶坡底线，指台阶坡面与下部平台的交线；

⑥ 台阶高度 $h$，指台阶上、下平台间的垂直距离；

⑦ 台阶坡面角 $\alpha$，指台阶坡面与下部平台的夹角。

台阶的上部平台和下部平台是相对的，一个台阶的上部平台同时又是其上一个台阶的下部平台。台阶的命名常以其下部平台的标高表示，故通常把台阶叫做某某水平。正在进行采剥工作的台阶称为工作台阶，其上的平台称为工作平台。已经结束采剥工作的台阶称为非工作台阶，其上的平台视其用途不同，分别称为安全平台、清扫平台和运输平台。

（2）采掘带　开采时将台阶划分为若干个条带，逐条顺次开采，每一个条带叫做采掘带。采掘带的宽度为挖掘机一次挖掘实方岩体的宽度或一次爆破实方岩体的宽度，它由挖掘机的挖掘半径、卸载半径以及爆破参数来确定。

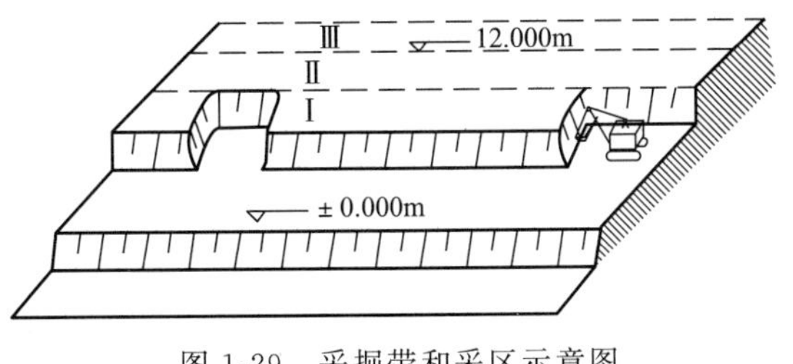


图 1-29　采掘带和采区示意图

如果采掘带较长，可沿长度划分为若干区段，各区段内配备独立的采掘运输设备进行开采，这样的区段称为采区。因此，采区的长度是一台挖掘机所占的采掘带长度。采掘带与采区示意图见图 1-29。

已经作好采剥准备工作的采掘带也称为工作线。

（3）非工作帮（最终边帮）　由已经结束采剥工作的台阶（平台、坡面和出入沟等）所组成的露天矿场的四周表面称为露天矿场的非工作帮或最终边帮，即图 1-30 中的 $AC$ 及 $BF$。位于矿体下盘一侧的边帮叫做底帮，位于矿体上盘一侧的边帮叫做顶帮，位于矿体走向两端的边帮叫做端帮。

（4）工作帮　由正在进行采剥工作和将要进行采剥工作的台阶所组成的边帮称为露天矿场的工作帮，如图 1-30 中 $DF$ 区域。工作帮的位置并不固定，它随开采工作的进行而不断改变。

（5）非工作帮坡面（最终帮坡面）　通过非工作帮最上一个台阶的坡顶线和最下一个台阶的坡底线所作的假想斜面叫做露天矿场的非工作帮坡面或最终帮坡面，即图 1-30 中 $AG$ 及 $BH$。它代表露天矿场边帮的最终位置，在分析研究问题时，用它代表边帮的实际位置，可使问题简化并保证有足够的准确性。

（6）非工作帮边坡角　非工作帮坡面与水平面间的夹角叫非工作帮边坡角或最终边坡角，即图 1-30 中的 $\beta$ 及 $\gamma$。

（7）工作帮坡面　通过工作帮最上一个台阶的坡底线和最下一个台阶的坡底线所做的假想斜面，即图 1-30 中的 $DE$。

（8）工作帮坡角　工作帮坡面与水平面之夹角叫做工作帮坡角，即图 1-30 中 $\phi$。

（9）工作平台　工作帮的水平部分，即工作台阶的上部平台和下部平台，叫做工作平台。它是用以安置设备进行穿孔、爆破、采装、运输的工作场地。

（10）露天矿场的上部最终境界线　指非工作帮坡面与地表的交线，其是一条闭合的曲线，在图 1-30 中表现为 $A$、$B$ 两点。

（11）露天矿场的下部最终境界线　非工作帮坡面与露天矿场底平面的交线叫做下部最终境界线或称底部周界，其是一条闭合的曲线，在图 1-30 中表现为 $G$、$H$ 两点。

（12）露天矿场的最终深度　也称最终采深，指上部最终境界线所在水平与下部最终境界线所在水平之间的垂直距离。

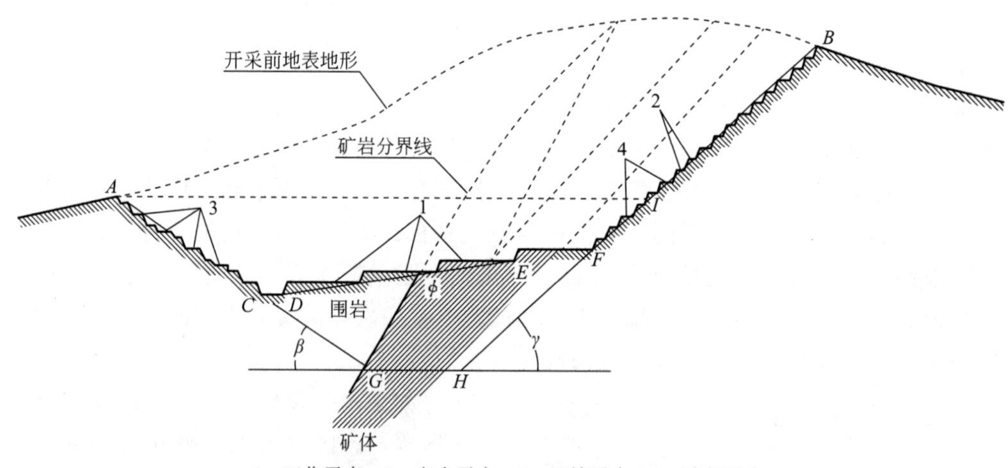


1—工作平台；2—安全平台；3—运输平台；4—清扫平台

图 1-30　露天采场构成要素

（13）非工作帮上的平台

① 安全平台（图 1-30 中 2），用以减缓最终边坡角，保证最终边帮的稳定性和下部水平的工作安全；它设在露天矿场的四周边帮上，其宽度一般为台阶高度的 1/3。

② 运输平台（图 1-30 中 3），用作各工作台阶与地面（采场外部）运输联系的通道；它设在非工作帮上，其宽度由运输方式和线路数目决定。

③ 清扫平台（图 1-30 中 4），用以阻截非工作帮台阶坡面滑落的岩土，并在该平台上用

清扫设备进行清理；它同时又起着安全平台作用，在非工作帮上每 2～3 个台阶设一清扫平台，其宽度由清扫设备规格决定。

（14）出入沟　为建立采场外部和采场内各工作台阶之间的运输联系而开掘的倾斜的露天沟道，叫作出入沟。出入沟的沟底具有一定的坡度（图 1-31 中的 $AB$）。

根据地形条件和沟道的位置不同，在封闭圈以下开掘的沟道，其横断面是完整的梯形，称双壁沟，而在山坡上开掘的沟道，其横断面为不完整的梯形，称为单壁沟，见图 1-32。

（15）开段沟　为开辟新工作台阶建立工作线而掘进的露天沟道称为开段沟；其沟底是水平的，见图 1-31 中的 $CD$。开段沟是紧接着出入沟而掘进的第一条沟道，其长度一般不小于一个采区长度，其断面形状也有双壁沟及单壁沟之分，如图 1-32。

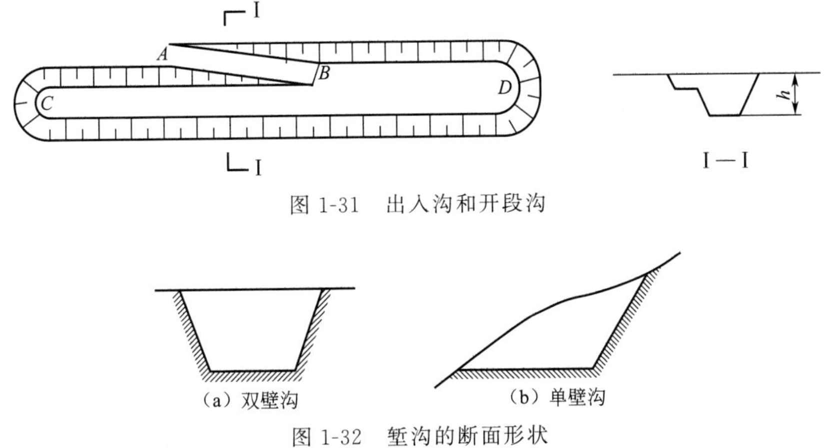


图 1-31　出入沟和开段沟

（a）双壁沟　（b）单壁沟

图 1-32　堑沟的断面形状

## 1.4.2　露天开采相关建设工程介绍

在露天开采的整个生产过程中，矿岩的采剥工作必须经过一定的生产环节，例如掘沟、剥离、采矿等，剥离和采矿又是以扩帮的形式进行的，每个生产环节都需要按一定的工序进行生产（如穿孔、爆破、采装、运输、排土等）。所有这些工作，统称露天矿山工程。

穿孔、爆破是两道不同的生产工序，但它们之间有着极为密切的联系。穿孔工作必须满足爆破技术的要求，而爆破矿岩的数量和质量又反映了穿孔工艺的水平。

在露天开采中，使用装载机械将矿岩从爆堆中挖取，并装入运输容器内或直接倒卸于规定地点的工作，称为采装工作。

运输是露天矿生产过程的主要环节。露天矿运输工作的任务是将采场采出的矿石运送至选矿厂、破碎站或贮矿场；把剥离的土岩运送到排土场；将生产过程中所需的人员、设备和材料运送到作业地点。完成上述任务的运输网络构成露天矿运输系统。

露天开采的一个重要特点就是必须剥离覆盖在矿床上部及其周围的表土和岩石，并运至一定的地点排弃，为此要设置专门的排土场地，这种接受排弃岩土的场地称为排土场。在排土场用一定设备和方式堆放岩石的作业称为排土工作。

## 1.4.3　露天开采基本工艺流程介绍

露天矿山工程在时间和空间上是按一定的顺序进行的。对于一个台阶而言首先要开掘出入沟，然后在此基础上掘开段沟，铁路运输时还需要铺设运输线路。当开段沟掘完一定长度或全长后，即可在沟的一侧或两侧布置工作面进行扩帮（剥离或采矿）。随扩帮工程的进行，开段沟逐渐扩宽成为工作平台。在扩帮工程进行到一定位置，有足够平台宽度时，便可开掘第二个台阶的出入沟和开段沟，再进行第二个台阶的扩帮（上步第一个台阶同时在扩帮）。依此类推，以后各台阶的采剥工作均按此程序进行，直至达到最终开采深度为止，如图 1-33。

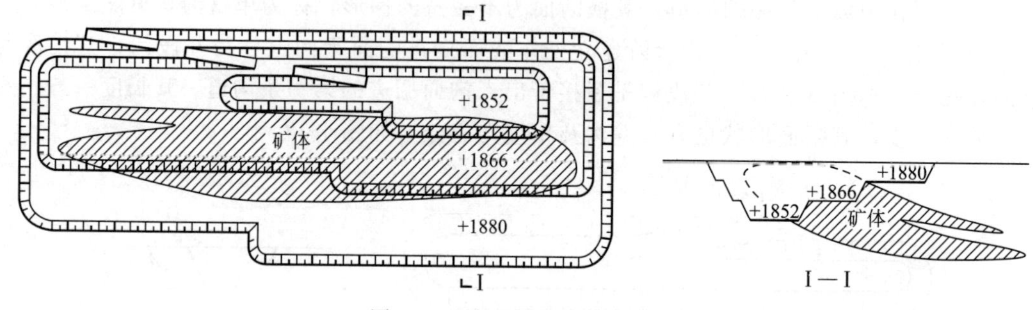


图 1-33　矿山工程发展示意图

由此可见，露天矿山工程的发展是在露天开采境界内，自上而下逐层进行不断的掘沟和扩帮的过程。对同一个水平来说，首先掘进出入沟，然后掘进开段沟和扩帮；对于上下水平来说，掘沟和扩帮同时进行，即上部水平在扩帮的同时下部水平进行掘沟工程。如图 1-33 所示，当在＋1852 水平进行掘沟时，在＋1866、＋1880 水平进行扩帮，其中＋1866 进行水平采矿，＋1880 进行水平剥离。随着不断地进行掘沟及扩帮，开采深度不断增加，直至达到最终开采深度；各个开采水平的工作线则从开段沟的位置不断从一侧（或两侧）向外推进，直至最终边界。露天矿场在发展过程中，逐步由小变大、由浅变深，不断采出矿石和剥离废石，直至达到最终开采境界为止。图 1-34 是某露天矿采场台阶扩延示意图。

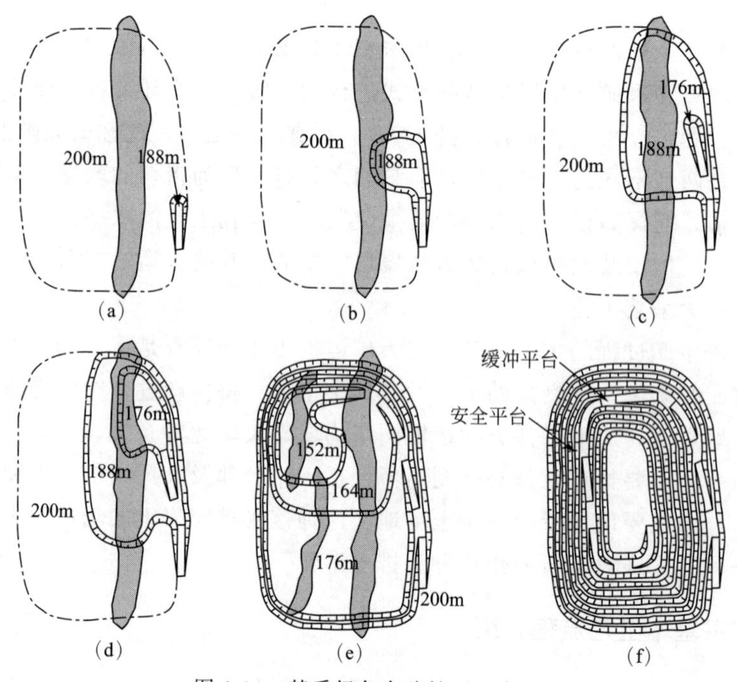


图 1-34　某采场各台阶扩延示意图

### 1.4.4 露天开采设计内容介绍

(1) 开采范围及开采方法的选择　根据可行性研究所确定的内容及相关文件，进一步论述开采对象和开采范围，当一个矿区有两个以上矿床或同一矿床有多个矿带（体）时，论述设计开采范围确定的原则和依据以及开采的总顺序。从矿床赋存条件、企业规模、产品品种、产量、产品质量、资源利用程度、基建工程量、基建时间、投资、经营费用、成本、设备数量、能源消耗、材料消耗、劳动生产率、环境保护、占用土地及远近期结合等方面，论述采用露天开采的理由及其经济效果。当采用露天和地下联合开采或先露天后坑内时，应叙述露天、地下的界线，两者在平面和立面上的关系，相互影响及其安全措施等。

(2) 露天开采境界确定　阐明露天境界圈定的原则、技术经济条件及经济合理剥采比的确定；阐明电算圈定露天境界的方法及其主要约束条件；阐明手工圈定露天境界的方法和结果以及露天底的标高和尺寸。比较不同开采境界方案（列表）的矿岩总量、采出矿石量及其占工业储量的比例、平均剥采比、采场境界几何尺寸、采深以及其他主要技术经济指标，并确定推荐方案。分期建设和扩帮开采，应阐述分期和扩帮的必要性、优缺点、首采地段的选择、分期和扩帮的步骤、过渡措施、技术要求及经济效果。境界内采出的远景储量，或暂时难以加工处理的储量以及境界外的储量，应说明其利用及开采的初步设想。确定终了台阶高度、台阶组成方式与尺寸、终了台阶坡面角、最终边坡角等边坡参数。

(3) 矿山工作制度、生产规模、产品方案及服务年限　矿山工作制度：阐明确定矿山工作制度的依据和原则，提出年工作天数、日工作班数、班工作小时数。阐明确定采矿主要设备工作制度的依据、方法，提出设备年工作天数、日工作班数、班工作小时数。

生产规模的验证：按企业合理生产年限、达产年限论证；按咽喉部位的线路通过能力及卸载点卸载能力验证；按台阶工作线长度和同时工作电铲台数（或其他挖掘设备）在作业面的布置方式及其台年效率验证；按新水平准备时间和类似矿山实际所能达到的年下降速度验证；采用分期建设和扩帮开采时，应阐明各期边界和规模。

产品方案：根据矿床赋存特点、矿石类型、采选冶工艺的可能与要求，阐明采矿出矿品种、分采或混采的理由。

矿山服务年限：说明矿山服务年限内的基建年限、生产年限中投产到达产时间、达产年份、减产年份。

(4) 开拓运输　开拓运输方案的选择包括：说明矿区地形特征、采矿工业场地、选矿厂、废石场、表外矿石与副产矿石的堆场。开拓运输方案比较的主要内容一般应包括：矿岩性质、采剥矿岩总量、年矿岩运量、开拓运输方式、矿岩运距、运输设备型号及数量、三材需用量、基建投资、运营费、能源（电、柴油等）消耗、劳动生产率、占地和迁民等。综合分析开拓运输方案比较结果，阐述推荐的开拓运输方案，并对运输设备的选型进行计算。

(5) 采剥工作　采剥方法的确定包括：确定采剥工作台阶的开段沟位置及其推进方向，采剥推进方式及同时工作台阶数与工作帮坡角。确定采剥台阶工作面主要结构要素有：台阶高度、最小工作平台宽度，陡帮作业的临时非工作平台宽度、工作台阶坡面角、堑沟底宽、电铲工作（正常、最小）线长度，采剥工艺的简述，采矿损失、贫化数据，采剥工作的主要原材料消耗（列表）。

（6）基建、采剥进度计划　包括：基建剥离量，道路工程量或井巷工程量；基建时间（投产时间），基建剥离部位，基建终了标高，基建终了保有二级矿量及保有期限，副产矿石量；基建期逐年的剥岩量，副产矿石量以及相应的设备数量。生产进度计划，投产到达产的时间，逐年剥离量，采矿量安排，生产剥采比，逐年保有的二级矿量及保有期限；达产服务年限以及计算年份，生产剥采比，设备数量，出矿品位等；生产期均衡生产剥采比的方法和效果；减产年份，减产期的生产能力，减产年所在标高；绘制基建、生产逐年矿岩量表和变化曲线图。

（7）露天矿防排水　包括简述矿区气象、水文地质条件、矿山防排水条件；确定防排水的设计标准、频率、允许淹没采场最低开采台阶的日数；山坡露天开采防洪截水方式，截洪、导水沟布置形式，截洪、导水沟主要技术规格和工程量计算；确定凹陷露天开采的排水方式，排水系统的布置，排水设备选择与计算，排水工程量。

（8）爆破材料设施　包括采用的爆破材料品种和数量；爆破材料总库、分库的位置和容积；库房的组成及组厂储存时间；炸药加工厂的组成、工作制度、加工工艺流程、生产能力、采用的主要设备型号、数量及加工厂的平面配置。

### 1.4.5　露天采矿图纸概述

露天采矿中常用的图纸有：

（1）露天开采终了图，常用比例尺为1∶1000～1∶2000，包括：

① 露天开采终了平面图；

② 露天开采终了纵、横剖面图（可选有代表性剖面）。

（2）露天开采基建年年末平面图，常用比例尺为1∶1000～1∶2000，包括：

① 基建期逐年年末平面图；

② 基建终了（投产年末）平面图。

（3）露天开采生产年年末平面图，常用比例尺为1∶1000～1∶2000，包括：

① 投产至达产年年末平面图；

② 达产年年末平面图（一般可编5～7年）；

③ 计算年年末平面图。

（4）露天开采采剥方法图，常用比例尺为1∶1000～1∶2000。

（5）露天矿汽车—破碎—胶带运输系统图，常用比例尺为1∶1000～1∶2000。

（6）露天矿汽车—机车运输系统图，常用比例尺为1∶1000～1∶2000，包括：

① 系统平面图；

② 系统剖面图。

（7）露天矿防排水系统图，常用比例尺为1∶1000～1∶2000。

（8）露天开采转入坑内开采开拓系统衔接图。

需注意的是，露天开采基建及生产平面图（年终图）的数量，应根据不同矿体的赋存条件及露天矿的不同特点具体确定。

## 能力训练题

### 一、单选题

1. 地下开采是指从地下矿床的矿块里采出矿石的过程，通过开拓、采准、切割和（　　）四个步骤来实现。

A. 空场　　B. 崩落　　C. 充填　　D. 回采

2. 把地质体断开成两部分并沿之滑动的破裂面叫做（　　）。

A. 断层面　　B. 正断层　　C. 逆断层　　D. 平移断层

3. 为寻找和评价矿产而进行的地质调查工作，称为（　　）。

A. 区域地质调查　　B. 普查找矿　　C. 地质勘探　　D. 矿山地质工作

4. 固体矿产资源/储量估算的方法可以归结为两大类，即几何学方法和统计学分析方法。几何学方法是将形态十分复杂的自然矿体变成与该矿体体积相近的一个或若干个简单的几何形体，分别计算出（　　），相加后即得整个矿体的总资源/储量。

A. 体积　　B. 资源/储量

C. 体积与资源/储量　　D. 面积与资源/储量

5. 卫星定位系统是一个由覆盖全球的卫星群组成的卫星系统。该系统可以采集到任意一点的经纬度和高度，以便实现导航、定位、授时等功能。该系统已经包含有美国的（　　）、俄罗斯的GLONASS、中国的COMPASS（北斗）、欧盟的Galileo系统，总卫星数目达100颗以上。

A. GPS　　B. GNSS　　C. GIS　　D. GMS

6. 三维激光扫描是集光、机、电和计算机于一体的非接触测量技术，具有测量速度快、自动化程度高、分辨率高、可靠性高和相对精度高的特点，其扫描结果直接显示为（　　），利用该数据，可快速建立结构复杂、场景不规则的三维可视化模型。

A. 坐标点　　B. 空间线　　C. 点云　　D. 空间面

7. 在露天开采中，使用装载机械将矿岩从爆堆中挖取，并装入运输容器内或直接倒卸于规定地点的工作，称为（　　）工作。

A. 穿孔　　B. 爆破　　C. 采装　　D. 运输

8. 回采工作一般包括落矿、采场运搬、（　　）三项主要作业。

A. 开拓　　B. 采准　　C. 切割　　D. 地压管理

9. 地下矿山“六大安全系统”包括，（　　）、井下人员定位系统、通信联络系统、压风自救系统、供水施救系统、紧急避险系统。

A. 视频监控系统　　B. 监测监控系统　　C. 通风系统　　D. 排水系统

10. 下列属于平面图图件要素的有（　　）。

① 图名、比例尺、方位　② 坐标网　③ 地形、水系　④ 图例、图签　⑤ 地质内容　⑥ 指南针

A. ①③④⑤⑥　　B. ①②⑤⑥　　C. ①③⑤⑥　　D. ①②③④⑤

### 二、多选题

1. 地下采矿方法分类繁多，以地压管理方法为依据，分为（　　）采矿法。

A. 空场　　B. 机械　　C. 充填　　D. 崩落

2. 三级矿量（露天矿山一般分为二级，称二级矿量）是指矿山在采掘（剥）过程中，依据不同的开采方式和采矿方法的要求，用不同的采掘（剥）工程所圈定的矿量。它包括（　　）。

A. 开拓矿量　　B. 采准矿量　　C. 备选矿量　　D. 备采矿量

3. 常见的地质素描图有（　　）。

A. 探槽素描图　　B. 浅井素描图　　C. 坑道素描图　　D. 柱状孔素描图

4. 全站仪是一种集光、机、电为一体的高技术测量仪器，是集（　　）测量工程于一体的测绘仪器系统。

A. 水平角　　B. 垂直角

C. 距离（平距、斜距）　　D. 高差

5. 露天矿山工程包含（　　）生产环节及工序。

A. 穿孔爆破　　B. 采装运输　　C. 提升　　D. 排土

6. 斜坡道作为主要开拓巷道的开拓方法，其形式有（　　）。

A. 直线式　　B. 螺旋式　　C. 往返式　　D. 折返式

7. 分段崩落法的缺点有（　　）。

A. 矿石损失贫化大　　B. 通风条件差

C. 无轨设备维护量大　　D. 放矿条件差

8. 风流控制设施包括（　　）。

A. 风门　　B. 风窗　　C. 风桥　　D. 密闭墙

9. 采场结构参数包括：矿块布置（沿走向或垂直走向）、（　　）、矿房长度和宽度、房间柱尺寸、顶柱和底柱尺寸、工作面形式和工作面长度、矿块底部结构和间距及布置方式等。

A. 中段高度　　B. 阶段高度　　C. 分段高度　　D. 分层高度

10. 按开采方式和范围，矿图分为（　　）矿山测量图。

A. 露天开采　　B. 斜坡道　　C. 地下开采　　D. 山坡

**三、判断题**

1. 岩层层面在较大范围内向同一个方向倾斜，倾向和倾角变化不大。无凸面状构造的产状包括三个要素，分别是走向、倾向和厚度。（　　）

2. 在同一个矿山中，生产勘探的不同时期或不同地段往往要使用不同的布置方式。（　　）

3. 资源/储量估算方法中，算术平均法计算结果的精确度，取决于勘探工程数量的多少。（　　）

4. 储量是指工业储量中的经济可采部分。（　　）

5. 露天矿测量方面的内容只有露天矿控制测量、露天矿生产测量。（　　）

6. 空间信息是指用来表示空间实体的位置、形状、大小及其分布特征等诸多方面信息的数据。（　　）

7. 由已经结束采剥工作的台阶（平台、坡面和出入沟等）所组成的露天矿场的四周表面称为露天矿场的工作帮。（　　）

8. 工作台阶是用以安置设备进行穿孔、爆破、采装、运输的工作场地。（　　）

9. 矿床进行地下开采时，一般都按照矿床开采四步骤，即按照开拓、采准、切割、回采的步骤进行，才能保证矿井正常生产。 （ ）

10. 采出矿石品位降低值与原工业矿石品位的比值，叫做贫化率。 （ ）

## 思政育人

**刘天泉**，中国工程院院士、岩石力学与工程学专家，投身科研数十载。他创立了完整的矿山岩体采动响应理论体系，创新了一整套矿山特殊开采技术体系，为矿山资源开发、开采和环境安全提供了切实可行的方法。

刘天泉于1927年11月10日出生于江西省萍乡市一个贫苦的家庭里。1944年，被日本侵略军抓去当了劳工，其间险些被杀害，死里逃生。1949年高中毕业的他，当了一年的小学校长，积极地参加中国农民协会活动，办夜校，投入到了火热的土改运动中去。但是，这离他自己的理想还相差甚远。于是，当得知湖南大学矿冶系招生后，他便踊跃报名，并一考即中。两年后，刘天泉又被选定赴外学习。经过5年的国外生活，刘天泉以优异的成绩获得硕士学位。1994年，刘天泉当选为中国工程院首届院士。

刘天泉院士始终认为，掌握的知识多了，才能找到科学规律，用新的规律来指导工程实践。科学这东西来不得虚假，待在家里面更是不可能有所收获。他经常说："采矿工程的科学研究不仅是一个艰苦的工作，有时还会冒着生命危险，我既然走上了这条道路，就要忠于职守。搞科学容不得半点含糊，为了数据的准确，冒着危险也要亲赴现场。古今中外，为科学献身的科学家大有人在，我们从事采矿工程研究的科技工作者，更要有一种为科学而勇于献身的精神。奉献，只为报国家的恩情。"

刘天泉院士将毕生精力都奉献给了祖国的科研事业，著有10余本著作、译著。这些几百万字的书稿，几乎占用了他所有的时间。为了把几十年积累的知识经验传承下去，刘天泉院士指导了多名硕士、博士研究生。他对自己的学生有三点要求：一是严格要求，工作细致；二是结合实际，科学求实；三是多读多写多动手。他的学生们逐渐成为所在领域内的佼佼者。纵使为了科研牺牲了所有业余时间，刘天泉院士也丝毫不觉得可惜。他曾说："我是个苦孩子出身，没有国家的培养教育，我也不可能有今天，所以我总在想着我是一个党员，党员有党员的义务，有党员的责任，我得对得起我所信仰的组织，我也时时记着，我更是一个科技工作者，社会的发展离不开科技，国家的富强离不开科技，所以我这么投入地工作，以便对得起养育我的国家。"

1999年，刘天泉院士病逝于北京。他虽已离我们远去，但他心系国家发展的爱国情怀和脚踏实地、严谨认真的为学态度，却会永远留在了我们心中，也激励着我们无数后来的矿业学子，前赴后继，开拓矿业新篇章。

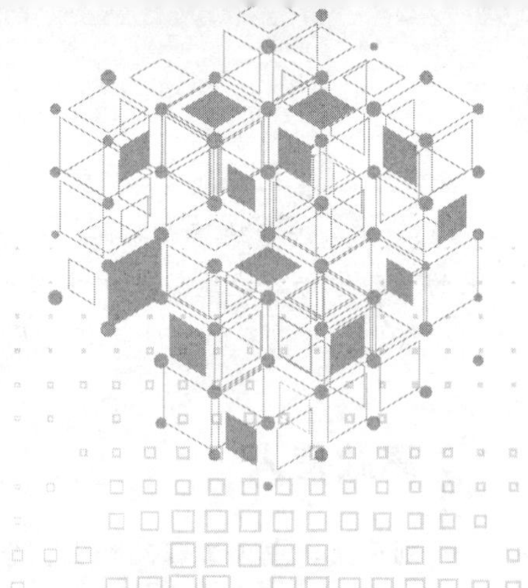

# 2 三维模型分类介绍

## 2.1 地质模型分类简介

### 2.1.1 地表模型

地表模型是一个可以表示地形分布特征的数组或者说是可以直观描述空间位置特征和地形属性特征的一种三维表现形式，主要通过已知的坐标属性以离散分布点的方式对连续的地面进行一种模拟显示。Dimine 软件三维建模平台通过自身的程序将空间数据（高程离散点或等高线等）三角网化来达到构建地面 DTM 的目的，三角网由多个相邻且不重合的三角面片构成，并可以通过颜色渲染功能完美模拟地表的起伏状态。

地表模型一般需要包含地貌信息和基本地物信息。图 2-1 所示的地表模型承载了整个区域的地形地貌、道路网络、河流湖泊、各类建筑物等信息。

图 2-1　地表模型

### 2.1.2 矿体模型

矿体是指含有足够数量矿石、具有开采价值的地质体。它有一定的形状、产状和规模。根据矿体模型可以直观清晰地全方面了解矿体的形态，对于矿体的分析和指导采矿意义重大。

矿体模型是根据钻孔、坑探槽等地质数据，在地质解译和边界圈连的基础上，通过轮廓线的对应关系建立的表达矿体空间形态、内部结构等信息的三维数字化模型，如图 2-2 所示。

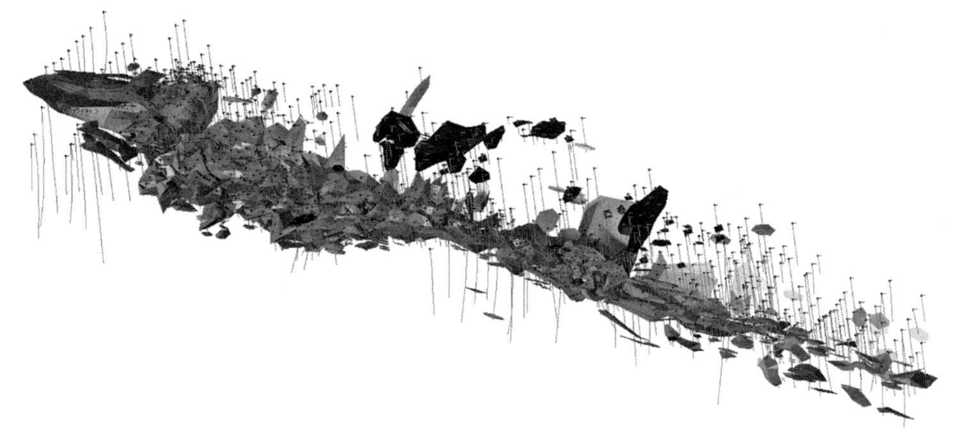

图 2-2 矿体模型

### 2.1.3 构造模型

由于地壳中存在很大的应力，组成地壳的上部岩层在地应力的长期作用下就会发生变形，形成构造变动的形迹，如在野外经常见到的岩层褶皱和断层等。建立构造模型可以清晰地分析地下的成矿因素和矿体的形态。

构造模型是根据钻孔、坑探槽等地质数据，在地质解译和边界圈连的基础上，根据相同类型边界线的对应关系建立表达构造空间形态、赋存状态等信息的三维数字化模型，见图 2-3。

图 2-3 构造模型

### 2.1.4 岩层模型

岩层是指两个平行或近于平行的界面所限制的由同一岩性组成的地质体，通常由一个层或若干个层组成。根据地质经验不同的地层形成的岩性是不同的，从而可以对矿床的成矿因素和含矿多少进行详细的分析，建立岩层模型后可以对于矿体的圈定界定明晰的界线。

图 2-4　岩层模型

岩层模型是根据钻孔、坑探槽等地质数据，在地质解译和边界圈连的基础上，根据相同类型边界线的对应关系建立表达岩层空间形态、赋存状态等信息的三维数字化模型，见图 2-4。

### 2.1.5　品位估值模型

品位估值模型是矿床品位推估及储量计算的基础，矿块模型的基本思想是将矿床在三维空间内按照一定的尺寸划分为众多的单元块，然后根据已知的样品点，通过空间插值方法对整个矿床范围内的单元块的品位进行推估，并在此基础上进行储量的计算。

品位估值模型实际上是一个数据库，它的目的主要是用来存储相关地质信息（包括矿岩类型、品位等），通过品位估值模型可以直观地了解地下资源的分布情况及岩性分布等，见图 2-5。

图 2-5　品位估值模型（见书后彩图）

## 2.2　工程模型分类简介

### 2.2.1　井筒工程

根据井筒的类型，井筒工程可分为立井、斜井两种。其中，立井井筒主要用途有通风、提升、溜矿等；斜井井筒主要用途有运输、人员通道、通风等。

井筒建模相对简单，只要确定井口和井底的三维坐标以及断面形状规格，就可以快速建立实体模型（图 2-6），具体步骤如下：

① 井口和井底的三维坐标以及断面形状；

② 根据断面参数选取并调整断面形状；

③ 绘制井筒中线；

④ 通过确定的井筒中线及断面生成实体。

### 2.2.2 平巷工程

平巷工程是巷道轴线与矿体走向一致的水平巷道。平巷工程分设计和实测两种类型。设计的平巷工程采用中线来生成实体，实体创建时可以采用中线加单一断面法，也可以采用中线加多个断面法。实测的平巷工程采用巷道顶底板实测点、线来生成实体模型，如图 2-7。

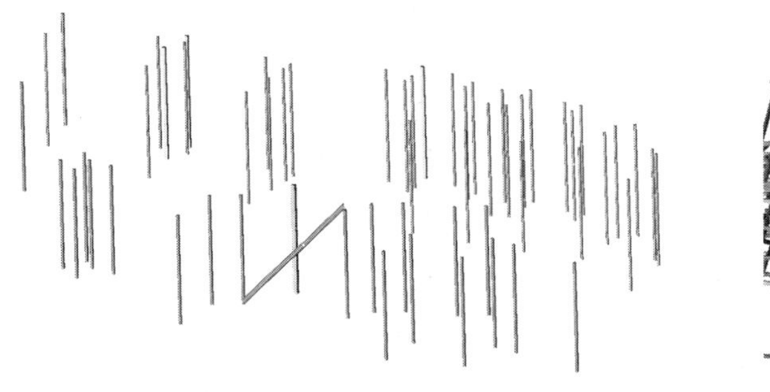

图 2-6 井筒工程模型

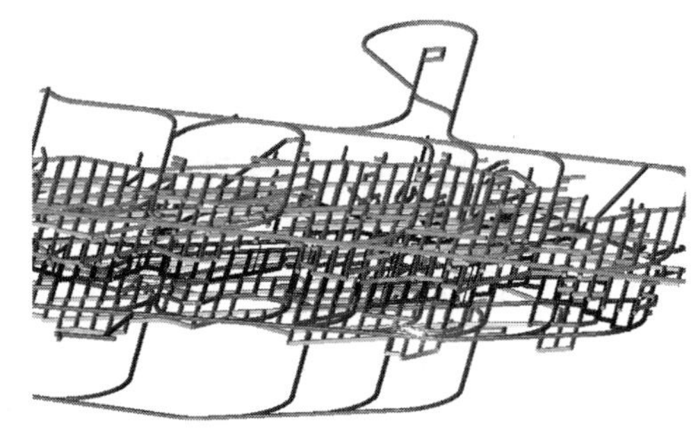

图 2-7 实测平巷工程模型

### 2.2.3 斜坡道工程

斜坡道工程是用于通行无轨设备、运输矿石和无轨设备出入井下的倾斜通道。斜坡道工程相对来说比较复杂，因为斜坡道不在一个固定的平面内，有很多拐角，确定斜坡道中线时比较复杂。因此，斜坡道建模首先要确定斜坡道各拐弯处及其在各中段交点处的三维坐标，然后再确定斜坡道断面图和斜坡道中线，最后通过中线加单一断面方法生成断面实体。图 2-8 为生成的斜坡道实体模型。

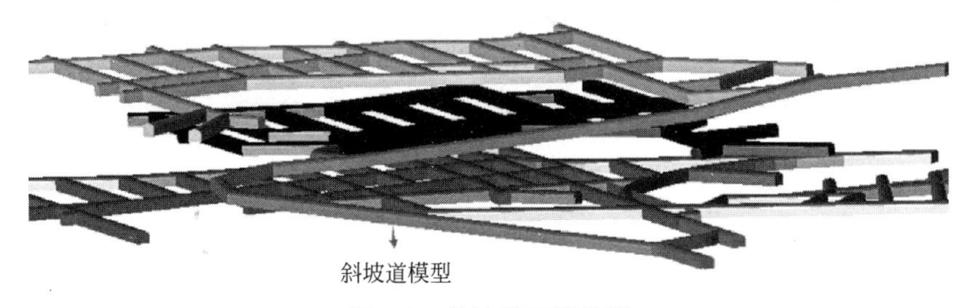


图 2-8 斜坡道工程模型

### 2.2.4 硐室工程

硐室是一种未直通地表出口的、横断面较大而长度较短的水平坑道。其作用是安装各种设备、机器，存放材料和工具，或作其他专门用途，如机修房、炸药库、休息室等，其实体模型见图 2-9。

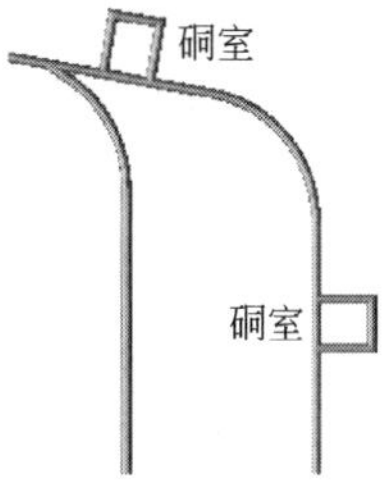

### 2.2.5 验收测量工程

井巷工程施工后，需要定期进行工程验收测量，并将实测工程绘至图中，计算验收进尺和方量。在三维软件的应用下，实测数据可直接在三维软件中建立实测模型。

硐室

硐室

图 2-9 硐室工程模型

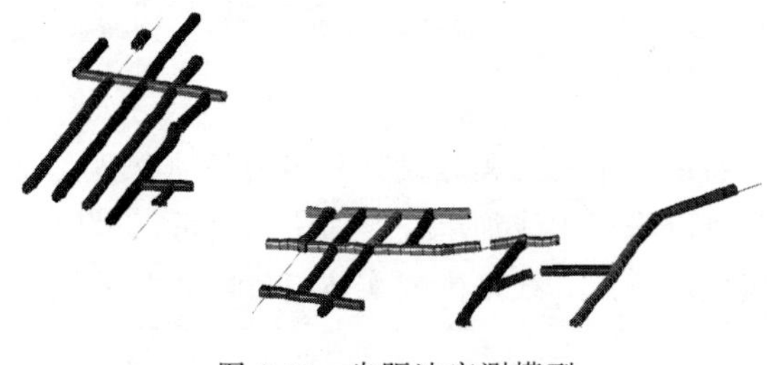

图 2-10　步距法实测模型

根据测量方法的不同，选择不同的快速生成巷道模型的方法，结果可对采准、切割设计提供数据，同时也可进行快速的工程量统计及直观的展示。实测的数据采集方式有步距法、双线法、极坐标法、断面法、腰线法等，这些数据都有功能直接建模。图 2-10 为步距法实测模型。

## 2.3　采矿模型分类简介

### 2.3.1　开拓系统简介

开拓系统（图 2-11）是指由地面向矿体开掘的各种井巷在空间位置上所形成的体系的总称。一般以主井或主平硐为主，配置副井、风井、井底车场、石门、硐室、运输平巷和横巷、主回风巷和回风天井、主溜井及其调车场，采用充填采矿法或采空区嗣后充填的矿山，还需要配置主充填井和排水排泥井巷等，以形成矿井提升、运输、通风、排水、供水、供电、输送压气以及充填、排泥等生产工艺系统。为降低矿岩运输费，在不受地形或工程地质条件影响的条件下，主井或主平硐应布置在矿岩运输功最小的位置上。

图 2-11　开拓系统

### 2.3.2　采切系统简介

采切系统（图 2-12）是在完成开拓工程的基础上，掘进一系列巷道，将阶段划分为矿块，在矿块内为行人、通风、运料、凿岩、放矿等创造条件的采矿准备工程。采准巷道布置和类型取决于采矿方法，常见的采准巷道有阶段运输平巷，穿脉巷道，通风、行人、运料天井，凿岩平巷，凿岩天井，切割天井，拉底巷道，电耙巷道，装矿巷道，放矿溜井，等。

阶段运输巷道的布置根据运输能力、运输设备类型、采矿要求、矿体和围岩的稳定性、采场放矿溜井位置等因素选择下列几种形式。

① 单一沿脉平巷布置：运输巷道沿矿体走向掘进，可布置在矿体内或矿体外，根据运输能力的要求，采用单轨或双轨。

② 下盘双巷加联络道布置：沿矿体走向布置两条平巷，一条为装车巷道，一条为行车巷道，每隔 50～100m 用联络道连通，专用的行车巷道有利于井下运输。

③ 沿脉平巷与穿脉巷道布置：穿脉巷道为装车巷道，沿脉巷道为行车巷道。

④ 环行巷道布置：运输能力大，用于厚和极厚矿体、水平和缓倾斜矿体，也可用于几组平行的矿体。

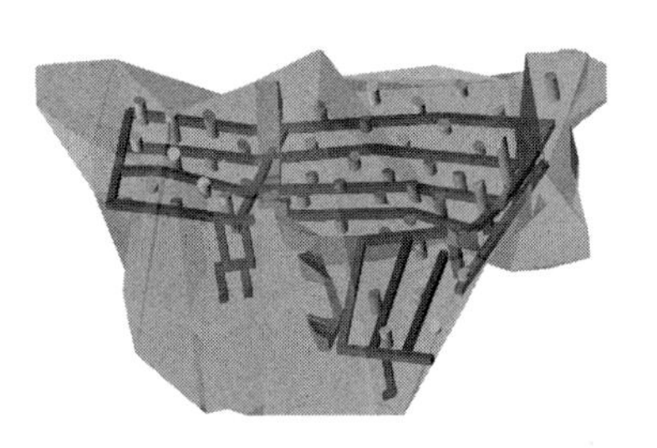
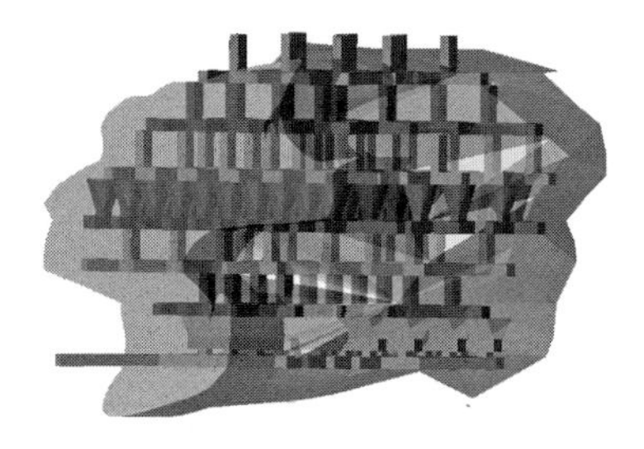

图 2-12 采切系统

### 2.3.3 采场、采空区简介

采场（图 2-13）是指矿井下生产的现场工作地点或工作区域，直接大量开采矿产资源的场所，可指正在生产的采掘工作面，也可指生产采区。

采空区（图 2-14）是由人为挖掘或者天然地质运动在地表下面产生的“空洞”，采空区的存在使得矿山的安全生产面临很大的安全问题，人员与机械设备都可能掉入采空区内部受到伤害。地下矿山开采会产生很多采空区，有些矿山会对采空区进行充填，用以保护上部地表不致塌陷，或者为回采提供稳定的环境。

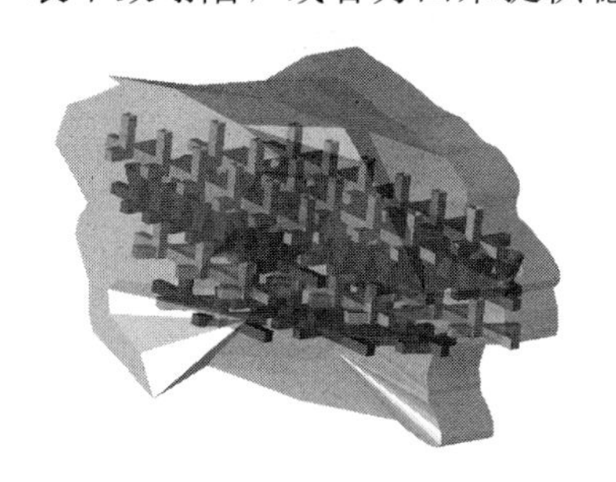

图 2-13 采场模型

(a) 实测采空区模型

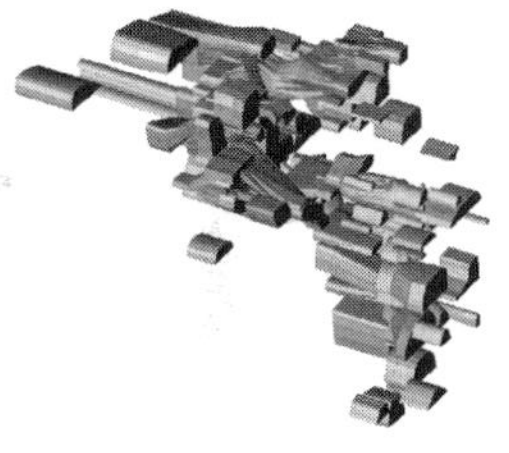

(b) 预测采空区模型

图 2-14 采空区模型

### 2.3.4 爆破设计工程简介

（1）露天爆破设计　露天爆破设计（图 2-15）以数据库的方式存储炮孔，方便对历史炮孔数据的查看和管理，同时可在视图中以三维方式显示炮孔及装药等信息，直观且操作简练。依据指定的孔距、排距、超深、缓冲距离等参数，实现布置多孔、单孔、沿线布孔及指定区域自动布孔；在内置可扩展炸药库、装药模板库的辅助下，快速便捷地完成装药设计；通过自动连线、炮孔连线、设置起爆点等，生成科学严谨的起爆网络；在此基础上，可以进行爆破模拟仿真、等时线分

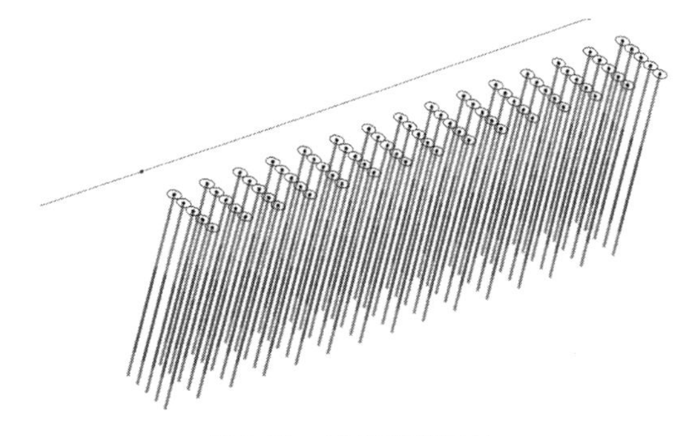

图 2-15 露天爆破设计

析、抛掷方向分析、起爆时间分析、一键生成露天爆破设计报告等。

（2）地下爆破设计　地下采矿设计中，爆破设计是十分重要的组成部分，它可以为爆破施工提供最直接的设计图纸和技术文件。一般来说，地下爆破设计主要分为巷道工程爆破设计和矿房、矿柱回采爆破设计。主要分浅孔、中深孔和深孔三类。

爆破设计中需要的炮孔设计参数（图2-16）包括：排位设计、排线切割、爆破边界、炮孔设计、复制炮孔、装药、计算量、技术经济指标、实体编辑、炮排剖面图、进路剖面图、爆破实体（图2-17）等，炮孔的布置形式主要有水平布孔和扇形布孔两大类。

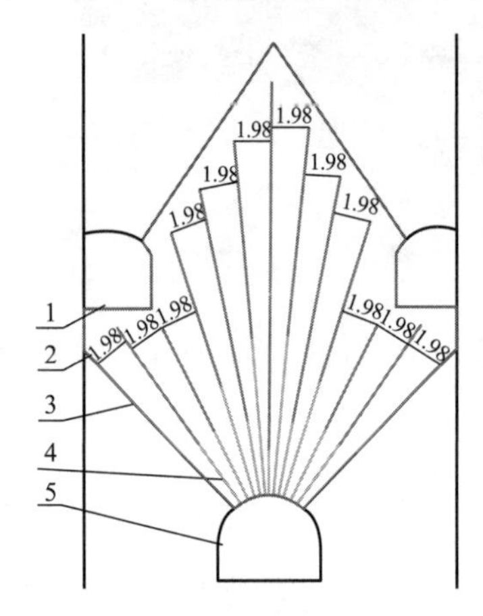


1—爆破边界；2—孔底距；3—装药；4—布孔；5—凿岩巷道

图2-16　爆破边界、布孔及装药图

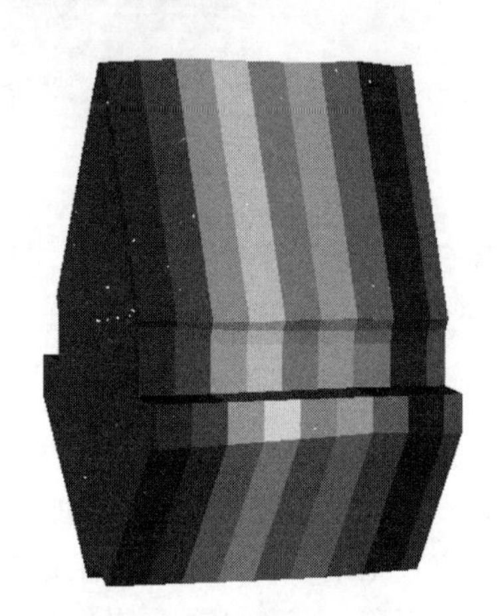

图2-17　爆破实体

## 能力训练题

### 一、单选题

1. 矿体有一定的形状、（　　）和规模。

A. 形态　B. 走向　C. 产状　D. 价值

2. 矿体模型是根据（　　）、坑探槽等地质数据建立的三维数字化模型。

A. 倾向　B. 钻孔　C. 走向　D. 倾角

3. 岩层是指两个平行或近于平行的界面所限制的，由（　　）岩性组成的地质体。

A. 不同　B. 同一　C. 相近　D. 同类型

4. 根据地质经验不同的地层形成的岩性（　　）。

A. 相同　B. 相似　C. 不同　D. 相近

5. 矿块模型根据已知的样品点，通过（　　）插值方法对整个矿床范围内的单元块的品位进行推估。

A. 空间　B. 平面　C. 线形　D. 曲面

6. 品位估值模型实际上是一个（　　）。

A. 平面模型　B. 空间模型　C. 数据库　D. 文字信息

7. 平巷工程是巷道轴线与矿体走向（　　）的水平巷道。

A. 一致　B. 不一致　C. 相交　D. 垂直

8. 通过（　　）加单一断面方法可生成断面实体。

A. 中线　　B. 腰线　　C. 底板　　D. 帮线

9. 主井或主平硐应布置在矿岩运输功（　　）位置上。

A. 最小　　B. 最大　　C. 适中　　D. 最优

**二、多选题**

1. 地表模型承载了整个区域（　　）等信息。

A. 地形地貌　　B. 道路网络　　C. 河流湖泊　　D. 各类建筑物

2. 三维地质模型是建立在（　　）的基础上。

A. 剖面图　　B. 地质解译　　C. 边界圈连　　D. 投影图

3. 品位估值模型主要是用来存储（　　）地质信息。

A. 类型　　B. 品位　　C. 比重　　D. 断层

4. 实测的平巷工程采用巷道顶底板实测（　　）来生成实体。

A. 点　　B. 线　　C. 面　　D. 体

5. 属于硐室有（　　）。

A. 机修房　　B. 炸药库　　C. 休息室　　D. 露天坑

6. 下列能直接用于生成巷道模型的测量数据为（　　）。

A. 步距法　　B. 双线法　　C. 极坐标法　　D. 断面法

7. 一般以（　　）为主，配置副井、风井、井底车场、运输平巷和横巷、主回风巷和回风天井、主溜井及其调车场。

A. 主井　　B. 主平硐　　C. 石门　　D. 硐室

8. 常见的采准工程有（　　）等。

A. 阶段运输平巷　　B. 穿脉巷道

C. 通风天井　　D. 拉底巷道

9. 阶段运输巷道的布置根据各因素选择（　　）形式。

A. 单一沿脉平巷布置　　B. 下盘双巷加联络道布置

C. 沿脉平巷与穿脉巷道布置　　D. 环行巷道布置

10. 依据指定（　　）等参数，实现自动化布孔。

A. 孔距　　B. 排距　　C. 缓冲距离　　D. 孔径

**三、判断题**

1. 三角网由多个相邻且不重合的三角面片构成。（　　）

2. 矿体模型不可以直观清晰地全方面了解矿体的形态。（　　）

3. 由于地壳中存在很大的应力，组成地壳的上部岩层在地应力的长期作用下就会发生变形，形成构造变动的形迹。（　　）

4. 岩层模型建立不需要钻孔、坑探槽等地质数据。（　　）

5. 只要确定井口和井底的三维坐标以及断面形状规格，就可以快速建立井筒实体模型。（　　）

6. 设计的平巷工程可以采用中线来生成实体。（　　）

7. 斜坡道建模首先要确定斜坡道各拐弯处及其在各中段交点处的三维坐标。（　　）

8. 在三维软件的应用下，实测数据可直接在三维软件中建立实测模型。（　　）

9. 开拓系统是指由地面向矿体开掘的各种井巷在空间位置上所形成的体系的总称。（ ）

10. 爆破设计以数据库的方式存储炮孔。（ ）

## 思政育人

**陈景河**，现任紫金矿业集团股份有限公司董事长、总裁、党委书记、总工程师。1982年，刚从福州大学地质专业毕业的陈景河满怀着梦想到福建省闽西地质大队报到，之后被分配到紫金山进行地质勘探工作。1982年，陈景河带着勘探队在紫金山脚下安营扎寨，先开始在汀江两岸区域找矿。通过勘探发现，在山顶部分找到矿山的希望更大。但紫金山的自然条件很差，山顶的条件远远比江边艰苦，陈景河和他的一队人马在山顶一待就是两个多月，住破庙、钻老洞，是他们必须要做的事情。陈景河的心血没有白费，1983年，经过了一系列科学鉴定，陈景河终于发现了梦寐以求的矿山，而且“不鸣则已，一鸣惊人”，紫金山被认为同时拥有大型金矿和特大型铜矿，在后来的10年间，通过勘探数据证明，紫金山的预测储量不断扩大。为了完全弄清楚紫金山的矿藏储量，在接下来的几年时间里，陈景河和他的队员每周5天，从山脚爬到山顶，经历了常人难以想象的辛苦。由于往返爬山同时还要兼顾勘探会耗费太多精力，陈景河干脆住在山上，一年到头除了探亲都不下山。“从发现到勘探矿山，用了整整10年!”如今，陈景河回忆这段岁月颇有感慨。

1992年，在紫金山黄金矿被发现后的第十年，福建上杭县决定要开发这一矿山。不过，当时这一决定面临巨大的争议，国家工业部门的专家在进行开发性工业试验后，预计紫金山的金矿总储量只有5.45吨左右，而且矿石品位低，开采后不能盈利。紫金山金矿在行业内，被认为是开发的“鸡肋”。但作为紫金山金矿的发现人，陈景河不甘心就这样放弃。他认为，紫金山金矿尽管品位低，但储量远远不止预计的5.45吨，通过压缩成本，仍然具备开发潜力。对紫金山难以割舍的情结，让他在完成紫金山的勘探工作后毅然放弃大城市和条件优越的工作，来到贫困的山区，走马上任“职工只有76人，总资产仅351万元，靠买卖零星矿产品度日”的上杭县矿产公司经理，自己来开发紫金山金矿。

1993年，由上杭县矿产公司改组而成的紫金矿业公司开始对紫金山进行开发。为了实现低品位基础上的开发盈利，陈景河决定另辟蹊径。经过不断研究，他根据紫金山金矿的矿石特点，大胆选用了投资额低、生产成本低的堆浸工艺，用700万元建成了年处理矿石5万吨规模的矿山。之后从1996年到2000年，紫金矿业公司依靠自身发展的积累，进行了二、三、四期技改，迅速做大做强，成为中国单体矿山保有可利用储量最大、采选规模最大、黄金产量最大、矿石入选品位最低、单位矿石处理成本最低、经济效益最好的黄金矿山。

2000年之后，初具实力的紫金矿业公司逐渐在黄金行业内崭露头角。在这个关键的时刻，陈景河适时提出了“国内黄金行业领先—国内矿业领先—进入国际矿业先进行列”的三步发展战略，决心率领紫金人果断地“走出去”，到贵州、吉林、新疆等地参与矿山开发，抢得占有资源的先机。为了让公司每一步都能走稳，陈景河亲自策划了公司的几次改制工作，使公司建立和健全了企业管理体系，并抓住时代机遇，于2003年12月23日成功在香港上市，搭建起通向资本市场的桥梁。

如今的紫金矿业集团股份有限公司已经在国内十五个省（区）和海外十三个国家投资组

建了近百家下属公司，成为国内著名的黄金矿业企业，2022 年《福布斯》全球上市公司 2000 强排名第 325 位，在上榜的全球黄金企业排第 1 位、在全球金属矿业企业中排第 7 位；位居 2022 年《财富》世界 500 强第 407 位、《财富》中国 500 强第 53 位。

陈景河作为专家型的企业家，几十年如一日扎根矿业行业，带领紫金矿业集团股份有限公司发展成为如今国际知名矿业公司，成为我国矿业公司发展及国际化的楷模。如今的陈景河虽已年过花甲，但依然不知疲倦，他正在谋划紫金矿业集团股份有限公司新的发展路线图，深深影响着中国的矿山企业、矿业工作者。

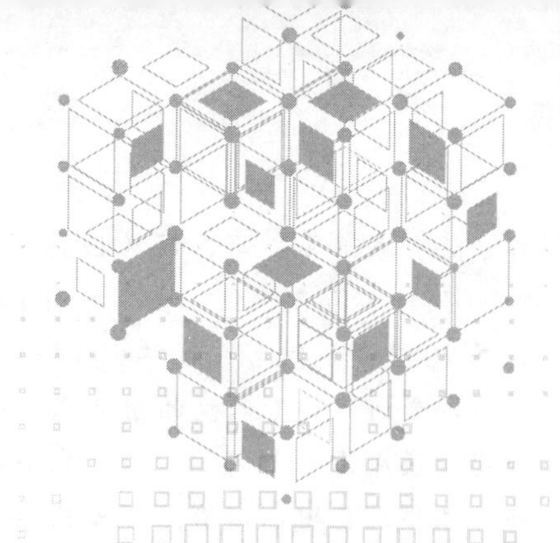

# 3 三维地质建模与更新

## 3.1 地质数据库创建与更新

地质数据库是地质解译、品位推估、矿量计算和管理、采矿设计的基础。地质数据库涵盖矿山地质勘探、生产勘探、矿山开采等阶段，数据内容包括钻探、坑探、地表槽探等探矿数据以及生产过程中坑道编录和刻槽取样数据。矿山地质数据主要保存在一些平面图、剖面图、柱状图及勘探报告附表等资料中，由于相关数据量大、数据形成跨度时间长，所以在建立数据库前需进行数据输入、整理、检查和合并工作。

### 3.1.1 钻孔数据库建立

钻孔数据库承载了矿山地质勘探和生产勘探的详细信息，钻孔数据库是进行地质解译、品位推估、储量计算与管理以及后续采矿设计的重要基础。矿山的钻孔数据信息主要包含钻孔的孔口坐标信息、钻孔的样品信息、钻孔的测斜信息，其中测斜信息对于大部分矿山只是对地质勘探的钻孔进行测斜，生产勘探的钻孔一般不进行测斜，将生产勘探的钻孔视为直孔，因而没有偏斜。

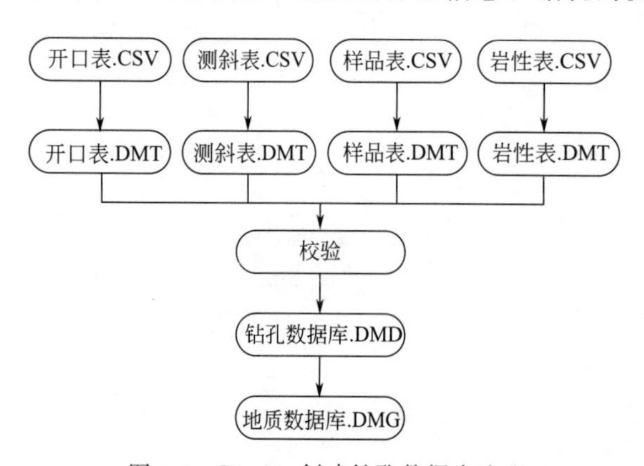


图 3-1　Dimine 创建钻孔数据库流程

下面以 Dimine 数字采矿软件为例，讲解钻孔数据库创建流程。其创建钻孔数据库流程如图 3-1 所示。

#### 3.1.1.1 基础数据表格的准备

矿山地质数据主要保存在一些平面图、剖面图、柱状图及勘探报告附表等资料中，在建立地质数据库之前，需要将矿山提供的这些工程地质数据分析整理，按照“孔口文件”“测斜文件”“样品文件”“岩性文件”等格式进行录入。

(1) 地质数据文件的格式　对钻孔数据进行整理分析时，将原始的地质信息按照表 3-1～

表 3-4 格式要求分别整理。

**表 3-1 孔口文件包含的信息**

| 列编号 | 列代表的意义 | 说明 |
|---|---|---|
| 第一列 | 钻孔名称（BHID） | 1. 此文件中包含的是关于钻孔开口信息方面的内容；<br>2. 各列的编排顺序并无严格限制，但这样组织比较符合习惯；<br>3. 文件中除了这些必有内容外，还可添加其他内容，如钻孔类型（钻探或坑探）等 |
| 第二列 | 钻孔开口东坐标（$X$） | |
| 第三列 | 钻孔开口北坐标（$Y$） | |
| 第四列 | 钻孔开口标高（$Z$） | |
| 第五列 | 钻孔深度 | |
| 第六列 | 勘探线号 | |
| …… | …… | |

**表 3-2 测斜文件包含的信息**

| 列编号 | 列代表的意义 | 说明 |
|---|---|---|
| 第一列 | 钻孔名称（BHID） | 1. 此文件中包含的是关于钻孔测斜信息方面的内容；<br>2. 各列的编排顺序并无严格限制，但这样组织比较符合习惯 |
| 第二列 | 测斜起点距钻孔口的距离 | |
| 第三列 | 方位角 | |
| 第四列 | 倾角 | |
| …… | …… | |

**表 3-3 样品文件包含的信息**

| 列编号 | 列代表的意义 | 说明 |
|---|---|---|
| 第一列 | 钻孔名称（BHID） | 1. 此文件中包含的是关于钻孔取样信息方面的内容；<br>2. 各列的编排顺序并无严格限制，但这样组织比较符合习惯；<br>3. 该文件第四列以后的内容根据所研究矿床含有的有用元素的情况来确定 |
| 第二列 | 取样段起点距孔口的距离（FROM） | |
| 第三列 | 取样段终点距孔口的距离（TO） | |
| 第四列 | 元素 1 品位（Cu） | |
| 第五列 | 元素 2 品位（TFe） | |
| 第六列 | 元素 3 品位（Au） | |
| 第七列 | 元素 4 品位（Ag） | |
| …… | …… | |

**表 3-4 岩性文件包含的信息**

| 列编号 | 列代表的意义 | 说明 |
|---|---|---|
| 第一列 | 钻孔名称（BHID） | 1. 此文件中包含的是关于钻孔取样信息方面的内容；<br>2. 各列的编排顺序并无严格限制，但这样组织比较符合习惯 |
| 第二列 | 取样段起点距孔口的距离（FROM） | |
| 第三列 | 取样段终点距孔口的距离（TO） | |
| 第四列 | 岩性代码 | |
| 第五列 | 岩性描述 | |
| …… | …… | |

（2）数据文本文件生成　在建立地质数据库之前，必须对矿山的地质数据分别按照上述格式在 EXCEL 文本中进行整理分析，最终形成如表 3-5～表 3-8 所示的表格。

**表 3-5 钻孔开口信息表（部分）**

| 钻孔名 | $X$ | $Y$ | $Z$ | 孔深/m | 勘探线号 |
|---|---|---|---|---|---|
| CK110 | 3329636 | 38589974 | 43.08 | 253.4 | 11 |
| CK22 | 3329622 | 38590008 | 46.97 | 164.84 | 2 |
| CK76 | 3329620 | 38590015 | 47.88 | 358.19 | 7 |
| CK102 | 3329627 | 38589994 | 43.33 | 349.06 | 10 |
| CK226 | 3329544 | 38590203 | 40.94 | 456.58 | 22 |
| CK247 | 3329716 | 38589827 | 28.88 | 330.56 | 24 |

**表 3-6 地质工程测斜信息表（部分）**

| 钻孔名 | 测斜深度/m | 方位角/(°) | 倾角/(°) |
|---|---|---|---|
| CK110 | 0 | 292 | −90 |
| CK110 | 253.4 | 292 | −90 |
| CK22 | 0 | 292 | −70 |
| CK22 | 164.84 | 292 | −70 |
| CK76 | 0 | 292 | −90 |
| CK76 | 50 | 292 | −89.57 |
| CK76 | 100 | 292 | −88.9 |

**表 3-7 地质工程样品信息表（部分）**

| 钻孔 | 样号 | 从 | 至 | 样长/m | Cu/% | TFe/% |
|---|---|---|---|---|---|---|
| CK102 | 11 | 252.68 | 253.82 | 1.14 | 0.92 | 36.9 |
| CK102 | 12 | 253.82 | 254.47 | 0.65 | 1.07 | 28.1 |
| CK102 | 13 | 254.47 | 255.96 | 1.49 | 0.87 | 40.94 |
| CK102 | 14 | 255.96 | 256.92 | 0.96 | 2.09 | 23.22 |
| CK102 | 15 | 256.92 | 258.11 | 1.19 | 1.17 | 34.94 |
| CK102 | 16 | 258.11 | 259.67 | 1.56 | 1.78 | 9.3 |
| CK102 | 17 | 259.67 | 262.52 | 2.85 | 0.5 | 13.09 |
| CK102 | 18 | 262.52 | 265.86 | 3.34 | 0.26 | 9.94 |
| CK102 | 19 | 265.86 | 268.61 | 2.75 | 0.99 | 12.74 |
| CK102 | 20 | 268.61 | 270.79 | 2.18 | 0.48 | 17.45 |

**表 3-8 地质工程岩性信息表（部分）**

| 钻孔 | 从 | 至 | 岩性描述 |
|---|---|---|---|
| CK110 | 0 | 22.7 | 磁铁矿矿石 |
| CK110 | 22.7 | 33.9 | 斜长石岩 |
| CK110 | 33.9 | 41.52 | 花岗闪长斑岩 |
| CK110 | 41.52 | 95.01 | 斜长石岩 |
| CK110 | 95.01 | 163.43 | 白云质大理岩 |
| CK22 | 0 | 5 | 残坡积 |
| CK22 | 5 | 41.05 | 花岗闪长斑岩 |
| CK22 | 41.05 | 63.69 | 矽卡岩化斜长石岩 |
| CK22 | 63.69 | 67.51 | 白云质大理岩 |

#### 3.1.1.2 钻孔数据库建立

当孔口表、测斜表、样品表、岩性表 4 个数据表文件整理好后，就可以在 Dimine 中建立钻孔数据库，步骤分为以下几步：

① 将 TXT 或 CSV 格式的数据导入到 Dimine 中生成 DMT 格式文件；

② 对数据进行校验；

③ 生成钻孔数据库。

下面分别对这些内容进行阐述。

（1）原始数据表格导入　可以通过 Dimine 软件中“数据表格”选项卡中的“导入”功能，将 CSV 或 TXT 格式的原始数据文件转换成为 Dimine 专有的 DMT 格式的数据表。注意如果是 CSV 格式文件导入时，分隔样式选择逗号；如果是 TXT 格式文件导入，需要选择 TXT 文档中字段间的分隔符号。在设置字段类型的选项中，工程名称、勘探线号、工程类型、样号、岩性名称等均用字符串型，开孔日期和终孔日期采用日期型字段类型，其他涉及数字的字段（如钻孔坐标和样品品位信息）选择双精度型或浮点型。

（2）钻孔数据校验　在创建钻孔数据库之前需要对导入的钻孔文件进行检查，软件将通过错误报告返回数据的错误信息。校验功能主要检查如下内容：

① 测斜长度是否超过钻孔总深度；

② 样品段是否重叠；

③“从（FROM）”是否小于“至（TO）”。

钻孔校验后，系统自动输出校验报告，并在输出窗口显示，根据报告文件错误类型的提示，在核对过原始数据后，对导入的钻孔数据进行修改，直到没有错误为止。

（3）生成钻孔数据库　利用 Dimine 创建钻孔数据库的功能，调入各关联数据表，设置好相应字段，即可快速完成地质数据库的创建，生成的钻孔数据库如图 3-2 所示。

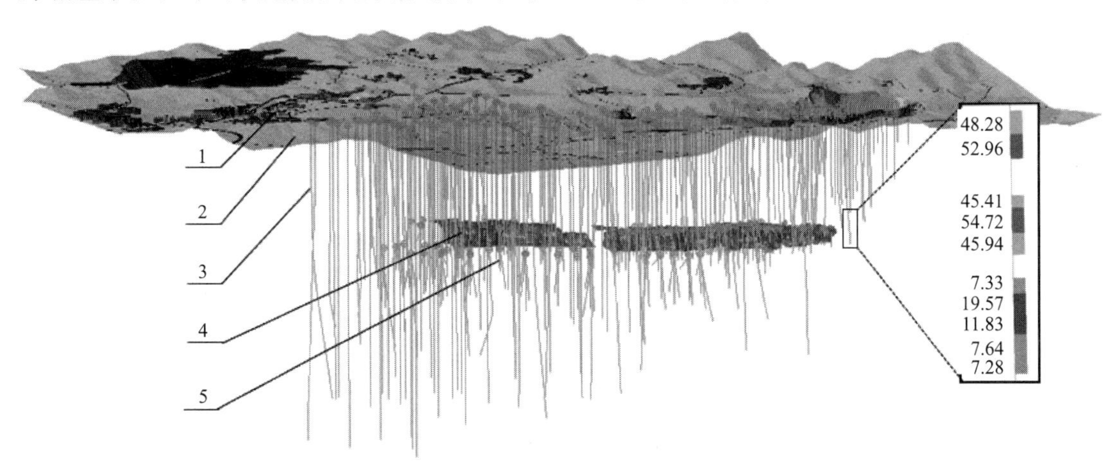


1—矿山构筑物；2—矿山地表；3—勘探钻孔；4—矿体模型；5—生产钻孔

图 3-2　钻孔数据库显示（见书后彩图）

地质工作产生的钻孔数据表除了以上基本表外，还有很多表，比如地质钻孔基本信息表、钻孔回次表、钻孔孔深校正及弯曲度测量表和钻孔结构数据表等。在“创建钻孔数据库”对话框中点击“高级”选项，展开“扩展表”设置框，选择“添加”，依次添加所需的各个钻孔数据表，可使数据表结构和扩展表一一对应起来。

### 3.1.2 坑槽井探数据库创建

坑槽井探数据库创建与钻孔数据库创建类似，将坑槽井探数据整理成工程信息表、测点信息表、样品支柱表。对坑槽井探数据进行整理分析时，将原始的地质信息按表 3-9～表 3-11 格式要求分别整理。

**表 3-9　工程信息表包含的信息**

| 列编号 | 列代表的意义 | 说明 |
| --- | --- | --- |
| 第一列 | 工程编号（BHID） | 1. 此文件中包含的是关于工程信息方面的内容；<br>2. 各列的编排顺序并无严格限制，但这样组织比较符合习惯；<br>3. 工程类型内容分为坑探、槽探、井探 |
| 第二列 | 工程名称 | |
| 第三列 | 工程类型 | |
| …… | …… | |

**表 3-10　测点信息表包含的信息**

| 列编号 | 列代表的意义 | 说明 |
| --- | --- | --- |
| 第一列 | 测点编号 | 1. 此文件中包含的是关于测点信息方面的内容；<br>2. 各列的编排顺序并无严格限制，但这样组织比较符合习惯；<br>3. 每个工程至少包含 2 组测点信息（即首尾测点信息） |
| 第二列 | 横坐标（$X$） | |
| 第三列 | 北坐标（$Y$） | |
| 第四列 | 高程（$Z$） | |
| …… | …… | |

**表 3-11　样品文件包含的信息**

| 列编号 | 列代表的意义 | 说明 |
| --- | --- | --- |
| 第一列 | 工程编号（BHID） | 1. 此文件中包含的是关于样品信息方面的内容；<br>2. 各列的编排顺序并无严格限制，但这样组织比较符合习惯；<br>3. 步距是样品点相对导线距起始测点距离；横距是样品点距导线的水平偏移距离，左为负右为正；高差是样品点相对于导线的落差，上为正下为负 |
| 第二列 | 样品编号 | |
| 第三列 | 起始测点号 | |
| 第四列 | 终止测点号 | |
| 第五列 | 起始样段步距 | |
| 第六列 | 起始样段横距 | |
| 第七列 | 起始样段高差 | |
| 第八列 | 终止样段步距 | |
| 第九列 | 终止样段横距 | |
| 第十列 | 终止样段高差 | |
| …… | …… | |

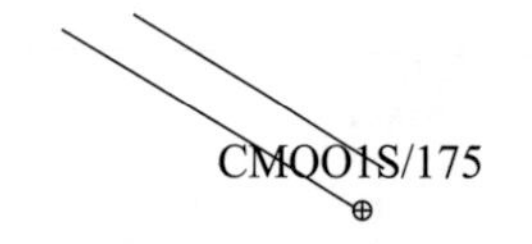


图 3-3　生成后的坑槽井探数据库

将坑槽井探数据表、工程信息表、测点信息表和样品支柱表导入 Dimine 后，生成 DMT 文件。对数据表进行校验并修改无误，即可创建 Dimine 的坑槽井探数据库文件，如图 3-3 所示。

### 3.1.3 井巷刻槽数据库创建

有些沿巷道进行刻槽的数据随着巷道拐弯而扭来扭去，不方便提取测斜数据，针对此种情况可采用拾取巷道帮线轨迹来生成数据库，如图 3-4 所示。

通过拾取刻槽轨迹线，在对话框中补充完善工程名称、样品分析信息即可创建刻槽数据库，如图 3-5、图 3-6 所示。

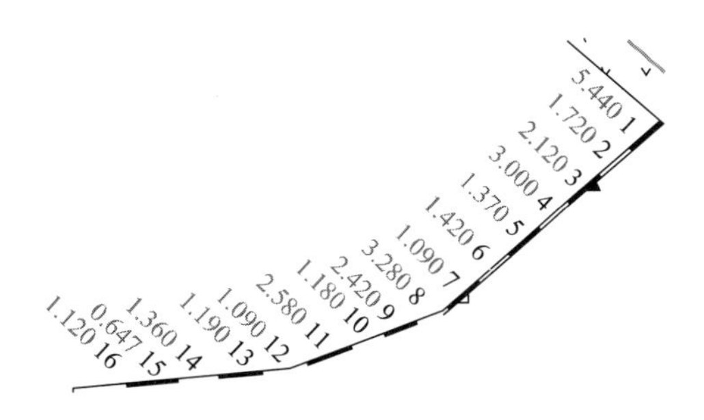


图 3-4　沿巷道帮刻槽生成数据样例

### 3.1.4　地质数据库更新

更新地质数据库时，可将整个地质数据按最新的表格进行整理，然后将重新建立地质数据库进行更新，也可以单独将更新的内容做成表格，之后添加到原数据库中进行更新，如图 3-7 所示。

图 3-5　单孔编辑对话框

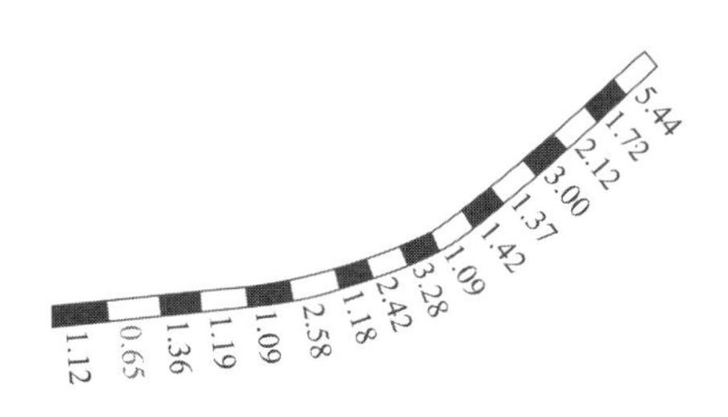


图 3-6　生成后的刻槽数据库

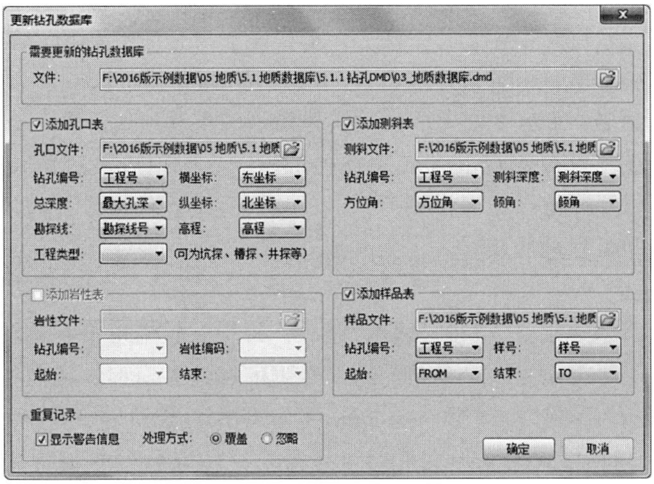

图 3-7　地质数据库更新

# 3.2 地质模型构建

矿山三维模型是数字化矿山建设的基础。合理准确的矿山三维模型，将为地、测、采专业应用以及矿山生产提供准确有效的数据，为科学合理进行设计并指导生产提供保障。矿山地质体模型主要包括：数字地形模型、矿体实体模型、岩体构造模型、围岩模型、夹石模型等。

## 3.2.1 数字地形建模

地质体形态复杂多变，很难用规则的几何体来描述，而且地形高程数据和纹理数据非常庞大，超出一般图形系统的实时渲染和内存管理能力。随着各种应用中数字地形规模的不断增大，解决由地形数据构成的复杂三维地形模型与计算机图形硬件有限的绘制能力之间的矛盾成为地形可视化的核心问题。因此，需要一种灵活、简便、快速的方法来建立不规则几何模型。目前，在地形建模方面，比较典型的软件有 Dimine、3D Max、SketchUp、OpenGL 和 MultiGen-Paradigm 公司的专业地形制作软件 Creator Terrain Studio v1.2 等。这里结合 Dimine 三维地形可视化实现的相关理论、技术和方法，来阐述三维地表模型的建立。

### 3.2.1.1 DTM 模型

数字地表模型（Digital Terrain Model，DTM）是将测量得到的等高线和测点矢量化后经计算机处理所得到的表面模型。通常直接按照等高线所生成的地表模型，可能会因为数据量偏少，以至于使生成的数字地形模型不能很好地符合实际情况，此时可以通过空间插值技术，重新在地表模型的基础上加密等高线，再用加密后的等高线就可以生成数据齐全且表面光滑的地表模型。在建立地表模型时空间数据插值方法主要有趋势面插值、距离幂次反比法、克里格插值、样条函数插值等。Dimine 软件的地表模型的空间数据主要是通过 TIN（Triangulated Irregular Network）技术和空间数据插值技术生成。在软件中，系统根据每个点的坐标值，将所有点、线连成若干相邻的三角面，然后形成一个随着地面起伏变化的单层模型。地表模型只能描述一个面，在平面上不具有重叠功能，即在同一个 $X$，$Y$ 上只能有一个 $Z$ 值与其对应。DTM 建模技术在数字矿业软件中具有广泛应用，如地面模型建模、露天矿矿坑建模、岩层建模、层状矿体建模、断层建模等。

数字化地表模型 DTM 是建立三维地质实体模型的重要组成部分，建立一个好的地表模型，可以对矿区所在位置在宏观上有较完整的认识。一些地表工程的设计和施工包括排土场、选场、井口等位置都是以地表模型为参考的，而且地表模型作为边界约束条件，还直接影响技术经济指标和工程量的计算。

### 3.2.1.2 建模方法

从现场收集到的原始数据资料通常较为杂乱，每一款软件也都有自己的数据定义方式和文件格式要求，因此要想建立一个完整的地质数据库和地表模型，就需要对原始数据进行整理和分析，且能被软件识别和调用。在 Dimine 软件中，建立模型主要使用的文件类型为 CAD 文件，当只有扫描格式的图形文件时，还需要先做好数据的矢量化转换工作，以确保后续工作的顺利进行。

建立地表模型时，首先需要把 CAD 中的地表图形文件导入到 Dimine 系统中，导入之前，在CAD中应将地形等高线、坐标网格和等高线的标高数值等描绘和标记出来；导入之后，在软件系统中对等高线进行赋值，使每条等高线的高程值与实际相符，这样就可以生成三维数字地表模型。在创建DTM模型前，最好先创建一个边界线，以便在生成地表模型后对其进行切割，生成实际矿山的地表模型。

现以Dimine软件为例进行矿区地表模型的创建，其具体的操作步骤如下。

(1) 导入　将矿区地形地质条件的等高线文件进行整理分析，并保存为AutoCAD的文件格式。在Dimine系统中，先进行数据的导入设置，选中“导入AutoCAD文件”，选择接受默认并确定，再找到AutoCAD文件并直接拖入到Dimine系统中，得到如图3-8所示的效果。

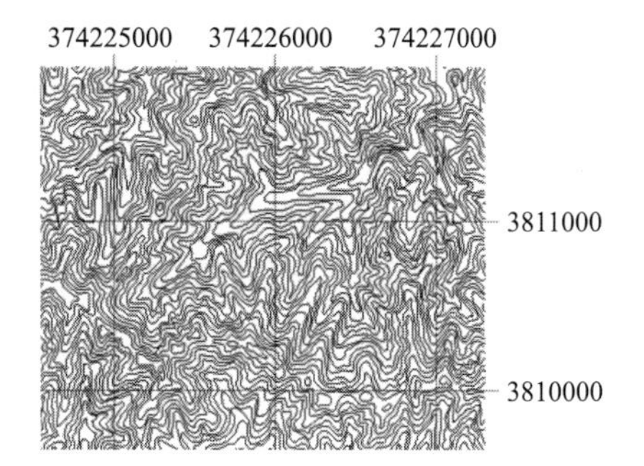


图3-8　矿区地形地质的等高线

(2) 赋高程　在赋高程之前，首先框选所有的线，单击右键，选择“转换为多线段”，再调用“线编辑”中的“多线连接”命令，将所有的多线段连接起来，最后根据部分等高线上所标注的高程，推断其他等高线的高程。在Dimine系统中有“梯度赋高程”“线赋高程”和“散点赋高程”三种方法，可根据实际，选择恰当且便捷的方式给多段线赋上高程。赋完高程后的等高线如图3-9所示。

图3-9　等高线赋高程（见书后彩图）

(3) 创建DTM　对等高线赋完高程后，便可以进行DTM的创建了。选择Dimine系统中“实体建模”命令，并框选所有等高线，右键确认，得到如图3-10所示效果。此时DTM的创建便完成了。有时为了更好地观察新生成的地表模型，可以在空白处点击右键，在弹出菜单中把“显示线”关闭，也可以通过“实体配色”，按高程$Z$值对模型配色，以便更直观地看出地表高低起伏变化。

### 3.2.2　三维地质解译

矿床地质解译（图3-11）是矿床建模和品位估值的主要工作，也是采用矿块模型法进行资源储量估算时主要地质工作的一种体现，这一工作基本上完全人为参与。尽管目前已有少

图 3-10 矿区 DTM 效果图（见书后彩图）

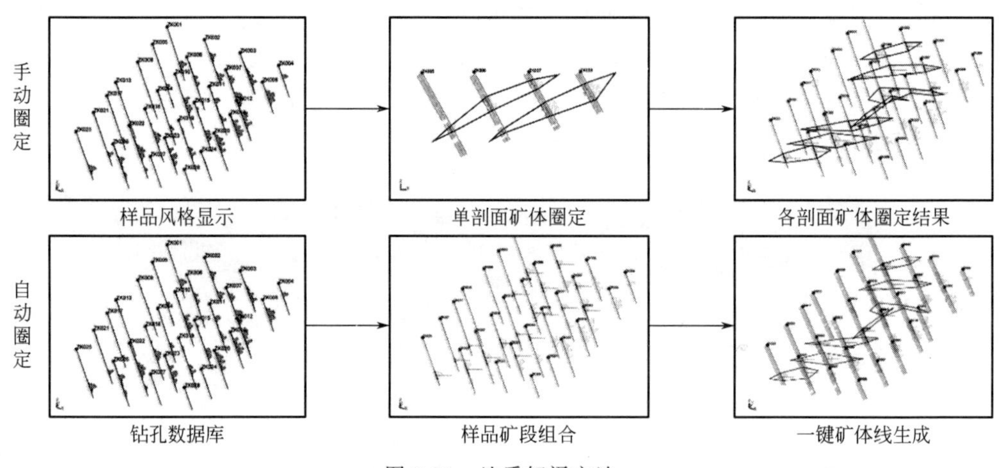


图 3-11 地质解译方法

数软件可模拟完成对矿（化）体的自动圈连，但也仅限于特定的矿床。由于地质因素的复杂性、多变性，既有其特定的规律又无章可循，因此大量的工作还得依靠人工进行，计算机软件只是一种辅助工具，始终无法完全替代地质工程师的工作。对矿床认识的不同将直接影响到矿（化）体圈定和连接方式，进而影响到矿（化）体的空间形态和产状。

矿（化）体的圈连必须符合客观地质事实，应在综合考虑区域成矿背景、矿床成因、构造、岩性、围岩蚀变等控制和影响矿床形成的诸多因素的前提下，结合地质数据库合理地解释矿区及矿床地质，划分不同的矿化带，根据圈矿指标（包括边界品位、最低工业品位、最小可采厚度、夹石剔除厚度、最低工业米百分率等）对全部或部分钻孔进行单工程矿体圈定，剖面及剖面间完成矿体圈定。

特别注意的是，对矿床认识的不同将直接影响到矿（化）体圈定和连接方式，进而影响到矿（化）体的空间形态和产状。目前有一些软件，如 Dimine 软件提供了单指标、双指标、多矿种来进行组合单工程矿体自动圈定和简单矿体剖面自动圈连。

需要特别指出的是，传统解译是在钻孔投影到勘探线剖面后进行地质解译，而采用矿用三维软件进行的地质解译指的是在三维空间中，直接在钻孔数据库上进行的解译，因而三维解译的线条通常不在一个平面上。

### 3.2.3 地质构造建模

工程地质的数字化，可以根据不同水平揭露的断层情况进行断层的空间展布分析，建立断层模型，并可以方便在不同水平标示出断层，从而实现预测预报，更好指导生产。同时可以将实际施工过程中揭露的构造特征点反映到空间内，每一个构造点在三维空间的准确位置可以详细的展现，便于观察分析构造点之间的关系以及分析构造破碎带的产状特征。

构造模型由断层模型和层面模型组成。主要内容包括两个方面：第一，通过断层数据，建立断层模型；第二，在断层模型控制下，建立各个地层顶底的层面模型。

目前主流建模软件大多采用一体化的构造建模流程，即将断层建模、层面建模以及地层建模作为一个技术整体，三者在模型数据间共享，并在操作过程上经过有机整合，如图 3-12 所示。

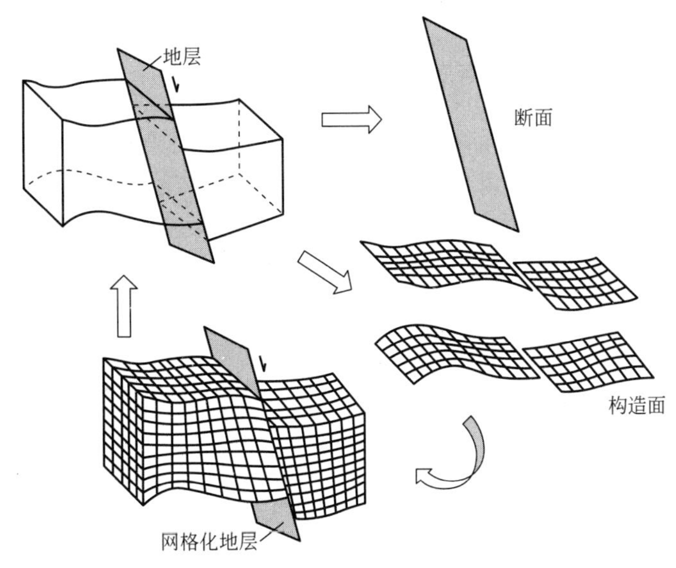


图 3-12 构造建模工作内容示意图

#### 3.2.3.1 断层模型的建立

断层是地质构造的产物，表示地层的断裂和错动，它对于地质研究、地质资源勘探、地下水流场分布都有重要的意义，另外断层在地质建模中对于地质体的生成、矿体边界的确定起重要的作用。因此，逼真地刻画断层对于地质建模来说是一项重要的工作。

断层数据主要是以图形的方式输入，然后再用来建模。平面上断层的表达方法有两种，一种是在平面图上绘制断层走向及标注倾角，如平面图或地质图；另一种是在剖面图上绘制断层线。结合这两种图件，断层在空间的展布情况就会一目了然。

断层模型为一系列表示断层空间位置、产状及发育模式（截切关系）的三维断层面。主要根据断层数据，包括断层多边形、断层线，通过一定的数学插值，并根据断层间的截切关系对断面进行编辑处理。断层建模的一般流程如下。

（1）建模准备　收集整理矿区断层数据信息，包括断层多边形、断层线，并根据构造图（剖面和平面）落实每条断层的类型、产状、发育层位及断层间的切割关系等。

（2）断面连接　将各剖面上同编号的断层按照平面控制的趋势和自身的产状，采用连线框的方式连接在一起。对于缺少数据的断层可采用断面插值的方法生成断层面。断面插值过程即是将数据准备阶段整理、导入的断层数据，通过一定的插值方法计算生成断层面。

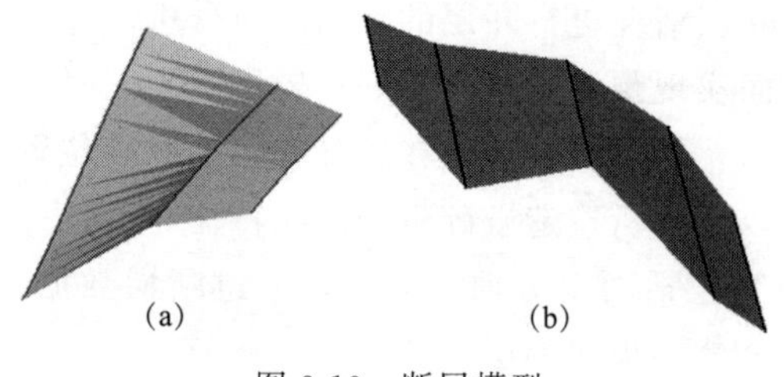

图 3-13　断层模型

（3）断面模型编辑　断面模型（图 3-13）编辑的主要目的，一是调整断面形态，使其与各类断层描述信息协调一致，如铲式断层等；二是设定断层间的切割关系，如简单相交、Y形相交断层等。正确编辑、处理断面形态及断层间接触关系是非常烦琐的工作环节，特别是在断层条数多、接触关系复杂的情况下。

一般来讲，断层在地质平剖面原始数据中都是一根不闭合的线，因此对于断层模型可以按照线框模型建模方法，利用平剖面构造线形成开放性的断层面，无需形成体文件。断层与矿体的临界面处，可以采用软件提供的布尔运算功能对矿体模型进行切割，提高两模型的契合度。

### 3.2.3.2　层面模型的建立

构造层面模型为地层界面的三维分布，叠合的构造层面模型即为地层格架模型。层面建模的一般步骤包括关键层面的插值建模、层面内插两个环节，即首先根据地震解释层面数据建立关键层面的模型，然后在关键层面控制下依据井分层数据内插小层或单层层面。

（1）关键层面的插值建模　关键层面主要是指地震解释的级别较高的层面，一般为油组或砂组。这些界面一般能进行较好地识别与解释。这些关键层面模型的建立，可作为内部小层或单层层面内插建模的趋势控制。

关键层面的建模数据主要为地震层面数据和井分层数据，进而通过数据插值而建立模型。算法的关键是能有效地整合井分层数据与地震层面数据。插值算法既可为数理统计方法（如样条插值法、离散光滑插值法、多重网格收敛法等），也可为克里金方法（如具有外部漂移的克里金方法、贝叶斯克里金方法等）。层面插值中一般需要设置如下参数。

① 层面设置：选择插值层面，并设置层面之间的接触关系，包括整合型、超覆型、前积-剥蚀型、不连续型等。

② 原始数据选择：选择参与插值的井分层点以及地震层位解释数据等。

③ 断层影响范围设置：真实的地下断层错断位置在垂向上为一定宽度的断裂破碎带，而构造建模一般以断面的形式来近似表示断层，也就是说层面是直接与断面相交。由于地震层位解释数据在断层附近的准确性不高，因此，在建模过程中，需要在断面附近设置一定距离的数据无效域，表示该区域的地震数据可信度不高，插值过程将不予考虑，同时该区域将按周围有效区的层面趋势延伸插值到断面位置，如图 3-14 所示。

④ 其他参数：包括选择插值算法、设置平滑次数等。

插值参数设置完成后，即可得到插值结果。

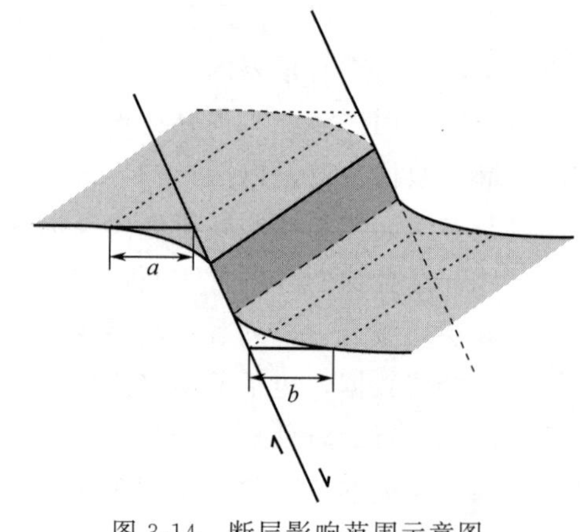

图 3-14　断层影响范围示意图

（2）层面内插　在关键层面建立之后，便可以其作为顶、底趋势面，对其内部的小层或单层进行层面内插，建立各层的层面构造模型。插值方法可为样条插值法、最小曲率法等。

由于地层内部的层面与顶、底趋势面的接触关系可能不同，会导致顶底趋势面对内插层面的控制方式的不同。因此，在内插前，需要首先判别地层的发育形式，确定地层层面之间的接触关系。

根据层序地层学原理，地层分布形式可分为以下几种类型。

① 比例式。其是地层内部层面及其与顶、底面呈整合接触。虽然地层厚度在各处有差别，但各地层单元的厚度比例在各处相似，即变化趋势是一致的（图 3-15）。该类型的地层是在基本稳定的沉积背景上形成的，横向的厚度变化主要由不同部位沉降幅度和（或）沉积速度的差异造成的。这种分布形式的极端形式为等厚式，即各处各地层单元的厚度基本相似。层面内插时，应选择“从顶底到中间”的层面内插方式。

② 波动式。其地层内部层面与顶、底面亦呈整合接触，但地层内部各地层单元的最大厚度沿某一方向迁移，呈波动变化。这主要是受地壳波状运动的影响控制，最大沉降区有规律地转移，导致各层最大厚度带有规律的转移（图 3-16）。层面内插时，应选择“从顶底到中间”的层面内插方式（即顶、底面共同作为趋势面）。

图 3-15　比例式地层分布形式

图 3-16　波动式地层分布形式

③ 超覆式。其地层内部层面与底面斜交，而与顶面平行，由地层向盆地边缘（或盆内凸起）超覆而形成（图 3-17），一般发育于海进（湖进）体系域中。当水体渐进时，沉积范围逐渐扩大，较新沉积层覆盖了较老沉积层，并向陆地扩展，与更老的地层侵蚀面呈不整合接触。在地层超覆圈闭中，常发育这种地层模式。层面内插时，应选择“从上到下”的层面内插方式（即顶面作为趋势面）。

④ 前积式。其地层内部层面与顶、底面斜交。内部地层沿某一方向前积排列，如图 3-18 所示。这种形式常见于三角洲相地层中，为建设性三角洲向海（湖）推进而形成。在这种情况下，层面内插时，应选择“从下到上”的层面内插方式（即底面作为趋势面）。

图 3-17　超覆式地层分布形式

图 3-18　前积式地层分布形式

⑤ 剥蚀式。其地层内部层面与底面平行，而与顶面斜交。顶面为剥蚀面，内部地层在高部位被剥蚀（图 3-19）。这一地层形式为地层抬升遭受剥蚀所致，常分布于不整合面之下。层面内插时，应选择“从下到上”的层面内插方式（即底面作为趋势面）。

⑥ 组合式。其为上述各型式的组合形式。如超覆式与剥蚀式的组合，地层沿底面向上超覆，其顶部又被顶界面所截切，如图 3-20 所示。对于顶、底面均为不整合面的情况，不能作为层面内插的趋势面，而应选择内部的等时面作为趋势面。

图 3-19　剥蚀式地层分布形式

图 3-20　超覆-剥蚀组合式地层分布形式

在地质建模设置时，往往将上述地层形式归纳为四种类型，即整合型（包括比例式、波动式）、超覆型（即超覆式）、退覆-剥蚀型（包括前积式、剥蚀式）、不连续型（即组合式）。

一般来说，地层原始数据在图纸中同样以不闭合线表示，但最终的地层模型应是一闭合实体模型。因此建模方法与矿体、断层模型建立方法稍有不同，属于多种建模方法的结合来建立模型，具体的方法步骤如下。

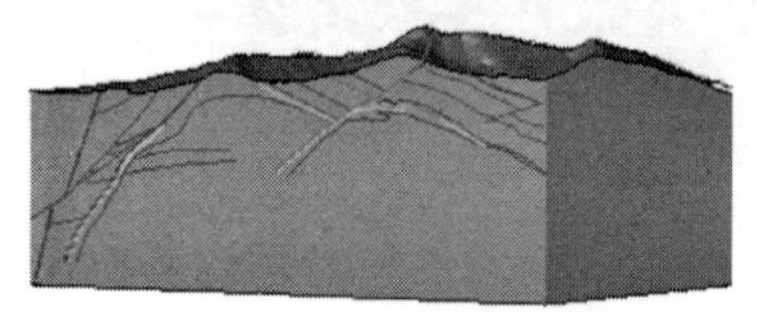

图 3-21　区域地质体创建

① 根据各平剖面控制范围，构建区域地质体，地质体的范围应尽可能囊括所有层面，并且以原始地表作为顶部进行创建，如图 3-21 所示。

② 提取各岩层分界线，建立各平剖面相对应岩层分界线线框模型。

③ 用构造面模型分割区域地质体，如图 3-22 所示。

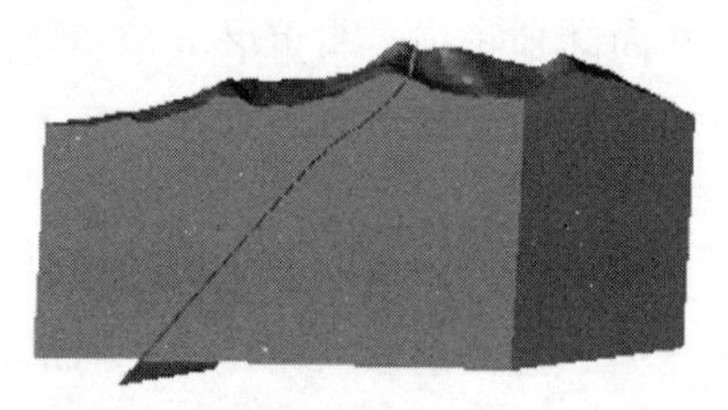

(a) 断层面与实体运算前

(b) 断层面与实体运算后

图 3-22　构造面模型分割地质体前后

④ 利用岩层、地层分界面线框模型对整个地质体文件按从上往下顺序逐层布尔运算来获得各岩层模型，如图 3-23 所示。

### 3.2.4　矿体模型构建

矿体模型一般也称为线框模型（wire frame），是通过计算机描述矿（化）体空间几何形态的一种常用表现方式，是由一系列三角网格组成的空间形态模型。矿（化）体几何模型

图 3-23 地层模型建模成果（见书后彩图）

可用于可视化、体积计算、在任意方向上产生剖面、在任意高程产生平面以及约束地质数据库数据等。

#### 3.2.4.1 线框模型

线框模型是矿（化）体空间几何形态的一种常用表现方式，是由一系列三角网格组成的空间形态模型，见图 3-24。

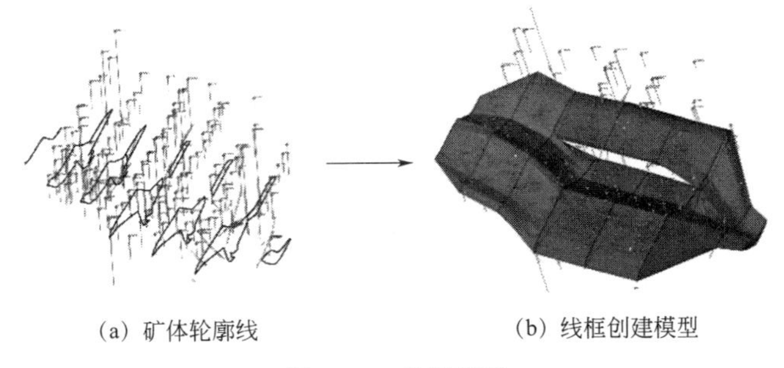

(a) 矿体轮廓线　　(b) 线框创建模型

图 3-24 线框模型

线框模型由以下要素组成。

（1）点　定位线框模型的空间位置，是三角面片的基本组成单元，如图 3-25 所示。

（2）三角面片　线框模型的基本单位，每个线框模型都是由许多单独的三角面片所组成，如图 3-26 所示。

（3）面　由不同的三角面片而组成的单个线框，面既可以是数字地形模型，也可以是实体线框，如图 3-27 所示。

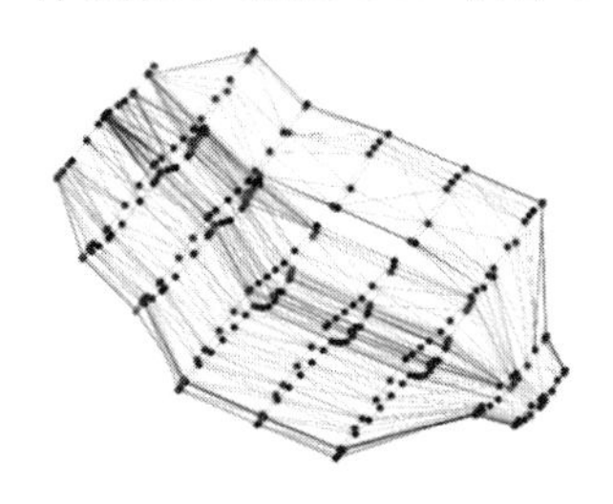

图 3-25 三级网顶点

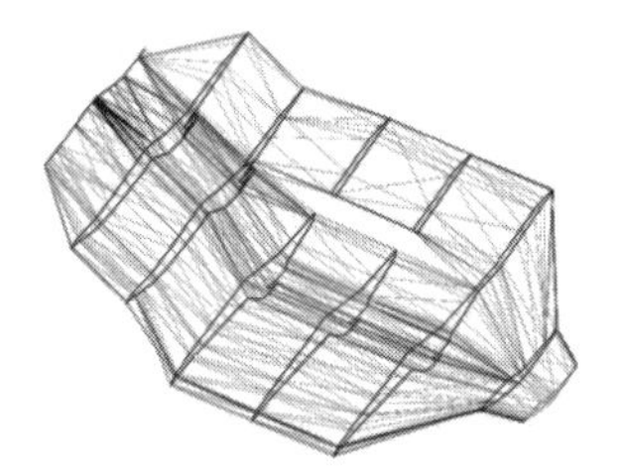

图 3-26 三角面片连接

图 3-27 矿体及地表面

（4）实体模型　由一个或多个具有相同或不同面标识符的线框组合而成的线框模型。是由一组通过空间位置，在不同平面内的线相互连接而成的。

（5）属性　线框模型所附载的信息，如矿化带标识、矿体编号、矿石类型等。线框的属性既可继承被连线的属性，也可直接对线框添加新的属性。

通过矿（化）体线框模型，可以直观地显示矿（化）体的空间赋存位置、形态和产状。一旦建立了矿体的线框模型，就可按任意方向进行矿体的剖切和矿体轮廓的显示，为采矿工程的合理布置提供论据，如图 3-28 所示。

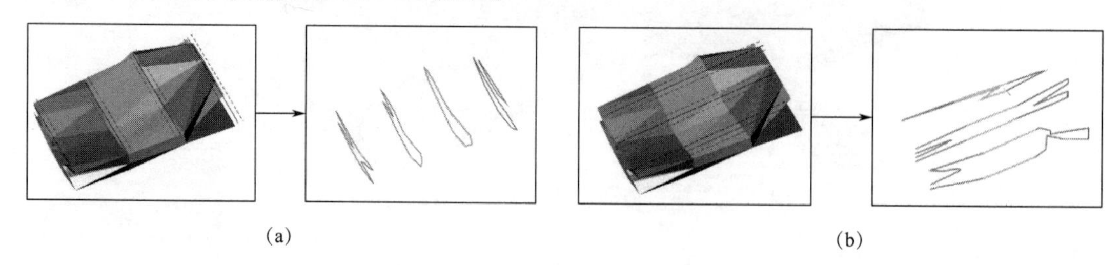

(a) (b)

图 3-28　任意方向剖面

### 3.2.4.2　三维建模方法

三维建模技术的核心是根据研究对象的三维空间信息构造其立体模型，尤其是几何模型，并利用相关建模软件或编程语言生成该模型的图形显示，然后对其进行各种操作和处理。为得到研究对象的三维空间信息，采用适当的算法，并通过计算机程序建立三维空间特征点（或某一空间域的所有点）的空间位置与二维图像对应点的坐标间的定量关系，最后确定出研究对象表面任意点的坐标值。

三维矿体的建模方法按参与建模的资料类型分为剖面法、平面法、交叉剖面法；根据建模资料的特点又有隐式建模、顶底板等高线法建模、等值线法建模等建模方法。

（1）剖面法建模　剖面法建模中地质数据的获取都是通过钻探得到，并逐个绘制相互平行的各勘探线剖面图，如图 3-29 所示。通过一系列剖面上的轮廓线将剖面连接起来，建立矿体轮廓三角网，这是实体建模的重点算法。

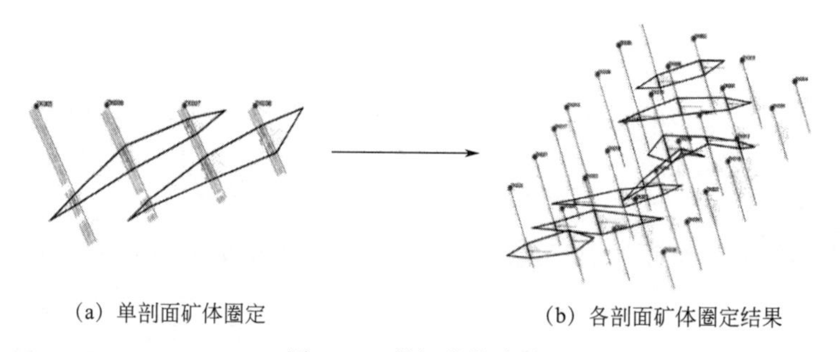

(a) 单剖面矿体圈定　　(b) 各剖面矿体圈定结果

图 3-29　勘探线轮廓线

剖面建模是使用矿体剖面解译线，利用线框建模相应算法，按照矿体编号、空间位置等进行模型的创建。

三维建模技术的核心是根据研究对象的三维空间信息，利用相关建模软件，采用适当的算法，构建几何模型。线框的连接方式一般有最小面积连接、最小周长连接、等角度连接和等长连接。在连接矿（化）体时应根据矿（化）体的实际特点来选择，例如当要连接两条长度及形态相似的线时，采用等长连接的效果更好。

其有以下优化方法：体积最大法，以重建表面所包围体的体积最大为目标函数求取最佳逼近；表面积最小法，以重建表面的表面积最小作为目标函数求取最佳逼近；最短对角线法，以最短对角线为优化目标的局部优化方法。

在剖面线框建模时，有时需对两条线上对应的点强制连接后才能符合地质体的实际要求，这时就要在对应的两点间人为添加连接控制线，按照控制线方向形成线框模型。

当剖面上的一条轮廓线与相邻剖面的多条轮廓线对应时，这些轮廓线之间会生成多个分支表面，即出现分支问题。当存在分支时，三角网的镶嵌问题更为复杂，需要再将轮廓线进行划分，如图 3-30 所示。

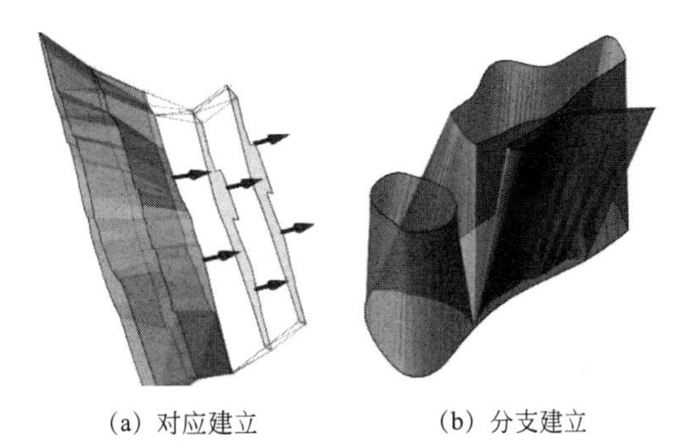

(a) 对应建立　　(b) 分支建立

图 3-30　分支建立模型

对于非层状矿床，一般按一定的工业指标利用探矿工程取样分析数据。首先取得矿（化）体与围岩的分界点，然后设置一定的剖面前后投影距离，逐个剖面将投影距离范围内探矿工程所确定的矿（化）体与围岩的空间分界点会连接成闭合或不闭合的矿（化）体三维边界线，最后依次将相邻剖面所对应的矿（化）体边界线连接成实体，即可创建矿（化）体的几何模型，如图 3-31 所示。

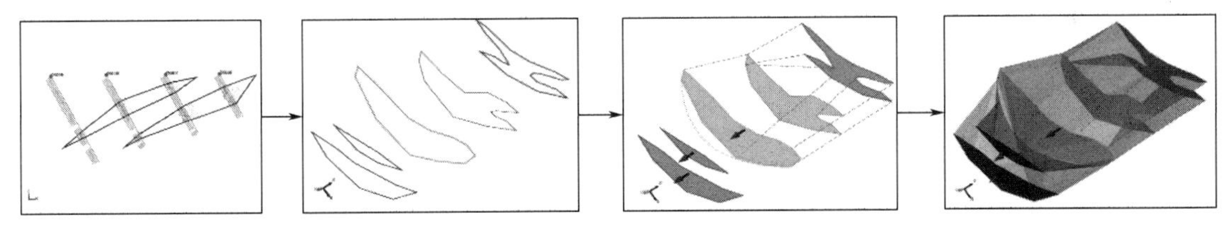

图 3-31　某矿床主矿体线框模型建立过程

矿体外推（图 3-32）方式有点尖灭、楔形尖灭、平推三种模式。针对单个剖面上的见矿工程外推方式及矿体走向方向端部的外推方式，地质工程师应根据矿种类型、勘探工程类型、勘探间距、矿体形态等选择确定矿体外推方式、外推大小及外推距离。

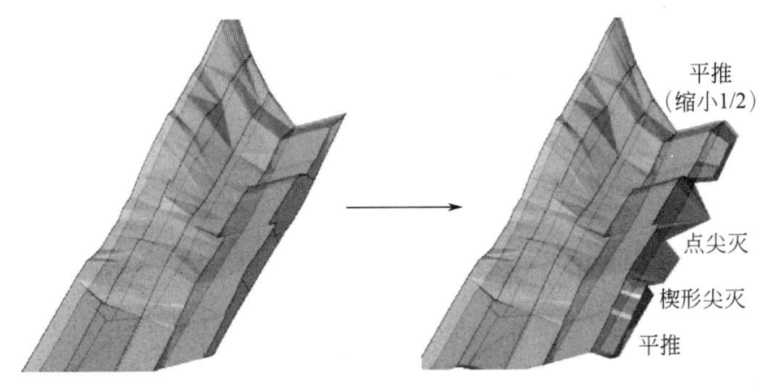


图 3-32　矿体外推

（2）平面法建模　平面建模（图 3-33）与剖面建模的方法类似，只是建模采用的数据是平面矿体轮廓线。该方法适应于分层间距较小的分层矿体，且其界线已确定的局部矿体模型构建。

（3）交叉剖面法建模　交叉剖面法建模（图 3-34）又叫网格法建模，是使用平面矿体界线和剖面轮廓线结合建模。这样建立的模型因为有平面控制，所以与实际情况比较吻合。

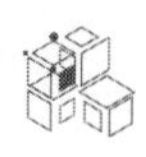

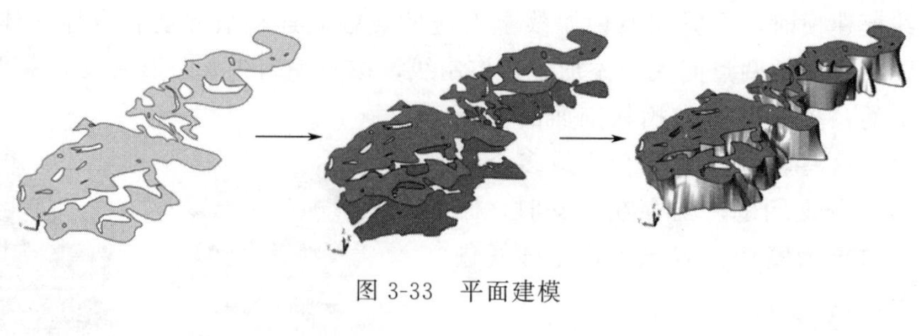

图 3-33 平面建模

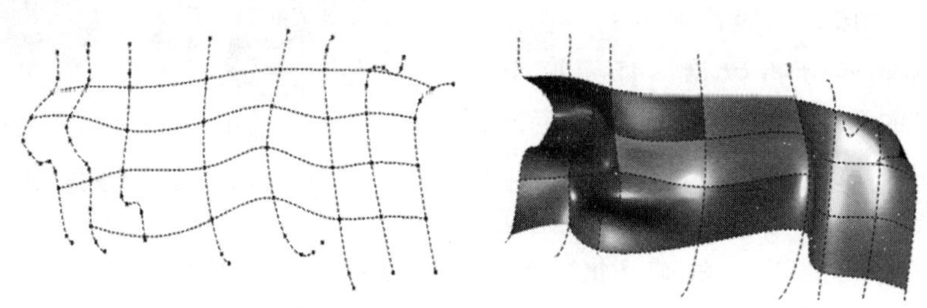

图 3-34 交叉剖面法建模

交叉剖面法建模思想是：首先进行平、剖面的一致性处理，以保证所有平、剖面对应，这样就在空间中形成一系列的单元网格（每个单元网格由 2 个平、剖面的部分线组成）；随即对每一个单元网格分别进行模型构建；最后合并所有单元网格内的模型形成最终地质模型。

交叉剖面法建模适用于矿区内生产勘探已结束的中段，将建立好的勘探线剖面矿体解译线、中段平面矿体解译线在三维软件中打开，按照勘探线剖面进行视图限制，查看交叉剖面结合处两线是否对应。由于平面矿体线（生产勘探数据）精确程度高于剖面矿体线（地质勘探），所以拖动剖面线与平面线相交，即利用平面修改剖面，但注意不能修改钻孔控制点对应数据。

交叉剖面线调整好后，开始进行模型的创建，步骤大致如下。

① 单元网格内地质界面的构建。基于每个单元网格形成的地质界面构建地质体，而其中地质界面的构建是构建地质模型的核心及难点。

② 单元网格线框模型生成。基于单元网格内地质界面是由三角网组成的空间曲面，根据空间曲面生成线框模型，有些软件还提供了自动建立线框模型功能，常见经典网格建模如图 3-35 所示。图 3-36 为交叉剖面自动生成的模型示例。

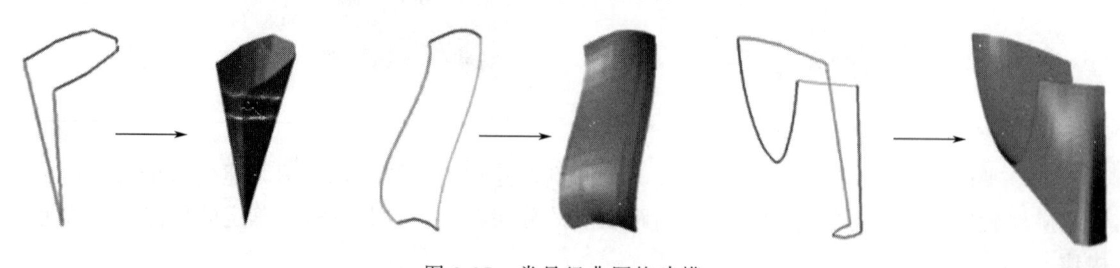

图 3-35 常见经典网格建模

（4）隐式建模　隐式建模又称为品位动态壳自动建模。针对钻探成果的化验分析数据，动态的输入品位约束条件，设置空间插值参数如网格密度、选取空间插值方法（如克里格

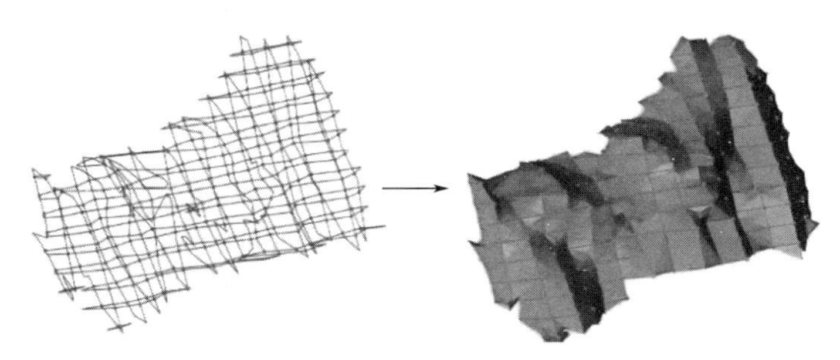

图 3-36 交叉剖面自动生成模型

法，径向基法，离散光滑插值法等）和各向异性参数，软件会根据钻孔分析数据，自动建立空间矿体模型。地质工程师能够动态调整参数，对比产生的空间矿体模型，简化传统建模过程，使地质工程师在三维空间内更加清楚地认识矿床矿体，估算矿产资源量，提高地质认识。某矿体钻孔隐式建模流程见图 3-37。

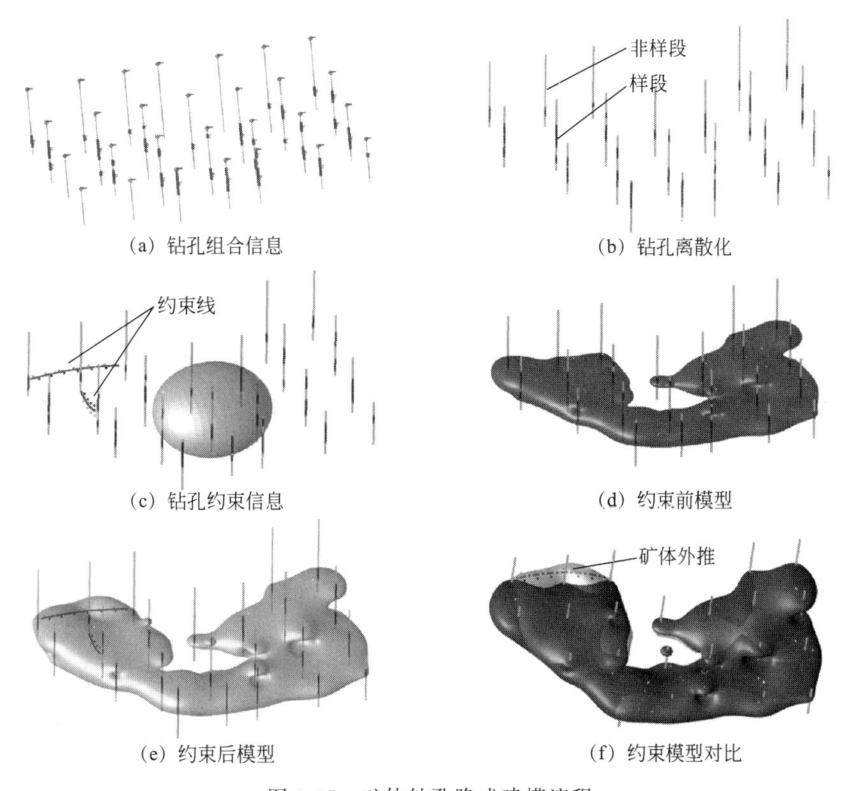


图 3-37 矿体钻孔隐式建模流程

在地质体数据不足的情况下，利用空间插值方法实现数据的网格化，可推断并预测未知区域及研究较少区域的地质体信息的分布趋势，利用三维曲面重建算法及三维可视化技术相结合，能有效对不规则勘查数据自动实现地质要素的三维形态模拟。图 3-38 动态模拟了 Cu 边界品位在 1%、2%、3%的情况下的品位壳。

（5）顶底板等高线法建模 沉积型矿床建模时，可提取矿体顶底板点来生成顶底板面，然后再对这些点进行插值加密，再生成矿体顶底板面来生成矿体。插值方法有距离幂次反比法和克里格法。综合利用底板等高线、钻孔的顶底板点等综合信息来生成矿体。

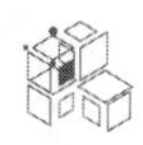

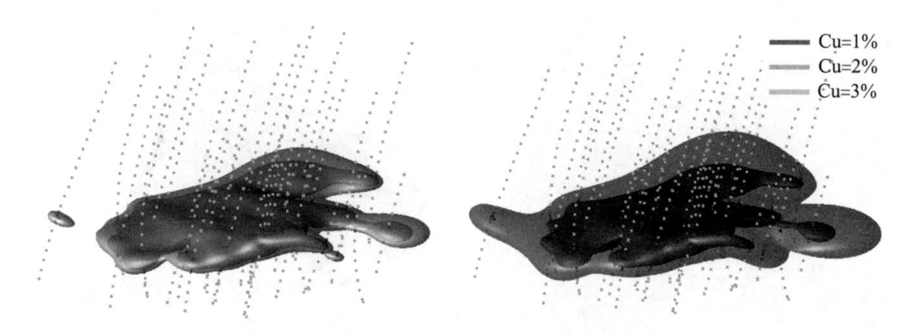


图 3-38　矿体模型动态品位壳（见书后彩图）

提取顶底板点，产生顶底板面的方法有以下几种。

① 直接利用钻孔数据，提取顶底板点的坐标来生产顶底板面，如图 3-39 所示。

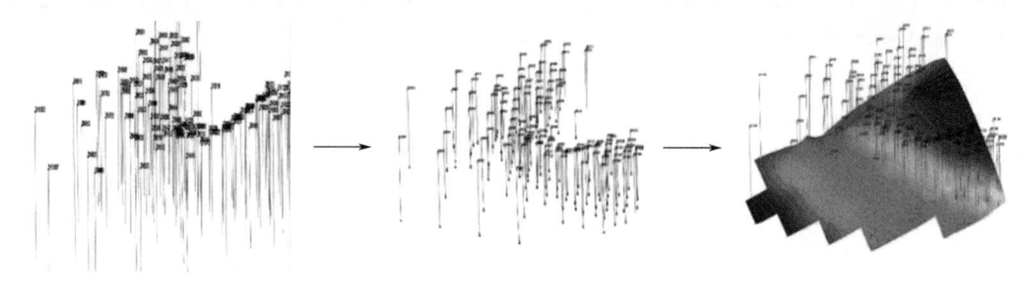

图 3-39　钻孔数据建立模型

这种方法比较简单快捷，特别适合于沉积性矿床的建模。但在层状模型中，虽然矿体的整体起伏性相对较小，但大多数在倾向或走向上的倾角还是较大，还会存在着多层矿层现象，矿层间还有矿脉的交叉复合。对这样的矿体，直接用软件来生成矿体的顶底板面建立的模型和地质勘探报告相比，在矿区的边缘地段存在着较大的差别。

② 用矿体剖面线上的顶底板线来生成顶底板面，如图 3-40 所示。

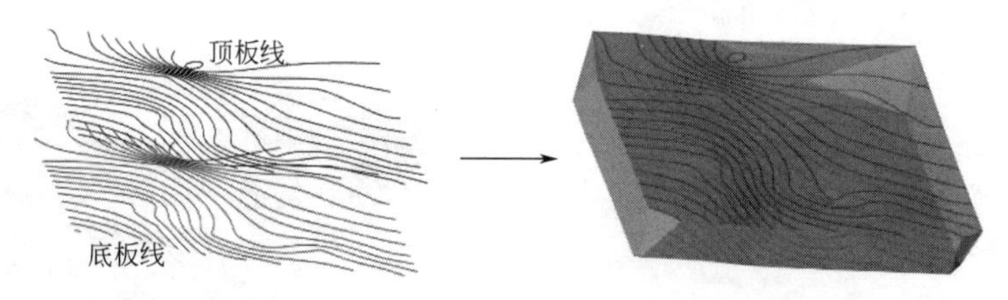


图 3-40　顶底板建模

在沉积性矿床中，不需要对剖面线进行手工连接生产矿体模型，而是直接利用剖面线上的顶板线生成顶板面文件，利用底板线生产底板面文件，利用顶底板面来约束就可以生成体文件。这样就减少了手工连接的工作量，建立的模型也比较符合沉积性矿床的特点。因为顶底板线和剖面线包含了地质部门对矿体赋存情况专业细致的分析，其中蕴含了大量丰富的信息，特别是在矿层的分叉合并和边缘信息的处理方面。只有依据地质部门的推断作出来的东西才是有依据的，也应该是矿体建模所应遵循的原则。

使用这种方法建立的模型有很大的改善，可不需要增加虚拟孔就能够实现对矿体形态和储量的控制。

③ 综合利用底板等高线、地质剖面图上的剖面线和钻孔的顶底板点等综合信息来生产矿体，如图 3-41 所示。

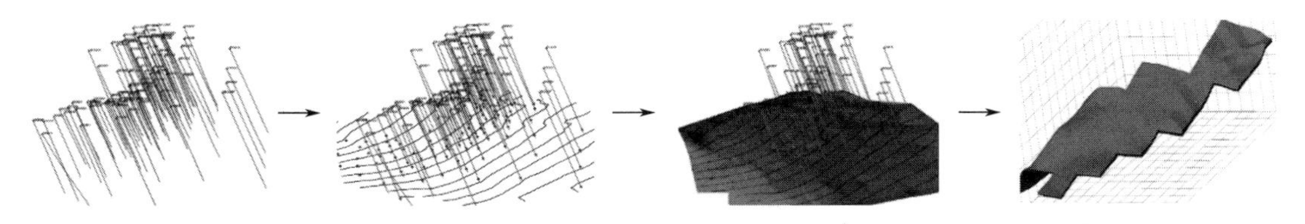

图 3-41 等高线、钻孔结合建立模型

利用第二种方法实现了较好的建模效果，但沉积型矿床形态上具有流线性，剖面线连接矿体法没有直接利用不在剖面上钻孔的信息，也没有利用顶底板等高线的信息来控制剖面间矿体的形态。因此综合采用钻孔顶底板点信息、地质剖面线和顶底板等高线等综合信息分别生成顶底板面应该是更好的方法。

(6) 等值线法建模　对于某些成因类型的矿床，如层状矿床（铝土矿、红土型镍矿等）、部分斑岩型矿床、品位渐变类矿床等，不一定按上述方法建立线框模型，有时候不一定要建立矿（化）体的几何模型，只要确定不同的层位或划分出不同的矿化范围即可，如图 3-42 所示。

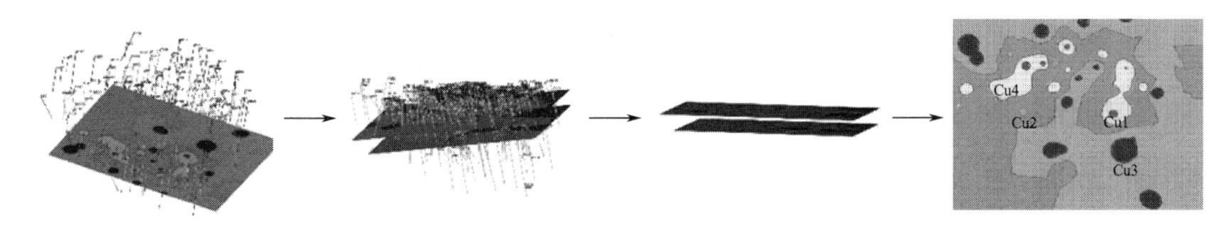


图 3-42 矿化范围矿体

### 3.2.4.3 模型有效性检测

在对线框进行布尔运算、切分等操作以及计算线框体积之前，需要对线框模型进行合并而后校验，如图 3-43 所示。线框模型的校验可完成对线框模型的大量检查工作，主要有检查线框的面有无空洞、检查有无相交三角形、检查在同一个面或不同面之间有无跨接、检查有无重复点、检查有无多余边等。

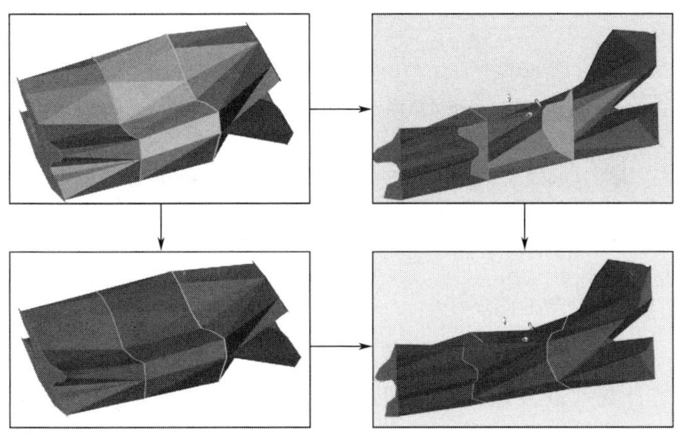

图 3-43 矿体合并

#### 3.2.4.4 复杂矿体建模成果

图 3-44 所示的是某复杂矿体建模成果展示。

(a) 热液型铜矿床

(b) 斑岩型铜矿

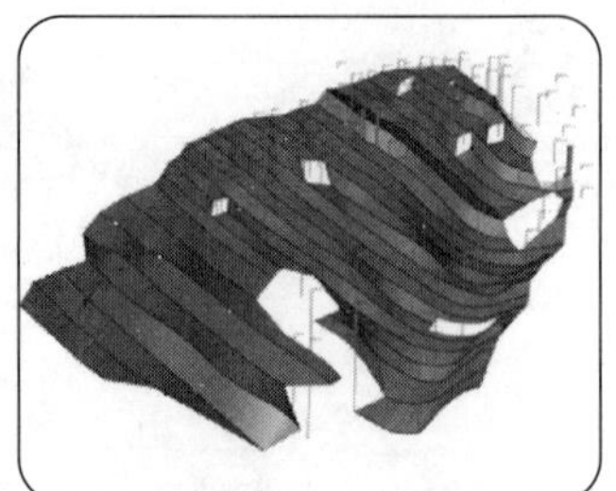

(c) 沉积型铝土矿

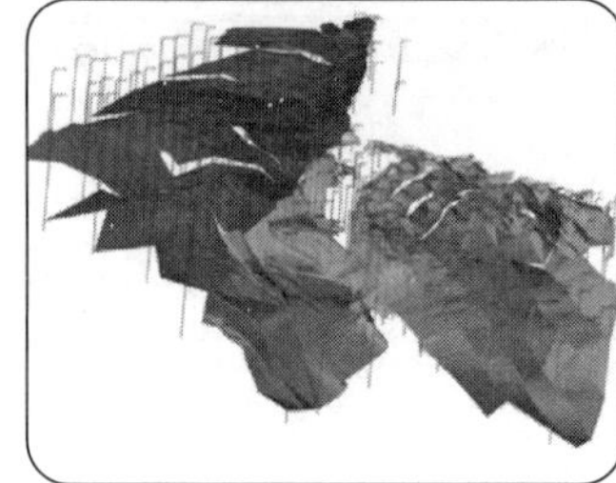

(d) 中低温热液变质型铁矿

(e) 矽卡岩型铜矿

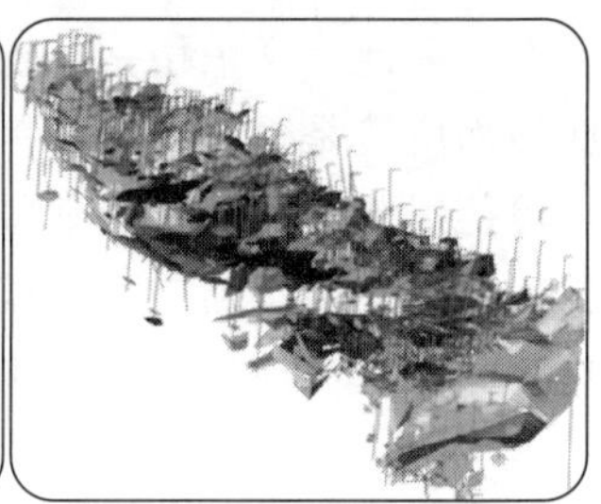

(f) 同生沉积-热液改造型层状铜硫多金属矿床

图 3-44 某复杂矿体建模成果

### 3.2.5 矿体模型更新

当生产过程中进行了补充或加密勘探，矿体轮廓线会有变动，需对矿体模型进行更新。针对局部轮廓线变动的情况，可直接进行局部矿体修改。图 3-45 中红色的轮廓线为有变动区域，下面以此为例进行矿体模型更新。

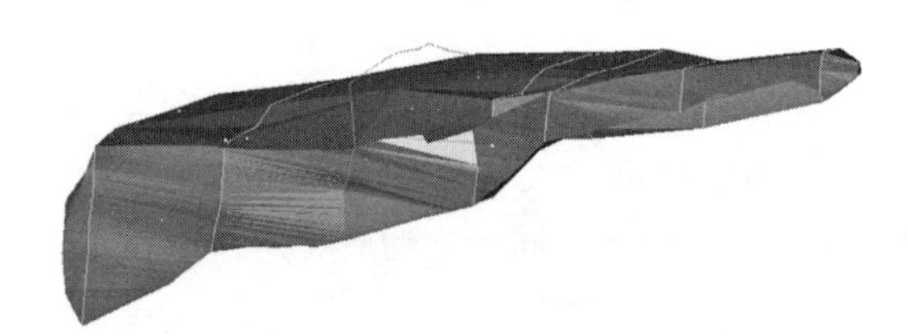

图 3-45 矿体轮廓线有变动（见书后彩图）

在有变动轮廓线两侧，将变动轮廓线相邻区间的矿体面片删除，然后用剖面法重新构建变动轮廓线与相邻轮廓线间的矿体，如图 3-46、图 3-47 所示。

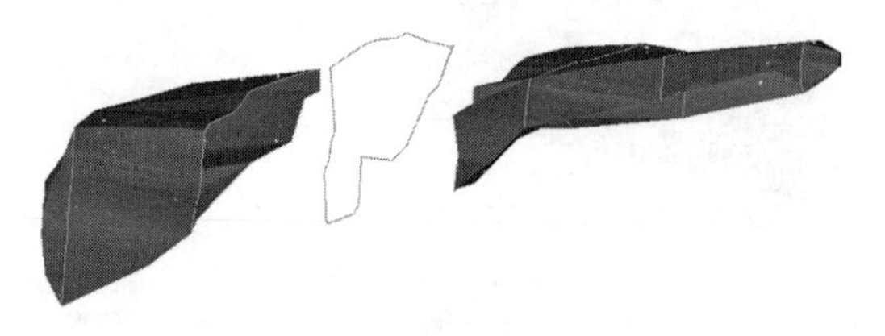

图 3-46 删除更新轮廓线两侧的部分面片

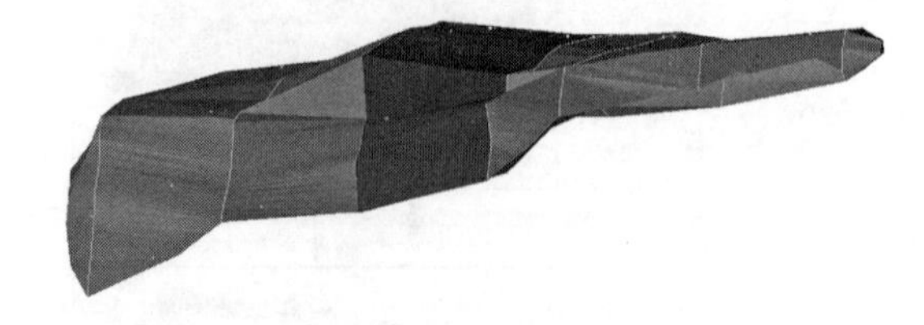

图 3-47 重建变动区域两侧矿体

需要注意的是，如果出现矿体大范围轮廓线的变动，且变动涉及矿体编号变动、夹石混圈变动、矿体分支复合变动以及矿体共面处理时，建议整体重新建模型。生产过程中的矿山一般建议准备多套模型（地质勘探模型、生产勘探模型等），生产过程中的数据所做的矿体更新不必更新到地质勘探模型中，最好是单独做一套生产勘探模型，以用于后期采矿设计，并且准备多套模型便于开展探采对比工作。

## 3.2.6 模型运算

对于某些复杂矿床或有特殊要求时，需要对线框模型进行处理。线框模型的操作主要有模型的分割、交切以及布尔运算等。线框模型合并与分割操作的典型应用有露天坑与地表模型的结合、用断层切割矿体、模型间的布尔运算等。

### 3.2.6.1 布尔运算

布尔运算类型分以下几种类型。

① 实体合并，即两个不同的实体经过合并后，成为一个新实体，保留公共部分，如图 3-48（a）。

② 实体求交，指通过命令把两个不同的实体相交的部分计算出来，如图 3-48（b）。

③ 实体求差（$A-B$），指通过命令计算出实体 $A$ 与 $A$ 和 $B$ 相交部分的差，如图 3-48（c）。

④ 实体求差（$B-A$），指通过命令计算出实体 $B$ 与 $A$ 和 $B$ 相交部分的差，如图 3-48（d）。

⑤ 实体联合，指通过命令计算出两个不同的实体经过合并命令后，组合成一个新的实体，并去除公共部分，如图 3-48（e）。

⑥ 表面上的实体，指通过命令计算出实体 $B$ 在曲面 $A$ 之上的部分，如图 3-48（f）。

⑦ 表面下的实体，指通过命令计算出实体 $B$ 在曲面 $A$ 之下的部分，如图 3-48（g）。

⑧ 表面求差（$A-B$），指通过命令计算出曲面 $A$ 与 $A$ 和 $B$ 相交部分的差，如图 3-48（h）。

⑨ 表面求差（$B-A$），指通过命令计算出曲面 $B$ 与 $A$ 和 $B$ 相交部分的差，如图 3-48（i）。

⑩ 表面联合，指通过命令计算出两个不同的曲面经过合并命令后，组合成一个新的曲面，去除公共部分，如图 3-48（j）。

⑪ 表面相交，指通过命令把两个不同的曲面相交的部分计算出来，如图 3-48（k）。

⑫ 实体内部的表面，指通过命令计算出曲面 $B$ 在实体 $A$ 内部的部分，如图 3-48（l）。

⑬ 实体外部的表面，指通过命令计算出曲面 $B$ 在实体 $A$ 外部的部分，如图 3-48（m）。

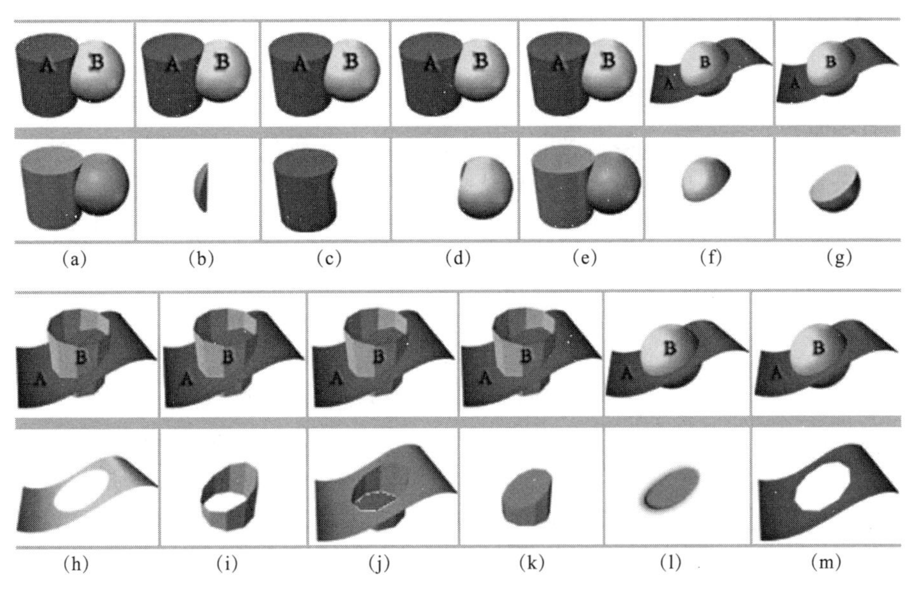


图 3-48 布尔运算类型

现状地表与终了境界壳表面联合后，可得终了露天坑，如图 3-49。

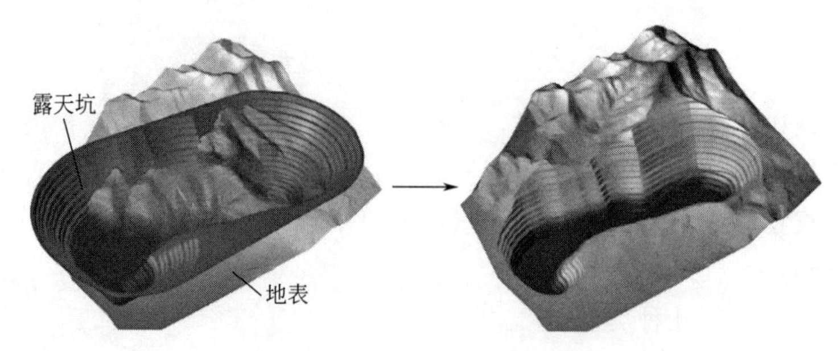


图 3-49　露天坑与地表布尔运算

**3.2.6.2　模型分割**

模型分割指根据需要，在某一方向上把所选实体进行剪切，将实体分割成多个部分，如图 3-50、图 3-51 所示。主要有两方面用途：方便根据盘区、中段切割实体进行设计；方便根据生产勘探修改勘探线间的地质体。

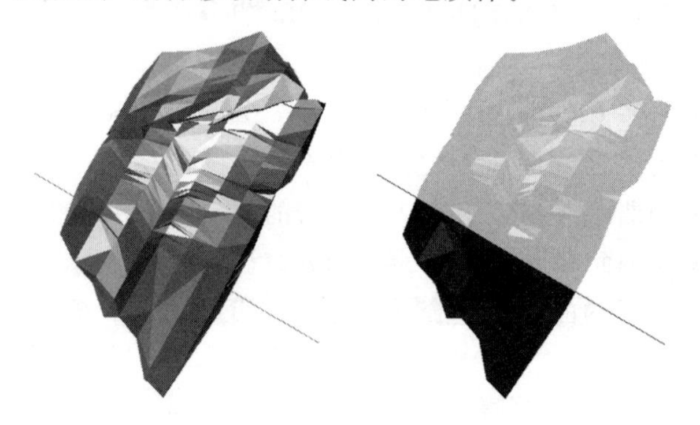

图 3-50　单个切割面分割实体

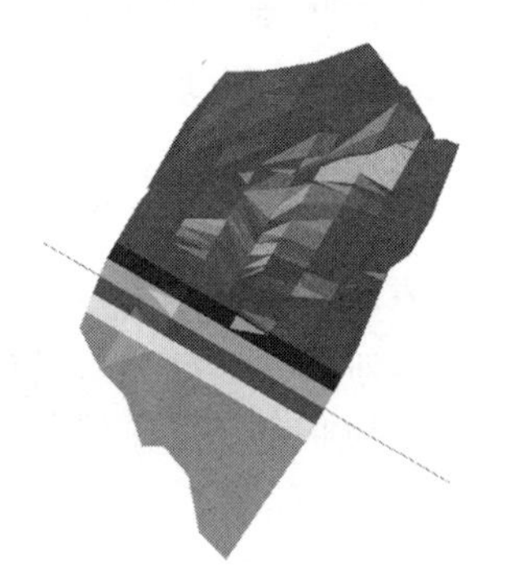

图 3-51　多个切割面分割实体

## 3.3　地质工程设计

地质工程设计是地质勘察的主要应用手段。在工程项目施工的过程之中，地质勘察工作是工程项目的最根本的步骤，也是最重要的工作步骤。所知的资料全面精确，对于提升工作效率和确保勘查地质资料的真实性尤为必要，所以要求在地质勘查工作之中工程设计必须高效、正确、精准。本节主要对钻探工程设计、坑探工程设计、工程量统计和设计出图进行阐述。

### 3.3.1　钻探工程设计

（1）地表钻工程设计（图 3-52）　地表钻探是指在勘查的普查或详查期间，通过钻探探测地下的岩石的内部结构、成分等，从而分析地下矿体形态和分布情况，从而统计估算地下储存的资源量。

地表钻工程具有以下优点：能直接深入地下取样观察，比较直观准确；比发掘省工，破坏性小，绿色环保；能在短时间内了解较大面积的地下情况。

通过地表三维模型在矿权范围内进行勘探线的布置，完成勘探线布置后，根据三维地表的现状情况可进行钻孔平面图的布置，布置完成后可在剖面视角完成钻孔剖面的布置。

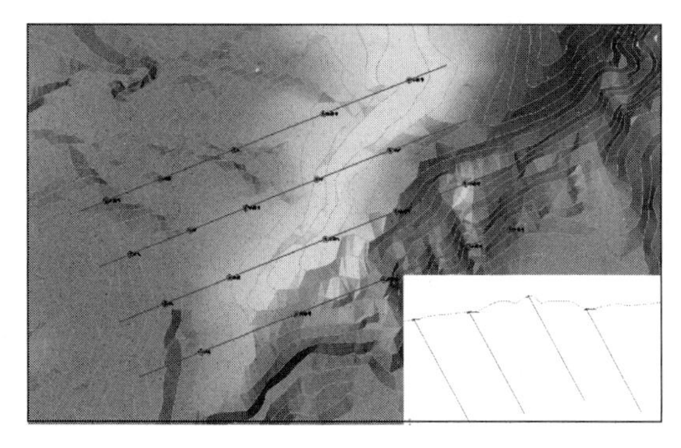
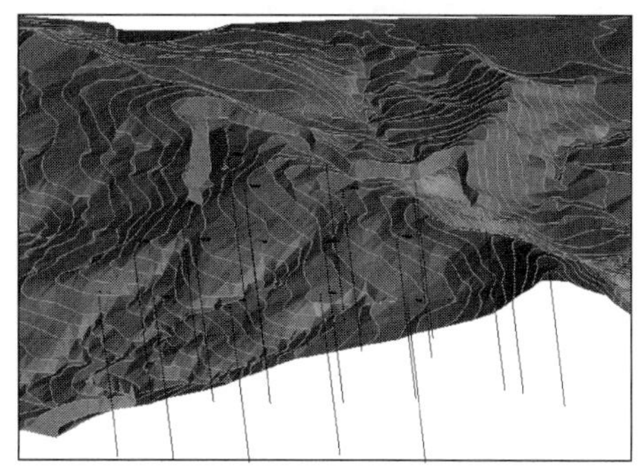

图 3-52 地表钻工程设计

对于已存在的钻孔及矿体的情况，可以根据原始钻孔和矿体进行矿体和钻孔的关系进行剖面出图进行绘制，根据原始钻孔和矿体进行探矿钻孔和加密钻孔的设计，按照矿体的形态合理设置钻孔的倾角及深度，科学、可见、合理地进行探矿孔的设计，如图 3-53 所示。

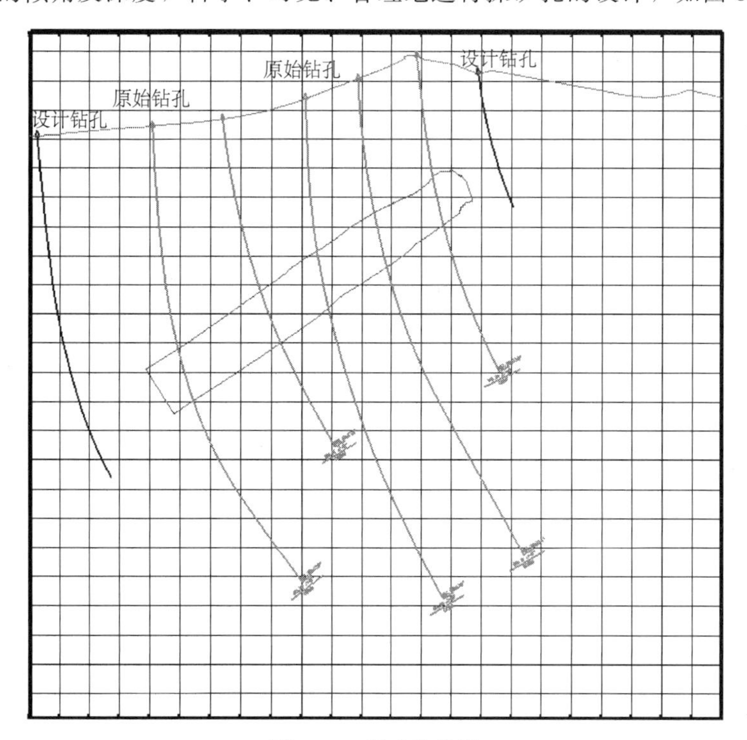


图 3-53 探矿孔设计

（2）坑内钻工程设计　坑道钻探是指在勘探坑道或生产坑道内进行的钻探工作，是地下采矿广泛采用的生产勘探手段，主要用于追索和圈定矿体深部延伸情况，寻找深部和旁侧的盲矿体，也可以多方向准确控制矿体的形态和内部结构以及探明影响开采的地质构造等。坑内钻具有地质效果好、操作简便、效率高、成本低、无炮烟污染等优点。图 3-54 展示了坑内钻在矿山生产勘探中的两个应用。

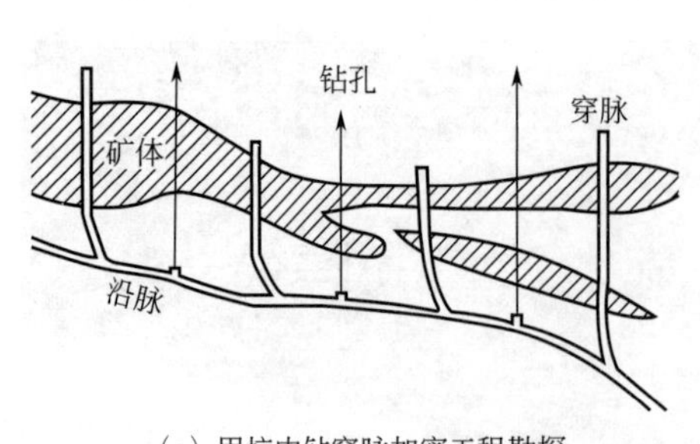

(a) 用坑内钻穿脉加密工程勘探

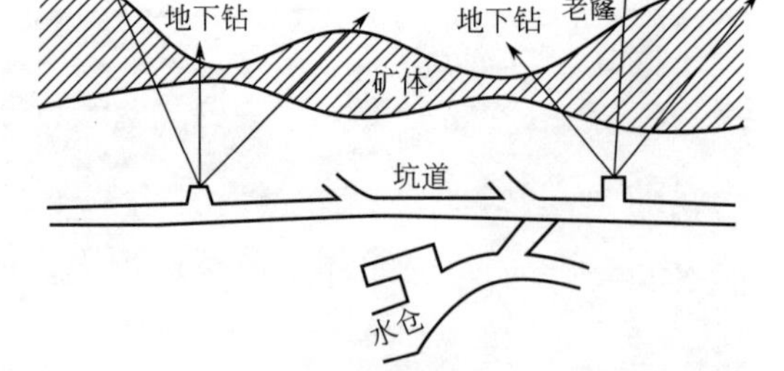

(b) 用坑内钻探老窿并梳干积水

图 3-54　坑内钻勘探在矿山生产阶段典型应用

在需要设计坑内钻的位置获得剖面上的巷道边界线，为钻孔开口位置提供依据。以坑内钻所在巷道的巷道中心线为剖面进行视图限制，如图 3-55 所示。

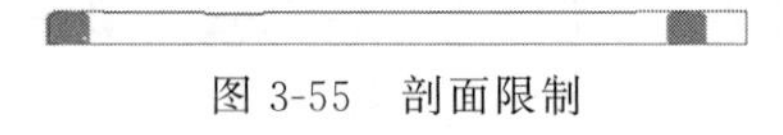

图 3-55　剖面限制

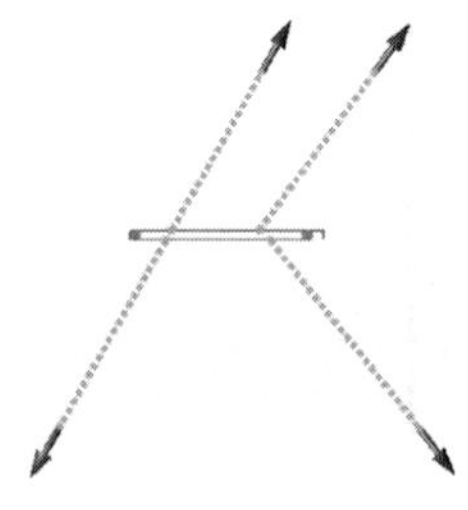

图 3-56　设计钻孔

按照一定的倾角在剖面上设计钻孔，设计钻孔深度以超出预测矿体厚度为宜，但在施工过程中应根据实际见矿情况决定钻孔深度。将钻孔中心线在巷道内部的部分裁出，形成设计钻孔，需注意调整线的方向，如图 3-56 所示。

### 3.3.2　坑探工程设计

坑道勘探是指在地下通过挖掘坑道达到勘探的目的，生产矿山常利用该手段进行准确探矿。常用的坑道勘探可分为水平坑探（平窿、石门、沿脉、穿脉）、垂直坑探（竖井）和倾斜坑探（斜井、天井、上山、下山）3 类。坑探的特点是：对于矿体的了解更全面，特别是对矿化现象及地质构造现象的观察均较钻探或深孔取样更为全面；可计算掌握地质情况的变化，便于采取相应的措施，如改变掘进方向，以达到更准确地获得地质资料的目的。

坑探工程设计即在将要探矿的区域设计相应的坑道工程。根据已有矿体模型按照设计不同中段对矿体进行切片得到中段的矿体轮廓。根据矿体轮廓，在其边缘进行主坑道中心线的绘制，根据主坑道中心线和矿体轮廓线进行穿脉中心线的绘制，见图 3-57。

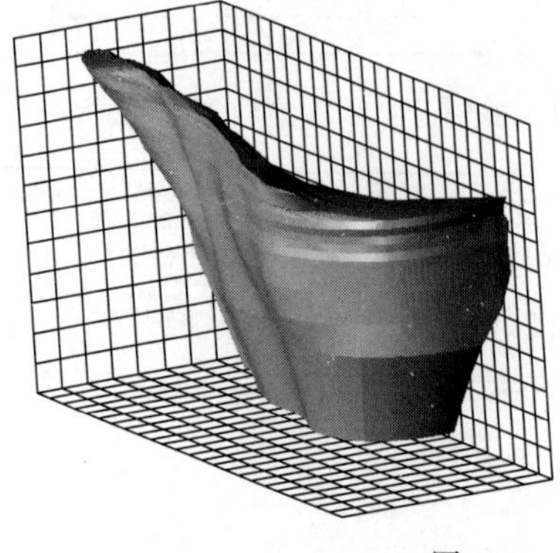

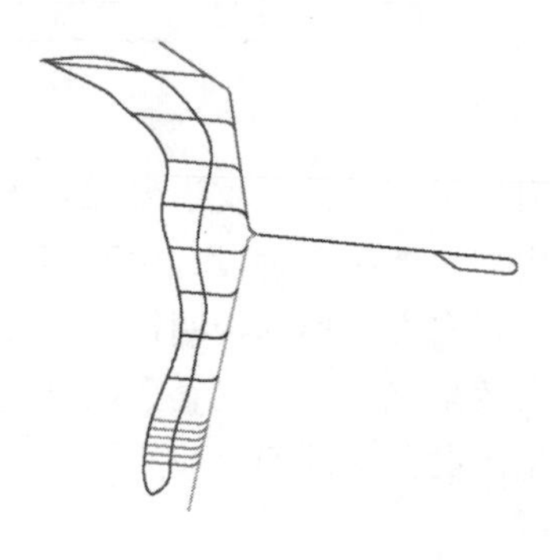

图 3-57　坑道设计

### 3.3.3 地质工程工程量计算

（1）钻探工程　钻探工程可以通过将设计钻孔直接转化为钻孔数据库，通过数据库可以快速地统计设计钻孔工程的工程量。可使用“SH”命令调出单孔录入功能，弹出如图 3-58 所示对话框。

图 3-58　单孔录入功能选择框

调入设计数据库，逐个完成钻孔取名，并逐个单击“选择线条计算轨迹”并保存钻孔信息至数据库中，软件将自动获取钻孔所在位置开口信息及测斜信息。

查看设计钻孔数据库，可以查看设计钻孔的孔口坐标、设计方位角及设计倾角等信息，同时可导出为 EXCEL 文件进行统计分析，如图 3-59 所示。

（2）坑道工程　设计好的坑道可通过软件的图表功能一键生成“工程量表及坐标表”，见图 3-60。

| | | | | |
|---|---|---|---|---|
| ZK1 | 37368428... | 2600021.854 | -170.000 | 75.945 |
| ZK2 | 37368441... | 2599986.468 | -170.000 | 85.772 |
| ZK3 | 37368429... | 2600020.101 | -166.833 | 64.752 |
| ZK4 | 37368440... | 2599990.338 | -166.823 | 70.035 |

图 3-59　设计钻孔开口表

| 序号 | 名称 | 支护 | | 断面（m²） | | 长度（m） | 开凿量（m³） | 支护量 | | |
|---|---|---|---|---|---|---|---|---|---|---|
| | | 型式 | 厚度（m） | 净 | 掘 | | | 混凝土（m³） | 木材（m³） | 钢材（KG） |
| 1 | -150车场 | 锚喷 | 0.2 | 6.644 | 8.752 | 203.139 | 1777.789 | 296 | | 20314 |
| 2 | -150穿脉1 | 锚喷 | 0.2 | 6.644 | 8.752 | 288.437 | 2524.268 | 422 | | 28844 |
| 3 | -150穿脉10 | 锚喷 | 0.2 | 6.644 | 8.752 | 108.885 | 952.912 | 160 | | 10889 |
| 4 | -150穿脉2 | 锚喷 | 0.2 | 6.644 | 8.752 | 194.437 | 1701.627 | 284 | | 19444 |
| 5 | -150穿脉3 | 锚喷 | 0.2 | 6.644 | 8.752 | 142.887 | 1250.481 | 209 | | 14289 |
| 6 | -150穿脉4 | 锚喷 | 0.2 | 6.644 | 8.752 | 162.152 | 1419.082 | 237 | | 16216 |
| 7 | -150穿脉5 | 锚喷 | 0.2 | 6.644 | 8.752 | 148.336 | 1298.174 | 217 | | 14834 |
| 8 | -150穿脉6 | 锚喷 | 0.2 | 6.644 | 8.752 | 113.344 | 991.937 | 166 | | 11334 |
| 9 | -150穿脉7 | 锚喷 | 0.2 | 6.644 | 8.752 | 93.265 | 816.216 | 137 | | 9327 |
| 10 | -150穿脉8 | 锚喷 | 0.2 | 6.644 | 8.752 | 101.26 | 886.185 | 149 | | 10126 |
| 11 | -150穿脉9 | 锚喷 | 0.2 | 6.644 | 8.752 | 112.717 | 986.449 | 165 | | 11272 |
| 12 | -150石门 | 锚喷 | 0.2 | 6.644 | 8.752 | 442.823 | 3875.384 | 648 | | 44282 |
| 13 | -150沿脉1 | 锚喷 | 0.2 | 6.644 | 8.752 | 908.821 | 7953.582 | 1330 | | 90883 |
| 14 | -150沿脉2 | 锚喷 | 0.2 | 6.644 | 8.752 | 1038.948 | 9092.419 | 1520 | | 103895 |
| -150沿脉2 | | | | | | | | | | |
| 测点 | 坐标 | | | 方位角 | | | 坡度 | 距离（米） | | |
| | X | Y | Z | 度 | 分 | 秒 | | | | |
| -150中段1 | 8843.554 | 5342.421 | -148.667 | — | — | — | — | | — | |
| -150中段13 | 8826.43 | 5345.229 | 弯道 | 279 | 18 | 41 | 3 | 弯道 | | |
| -150中段14 | 8821.234 | 5328.672 | -148.582 | 197 | 25 | 15 | 3 | 28.58 | | |
| -150中段15 | 8817.474 | 5316.689 | -148.544 | 197 | 25 | 11 | 3 | 12.56 | | |
| -150中段16 | 8787.2 | 5220.201 | -148.241 | 197 | 25 | 11 | 3 | 101.13 | | |
| -150中段17 | 8756.926 | 5123.713 | -147.937 | 197 | 25 | 11 | 3 | 101.13 | | |
| -150中段18 | 8726.652 | 5027.225 | -147.634 | 197 | 25 | 11 | 3 | 101.13 | | |
| -150中段19 | 8696.378 | 4930.737 | -147.33 | 197 | 25 | 11 | 3 | 101.13 | | |
| -150中段20 | 8666.103 | 4834.248 | -147.027 | 197 | 25 | 11 | 3 | 101.13 | | |
| -150中段21 | 8617.596 | 4679.648 | -146.541 | 197 | 25 | 11 | 3 | 162.03 | | |
| -150中段22 | 8616.449 | 4675.993 | 弯道 | 197 | 25 | 11 | 3 | 弯道 | | |
| -150中段23 | 8616.734 | 4672.174 | -146.518 | 197 | 44 | 14 | 3 | 7.57 | | |
| -150中段24 | 8640.711 | 4350.488 | -145.551 | 197 | 44 | 14 | 3 | 322.58 | | |

图 3-60　工程量表及坐标表

### 3.3.4 地质工程设计出图

根据设计好的地质功能，通过软件可以一键生成各类平剖面图，见图 3-61～图 3-63。

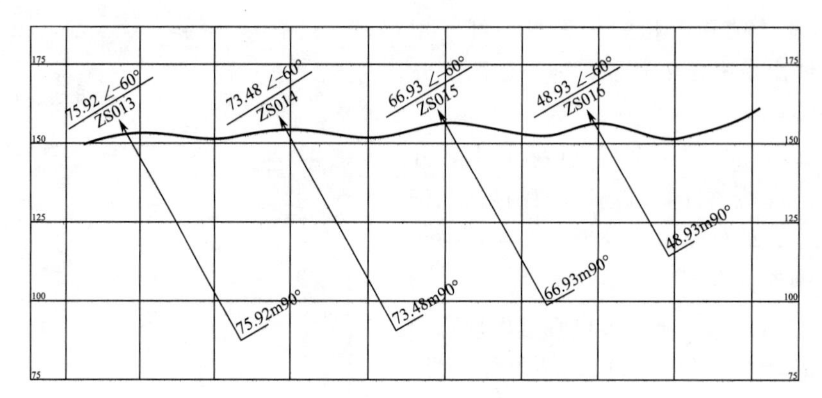


图 3-61 地表探矿钻孔剖面图

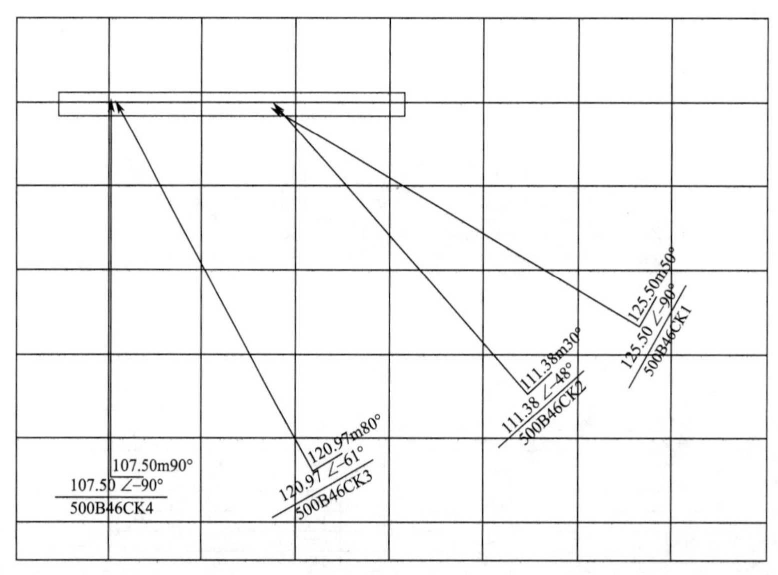


图 3-62 坑道钻探设计剖面图

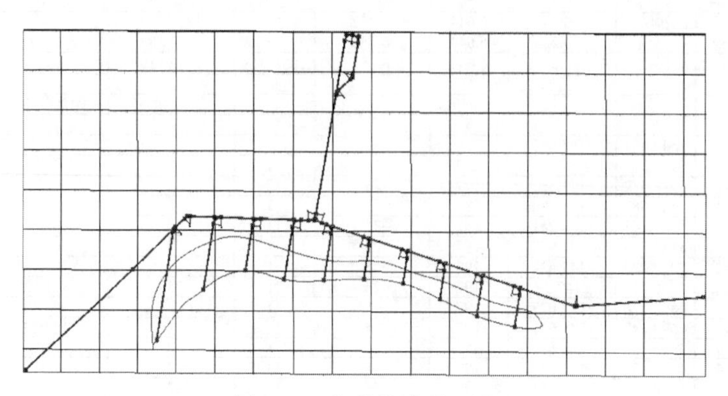

图 3-63 坑道设计平面图

# 3.4 前沿新技术——隐式建模

本章前沿新技术主要介绍隐式建模技术。

地质体三维建模以地勘数据、地形图、地质图、物探数据等为基础，在三维环境下运用地质统计学、空间信息管理技术、空间分析和预测技术对地质体解译，并进行三维空间构造。三维地质体模型要能够反映地质构造形态、构造关系及地质体内部属性变化规律，但是一方面由于原始数据类型多样、数量稀疏、分布零散和解译困难，另一方面地质问题具有复杂多变性、不确定性和非线性，导致三维地质体建模存在较大的难度。

经过国内外学者多年研究，在建模方法方面取得了一定的进展。按照建模过程和模型的数学特征可以分为显式建模和隐式建模两类。

显式建模方法采用网格模型显式表达地质体三维模型，首先基于勘探工程数据，在平面或剖面上通过人工圈定解译建立地质线框模型，然后通过线框拼接建立地质体三维模型。隐式建模方法则采用隐式函数表达任意复杂地质体三维模型，这里的“隐式”有两重含义：一是指采用隐式函数来表示三维模型；二是指采用隐式函数所表示的三维模型不能直接在三维视图中进行显示，需要通过曲面重构的方法转化为网格模型来显示。

## 3.4.1 基于钻孔数据的隐式建模方法

适合于对具有几何边界约束直接基于钻孔数据的隐式建模方法建模流程如图 3-64 所示。

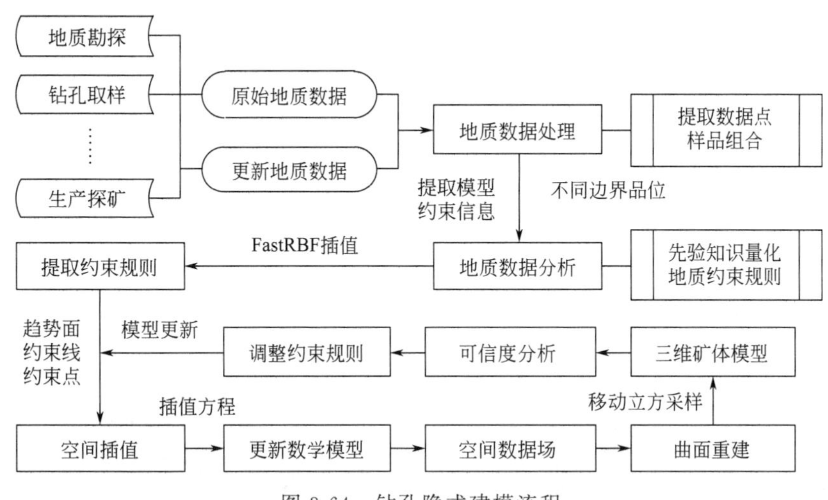


图 3-64　钻孔隐式建模流程

图 3-65 是钻孔数据 1＃矿体建模结果，可以按钻孔组合信息对钻孔数据一次完成钻孔离散化采样过程，可以在不附加约束的情况下进行自动建模［图 3-65（d）］。按钻孔隐式建模流程，首先边界品位、工业品位和最小可采厚度等信息对钻孔数据库进行样品组合［图 3-65（a）］，再对钻孔组合样段、非样段按采样参数进行离散化采样［图 3-65（b）］，然后添加钻孔约束信息［图 3-65（c）］，自动建模结果如图 3-65（d）所示。为了使建模结果更加符合矿体的延伸趋势，可以通过添加约束线、趋势面约束对隐式模型进行动态调整。最终的矿体隐式建模结果可以很好地符合地质工程师的解译要求，如图 3-65（e）所示。

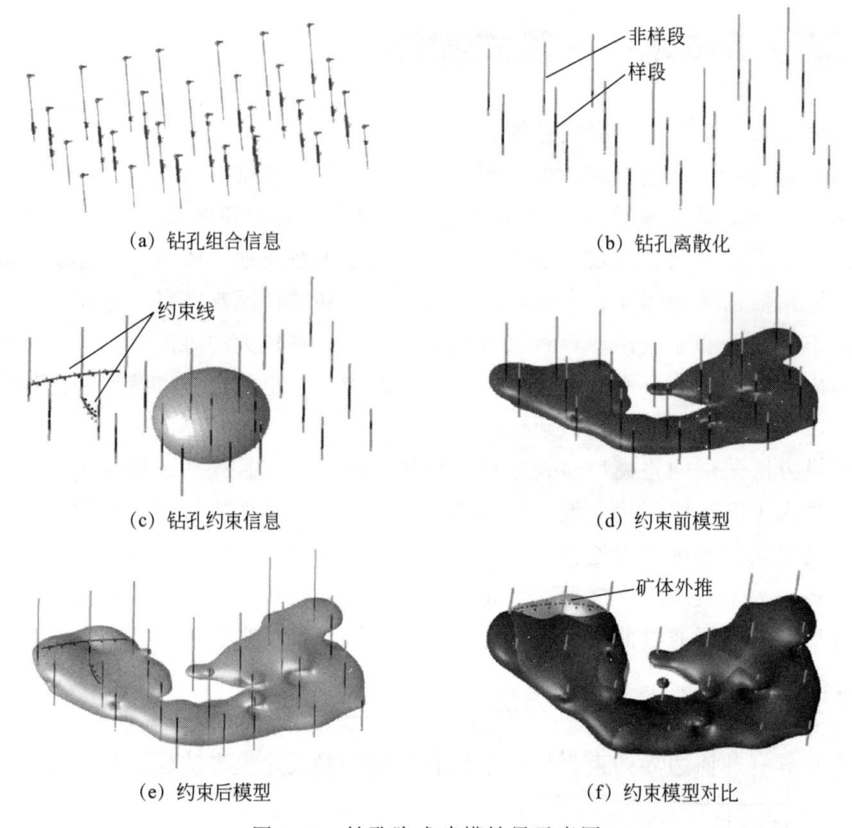


(a) 钻孔组合信息　(b) 钻孔离散化
(c) 钻孔约束信息　(d) 约束前模型
(e) 约束后模型　(f) 约束模型对比

图 3-65　钻孔隐式建模结果示意图

图 3-66 为钻孔数据 2＃在不同边界品位下所建立的动态品位壳模型，可以很好地反映不同经济指标下矿体模型的空间分布趋势，并对隐式模型进行动态更新。同时，按隐式建模构建的矿体模型具有模型质量高、光滑、易于表示拓扑复杂的几何形体和便于布尔运算等优点。

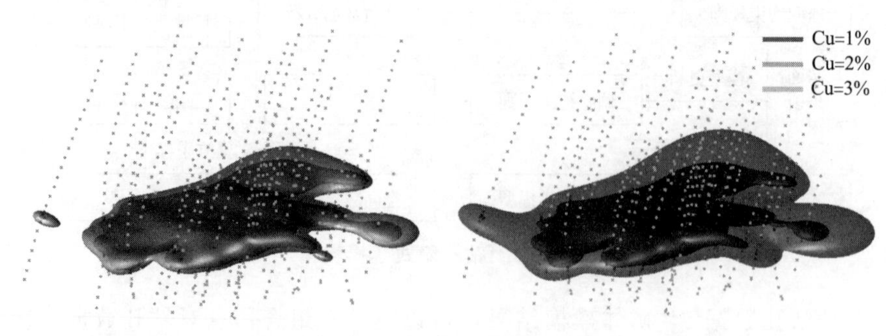


图 3-66　矿体模型动态品位壳模型

图 3-67～图 3-69 为钻孔隐式建模实例。

### 3.4.2　基于剖面数据的隐式建模方法

基于改进 HRBF 插值具有几何边界约束的矿体剖面隐式建模方法建模流程如图 3-70 所示。

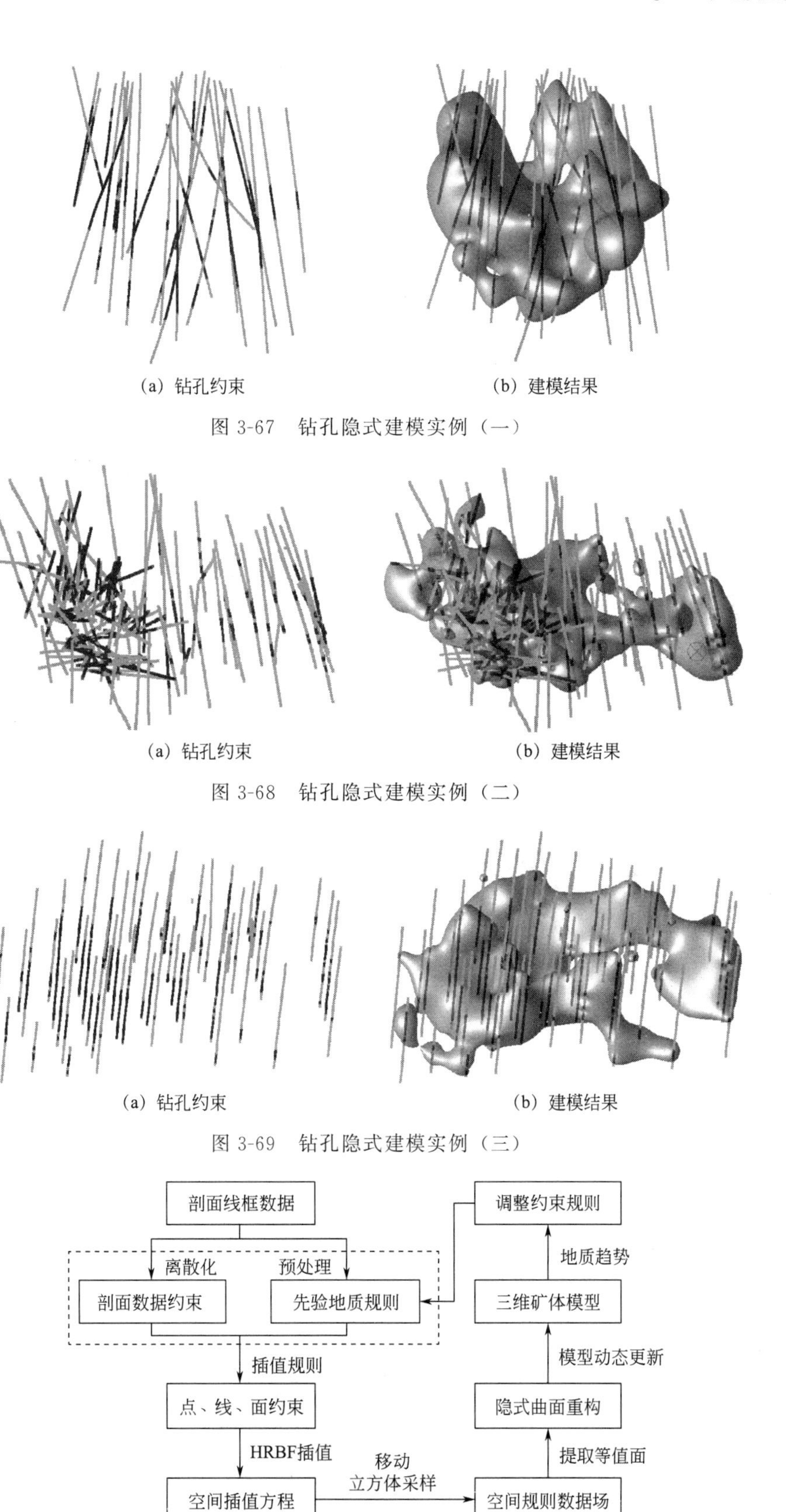


(a) 钻孔约束　　(b) 建模结果

图 3-67　钻孔隐式建模实例（一）

(a) 钻孔约束　　(b) 建模结果

图 3-68　钻孔隐式建模实例（二）

(a) 钻孔约束　　(b) 建模结果

图 3-69　钻孔隐式建模实例（三）

图 3-70　矿体剖面隐式建模流程

图 3-71 是对某铁矿局部剖面线框的三维建模结果，算法支持导入系列剖面线框数据一次完成剖面离散化采样过程，可以在不附加约束的情况下进行自动建模［图 3-71（d)］。为了对建模结果按先验地质约束规则进行动态更新，按矿山实际矿体外推尖灭规则添加了尖灭约束线，按线框间矿体的延伸趋势添加了附加约束线，如图 3-71（c）所示。为了处理图 3-71（d）中矿体模型的孔洞，在线框间添加了如图 3-71（c）所示的趋势面约束。最终的矿体隐式建模结果可以很好地符合地质工程师的解译要求，如图 3-71（e）所示。

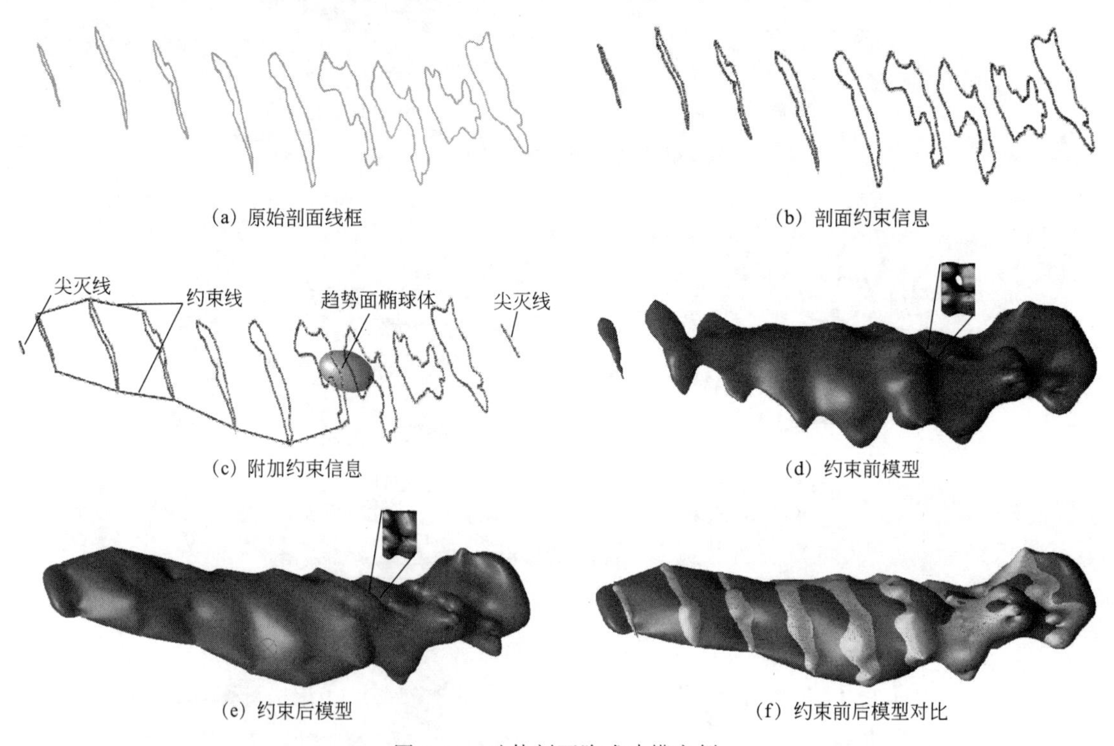

(a) 原始剖面线框　(b) 剖面约束信息
(c) 附加约束信息　(d) 约束前模型
(e) 约束后模型　(f) 约束前后模型对比

图 3-71　矿体剖面隐式建模实例

图 3-72 是对某矿山复杂矿体剖面线框的三维建模结果，同样，该隐式模型的构建增加了相应的矿体外推尖灭线约束和反映线框间矿体延伸趋势的约束线。与显式建模方法相比，两种建模算法所建模型在形态上一致［图 3-72（c)］，但基于矿体轮廓线距离场计算的隐式函数更能刻画矿体的地质趋势，对未知区域进行动态推估，同时具有模型质量高、便于动态更新等优点。

(a) 剖面离散化　(b) 隐式建模结果　(c) 对比显式建模

图 3-72　复杂矿体剖面隐式建模结果

### 3.4.3 基于交叉轮廓线法向估计的隐式建模方法

图 3-73 展示了交叉轮廓线的法向估计过程、结果以及建模结果。图（a）是原始的矿体交叉轮廓线，经过处理后，得到具有拓扑邻接关系的网络图（b）。然后利用基于局部平面拟合的方法估计出各个交叉点的法向，如图（c）所示，绿色的线即为估计出的交叉点法向。接着，根据空间几何关系，可以估计出轮廓线首尾线段，如图（d）所示，红色面为线段切向，绿色面和蓝色面表示线段法向，其中蓝色面指向模型内侧，绿色指向模型外侧。利用线性插值即可估计出轮廓线中间线段的法向，如图（e）所示，但是此时多段线内部（如多段线⑥、④）、多段线与多段线之间（如多段线①和②、④和⑤）法向均不一致。要想顺利进行隐式建模，必须要实现多段线法向一致化。因此，首先进行单条多段线法向一致化，如图（f），可以看到，每条多段线的内部实现了法向一致化，但是多段线之间法向还是不一致。然后，利用 PCA 的方法进行多条多段线的法向一致化，如图（g）所示，操作之后，全部多段线的法向实现了一致化。最后进行隐式建模，结果如图（i）所示。

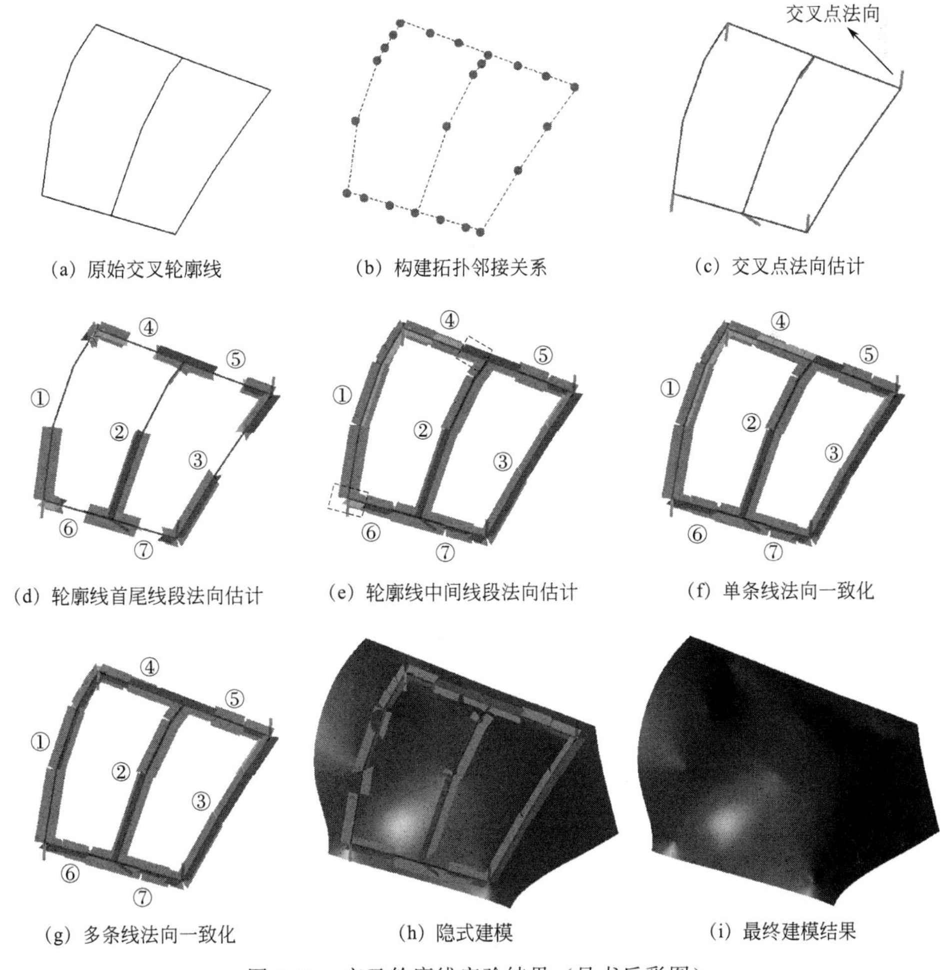


(a) 原始交叉轮廓线　(b) 构建拓扑邻接关系　(c) 交叉点法向估计

(d) 轮廓线首尾线段法向估计　(e) 轮廓线中间线段法向估计　(f) 单条线法向一致化

(g) 多条线法向一致化　(h) 隐式建模　(i) 最终建模结果

图 3-73　交叉轮廓线实验结果（见书后彩图）

某锡矿薄矿体基于交叉剖面数据隐式建模如图 3-74 所示。

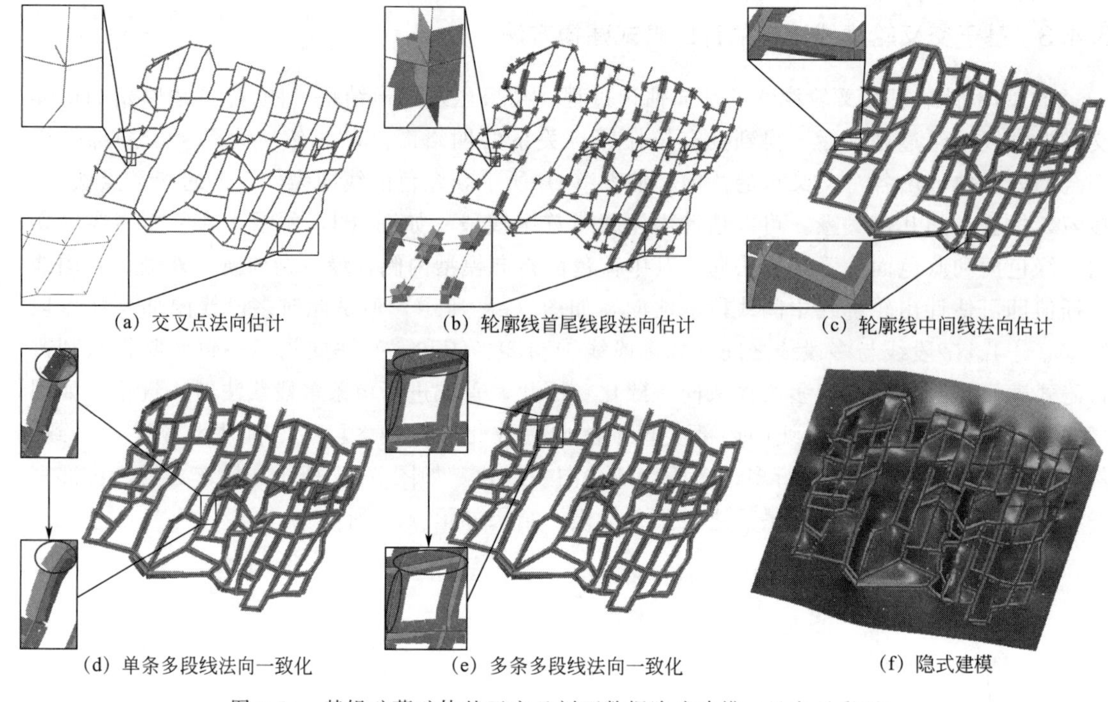


图 3-74　某锡矿薄矿体基于交叉剖面数据隐式建模（见书后彩图）

### 3.4.4 隐式建模特色

通过隐式建模方法建立地质体三维模型不仅解决了显示建模存在的如下问题：当矿床形态复杂时，需要大量的人工交互，建模效率低下；由于经验水平及理解差异，易造成模型多解性和不确定性；在处理分支复合问题时，过程烦琐，结果难以保证；所建的模型容易出现拓扑错误，需要后期的检验和修正；模型表面粗糙，棱角尖利，可视化效果较差；模型更新采用局部更新再合并的方式，过程复杂；多个地质体对象集成困难。并且还带来了新的优势：采用空间插值算法，可以大幅提高建模自动化的程度；将人对地质规则的理解以及经验以点线面等方式加入系统形成约束，理清人机二者的任务，大量减少人工交互；在空间插值算法的基础上，结合计算机几何算法能够建立多个地质体集成模型；在快速自动建模的基础上，能够实现对模型的动态编辑，以及模型即时更新。

## 能力训练题

**一、单选题**

1. 在数据库导入设置字段类型的选项中，工程名称、勘探线号、工程类型、样号、岩性名称等均用（　　）。

A. 字节型　　B. 字符串型　　C. 浮点型　　D. 双精度型

2. 在数据库导入设置字段类型的选项中，测斜深度、方位角、倾角等均用（　　）。

A. 字节型　　B. 字符串型　　C. 浮点型　　D. 日期型

3. 建立好的地表 DTM 模型可通过（　　）功能对地表按 $Z$ 值进行着色，直观展现地表高低起伏。

A. 实体配色　　B. 移动复制　　C. 实体切片　　D. 等值线

4. 地层厚度在各处有差别，但各地层单元的厚度比例在各处相似，即变化趋势是一致的，此种地层分布式为（　　）。

A. 前积式　　B. 剥蚀式　　C. 波动式　　D. 比例式

5. 层面内插时，采用“从上到下”的层面内插方式的有（　　）。

A. 比例式　　B. 波动式　　C. 超覆式　　D. 前积式

6. 矿体圈定时，可通过（　　）功能定位剖面，之后使用多段线功能圈定矿体。

A. 视图限制　　B. 矿段组合　　C. 切片　　D. 坐标转换

7. Dimine 软件外推功能应用是通过（　　）标识确认线框法向的正反方向。

A. 红色和绿色箭头　　B. 红色和蓝色的箭头

C. 红色和黄色的箭头　　D. 红色和白色的箭头

8. 下列建立封闭实体模型的步骤正确的是（　　）。

A. 端部外推→合并→线框连三角网→有效性检测

B. 线框连三角网→端部外推→合并→有效性检测

C. 有效性检测→线框连三角网→端部外推→合并

D. 线框连三角网→合并→端部外推→有效性检测

9. 如果在模型中要充分反映地质构造与矿体或工程与矿体之间的关系，可使用（　　）进行模型处理。

A. 布尔运算　　B. 分割运算　　C. 切割运算　　D. 拆分运算

10. 对实体及 DTM 模型进行布尔运算前，需要确认或调整实体及 DTM 的法线方向，要求（　　）。

A. 实体模型法线方向一致朝内，DTM 表面模型法线方向一致朝上

B. 实体模型法线方向一致朝外，DTM 表面模型法线方向一致朝上

C. 实体模型法线方向一致朝内，DTM 表面模型法线方向一致朝下

D. 实体模型法线方向一致朝外，DTM 表面模型法线方向一致朝下

**二、多选题**

1. 地质数据库可作为以下几项应用的基础（　　）。

A. 地质解译　　B. 品位推估

C. 矿量计算和管理　　D. 采矿设计

2. 钻孔数据库创建的基础数据表格有（　　）。

A. 开口表　　B. 测斜表　　C. 样品表　　D. 岩性表

3. 以下属于地质体模型的有（　　）。

A. 数字地形模型　　B. 矿体模型　　C. 构造模型　　D. 围岩模型

4. 在 Dimine 系统中有（　　）等方法对等高线赋值。

A. 梯度赋高程　　B. 线赋高程

C. 散点赋高程　　D. 一组曲线对另一组曲线赋高程

5. 根据层序地层学原理，地层分布型式可分为（　　）。

A. 比例式　　B. 波动式　　C. 超覆式　　D. 前积式

6. 三维矿体的建模方法按参与建模的资料类型分为（　　）。

A. 剖面法　　B. 平面法　　C. 交叉剖面法　　D. 线框法

7. 矿体外推方式有（　　）几种方法。

A. 点尖灭　　B. 楔形尖灭　　C. 平推　　D. 直接封闭

8. 模型有效性检测包括（　　）。

A. 检查线框的面有无空洞

B. 检查有无相交三角形

C. 检查在同一个面或不同面之间有无跨接

D. 检查有无多余边

9. 获得矿体某一水平轮廓线的方法有（　　）。

A. 实体分割　　B. 实体切片　　C. 实体等值线　　D. 水平工作面切片

10. 实体布尔运算功能提供了（　　）几种处理方式。

A. 实体与实体运算　　B. 实体与面运算　　C. 面与面运算　　D. 线与实体运算

**三、判断题**

1. 交叉剖面建模又叫网格法建模，可将平面矿体界线和剖面轮廓线结合建模。（　　）

2. 地质数据库是地质解译、品位推估、矿量计算和管理、采矿设计的基础。（　　）

3. 钻孔方位角从正北方向开始，顺时针计数，取值范围0°～360°。（　　）

4. 井巷刻槽建立数据库时，可通过拾取刻槽轨迹线来创建。（　　）

5. 地表模型只能描述一个面，在平面上不具有重叠功能，即在同一个 $X$、$Y$ 上只能有一个 $Z$ 值与其对应。（　　）

6. 在对线框进行布尔运算、切分等操作以及计算线框体积之前，不需要对实体模型合并并检测有效性。（　　）

7. 地表模型可使用封闭线进行裁剪。（　　）

8. 布尔运算前要求实体模型方向朝外，DTM表面模型方向朝下。（　　）

9. 生产过程中的数据所做的矿体更新必须更新到地质勘探模型中。（　　）

10. 矿体更新的方法为：在有变动轮廓线两侧，将变动轮廓线相邻区间的矿体面片删除，然后用剖面法重新构建变动轮廓线与相邻轮廓线间的矿体。（　　）

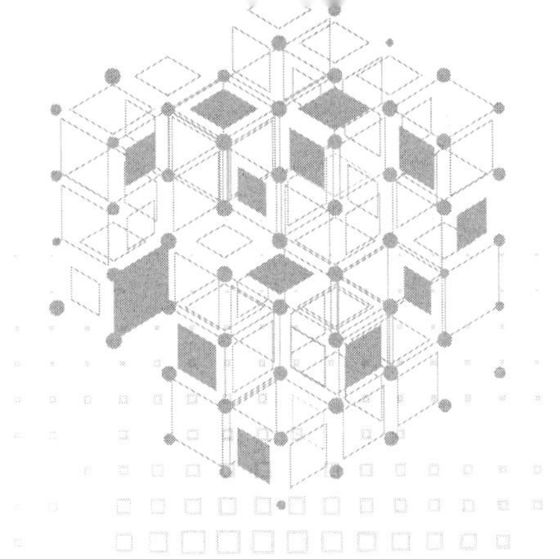

# 4 地质资源储量估算

## 4.1 地质数据库处理

在进行地质储量估值之前，需对地质数据库进行处理，包括但不限于地质数据库过滤、特高品位处理、样长（台阶）组合。地质数据库过滤是为了保证单个矿体估值时采用此矿体内部、夹石外部的样段数据，而不受其他矿体的样段数据影响；特高品位处理是为了削减高品位对矿床平均品位的影响；样长（台阶）组合则是为了保证每个样段在估值的过程中有相同长度的承载，削减估值过程中的误差。

### 4.1.1 地质数据库过滤

地质数据库过滤（图 4-1）一般依据实体模型进行过滤，保留实体内部或外部的样品。针对含有内部夹石的模型，数据库过滤需分两步走，先过滤矿体内部的样品，然后过滤夹石外部的样品。过滤之前必须确保矿体与夹石的面片方向朝外，可用“实体建模—优化—方向一致化”进行方向设置。

(a) (b) (c)

图 4-1 地质数据库过滤

依据过滤的方式，分以下几个类型：

（1）实体内全部样品段 指过滤时取出实体内完整样品段和用实体截断的实体内相交样品段，该法比较常用。

（2）实体内部和相交的样品段　指过滤时取出实体内完整样品段和相交样品段，此时相交样品段超出实体的部分也保留。

（3）实体内完整样品段　指过滤时只取出完全在实体内的样品段，相交的样品段在实体内的部分不保留。

（4）实体外完整样品段　指过滤时取出完全在实体外的样品段。

### 4.1.2　特高品位处理

特高品位又称风暴品位，是指矿床中那些比一般样品品位显著高出许多倍的少数品位。特高品位是样品分布中的特异值，在岩金矿床和其他贵金属矿床中经常出现，其分布极不稳定且不连续，使品位总体具有高方差。特高品位对矿床品位估值的影响是显而易见的，处理不当将会使矿床品位估值正偏或负偏。

特高品位的确定方法国内外尚无公认的统一标准，常用的方法有：

（1）经验法　经验法又称类比法，是根据矿床的矿化特征和品位变化程度，与已开采的类似矿山的经验数据进行对比加以确定。如对岩金矿床，国内较多地采用矿床平均品位的6～8倍进行处理。对于品位变化系数小的矿床采用此范围的下限值，变化系数大的矿床采用此范围的上限值。

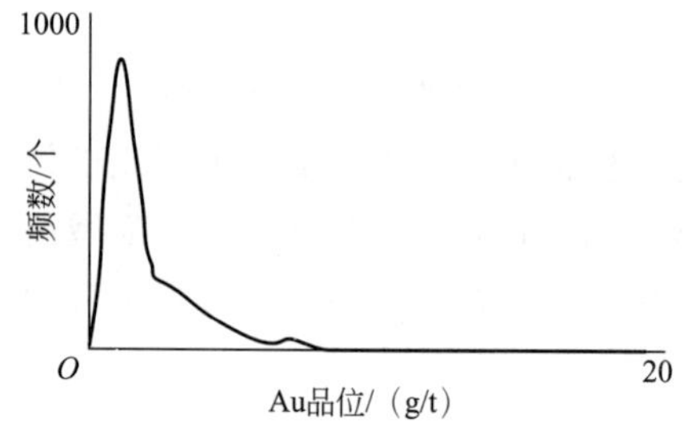

图4-2　某金矿Au特高品位频数曲线图

（2）品位分布频率曲线法　对所有样品按适当的品位分段进行统计，根据品位频率（数）曲线图，正偏倚曲线右侧第一次出现极小值处即为特高品位的下限值。图4-2为某金矿品位频数曲线图，利用此图，确定该金矿Au特高下限值为6g/t。国外通常采用累积频率为95%、97.5%、97.7%对应的品位定为特高品位。

（3）品位统计标准差法　由于特高品位是一种特异值，因此可通过品位统计标准差来确定其下限值。具体方法为：特高下限值为元素品位统计结果 $n$ 倍标准差与均值之和，$n$ 的取值应视矿床成因和品位变化特征而定。大于下限值的特高品位用下限值来代替。

实际工作中，特高品位的一般处理方法有：

① 特高品位不参加平均品位计算，即剔除法；

② 用包括特高品位在内的工程或块段的平均品位来代替特高品位参加计算；

③ 用与特高品位相邻两个样品的平均品位值来代替特高品位；

④ 用特高品位与相邻两样品品位的平均值来代替特高品位；

⑤ 用该矿床一般样品的最高品位或用特高品位的下限值来代替特高品位。

以上②、④的代替法，是国内较常用的特高品位处理方法。若特高品位呈有规律分布，且可以圈出高品位带时，则可将高品位带单独圈出，分别计算储量，不再进行特高品位处理。

用经验法所确定的特高品位，其处理方法通常用出现特高品位的样品所影响块段的平均品位或工程（当单工程矿体厚度大时）平均品位来代替特高品位。数理统计方法可通过对数转换、高斯变形、排列等数据转换来减轻（但无法消除）特高品位对矿床品位估值的影响。

特高品位的确定和处理不能一成不变、一概而论，应结合矿床成因类型、矿床勘查程度以及矿体形态、矿床总体品位分布特点等诸多因素综合考虑，最终选择合理的特高品位确定和处理方法。对于矿化均匀、矿体形态规则、矿体平均品位高、勘查程度高的矿床，其特高品位的确定和处理方法应有别于矿化不均匀、矿体形态复杂、矿床平均品位低、勘查程度低的矿床，否则可能造成对高品位矿床品位的过低估计和对低品位矿床品位的过高估计。

### 4.1.3 样品组合

地质数据库中的分析数据是矿床储量估算的基础，根据地质统计学原理，为确保参数的无偏估计量，所有样品数据应落在相同承载上，即同一类参数的地质样品的长度应该一致。组合样品的过程是将品位信息通过长度加权的方法进行计算。如果地质样品的取样长度不均匀，则要将不同长度的样品沿钻孔方向组合成相同长度的组合样品，确保数据在定长的载体上，这些载体以离散点方式存储该组合样品数据。

在组合样品时，应注意所组合样品必须属于同一地质条件，即样品组合要求在同一成矿环境内，如同一矿化带、地层、矿（化）体内。否则一方面可能造成估值偏差，另一方面可能造成局部品位人为的贫化或富集。一般可以通过对应条件约束样品数据，并以此数据进行样品组合。约束条件通常包括实体约束、地质带约束、顶底板约束、台阶高度约束、DTM面约束、圈矿指标约束等多种方式。其中实体约束是使用最广泛的方法，一般采用矿床实体模型来约束。不同软件在样品约束过滤和组合处理上方式不一，有的将功能组合在一起，有的是分开。通常所讲样品组合主要是对所过滤出来的样品数据按长度组合或按台阶高度组合。

（1）按样品长度组合　样品组合应在原始样长统计的基础上进行，尽量使组合样长与原始样长统计结果中的众数一致，以尽可能保证数据的原始状态。组合样长一般应视勘查工程网度、矿体厚度、形态及采矿工程等因素确定。

按样品长度组合方法中，组合样的属性值是原始样品属性值的长度加权平均值。如图4-3中，组合样$L$由原始三个样品重新组成，参与组合的长度分别为$L_1$、$L_2$和$L_3$，如果三个原始样品的品位分别为$G_1$、$G_2$和$G_3$，那么组合样的品位$G_C$为

$$G_C=\frac{L_1G_1+L_2G_2+L_3G_3}{L_1+L_2+L_3} \tag{4-1}$$

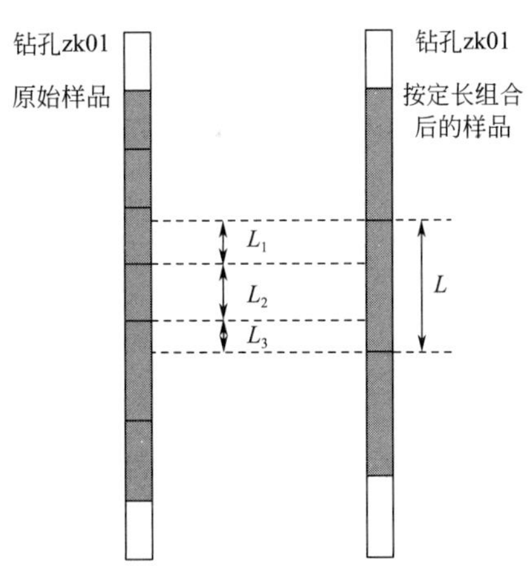

图4-3　按样品长度组合

（2）按台阶高度组合　按台阶高度组合对于直孔产生的结果与按长度组合是一样的，但对于弯曲钻孔，组合样的长度并不一致，但其高程差相等，组合样的属性值需按样品参与组合的部分的高度进行加权平均。样品组合的计算公式为

$$G_C=\frac{\sum_{i=1}^{n}G_iL_i}{\sum_{i=1}^{n}L_i},\quad L_C\geqslant\sum_{i=1}^{n}L_i\geqslant 0.75L_C \tag{4-2}$$

式中　$G_C$——组合样的属性值；

$G_i$——参与组合新组合样的第$i$个样品的属性值；

$L_i$——第 $i$ 个样品的长度，台阶组合时 $L_i$ 为高度；

$\sum_{i=1}^{n} L_i$ ——组合样的实际长度，

$L_C$——确定的组合样长度，台阶组合时是组合样的高度；

$n$——参与组合样计算的样品数。

在样品组合过程中，假定每个样品的属性值是不变的，组合样的属性值对原始属性值的变异性进行了平滑，从而产生平滑效应。如果每个样品实际的属性值变化较大，组合样品的长度小于原始样品的平均长度或者计算变异函数的滞后距 $h$ 较小，那么这种平滑效应对于结构分析的影响是重大的。因此在样品组合过程中，组合样的长度不能小于原始样品的平均长度。

### 4.1.4 统计分析

地质统计学研究的主要对象为区域化变量，而区域化变量有其特有的性质，首先应对区域化变量的分布规律进行研究。因此，对原始数据进行统计分析是地质统计学的一项基本内容，也是矿床建模和品位估值必不可少的工作。通过统计不但可以进一步起到数据检查的作用，能够检测和处理原始数据中可能存在的人为差错和常识性的错误，还可以发现原始样品中的特异值，同时针对原始样品中特异值的分布特征选择合理的处理方法。更重要的是通过对原始数据的统计分析，可以了解区域化变量的分布规律，揭示矿化与区域化变量之间的相互关系，为进一步研究矿化的空间分布规律，平稳性条件的存在及其分区，空穴效应、比例效应的存在及类型，以及为变异函数的研究和矿床建模提供必要的依据。统计对品位估值方法的合理选择具有重要意义，不同分布规律的矿床应选择不同的估值方法。因而统计分析的主要任务为通过对原始数据的统计来研究区域化变量的分布特征、分析元素之间的相关性和进行回归分析等。

统计分析的常用方法有直方图、散点图、$P-P$ 图与 $Q-Q$ 图、累计概率曲线等。目前常用的矿业软件已经集成了这些统计分析方法，可以直接使用。还可以借助 Stata、MATLAB、SPSS、SAS 和 ROTATION 等专业统计软件进行分析。此外，微软 Office 系列的电子表格（Excel）也具备上述部分功能。数据统计时，在对全部数据进行统计的基础上应分别对不同成矿环境中的区域化变量进行统计，同时应在原始样长的基础上进行更大组合样长的统计，以发现不同的规律。

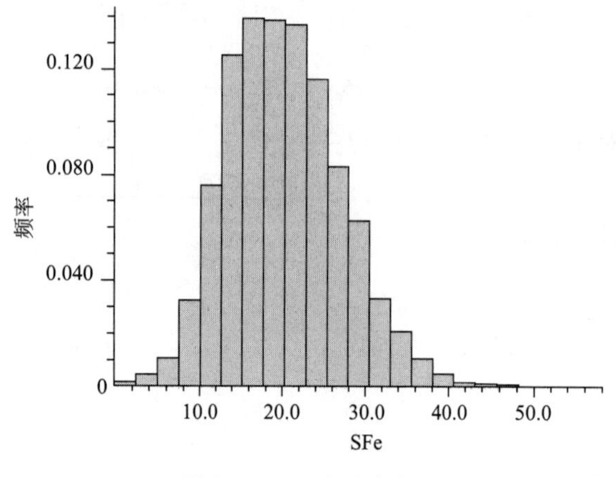

图 4-4　SFe 含量直方图

（1）直方图　对于一个变量按照测量范围进行等宽度分级，统计数据落入各个级别中的个数或占总数据的百分比，这一组频率值组成频率分布，其图形即为直方图。直方图可以直观地反映数据分布特征、总体规律，可以用来检验数据分布形式和寻找数据特异值。图 4-4 为某矿山 SFe 含量的直方图，从图中可以看出 SFe 含量大致服从正态分布。

有时样品品位分布呈正偏态，特别

是大量低品位的“零值高峰”分布，表明矿化带内可能存在很多品位带或无矿夹石带，可能存在空穴效应。对于非正态分布的区域化变量有时经对数转换后可服从正态分布，即对数正态分布。有时还需要对区域化变量附加一常数并取对数后才能服从正态分布，即三参数对数正态分布。当样品品位为对数正态分布或近似对数正态分布时，表明矿化可能存在比例效应。空穴效应和比例效应的正确判断，为后续的实验半变异函数的计算和拟合提供了依据。

直方图级别的数量要根据数据个数和数据值的范围来确定。通常情况下，数据个数越少所需级别的数量也越少才能更好地表示数据。相同的区间宽度应确保每个条带的面积与该级别的频率成正比。

（2）散点图　散点图是表示两个变量之间关系的图，又称相关图。用于分析两组数据值之间相关关系，它有直观简便的优点。通过散点图对数据的相关性进行直观的观察，不但可以得到定性的结论，而且可以通过观察剔除异常数据。

如图 4-5，图（a）表明 $X$ 和 $Y$ 之间存在一定的线性相关性。图（b）表明 $X$ 和 $Y$ 之间为完全线性相关关系，$X$ 增大时，$Y$ 也显著增大，此时为正相关；若 $X$ 增大时，$Y$ 却显著减小，则为负相关。图（c）表明 $X$ 和 $Y$ 之间存在相关关系，但这种关系是曲线相关，而不是线性相关。图（d）表明 $X$ 和 $Y$ 之间不相关，$X$ 变化对 $Y$ 没有什么影响。

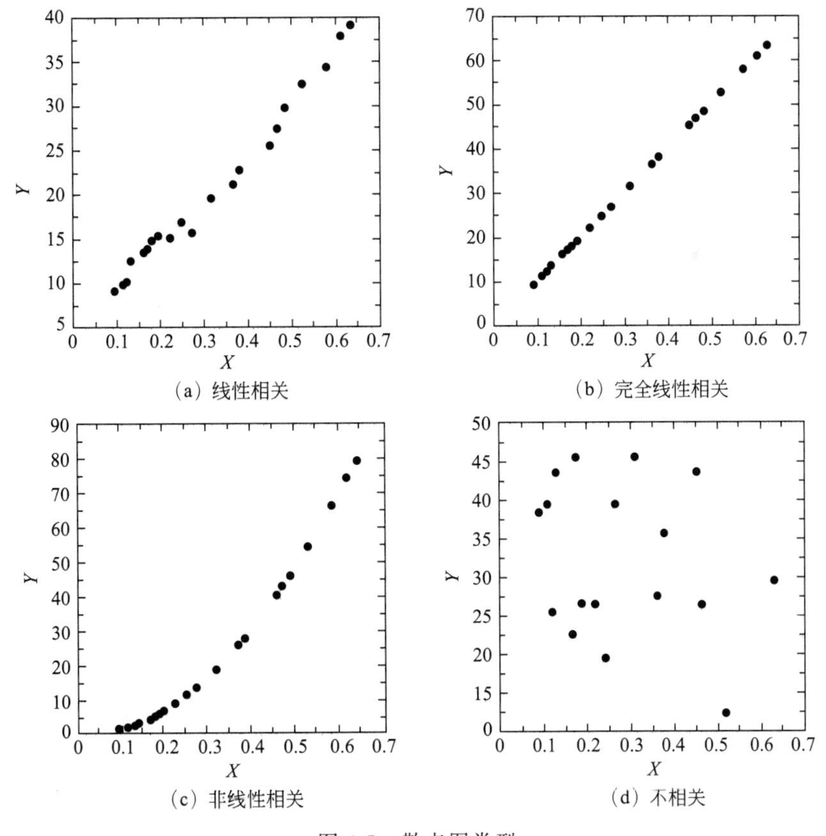


图 4-5　散点图类型

（3）$P-P$ 图和 $Q-Q$ 图　$P-P$ 图是根据变量的累积概率与指定分布的累积概率之间的关系所绘制的图形。通过 $P-P$ 图可以检验数据是否符合指定的分布。当数据符合指定分布时，$P-P$ 图中各点近似线性。如果 $P-P$ 图中各点不呈线性，但有一定规律，可以对变

量数据进行转换，使转换后的数据更接近指定分布。$P-P$ 图的绘制是使用指定模型的理论累积分布函数 $F(x)$，样本数据值从小到大表示为 $x_1$，$x_2$，…，$x_n$。$P-P$ 图即为 $F(x_i)$ 与 $(i-1/2)/n$ 的比值，$i=1$，2，…，$n$。

$Q-Q$ 图同样用于检验数据是否服从指定的分布形式，区别是 $Q-Q$ 图是用变量数据分布的分位数与所指定分布的分位数之间的关系曲线来进行检验的。如果有个别数据点偏离直线太多，那么这些数据点可能是一些异常点，应对其进行检查。$Q-Q$ 图的绘制同样使用指定模型的理论累积分布函数 $F(x)$，样本数据值从小到大表示为 $x_1$，$x_2$，…，$x_n$。$Q-Q$ 图即为 $x_i$ 与 $F^{-1}[(i-1/2)/n]$的比值，$i=1$，2，…，$n$。

$P-P$ 图和 $Q-Q$ 图的用途相同，只是在检验方法上存在差异。图 4-6 为 $P-P$ 图和 $Q-Q$ 图的例子，可以看出 SFe 含量服从正态分布。

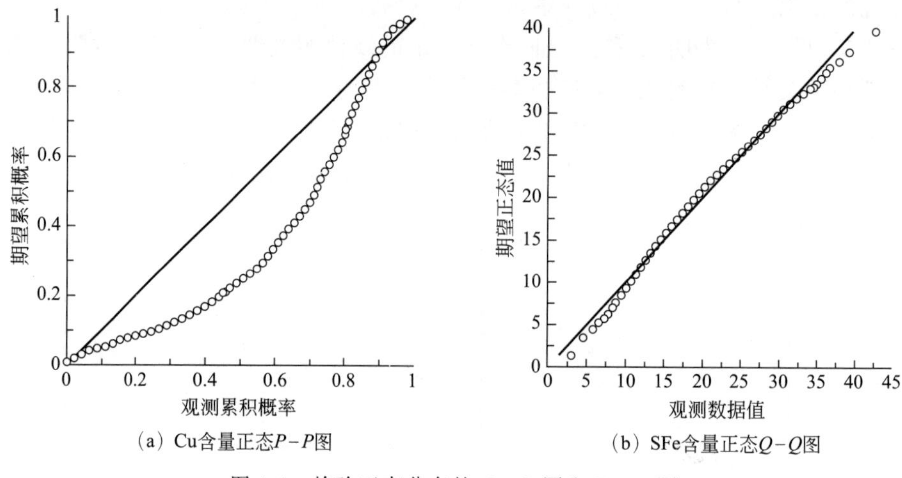


图 4-6 检验正态分布的 $Q-Q$ 图和 $P-P$ 图

(4) 累计概率曲线 概率图可以分析矿体中元素的分布数据的累积概率。图 4-7 为某矿 Cu 品位分布的累计概率曲线图，从中可分析出 Cu 品位在某个具体数值时对应的累计概率。

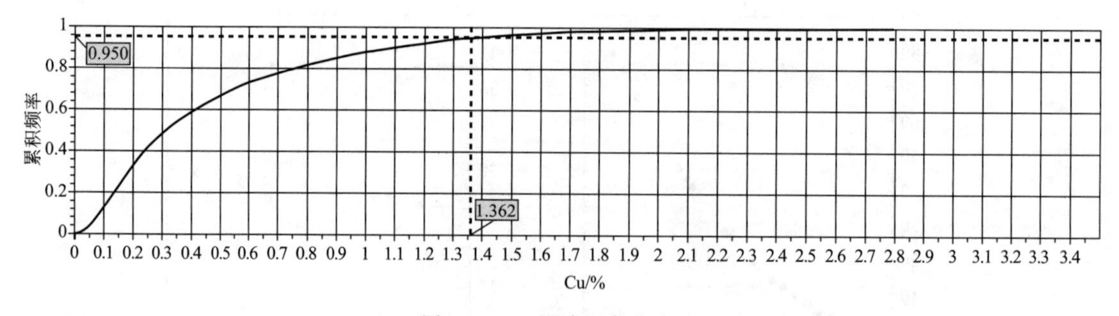


图 4-7 Cu 累计概率曲线图

# 4.2 矿块模型构建

## 4.2.1 块段模型概念

当前三维矿业软件中通行的概念是将块体模型与地质统计学相结合，是应用数学方法对品位分布进行建模，由于品位分布是在资源中受地质因素控制而明显存在的，从而形成一定约束条件下的品位模型。块体模型的精度取决于块体模型的结构和属性。在资源储量估算中，利用块体模型可以准确地进行资源量和品级报告。

块体模型（Block Model）根据数据存储方式，又可分为三维栅格模型（3D Grid Model）和八叉树模型（Octree Model）。三维栅格模型是未经压缩的标准体元，标准体元可以是长方体、正六面体等，但是最简单并最常用的是等边长的正方体体元。八叉树模型是对三维栅格模型的改进，其也被称为实体空间分解枚举类型，它是用层次式三维空间子区域划分来代替三维栅格。

矿块模型是品位估值和矿床模型的基本框架，是品位等估值结果的信息载体。矿块模型由形状规则、大小相同或不同的立方体矿块组成，这些矿块是构成矿块模型的基本单位。虽然不同软件建立矿块模型的结构不尽相同，但所有的矿块模型都由以下几个基本要素组成。

（1）模型原点坐标　是指矿块模型所定义立方空间 $X$、$Y$、$Z$ 坐标的下限值。

（2）矿块中心点的坐标　是指每个单独矿块中心点的坐标，是矿块的空间定位数据。

（3）矿块尺寸　是指矿块在三维空间不同方向的大小，矿块尺寸决定了每个矿块的体积，矿块体积与矿块对应的体重[1]相乘即可得矿块所代表的矿岩量；

（4）矿块数　矿块模型在三维空间不同方向矿块数，一般由矿块模型所定义立方空间 $X$、$Y$、$Z$ 坐标的上限值、模型原点坐标、矿块大小来确定矿块数目，三者的运算关系式为：矿块数=(坐标上限值－坐标下限值)/矿块大小。

（5）矿块所载信息　是建立矿块的主要目的之一，所载信息有品位估值结果、矿岩类型、矿岩石体重、矿石氧化程度、资源储量级别、岩石力学信息等。构成矿块块段模型的基本要素如图 4-8 所示。

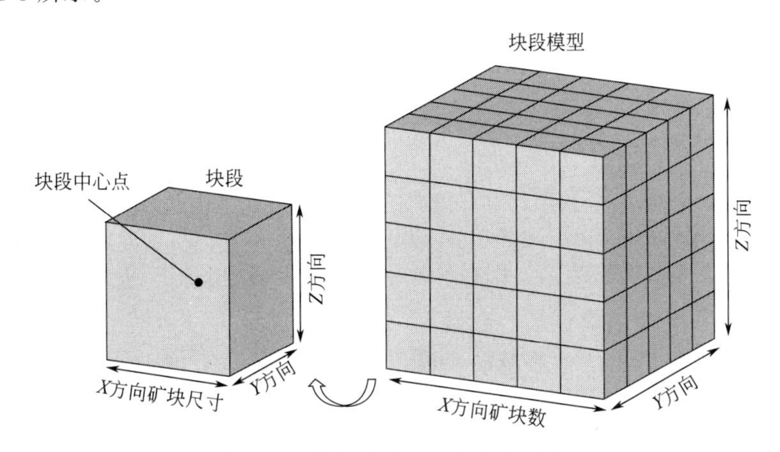


图 4-8　块段模型的基本构成要素

块段模型是矿床品位推估及储量计算的基础，其基本思想是将矿床在三维空间内按照一定的尺寸划分为众多的单元块，然后根据已知的样品点，通过空间插值方法对整个矿床范围内的单元块的品位进行推估，然后在此基础上进行储量的计算和统计，如图 4-9 所示。

[1] 体重与物理学中的密度意义相同，在矿业工程中习惯称为体重。

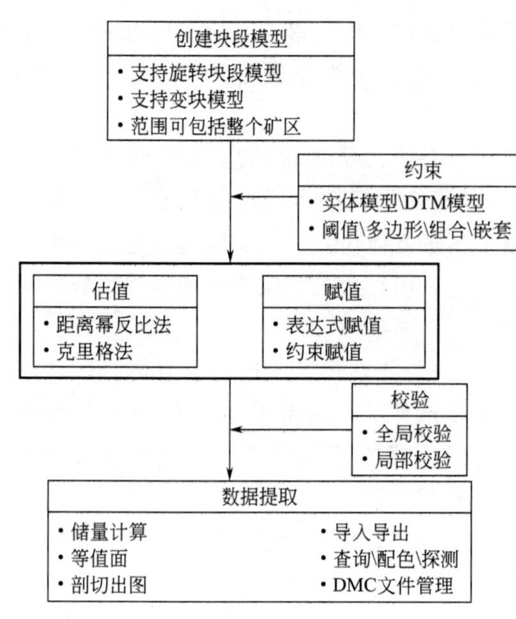


图 4-9　块段模型应用流程

块段模型是一种数据库，是矿床在三维空间内按照一定的尺寸和比例划分为许多较小规则单元块的一种集合体，它具有一般数据库的功能如存储、操作和修补数据以及动态显示等，并且具有空间参照性，可通过在一些约束条件下建立系列属性来存储相关地质信息（矿石品位、密度、矿岩类型等）。

## 4.2.2　块段模型创建

在创建矿块模型之前，首先应确定模型的基本参数，即基本要素，其中最主要的为矿块尺寸的确定。矿块尺寸应根据地质统计学特征、探矿工程间隔、采矿约束、地质因素、地形以及计算机的处理能力等条件综合确定，如对于品位骤变的薄层状矿床，矿块尺寸应尽可能小一些，而对于特厚品位渐变矿床，矿块尺寸则可以大一些。考虑到采矿工程，矿块大小应尽可能与矿房尺寸、露头开采台阶高度等采矿工程之间成倍数关系，并使矿块中心点的高程值与开采台阶标高也成倍数关系。一般情况下，最大矿块尺寸不应大于最小探矿工程间距的 1/4。另外需要注意的是较大的块比更小的块更容易估计，且块预测的等级更接近实际等级。但另一方面，过大的块不利于矿井规划和矿坑优化。矿山规划设计依据的基础就是这些矿块，块尺寸大小可能会影响一些相关资源估计。例如，做开采计划和开采单元的计算经常需要使用，因此块大小应选择合适的尺寸，这涉及选择最小开采单元（SMU）的概念。SMU 为开采的最小体积，可以选择性地开采矿石或废石。SMU 的大小部分是主观的，是基于生产经验的挖掘实体，它为生产的质量控制提供决策数据的载体。因此，该块的高度通常与采掘方法有关，即与露天矿台阶高度或采矿机械高度吻合。

在品位变化较大的薄脉状矿床中，为使矿块与地质体的边界拟合得更好，使品位估值更加精细，还可以将地质体边界处的大块细分为更小一级别块，有些软件已具备此项功能。另外有些软件则采用“含矿系数”来表示，即在矿块中建立一字段，其值为表示地质界线对矿块的切分比例。相反，如果次级矿块过多，会增大矿块模型文件大小，降低品位估值及矿块模型操作速度，在满足地质边界更好拟合的前提下还需要尽可能地将部分小的次级矿块合并成更大的次级矿或父块，此即为矿块优化。

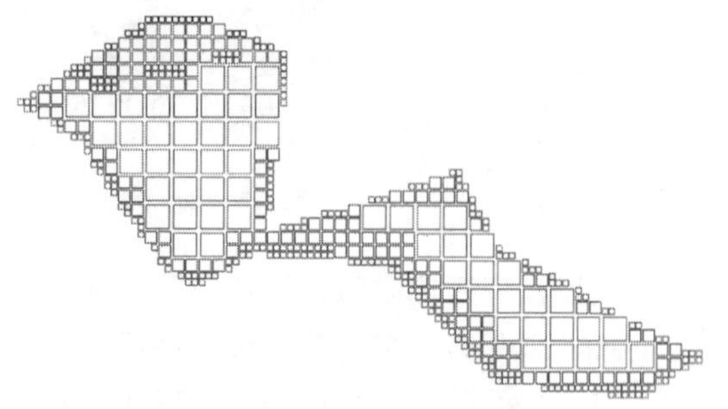

注：内部 20m×20m×10m，边界 10m×10m×5m，颜色代表不同的品位级别

图 4-10　某中段平面矿块尺寸图（见书后彩图）

在资源开发的不同阶段，应用地质统计学进行资源储量估算，块尺寸的选择依据不同。在地质勘探阶段，存在理论最优块尺寸值，但是该数值一般较大，块尺寸（图 4-10）主要受边界次级矿块拟合精度限制。因而建

议在边界拟合精度允许的条件下，适当选择较大的块尺寸。在矿山生产阶段，块尺寸应该与选别开采单元一致。该尺寸的确定需要从地质因素、技术因素和经济因素3个方面进行综合考虑。

创建矿块模型的方法有以下几种。

(1) 无约束建模　无约束建模是矿块模型最快捷简单的建模方法，即利用已定义的矿块模型参数，通过品位估值的方法建立矿块模型，此方法所需数据为样品分析结果。利用样品分析结果，逐一分析每个潜在矿块中心点在估值参数所设定的样品搜索半径内是否有足够的样品数据。如果有，则在该位置创建一个矿块并对其进行品位赋值；如果没有足够的样品数据，此处将不创建矿块，将继续搜索下一个潜在矿块中心点的位置，直至搜索完所有样品数据。

此方法最主要的缺点是不能精确地表述地质界线，无法考虑构造对矿床的影响，仅能在简单、厚大矿床中有限地使用，或对那些没有足够的探矿工程数据而无法建立完整的矿床模型时，采用这种方法做简单的推断评价。

(2) 约束建模　约束建模是矿块模型建模常用的一种方法，即通过线框模型或其他地质边界线的限制，在有限的空间内进行矿块充填，有条件地创建矿块模型，这样可以更好地控制地质体的形态和位置。

(3) 组合建模　复杂的地质模型常含有不同的岩性、侵入体、地质构造等，如果一次建成完整的矿块模型，既费时又非常困难。另外，如果其中一个地质体的边界发生变化，则需要对整个矿块模型重新建立。为解决这一问题，可以首先创建每个地质体的线框模型，然后对每个不同的地质体分别建立矿块模型，最后采用叠加的方法合并成完整的矿块模型。典型的模型叠加过程为，先对含矿层叠加，将矿层1叠加至矿层2形成新的模型$A$，再将侵入岩叠加至模型$A$形成模型$B$，接着将模型$B$叠加至地形模型形成模型$C$，最后将氧化带叠加至模型$C$形成最终模型$D$。

建模过程中，对于断层的影响，可以按线框模型建模方法，利用线框的分割操作，先用断层面对矿体进行切割并移位，形成断层影响后的矿体线框模型，然后对此线框模型创建矿块模型并叠加至相应的模型上即可。对于那些不具备矿块叠加功能的软件，也可以采用类似的方法建立线框模型，用于品位估值和资源储量估算的约束条件。

(4) 非正交矿块模型　地质因素复杂多变，矿（化）体形态千差万别，对于某些矿床采用非正交矿块模型会优于正交模型，这就需要对矿块模型进行旋转，建立旋转矿块模型。在某种情况下，旋转模型能够有效减少矿块数同时使矿块与地质边界更加吻合，对品位估值也会有小的改进。如图4-11所示，对于正交模型，为使矿块与矿体边界更加吻合，可以通过减少矿块$X$方向尺寸的方法来实现，但这样一来，矿块数会明显增加。在不减少矿块尺寸的条件下，如果将矿块的方向旋转成与矿床产状一致的方向，这样矿块就会与矿体边界非常吻合。矿体与围岩的正交模型在正交的情况下，矿体边界线内有一部分围矿块，在估算矿体资源储量时，这部分围岩会参与估算，边界矿石品位势必会贫化，如果采用旋转模型，使矿体与围岩边界更加吻合，则会明显减少围岩进入矿体的机会。

先根据所有矿体的空间范围确定出块体模型的空间位置和网格大小，块体模型在矿体三维实体模型边界处的单元网格尺寸大小可以根据矿体的大小和厚度进行比例细化，这样有利于单元块的较小矿体的圈定及其估值精度，尽可能真实地体现矿体的实际形态。块体模型建立步骤如下。

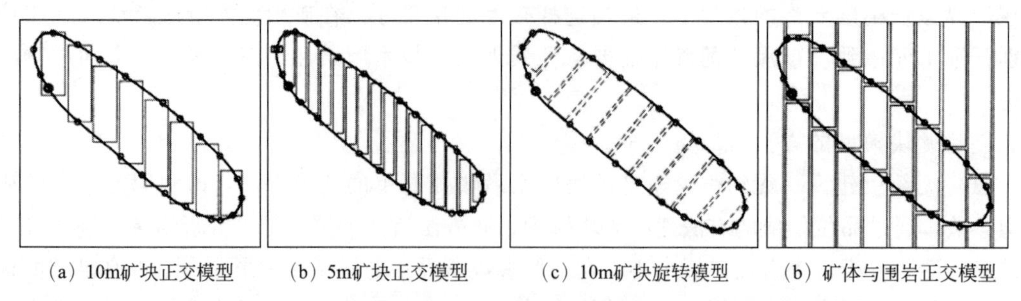

(a) 10m矿块正交模型　(b) 5m矿块正交模型　(c) 10m矿块旋转模型　(b) 矿体与围岩正交模型

图 4-11　正交模型与旋转模型

① 首先定义空块体模型和次级空块体模型的空间几何位置和大小。

② 用实体模型表达矿体制图区域边界，根据第一步定义的块体模型，在实体模型内逐个生成三维栅格模型。在生成的三维栅格模型中，可以根据原始数据的数量、空间分布，利用克里格插值方法或距离反比法对地质体进行空间属性插值，得到理想的插值结果。

③ 转换三维栅格模型，生成八叉树模型，采用线性八叉树存储方法，对栅格进行 Mortan 编码，以达到节约空间的目的。

④ 将块体模型存储在数据库中，每个块段的地质属性（品位、孔隙度、渗透率等）被视为属性字段，从而支持了数据的查询检索。

### 4.2.3　块段模型约束

对块段模型进行约束是构建块段模型关键的一步，其实质就是对目标地质体三维栅格化的结果，目前国内外一些地质建模软件（如 DataMine、MicroMine、Dimine 等）大都是采用简单长方体来表达这些体元，其方法是：首先将研究的范围形成最小包络长方体，将其定义为原型；然后根据地质勘探网度、采矿方法、地质条件以及地质统计学的块度要求等确定单元块尺寸，以此对原型进行三维栅格化；最后通过表面模型对以上得到的块体相交测试，在边界处进一步细分，对处于边界内部的块段赋予属性。

灵活的约束可以实现工作中各种量的计算需要，比如可以进行采矿设计的矿岩量计算、贫化率的计算和多种级别下矿量的统计等。

## 4.3　变异函数及结构分析

众所周知，地质统计学是在经典统计学的基础上，充分考虑到地质变量的空间变化特征——相关性和随机性，并以反映地质现象区域化的随机函数——变异函数作为工具，来研究地质和采矿工作中的各种问题。变量区域化的结构分析是地质统计学的基本问题，其目的是构造一个变异函数模型，以对全部有效结构信息作定量化概括来表征区域化的主要特征。因此，变异函数和结构分析既是地质统计学中一个最典型的不完全依靠计算的方面，又是地质统计学中至关重要的一个研究领域。

### 4.3.1　变异函数

为表征一个矿床金属品位等特征量的变化，经典统计学通常采用均值、方差等一类参数，这些统计量只能概括该矿床中金属品位等特征量的全貌，却无法反映局部范围和特定方向上地质特征的变化。地质统计学引入变异函数这一工具，它能够反映区域化变量的空间变化特征——相关性和随机性，特别是透过随机性反映区域化变量的结构性，故变异函数又称结构函数。

可以把一个矿床看成是一个二维空间中的域 $V$，如图 4-12 所示。域 $V$ 中的值则可以看成是 $V$ 内一个点至另一个点的变量值，在图 4-12 所示的域 $V$ 内的 $u$ 方向上，有两个被距离 $h$ 所分割的点 $x$ 和 $x+h$，它们的金属品位分别为 $Z(x)$ 和 $Z(x+h)$，两者的差值 $[Z(x)-Z(x+h)]$ 就是一个有明确物理意义的结构信息，它可以看作沿 $u$ 方向距离为 $h$ 的点 $x$ 和点 $x+h$ 品位差异的测量值，这一差值同样是一个变量。

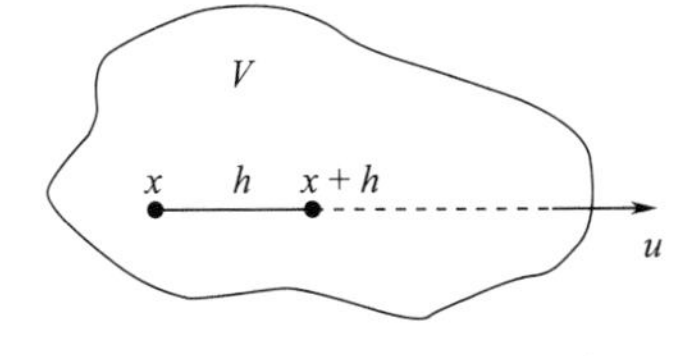

图 4-12　域 $V$ 内的变量值

区域化变量 $Z(x)$ 在空间相距 $h$ 的任意两点 $x$ 和 $x+h$ 的值 $Z(x)$ 与 $Z(x+h)$ 差的方差的二分之一定义为区域化变量 $Z(x)$ 的变异函数，记为 $\gamma(x, h)$，具体公式为

$$\begin{aligned}\gamma(x, h) &= \frac{1}{2}\mathrm{var}[Z(x)-Z(x+h)] \\ &= \frac{1}{2}E[Z(x)-Z(x+h)]^2 - \frac{1}{2}\{E[Z(x)]-E[Z(x+h)]\}^2 \end{aligned} \tag{4-3}$$

由上式可以看出，$\gamma(x, h)$ 是依赖于 $x$ 和 $h$ 两个自变量的，其与位置 $x$ 无关，而只依赖于分隔两个样品点之间的距离 $h$，则可把变异函数 $\gamma(x, h)$ 写为 $\gamma(h)$：

$$\gamma(h) = \frac{1}{2}E[Z(x)-Z(x+h)]^2 \tag{4-4}$$

在实践中，样品的数目总是有限的，有限实测样品值构成的变异函数称为实验变异函数，记为 $\gamma^*(h)$。

$$\gamma^*(h) = \frac{1}{2N(h)}\sum_{i=1}^{N(h)}[Z(x_i)-Z(x_i+h)]^2 \tag{4-5}$$

需要注意的是，有时会把 $2\gamma(x, h)$ 定义为变异函数，则 $\gamma(x, h)$ 为半变异函数。

### 4.3.2　变异函数的理论模型

变异函数的理论模型，亦称为理论变异函数，是指以空间两点间距离为自变量的，具有解析表达式的函数。变异函数理论模型可以分为有基台值和无基台值两大类。有基台值模型包括球状模型、高斯模型、指数模型、线性有基台值模型、纯块金效应模型；无基台值模型包括线性无基台值模型、幂函数模型、对数模型。此外，还有孔穴效应模型，该模型可能有基台值，也可能没有基台值。下面将简单介绍这几种模型。

（1）球状模型　球状模型由地质统计学理论奠基者法国学者马特隆（G. Matheron）提出，故又称马特隆模型。在实际工程中，95%以上的实验变异函数散点图都可用该模型拟合。一般公式为：

$$\gamma(h) = \begin{cases} 0 & h=0 \\ c_0 + c\left(\frac{3}{2}\times\frac{h}{a} - \frac{1}{2}\times\frac{h^3}{a^3}\right) & 0 \leqslant h \leqslant a \\ c_0 + c & h > a \end{cases} \tag{4-6}$$

式中，$c_0$ 为块金常数，它表示 $h$ 很小时两点间品位的变化；$a$ 为变程；$c$ 为拱高；$c_0+$

$c$ 为基台值，它反映某区域化变量在研究范围内变异的强度。

作球状模型曲线的切线与总基台的交点的横坐标为 $2a/3$，其中 $a$ 值叫变程。当 $h \leqslant a$ 时，任意两点间的观测值有相关性，这个相关性随 $h$ 的增大而减小，当 $h > a$ 时就不再具相关性。$a$ 的大小反映了研究对象（如矿体）中某一区域化变量（如品位）的变化程度。该模型之所以叫“球状模型”，是因为它们起源于两个半径为 $a$ 且球心距为 $2h$ 的球体重叠部分体积的计算公式。当 $c_0=0$、$c=1$ 时，称为标准球状模型，其曲线如图 4-13 所示。该模型在原点处为线性型，切线的斜率为 $3c/(2a)$，其与基台值线交点的横坐标为 $2a/3$。

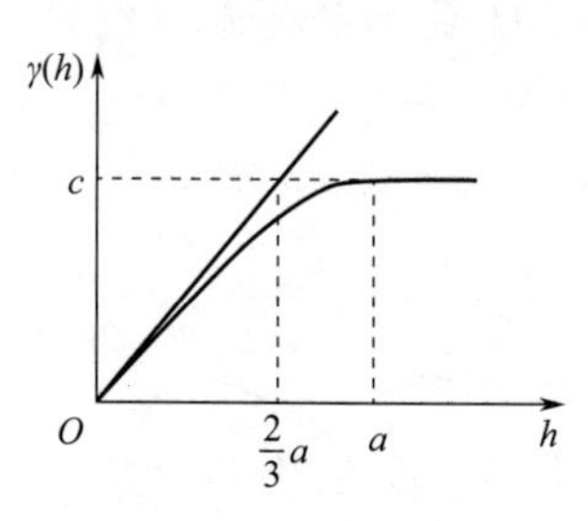


图 4-13　球状模型曲线

（2）高斯模型　高斯模型在原点处为抛物线形状。一般公式为：

$$\gamma(h)=\begin{cases}0 & h=0 \\ c_0+c(1-e^{-\frac{h^2}{a^2}}) & h>0\end{cases} \tag{4-7}$$

式中，$c_0$、$c$ 意义同式（4-6），但变程不是 $a$ 而是 $\sqrt{3}a$。

当 $c_0=0$、$c=1$ 时，公式变为

$$\gamma(h)=\begin{cases}0 & h=0 \\ 1-e^{-\frac{h^2}{a^2}} & h>0\end{cases} \tag{4-8}$$

将之称为标准高斯函数模型，其图像如图 4-14 所示。

（3）指数模型　指数模型在原点处为线性型。一般公式为：

$$\gamma(h)=\begin{cases}0 & h=0 \\ c_0+c(1-e^{-\frac{h}{a}}) & h>0\end{cases} \tag{4-9}$$

式中，$c_0$、$c$ 意义同式（4-6），但 $a$ 不是变程。

当 $h=3a$ 时，$1-e^{\frac{-3a}{a}}=0.95 \approx 1$；即当 $h=3a$ 时，$r(h) \approx c_0+c$，所以该模型的变程为 $3a$。当 $c_0=0$、$c=1$ 时，称为标准指数模型，其图像如图 4-15 所示。

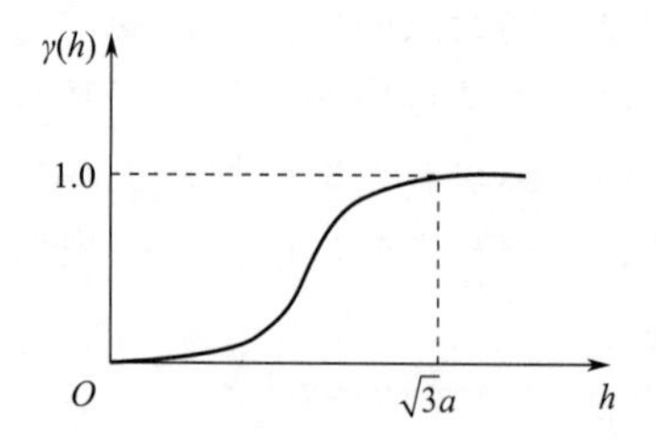


图 4-14　标准高斯模型曲线（$c_0=0$，$c=1$）

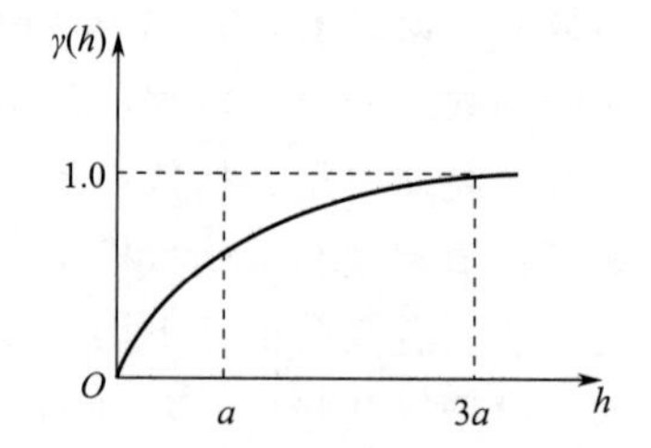


图 4-15　标准指数模型曲线（$c_0=0$，$c=1$）

以上三种是有基台值的情况，一般认为区域化变量满足二阶平稳假设；若只满足本征假设，$\gamma(h)$ 的值随 $h$ 的增大而增大，但不能达到一定值，即无基台值，此类模型称为无基台值模型，如幂函数模型、对数模型。

（4）幂函数模型

$$\gamma(h)=Ah^{\theta},\ 0<\theta<2 \tag{4-10}$$

当改变参数 $\theta$ 时，可以表示原点处的各种性状。在实践中，最常用是线性模型，即 $\theta=$

1，$\gamma(h)=Ah$。幂函数模型曲线如图 4-16 所示。

（5）对数模型

$$\gamma(h)=A\lg h \tag{4-11}$$

由于 $h \to 0$ 时，$\lg h \to -\infty$，这与变差函数性质 $\gamma(h)\geqslant 0$ 不符合。因此对数模型不能用来描述点承载的区域化变量，但可以用来作为正则化变量的变差函数模型。对数模型曲线如图 4-17 所示。

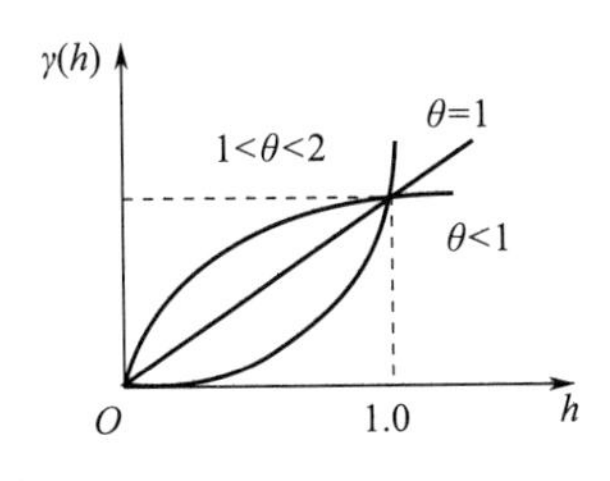


图 4-16　幂函数模型曲线

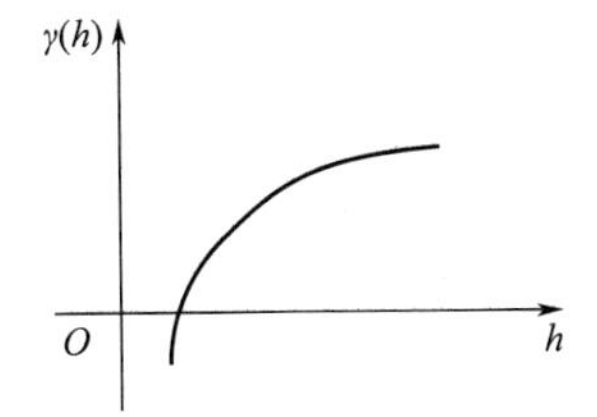


图 4-17　对数模型曲线

（6）纯块金效应模型

$$\gamma(h)=\begin{cases}0 & h=0\\ c_0 & h>0\end{cases} \tag{4-12}$$

此时变程 $a$ 可成无穷小量，$c=0$ 对任何 $\gamma(h)>0$ 就能达到基台值，该模型只对纯随机变量才适用，即区域化变量为随机分布，空间相关性不存在。纯块金效应模型曲线如图 4-18 所示。

（7）孔穴效应模型　变异函数 $\gamma(h)$ 在 $h$ 大于一定的值后，并非单调递增，而在具有一定周期波动时，称“孔穴效应（空穴效应）”。孔穴效应模型曲线如图 4-19 所示。

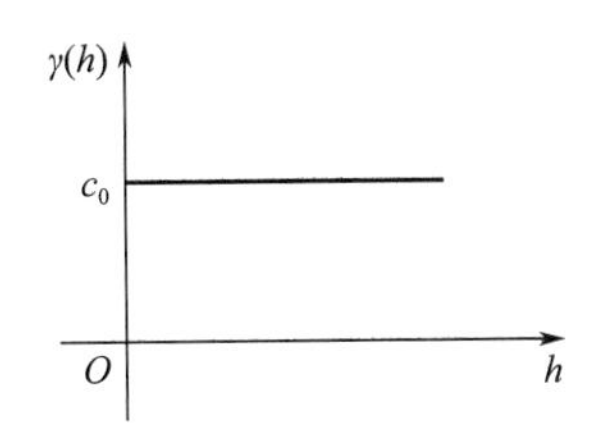


图 4-18　纯块金效应模型曲线

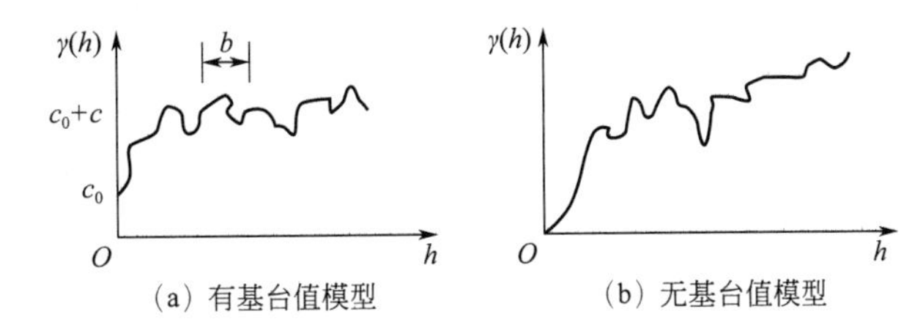


图 4-19　孔穴效应模型曲线

### 4.3.3　实验变异函数的计算

计算实验变异函数所用数据为数据合并后的组合样品，计算的主要工作有样品搜索方法的选择及搜索参数的确定。实验变异函数的计算应以矿化区为单位，分别计算不同矿化区的变异函数。

在进行各个方向的变异函数计算分析时，一般是分布于某个方向一定范围内的样品点参与进行该方向的变异函数计算。需要指定的参数包括圆锥体的容差角、容差限、滞后距、计算的最大距离。

容差是所规定的基准值与所规定的界限值之差；在化学分析中，是所得数据误差的界限。所容许的极差、残差的界限等都是容差。

（1）样品的搜索方法　在进行样品搜索时，为了能搜索到所有样品，需要采用不同样品搜索方法来计算变异函数，每种方法有其特定的使用条件，应根据矿床特征，选择适合的样品搜索方法。样品搜索方法按搜索空间可分为二维搜索与三维搜索，目前使用较广的是三维搜索法，典型的样品搜索如图 4-20 所示。搜索示意图如图 4-21 所示。

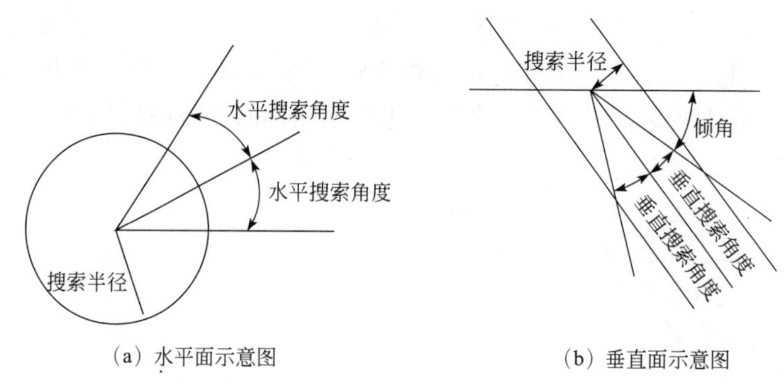


(a) 水平面示意图　　(b) 垂直面示意图

图 4-20　样品搜索方向示意图

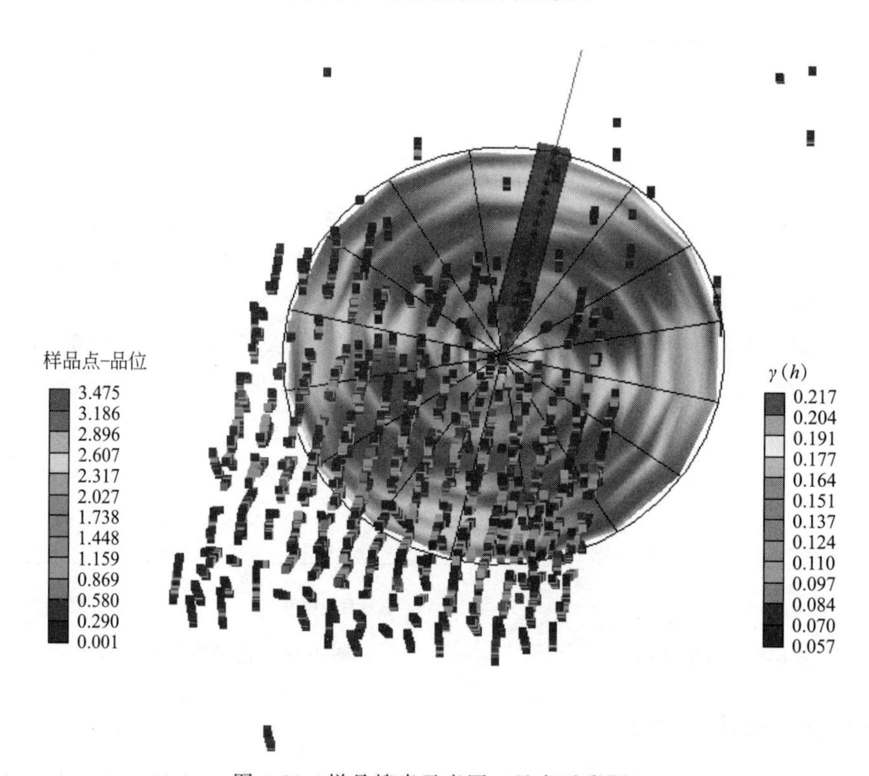


图 4-21　样品搜索示意图（见书后彩图）

(2) 样品的搜索方向　定义变异函数样品搜索方向通常的做法是通过定义一套方位角和倾角的增量来完成，一般方位角按顺时针递增，倾角以水平面下向递增，例如起始方位角和倾角均为 0°，方位角增量 45°，而倾角增量为 30°，则变异函数样品搜索方向将会是 0°/0°，0°/30°，0°/60°，0°/90°，45°/0°，45°/30°，…，315°/90°。多数情况下，走向上 $A$ 与 $A+180°$方向的变异函数相同，因此实际计算结果可能只包含 0°～180°之间的结果。

按上述方法定义搜索方向后，由于矿体实际产状的差异，可能会漏掉许多样品，因此还需要定义一套坐标旋转轴及与之对应的旋转角度，以使旋转后的坐标系统与矿体的空间产状一致，这样在搜索样品时尽可能减少样品的遗漏。关于坐标旋转轴和旋转角度所采用的法则，如角度正负的定义等，可能会因所用软件的不同而有所不同，应视具体情况而定。

(3) 实验变异函数计算的主要参数　与样品搜索方法相对应，不同的搜索方法对应的搜索参数不同，不同变异函数计算软件的参数设置也可能不同。三维搜索法常用搜索参数如下。

步长控制：由单位滞后距或步长、步长容差、步长数等组成，若将步长细分为次级步长，还需要每个步长细分次级步长的数量和所有次级步长的数量。

旋转坐标系统：用以定义不同方向的旋转角和旋转轴。

搜索方向：一般用六个参数来控制，分别为方位角、倾角、方位角增量、倾角增量、方位角倍增个数、倾角倍增个数。

搜索半径：柱形搜索半径。

搜索角度：有水平角度和垂直角度，用以定义锥形扫描范围。

(4) 实验变异函数计算参数的确定　单位滞后距的确定应综合考虑探矿工程间距与组合样长，平面上应以最小探矿工程间距为一个单位，剖面上应以一个组合样长为一个单位。

样品搜索应选择最佳矿化连续性方向和与之正交的方向作为搜索的起始方向。通常矿化连续性最好的方向为矿（化）体的走向方向，因此计算变异函数时方位角应以矿（化）体走向方向为样品的搜索基准方向，方位角增量一般以 45°为宜，但对于具有明显矿化各向异性特征而其各向异性主轴方向尚不明确的矿床，方位角增量应尽可能地小，以发现不同方向矿化的变异特征。除了走向方向外，还需要计算垂直方向和矿（化）体真厚度方向的变异函数。不同搜索方案下的实验变异函数见图 4-22。

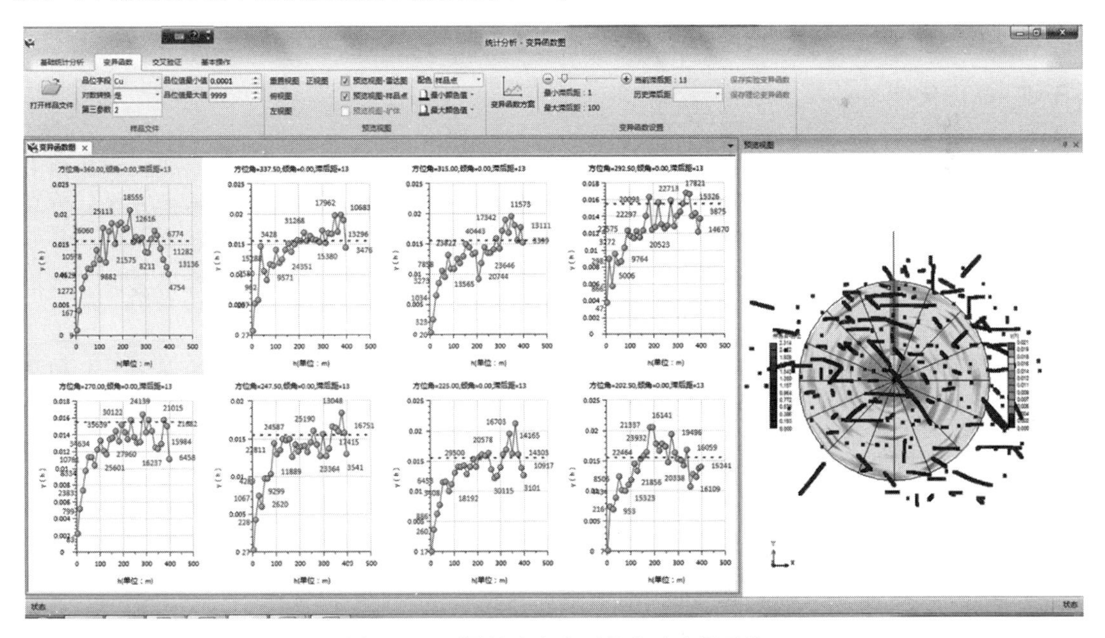

图 4-22　不同搜索方案下的实验变异函数

(5) 实验变异函数的拟合　块金值也叫块金方差，反映的是最小抽样尺度以下变量的变异性及测量误差。理论上当采样点的距离为 0 时，半变异函数值应为 0，但由于存在测量误差和空间变异，使得两采样点非常接近时，它们的半变异函数值不为 0，即存在块金值。测量误差是仪器内在误差引起的，空间变异是自然现象在一定空间范围内的变化。它们任意一方或两者共同作用产生了块金值，其是由实验误差和小于实际取样尺度引起的变异，表示随机部分的空间异质性。

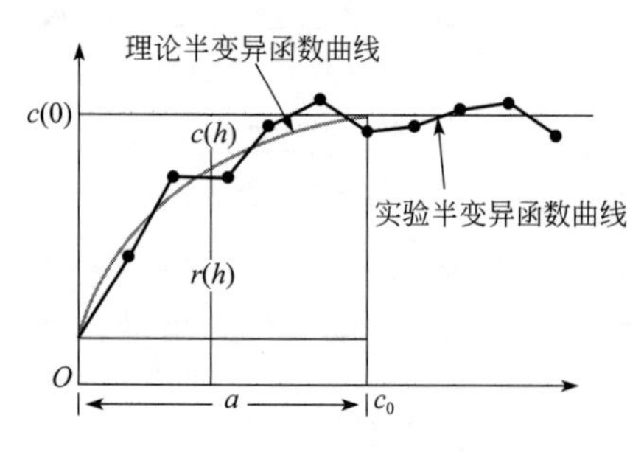

图 4-23　实验变异函数拟合

实验变异函数的拟合是在经计算形成的实际曲线的基础上，以图形化的方式人工拟合，如图 4-23。目前绝大部分矿业软件具备实验变异函数的计算和拟合功能，能根据人工拟合的结果自动获得实验变异函数模型的主要参数，如块金值、基台值、模型套合类型及相应的变程等。

（6）结构分析　在实际工作中区域化变量的变化很复杂，它可能在不同的方向上有不同的变化性，或者在同一方向包含着不同尺度上的多层次的变化性，因此无法用一种理论模型来拟合它，为了全面地了解区域化变量的变异性，就必须进行结构分析。所谓结构分析就是构造一个变异函数模型，对全部有效结构信息作定量化的概括，以表征区域化变量的主要特征。结构分析的主要方法是套合结构，就是把分别出现在不同距离上和不同方向上同时起作用的变异性组合起来。套合结构可以表示为多个变异函数之和，每一个变异函数代表一种特定尺度上的变异性，其表达式为：

$$\gamma(h)=\gamma_0(h)+\gamma_1(h)+\cdots+\gamma_n(h) \tag{4-13}$$

在几个方向上研究区域化变量时，当一个矿化现象在各个方向上性质相同时称各向同性，反之称各向异性，它表现为变异函数在不同方向上的差异。各向同性是相对的，各向异性是绝对的，各向异性的产生主要由于地质体在生成时就存在优先方向。

## 4.3.4　最优化检验

获得理论变异函数的最终目的是提供给克里格计算用。为使计算结果更可靠，当找到了理论变异函数后，还应对理论模型进行最优化检验。一方面检验拟合情况，另一方面分析克里格计算的应用效果。

（1）观察法　即将理论模型与实验变异函数的图形进行比较，看两图形是否接近，越接近则拟合程度越高，若不理想，则需重新拟合。

（2）交叉验证法　应用变异函数进行克里格估值，查看估计值与真实值的误差平方和是否最小。作法为：在每个实测点，用其周围点上的值对该点进行克里格估值。若有 $N$ 个点，则有 $N$ 个实测值和 $N$ 个克里格估计值，求其误差平方的均值 $\overline{(Z^*-Z)^2}$，该值越小，拟合的变异函数越好。

（3）估计方差法　利用变异函数进行克里格估计，算出克里格估计的标准差 $S^*$，计算 $\overline{(Z^*-Z)^2}$ 与 $(S^*)^2$ 的比值，越接近于 1，则拟合越好。

（4）综合指标法

$$I=k_1\left[p\left|1-\frac{1}{k_2}\right|+(1-p)\right] \tag{4-14}$$

式中，$k_1=\overline{(Z^*-Z)^2}$；$k_2=[\overline{(Z^*-Z)^2}/S^*]^2$；$p=\begin{cases}0.1, & 0\leqslant k_1<100\\ 0.2, & k_1>100\end{cases}$。

$I$ 越小，则变异函数确定得越好。

# 4.4 矿块模型估值

## 4.4.1 估值方法简介

目前常用的品位估值方法有：最近点法（Nearest Neighbor）、距离幂次反比法（Inverse Power of Distance）、克里格法（Kriging）、西切尔法（Sicheli' s Estimator）以及条件模拟法（Conditional Simulation）等，其中克里格法又分为普通克里格法（Ordinary Kriging）、简单克里格法（Simple Kriging）、对数克里格法（Lognormal Kriging）、指示克里格法（Indicator Kriging）、泛克里格法（Universal Kriging）、协同克里格法（Co-kriging）等。

另外，我国常用的传统地质统计方法还有块段法与断面法。

（1）最近点法　最近点法又称为最近距离法，即将距离某一待估单元块最近的样品品位作为该单元块的品位估计值。“最近”指的是转换距离或考虑了品位空间分布特性的各向异性距离。当没有样品落入影响范围时，待估单元块的品位是未知的。一般情况下，未知单元块的品位取 0 值，即当废石处理。

（2）条件模拟法　条件模拟法实际上是一种不确定因素的量化分析与风险因素的分析工具，与其他模拟法不同，条件模拟法的估算结果不是诸如平均品位等信息，而是一种变量的变异性。

目前条件模拟的应用已不局限于评价可采矿石与局部评价问题，对工程位置部署提供指导将是其应用的一个方向，从对矿体的条件模拟向模拟采矿过程，到模拟矿山开发后的各个阶段中可采储量的特征变化，用于评价可采矿石量与品位的局部变化。条件模拟法还可用于矿山和选矿厂的管理，并在煤田、石油地质勘探与开发领域也得到应用。主要条件模拟方法有马特隆的“转向带法”和儒尔奈耳的“非高斯分布快速模拟法”等。

（3）距离幂次反比法　距离幂次反比法是一种与空间距离有关的插值方法，在计算插值点取值时，按距离越近权重值越大的原则，用若干临近点的线性加权来拟合估计点的值。该法用于插值的基本公式为：

$$Z^{*}(x)=\sum_{i=1}^{n}Z(x_i)\lambda_i \tag{4-15}$$

式中，$Z^{*}(x)$ 为待估点的属性值；$Z(x_i)$ 为已知样品点的属性值；$\lambda_i$ 为已知点的权重。

各样品距待估点的距离不同，其品位对待估点的影响程度也不同。显然，距离待估点越近的样品，其品位对待估点的影响也就越大。因而在计算中，离待估点近的样品的权值应比离待估点远的样品的权值大。确定权重 $\lambda_i$ 的方法为：

$$\lambda_i=\left(\frac{1}{d_i^k}\right)\Big/\sum_{i=1}^{n}\left(\frac{1}{d_i^k}\right) \tag{4-16}$$

式中，$d_i$ 为待估点与已知点之间的距离；$k$ 为 $d_i$ 的幂指数，其取值根据估值的元素种类确定，幂次取值一般≥2。

距离幂次反比法的估值流程如下：

① 以被估单元块中心为圆点，以搜索椭球体的范围确定影响范围；

② 计算落入影响范围内每一样品与被估单元块中心的距离；

③ 利用距离幂公式计算单元块的品位。

本估值方法的核心是对影响距离进行权重处理，因此适合多数矿床的品位估值。距离幂次反比法具有简便易行的优点，可为变量值变化很大的数据集提供一个合理的插值结果，不会出现无意义的插值结果而无法解释。但也存在着不足，如没有考虑矿化的方向等。

（4）克里格法　克里格法又称为空间局部插值法，从统计意义上说，是从变量相关性和变异性出发，在有限区域内对区域化变量的取值进行无偏、最优估计的一种方法；从插值角度讲是对空间分布的数据求线性最优、无偏内插估计的一种方法。克里格法的适用条件是区域化变量存在空间相关性。

假设 $x$ 是所研究区域内任一点，$Z(x)$ 是该点的测量值，在所研究的区域内总共有 $n$ 个实测点，即 $x_1$，$x_2$，…，$x_n$，那么，对于任意待估点或待估块段 $V$ 的实测值 $Z_V(x)$，其估计值 $Z_V^*(x)$ 是通过该待估点或待估块段影响范围内的 $n$ 个有效样品值 $Z_V(x_i)$ 的线性组合得到，称为克里格估计量，即

$$Z_V^*(x)=\sum_{i=1}^{n}\lambda_i Z(x_i) \tag{4-17}$$

式中，$x_i$ 为研究区内任一点的位置；$\lambda_i$ 为权重系数，表示各样品在估计 $Z_V^*(x)$ 时的影响大小，而估计 $Z_V^*(x)$ 的好坏主要取决于怎样计算或选择权重系数。

克里格法最重要的工作有两项：第一，列出并求解克里格方程组，以便求出克里格权重系数；第二，求出这种估计的最小估计方差——克里格方差。

克里格法分为普通克里格法、简单克里格法、对数克里格法、指示克里格法、泛克里格法、协同克里格法、析取克里格法等。

① 普通克里格法　普通克里格法是满足二阶平稳假设的区域化变量的线性估计，它假设数据变化成正态分布，认为区域化变量 $Z$ 的期望值是未知的。插值过程类似于加权滑动平均，只是权重值不是来自于确定性空间函数，而是来自于空间数据分析。

②简单克里格法　简单克里格法是在区域化变量 $Z(x)$ 的数学期望已知的情况下建立的克里格法。简单克里格法的估计量为：

$$Z_k^*=m+Y_k^*=m+\sum\lambda_i\lambda_j=\sum\lambda_i Z_i+m\left(1-\sum\lambda_i\right) \tag{4-18}$$

③ 泛克里格法　泛克里格法是一种线性非平稳的地质统计学方法，主要针对某些区域化变量具有非平稳的特性所提出的一种方法。主要针对两种情况：

a. 区域化变量整体有变化趋势，但局部可看作平稳。

b. 其区域化变量整体平稳，而局部有变化。

此时区域化变量的数学期望不是常数而是空间位置的函数，即 $E[Z(x)]=m(x)$。

它是在漂移 $E[Z(x)]=m(x)$ 和非平稳随机函数 $Z(x)$ 的协方差 $\mathrm{Cov}(h)$ ［或 $\gamma(h)$ ］已知的条件下，考虑到有漂移的无偏线性估计量的地质统计学方法，也称“K 阶无偏克里格法”“带趋势的克里格法”。

一组具有漂移的数据 $Z(x)$，可以分解为两个部分：

$$Z(x)=m(x)+R(x) \tag{4-19}$$

式中，$R(x)$ 为涨落（也称为波动），涨落 $R(x)$ 的数学期望不随空间位置的变化而变化，是平稳的区域化变量；$m(x)$ 为偏移，偏移 $m(x)$ 随空间位置的不同而变化，是非平稳的区域化变量。

④ 对数克里格法　当原始数据呈对数正态分布，则可用对数克里格法。对数克里格法是对普通克里格法和简单克里格法的对数操作。对于普通克里格法和简单克里格法，权重是作用于样品的品位值，而对数克里格法则是将权重作用于样品品位的对数，然后再进行反对数变换。

⑤ 析取克里格法　这是非线性地质统计学方法，如果已知任意两变量（$Z_i$，$Z_j$）和（$Z_0$，$Z_j$）的全部二维概率分布，则可采用析取克里格对某一点（域）进行估计，即 $Z_{Dk}^* = \sum_{i=1}^{n} f_i(z_i)$。它是介于线性地质统计学与条件数据期望之间的一种切实可行的中间估计值。

⑥ 协同克里格法　协同克里格法是用一个或多个次要变量对所感兴趣的变量进行插值估算，这些次要变量与主要变量都有相关关系，并且假设变量之间的相关关系能用于提高主要预测值的精度。协同克里格法把区域化变量的最佳估值方法从单一属性发展到两个以上的协同区域化属性。协同克里格法插值的计算公式为：

$$Z^*(x_0) = \sum_{i=1}^{n} a_i Z_1(x_i) + \sum_{j=1}^{n} b_j Z_2(x_j) \tag{4-20}$$

式中，$a_i$、$b_j$ 为权重系统，分别表示各空间样本点 $x_i(x_j)$ 处的观测值 $Z_1(x_i)[Z_2(x_j)]$ 对估计值 $Z^*(x_0)$ 的贡献程度。

⑦ 指示克里格法　实际研究中常常会需要获取研究区内研究对象大于某一给定阈值的概率分布，即要获知研究区内任一点 $x$ 处随机变量 $Z(x)$ 的概率分布。还会碰到采样数据中存在特异值的问题，特异值是指那些比全部数值的均值或中位数高得多的数值，其既非分析误差所致，也非采样方法等人为误差引起，而是实际存在于所研究的总体之中。

指示克里格法就是为解决上述问题而发展起来的一种非参数地质统计学方法。它是在不必去掉重要而实际存在的高值数据的条件下来处理不同的现象，而且给出在一定风险概率条件下未知量 $Z(x)$ 的估计值及空间分布。

指示克里格法的步骤如下：

a. 确定一阈值，根据指示函数将原始数据转换为 0 或 1。

b. 利用转换的数据计算指示变异函数，并进行拟合。

c. 建立指示克里格方程组，计算待估点值。若把指示函数看做一普通区域化变量，也可直接由简单或普通克里格方法来计算待估点的值。

d. 若选择多个阈值则需重复以上步骤。

指示克里格法是根据一系列的临界值例如边界品位 $z$，先对原始数据 $Z(x)$ 进行如下转换

$$i(x, z) = \begin{cases} 1 & Z(x) \leqslant z \\ 0 & Z(x) > z \end{cases} \tag{4-21}$$

然后对转换后的数值求变异函数并进行克里格估值。

指示克里格法的优点有：解决存在离群值和未知分布的样本，对数据的要求不高；结果以概率的形式出现，可应用在决策分析。缺点为：由于利用了指示函数进行克里格估值，因此丢失了信息。

### 4.4.2　估值方法的选择

品位估值的方法有多种，在选择某种方法之前应对其原理有充分的认识，掌握每种方法

的适用条件和使用方法，同时应认识到不同方法估值所产生结果的可靠性。选择适合于某一矿床的品位估值方法，要以矿床地质特征为主，综合考虑矿化类型、蚀变种类、构造特征、不同岩性对矿化的影响等因素。其中，矿床品位的空间分布特征对估值方法的选择具有重要意义。

在上述估值方法中，最常用的是距离幂次反比法和克里格法。距离幂次反比法具有原理简单、计算效率高和程序实现方便等优点，因而，广泛被使用到估值中，但没有考虑矿化的方向，且估值结果的可信度难以评估。克里格法考虑了矿床矿化各向异性的实际情况，更能真实反映矿床的矿化特征，其估算结果更接近于矿床的真实品位，但过程比较复杂。

在克里格估值方法中，应用最广泛的是普通克里格法。当样本数据服从正态分布，区域化变量满足二阶平稳（或内蕴）假设，待估点的值在邻域内存在数学期望，若数学期望为未知常数时，可用普通克里格法；若数学期望为已知常数时，可用简单克里格法。若当区域化变量是非平稳的，可用泛克里格法。当区域化变量服从对数正态分布时，可用对数正态克里格法。当样品数据中存在特异值，这些特异值比所有数据的平均值高得多或者低得多，虽然只占全部数据的极小部分，但却对估值结果有很大的影响作用时，可用指示克里格法。对于有多个变量的协同区域化现象，可用协同克里格法。

### 4.4.3 估值参数选取

（1）样品搜索椭球体　搜索椭球体为估值提供了重要的参数，如样品搜索半径、搜索方向和样品个数等。在正交情况下，椭球体三个轴与 $X$、$Y$、$Z$ 坐标轴一致，而在实际估值过程中，其三轴应分别与矿体走向、倾斜方向和真厚度方向一致，因此，在大多数情况下都需要将椭球体的三个轴按一定的角度和对应的旋转轴进行旋转。

搜索椭球体应该是一个动态的椭球体，其半径根据估值所要求的样品数而动态缩放。如图 4-24（a）所示，当待估矿块周围的样品数多于设定的最大样品数时，椭球体自动收缩，直至满足最大样品数的要求；当待估矿块周围的样品数少于设定的最小样品数时，椭球体自动按设定的放大系数扩大搜索半径，以满足最小样品数的要求，此时所估矿块的资源储量的地质可靠程度也将相应地降低一级；当搜索半径扩大至最大倍数后待估块周围的样品数仍然少于设定的最小样品数时，此矿块将视为空块。

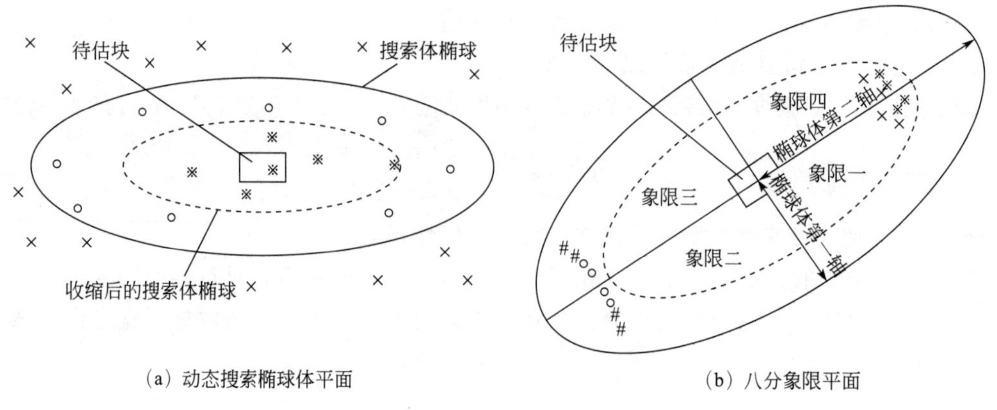


（a）动态搜索椭球体平面　　（b）八分象限平面

图 4-24　样品搜索示意图

估值过程中，由于样品数据点往往并非均匀分布在被估矿块的周围，而是成群地聚在某一方向，若使用上述椭球体搜索方法很可能导致某单一方向的样品过多从而对矿块品位估值产生影响。为了有效地解决这一问题，实际操作中可将搜索空间分成八个象限，使得估值所用样品分别来自不同的象限，这样就可以避免上述问题。如图 4-24（b）所示，搜索椭球体在 $xy$ 平面内包含 16 个样，分别用○、♯、×和※表示。如果最大样数大于或等于 16，则所有 16 个样品都将被选中，如果最大样数定为 8，则用×和※所表示的 8 个样品将被选中，这样，矿块估值结果将明显地偏向椭球体第二轴正方向的那些样品值。如果采用了八分象限限制，并把每象限中的最大样数定为 2，则每象限中离待估块中心最近的两个样品被选中，这样样品用○和×表示。这种方法比 8 个样品都来自同一方向的估值结果更加合理。

搜索椭球体各参数设置：椭球半径长半轴一般与最小探矿工程网度一致，取样品所在勘探线间距的 1～1.2 倍；次半轴长度＝长半轴长度×(延伸长度/矿体走向长度)；短半轴长度＝长半轴长度×(厚度/矿体走向长度)，但至少大于组合样长的 2～4 倍，确保在厚度方向有 2～4 个样品参与估值。椭球体的方位角、倾伏角、倾角参照矿体的产状，确保椭球体的产状与矿体产状一致。

（2）矿化带控制（约束） 矿化带的控制很重要，在进行样品搜索时，必须确保估值所用样品与待估矿块属于同一矿化带内，如同一岩性、同一矿化类型或同一矿体，否则为无效估值。为做到这一点，可以在样品原始数据输入时增加不同矿体、不同岩性、不同矿化类型等矿化带的识别标识，在创建矿块模型时将此标识赋予与之相应的矿块，在进行品位估值时按此标识进行样品的搜索。

目前软件常用的方法是通过给钻孔数据库样段赋字段，通过条件过滤后来对与此相应的约束块段进行赋值。

（3）其他

① 幂次 距离幂幂次值一般取≥2，根据估值的元素种类确定不同的值，一般而言，对于贵重金属 Au、Ag 等，幂次设为 3，对于其他金属如 Cu、Fe 等，幂次设为 2。

② 样品参与数 设置单元块估值的样品参与数的最小值 $a$ 和最大值 $b$。这是为了保证当搜索椭球体范围内的已知样品点大于最小值 $a$ 时才对待估点进行估值；当搜索椭球体范围内的已知样品点数大于最大值 $b$ 时，只选取离待估点最近的 $b$ 个样品点进行估值。

### 4.4.4 矿块模型估值

估值方法与估值参数确定后，大部分矿业软件均支持输入相关参数进行估值。

距离幂估值：估值时，椭球体球心遍历每个待估点，根据椭球体范围及样品取舍参数（八分圆、单块最值等）确定出每个待估点对应已知样品点，计算各已知点距待估点的距离，应用距离幂反比法公式计算出待估点的值，并重复以上步骤。第一次估值时未必所有的待估点都估上值，在第二次估值时将搜索椭球体的三轴半径扩大再进行搜索，直到所有的待估块都估上值。

克里格估值：估值时，同距离幂估值，由理论变异函数确定的椭球体的球心遍历每个待估点，然后根据椭球体范围确定待估点周边已知点，若满足单元块估值的最小值和最大值，即运用克里格公式计算待估点的值，并重复以上步骤。每一次估完值后进行下一次估值时将椭球体的三轴半径扩大再进行估值，直到所有的待估块都估上值。

## 4.5 矿块模型赋值

矿块模型中定义的其他属性变量也是矿山规划所必需的，它通常涉及百分比、指标或其他辅助变量，这些属性可以是数字、字符用以代表顺序、间隔、比率等，并且赋予的属性还可以通过衍生新的属性字段进行存储。

在矿块模型中，除了块坐标和块大小等反映块空间信息之外的变量外，其余的都是地质属性，如岩性、矿化类型、氧化程度、蚀变、结构信息、编号、岩石硬度、黏结指数、粉碎厂吞吐量预测、冶金回收率和估计域等。所有这些信息都需要保存在块模型中。大的块模型中的许多变量的存储需求可能是很大的，考虑到当前计算机硬件能力块模型的大小一般保持在几百万块。显然，这个数字将在以后工作中会继续增加。

赋值一般情况下可分为常量赋值、变量赋值、线框赋值。

### 4.5.1 常量赋值

常量赋值是将固定的数字、名称、编号等信息赋予到矿块，比如体重、编号、类型、级别等。常量赋值时是将采用同一个约束条件得到的约束矿块赋予一个统一的值，如用5＃矿体模型约束矿块模型，赋值时可将“矿体编号＝5”赋予约束后所有的矿块中。再例如，矿石和岩石的密度分别为 $3.0t/m^3$ 和 $2.7t/m^3$，赋值时可将矿体内夹石外的矿块密度赋值 $3.0t/m^3$，矿体外或夹石内的矿块密度赋值 $2.7t/m^3$。

### 4.5.2 变量赋值

变量赋值主要是针对一种属性在不同的约束条件下有不同的取值的情况。比如，对某些矿种其体重是随品位变化而变化的，有时是不同的品位区间对应一个体重值，有时是直接根据一个拟合公式对体重赋值。

下面是一个具体的例子讲述体重与TFe元素之间的关系。

当 $w(TFe)=0$，即为岩石时，体重$=2.7032t/m^3$；

当 $0<w(TFe)<30\%$时，体重$=[2.7032+0.0232w(TFe)\times100]t/m^3$；

当 $30\%\leqslant w(TFe)<50\%$时，体重$=[2.3769+0.030125w(TFe)\times100]t/m^3$；

当 $w(TFe)\geqslant50\%$时，体重$=[1.93065+0.03905w(TFe)\times100]t/m^3$；

### 4.5.3 线框赋值

线框赋值即利用闭合线、实体模型等将线和体的属性一一对应映射到块体模型中，实现属性赋值。此种方法只需事先将需要赋值的属性的各字段在线、体中赋好值，再用线、体设置约束条件，即可完成字段属性更新。

例如，当对沉积型矿床进行资源储量类型赋值时，可将各类型的分界线当做级别约束模型，对块体模型进行储量类型赋值，如图4-25、图4-26所示。

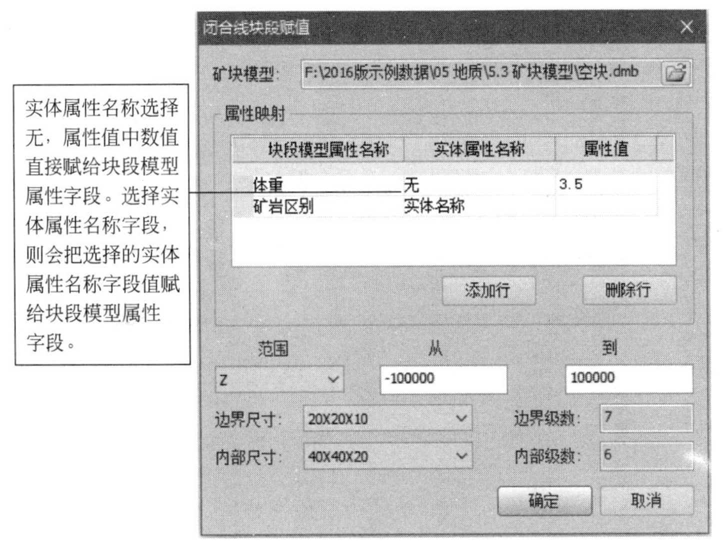


图 4-25　闭合线块段赋值

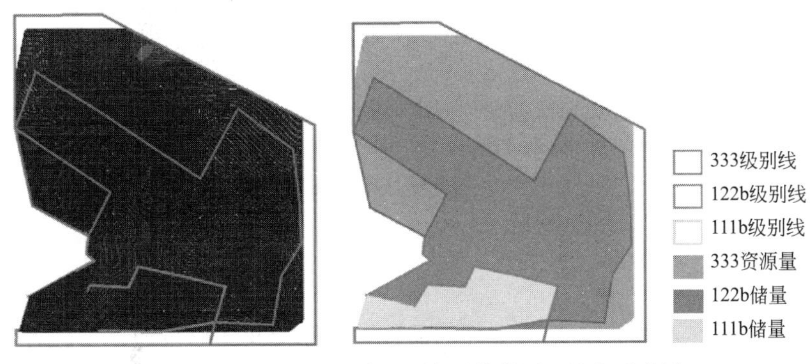


图 4-26　某矿区 Ph21 磷矿层资源分类图（见书后彩图）

# 4.6　资源储量统计

矿块模型估值后，且属性赋值后，即可对资源储量进行统计。统计时，可以根据不同的高程和品位区间生成储量报告，并可根据需要设置不同的字段进行统计。储量计算的方法包括块段法、实体法。

## 4.6.1　矿块模型报量统计

块段法是对已估好值的矿块模型中的属性进行统计，从而计算储量。

选择已经估值后的矿块模型，然后设置算量用的约束条件，选择相应的参数，如体重字段、默认体重、主统计字段等，同时也可以设定要统计的高程区间和品位区间，若矿块模型中还有其他字段需要统计报量，如矿石自然类型、勘探线区间、矿体号等也可在分类字段设置后，统计报量，如图 4-27 所示。

| | A | B | C | D | E | F | G | H | I | J | K | L | M | N | O |
|---|---|---|---|---|---|---|---|---|---|---|---|---|---|---|---|
| 1 | 矿体 | 区域 | 矿石自然类型 | 勘探线范围 | 矿体号 | 体积 | 体重 | 矿石量 | au品位 | ag品位 | cu品位 | mfe品位 | pb品位 | s品位 | tfe品位 |
| 80 | 全部矿体 | 北部 | 原生矿 | 72-74 | KT52-1 | 1109.375 | 0.053239 | 59.0625 | 1.293448 | 6.326 | 0.918747 | 1.930096 | 0.089626 | 5.01 | 34.68 |
| 81 | 全部矿体 | 北部 | 原生矿 | 72-74 | KT52-2 | 4484.375 | 0 | 0 | 0 | 0 | 0 | 0 | 0 | 0 | 0 |
| 82 | 全部矿体 | 北部 | 原生矿 | 74-76 | KT | 375 | 0 | 0 | 0 | 0 | 0 | 0 | 0 | 0 | 0 |
| 83 | 全部矿体 | 北部 | 原生矿 | 74-76 | KT46 | 29140.63 | 0.032027 | 933.2813 | 1.556011 | 3.25619 | 0.446013 | 0.691052 | 0.826247 | 3.648242 | 41.23255 |
| 84 | 全部矿体 | 北部 | 原生矿 | 74-76 | KT52-1 | 6765.625 | 0 | 0 | 0 | 0 | 0 | 0 | 0 | 0 | 0 |
| 85 | 全部矿体 | 北部 | 原生矿 | 74-76 | KT52-2 | 28593.75 | 0 | 0 | 0 | 0 | 0 | 0 | 0 | 0 | 0 |
| 86 | 全部矿体 | 北部 | 原生矿 | 76-78 | KT | 718.75 | 0 | 0 | 0 | 0 | 0 | 0 | 0 | 0 | 0 |
| 87 | 全部矿体 | 北部 | 原生矿 | 76-78 | KT46 | 22812.5 | 0.013473 | 307.3437 | 0.872426 | 67.634 | 0.584182 | 4.689396 | 0.146809 | 5.638571 | 26.93572 |
| 88 | 全部矿体 | 北部 | 原生矿 | 76-78 | KT52-1 | 546.875 | 0 | 0 | 0 | 0 | 0 | 0 | 0 | 0 | 0 |
| 89 | 全部矿体 | 北部 | 原生矿 | 76-78 | KT52-2 | 94531.25 | 0.010124 | 957.0312 | 3.129582 | 68.17303 | 0.273025 | 0.363875 | 0.044121 | 16.81588 | 29.13519 |
| 90 | 全部矿体 | 北部 | 原生矿 | 78-80 | KT | 140.625 | 0 | 0 | 0 | 0 | 0 | 0 | 0 | 0 | 0 |
| 91 | 全部矿体 | 北部 | 原生矿 | 78-80 | KT46 | 11843.75 | 0 | 0 | 0 | 0 | 0 | 0 | 0 | 0 | 0 |
| 92 | 全部矿体 | 北部 | 原生矿 | 78-80 | KT52-2 | 35031.25 | 0 | 0 | 0 | 0 | 0 | 0 | 0 | 0 | 0 |
| 93 | 全部矿体 | 北部 | 原生矿 | 80-82 | KT | 500 | 0 | 0 | 0 | 0 | 0 | 0 | 0 | 0 | 0 |
| 94 | 全部矿体 | 北部 | 原生矿 | 80-82 | KT46 | 9734.375 | 0 | 0 | 0 | 0 | 0 | 0 | 0 | 0 | 0 |
| 95 | 全部矿体 | 北部 | 原生矿 | 82-84 | KT | 187.5 | 0 | 0 | 0 | 0 | 0 | 0 | 0 | 0 | 0 |
| 96 | 全部矿体 | 北部 | 原生矿 | 82-84 | KT46 | 28703.13 | 0 | 0 | 0 | 0 | 0 | 0 | 0 | 0 | 0 |
| 97 | 全部矿体 | 北部 | 原生矿 | 84-86 | KT46 | 9765.625 | 0 | 0 | 0 | 0 | 0 | 0 | 0 | 0 | 0 |
| 98 | 全部矿体 | 北部 | 原生矿 | 84-86 | KT52-1 | 7765.625 | 0 | 0 | 0 | 0 | 0 | 0 | 0 | 0 | 0 |
| 99 | 全部矿体 | 北部 | 原生矿 | 86-88 | KT52-1 | 5750 | 0 | 0 | 0 | 0 | 0 | 0 | 0 | 0 | 0 |
| 100 | 全部矿体 | 北部 | 原生矿 | 88-90 | KT52-1 | 1968.75 | 0 | 0 | 0 | 0 | 0 | 0 | 0 | 0 | 0 |
| 101 | 全部矿体 | 东部 | 氧化矿 | 48-50 | KT | 29296.88 | 0 | 0 | 0 | 0 | 0 | 0 | 0 | 0 | 0 |
| 102 | 全部矿体 | 东部 | 氧化矿 | 48-50 | KT43 | 593.75 | 0 | 0 | 0 | 0 | 0 | 0 | 0 | 0 | 0 |
| 103 | 全部矿体 | 东部 | 氧化矿 | 48-50 | KT4B | 21906.25 | 0 | 0 | 0 | 0 | 0 | 0 | 0 | 0 | 0 |
| 104 | 全部矿体 | 东部 | 氧化矿 | 48-50 | KT52-1 | 12593.75 | 0.202208 | 2546.562 | 1.808494 | 80.98547 | 0.283207 | 11.16362 | 7.629586 | 7.116552 | 38.09345 |
| 105 | 全部矿体 | 东部 | 氧化矿 | 48-50 | KT52-2 | 6453.125 | 0 | 0 | 0 | 0 | 0 | 0 | 0 | 0 | 0 |
| 106 | 全部矿体 | 东部 | 氧化矿 | 50-52 | KT | 45921.88 | 0 | 0 | 0 | 0 | 0 | 0 | 0 | 0 | 0 |
| 107 | 全部矿体 | 东部 | 氧化矿 | 50-52 | KT43 | 1203.125 | 0 | 0 | 0 | 0 | 0 | 0 | 0 | 0 | 0 |
| 108 | 全部矿体 | 东部 | 氧化矿 | 50-52 | KT4B | 65500 | 0 | 0 | 0 | 0 | 0 | 0 | 0 | 0 | 0 |
| 109 | 全部矿体 | 东部 | 氧化矿 | 50-52 | KT52-1 | 54500 | 0.192798 | 10507.5 | 2.51906 | 21.28386 | 0.24925 | 21.084 | 0.122653 | 5.28297 | 36.0968 |
| 110 | 全部矿体 | 东部 | 氧化矿 | 50-52 | KT52-2 | 656.25 | 0 | 0 | 0 | 0 | 0 | 0 | 0 | 0 | 0 |
| 111 | 全部矿体 | 东部 | 氧化矿 | 52-54 | KT | 76484.38 | 0 | 0 | 0 | 0 | 0 | 0 | 0 | 0 | 0 |
| 112 | 全部矿体 | 东部 | 氧化矿 | 52-54 | KT4B | 69562.5 | 0 | 0 | 0 | 0 | 0 | 0 | 0 | 0 | 0 |
| 113 | 全部矿体 | 东部 | 氧化矿 | 52-54 | KT52-1 | 279765.6 | 0.035851 | 10030 | 3.569404 | 19.36889 | 0.158722 | 20.61676 | 0.092097 | 5.355168 | 37.21027 |
| 114 | 全部矿体 | 东部 | 氧化矿 | 52-54 | KT52-2 | 20781.25 | 0 | 0 | 0 | 0 | 0 | 0 | 0 | 0 | 0 |
| 115 | 全部矿体 | 东部 | 氧化矿 | 54-56 | KT | 56156.25 | 0 | 0 | 0 | 0 | 0 | 0 | 0 | 0 | 0 |
| 116 | 全部矿体 | 东部 | 氧化矿 | 54-56 | KT4B | 56000 | 0 | 0 | 0 | 0 | 0 | 0 | 0 | 0 | 0 |
| 117 | 全部矿体 | 东部 | 氧化矿 | 54-56 | KT52-1 | 180953.1 | 0.004125 | 746.4062 | 0.575176 | 22.15935 | 0.166235 | 5.096471 | 0.287235 | 13.66 | 28.31353 |
| 118 | 全部矿体 | 东部 | 氧化矿 | 54-56 | KT52-2 | 90031.25 | 0 | 0 | 0 | 0 | 0 | 0 | 0 | 0 | 0 |

图 4-27　矿块模型报量

## 4.6.2　实体模型报量统计

实体法是指利用实体体积与地质文件的品位数据进行实体储量的计算。此方法无需建立块段模型进行地质统计学插值，只需要矿体模型及钻孔数据库，即可进行粗略的报量统计，统计的结果只有体积、矿量、平均品位、金属量等几个指标，无法按高程区间、品位区间、分类字段导出统计结果。

## 4.6.3　统计分析资源储量

本节以岔路口钼铅锌多金属矿为例介绍中段资源量分析。岔路口钼矿体总体呈北东向拉长穹隆状，主体隐伏，地表仅于 5-14 线（相当于穹顶部）出露为带状低品位矿体。矿体在垂向上总体分为三种类型：上部层状工业矿体，主要为薄层状工业矿体及薄层状低品位矿体；中部较厚大工业矿体呈透镜状或层状，夹石较多，与低品位矿体互层；底部富厚工业矿体厚大、连续性好、品位高，仅局部发育有后期脉岩为无矿夹石。

根据地质模型和矿体特征，结合相关内容将采矿中段高度设为 60m，将矿体模型分割为 24 个中段，见图 4-28 所示。

（1）中段储量统计分析　划分的中段矿体受勘探程度和空间形态影响表现为各个中段矿量、品位的差异，通过计算划分的中段矿体资源储量，可得出各中段在边界品位下的矿量、金属量及品位信息，得到如表 4-1 和图 4-29 所示结果。

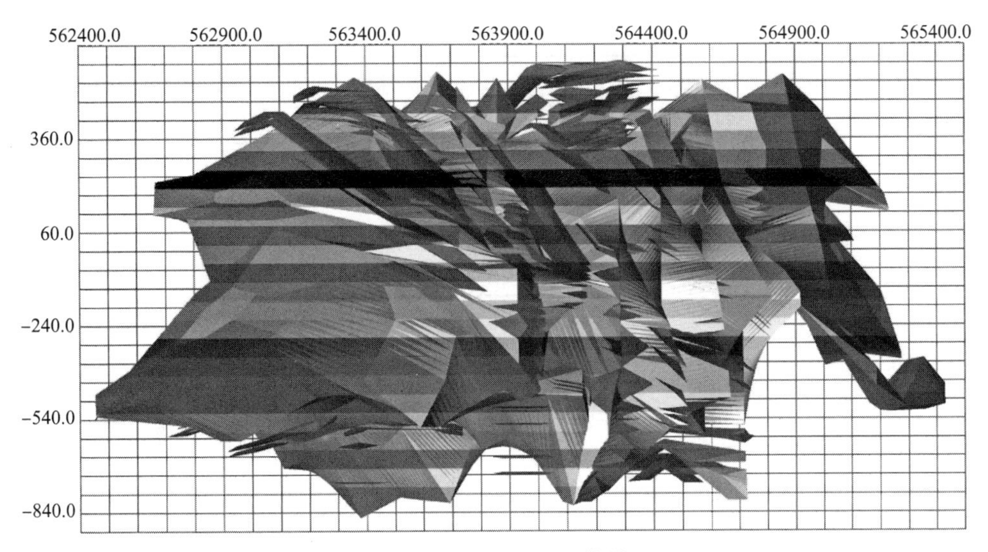


图 4-28 按中段划分矿体模型

**表 4-1 分中段资源储量统计表**

| 中段名称 | 体积/$m^3$ | 矿石量/$\times10^3$kt | 平均品位/% | 金属量/kt |
|---|---|---|---|---|
| -820m 中段 | 1109448 | 3.10 | 0.079 | 2.46 |
| -760m 中段 | 4102512 | 11.45 | 0.087 | 9.92 |
| -700m 中段 | 8943528 | 24.95 | 0.095 | 23.61 |
| -640m 中段 | 17667936 | 49.29 | 0.089 | 43.96 |
| -580m 中段 | 43236504 | 120.63 | 0.086 | 103.31 |
| -520m 中段 | 78653376 | 219.44 | 0.084 | 185.37 |
| -460m 中段 | 91759080 | 256.01 | 0.091 | 232.04 |
| -400m 中段 | 92810256 | 258.94 | 0.088 | 228.95 |
| -340m 中段 | 93403488 | 260.60 | 0.085 | 221.60 |
| -280m 中段 | 97060536 | 270.80 | 0.077 | 209.59 |
| -220m 中段 | 96072360 | 268.04 | 0.072 | 191.95 |
| -160m 中段 | 95820048 | 267.34 | 0.065 | 172.47 |
| -100m 中段 | 83853048 | 233.95 | 0.057 | 134.44 |
| -40m 中段 | 70592160 | 196.95 | 0.057 | 112.07 |
| 20m 中段 | 65640576 | 183.14 | 0.055 | 100.41 |
| 80m 中段 | 58842456 | 164.17 | 0.060 | 98.65 |
| 140m 中段 | 56479560 | 157.58 | 0.063 | 98.71 |
| 200m 中段 | 42600168 | 118.85 | 0.068 | 80.34 |
| 260m 中段 | 35185560 | 98.17 | 0.072 | 70.59 |
| 320m 中段 | 25853352 | 72.13 | 0.077 | 55.28 |
| 380m 中段 | 15785856 | 44.04 | 0.065 | 28.43 |
| 440m 中段 | 5564424 | 15.52 | 0.066 | 10.27 |

续表

| 中段名称 | 体积/$m^3$ | 矿石量/$\times 10^3$kt | 平均品位/% | 金属量/kt |
|---|---|---|---|---|
| 500m 中段 | 1097400 | 3.06 | 0.062 | 1.90 |
| 合计 | 1182133632 | 3298.15 | 0.073 | 2416.34 |

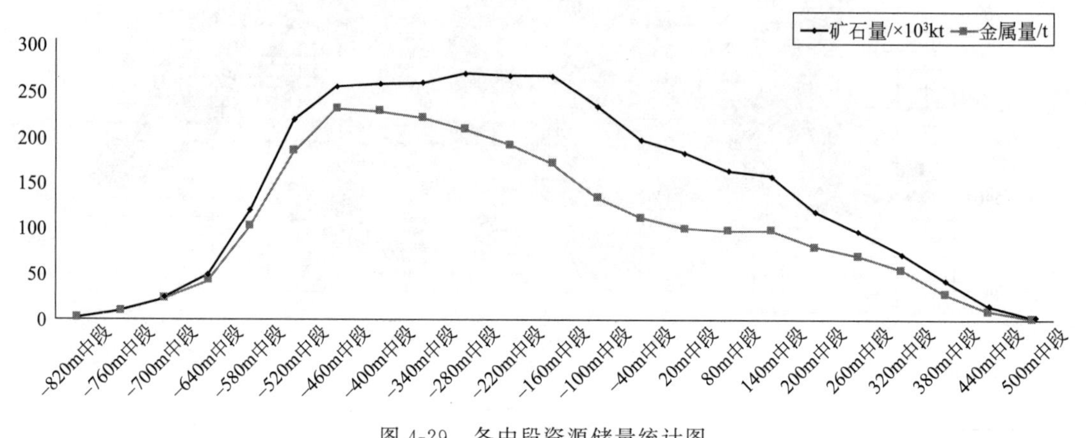


图 4-29 各中段资源储量统计图

从图 4-29 曲线可知矿床矿量主要在矿床中部，往上下两端递减，－460m 到－340m 几个中段平均品位高，金属量大。

（2）吨位品位分析 通过计算各中段在不同边界品位时品位与矿石量或金属量之间的关系，可深入分析各中段矿量、品位的变化关系。该矿 Mo 边界品位为 0.03%，储量计算时分别统计了各中段 Mo 边界品位为 0.03%，0.04%，0.05%，0.06%，0.07%，0.08%，0.09%，0.10%，0.11%，0.12%下的矿石量和金属量，其结果分别见图 4-30、图 4-31 所示。

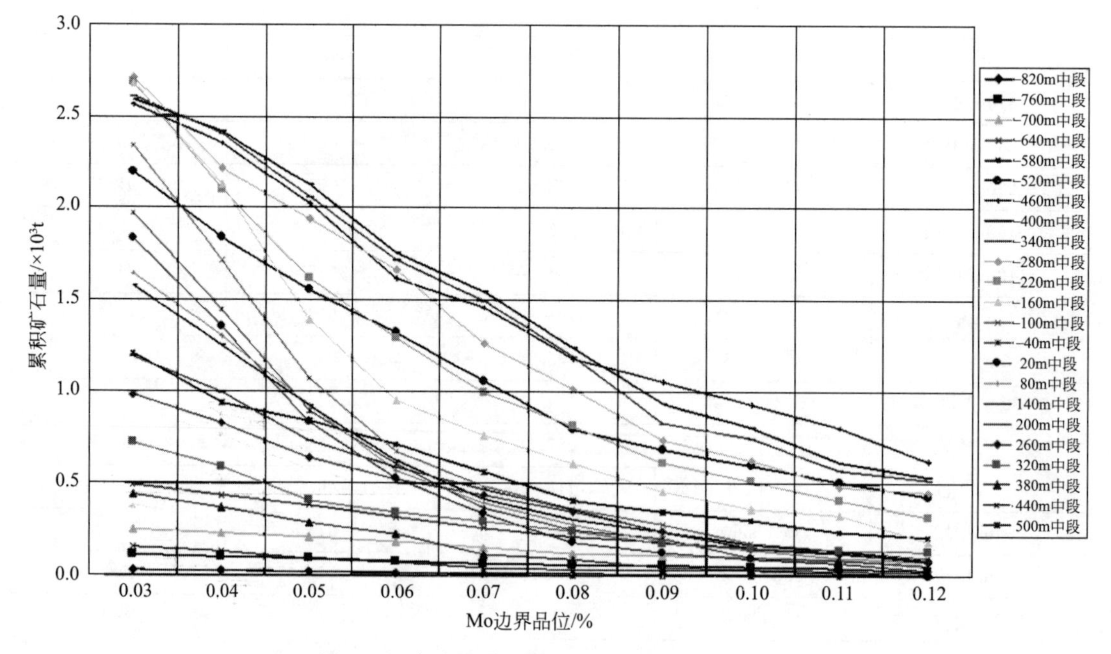


图 4-30 各中段矿石品级与累积矿石量关系图

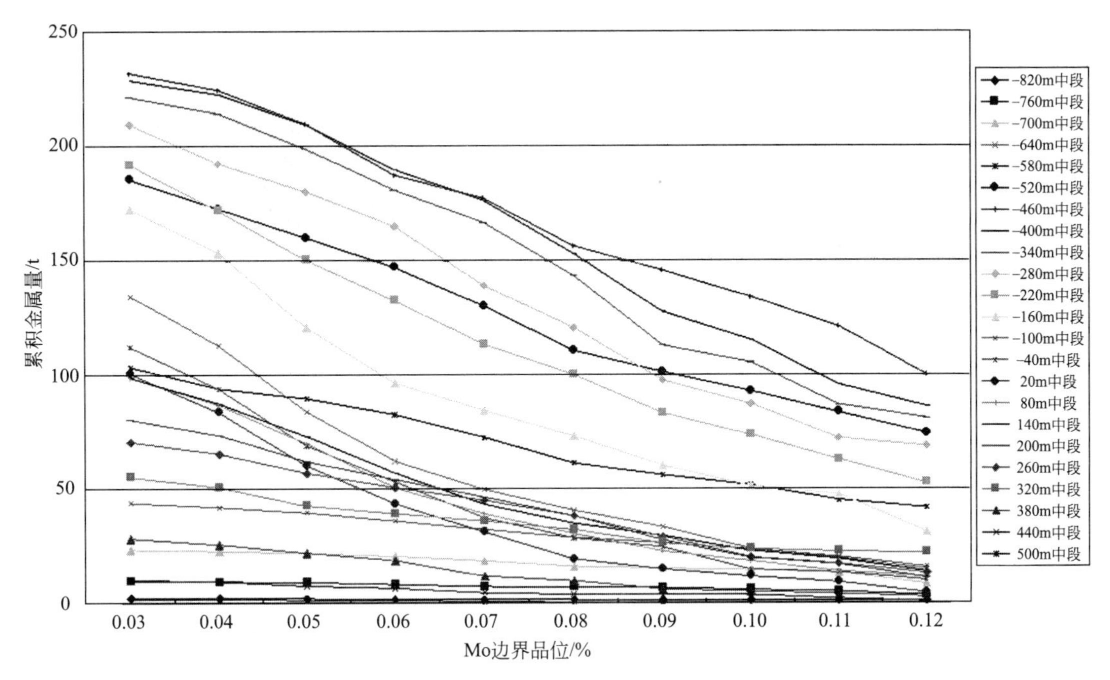


图 4-31 各中段矿石品级与累积金属量关系图

## 4.6.4 品位-吨位图输出

矿体品位-吨位曲线图的绘制是根据资源量估算结果，将各块段的平均品位及其资源量按大小顺序排序，在以 $x$ 轴为品位轴，以 $y$ 轴为吨位轴（吨位、金属量、块体平均品位等）的坐标系统上投点绘制品位-吨位轴，如图 4-32 所示。

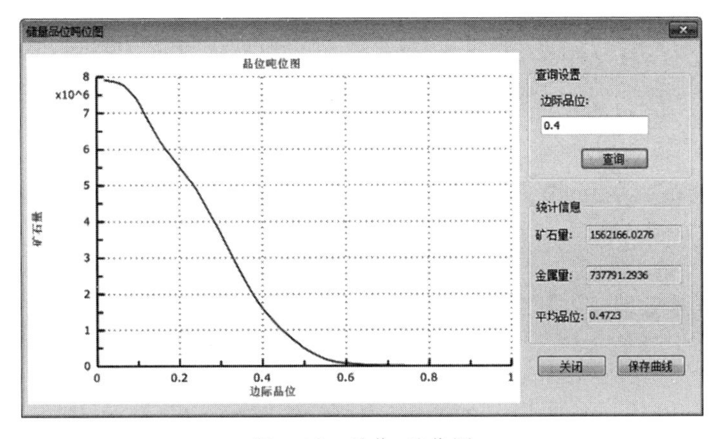


图 4-32 品位-吨位图

## 4.6.5 品位分布图输出

将矿块约束后，切制剖面图，可得到各剖面附近的矿块品位分布图。从切制的剖面图上依据品位分布情况可对矿体品位变化趋势进行分析，分析出哪块区域为高品位区域，哪块区域品位低，如图 4-33、图 4-34 所示。

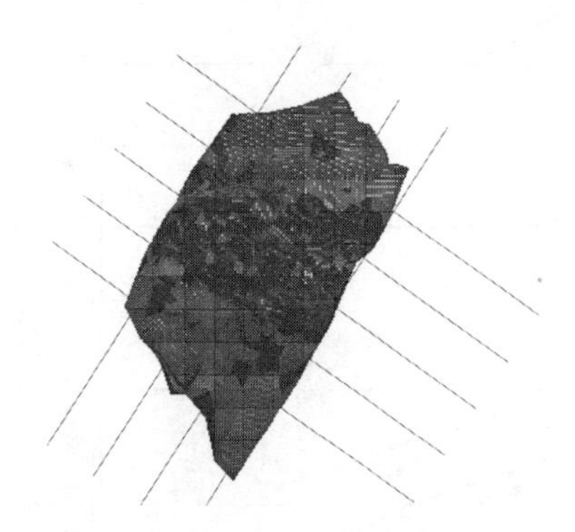

图 4-33　矿块模型约束配色（见书后彩图）

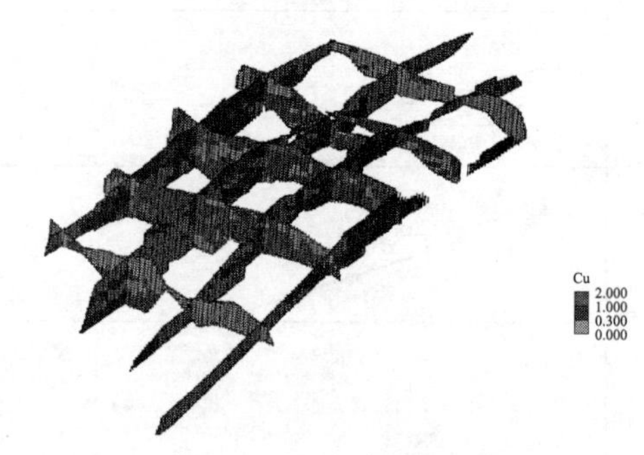


图 4-34　矿块模型品位分布图（见书后彩图）

# 4.7　品位模型更新

品位模型属性更新是用采集的炮孔样品位信息对原地质块段模型进行局部更新，在使用炮孔样品位信息更新时，不仅仅针对本台阶爆堆范围块段品位更新，同时也可将下个平台的爆堆范围内块段的品位也一起进行更新，为后期生成计划编制提供参考依据。

属性更新是个阶段性的长期工作，在每次进行计划编制前都需将前期采集的炮孔样对块段模型进行更新。只有不断地进行更新，块段模型内的品位信息才会不断完善和精确，才对后期生产有指导意义。

将爆堆炮孔赋上元素品位，通过属性赋值功能，完成对块段模型的属性更新，如图 4-35 所示。

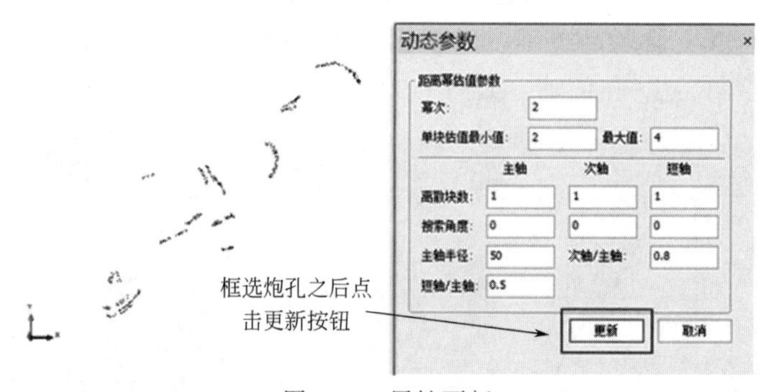


图 4-35　属性更新

对更新后的块段模型约束后，配色显示，发现在炮孔处的块段属性已发生变化，证明属性已更新了，如图 4-36 所示。

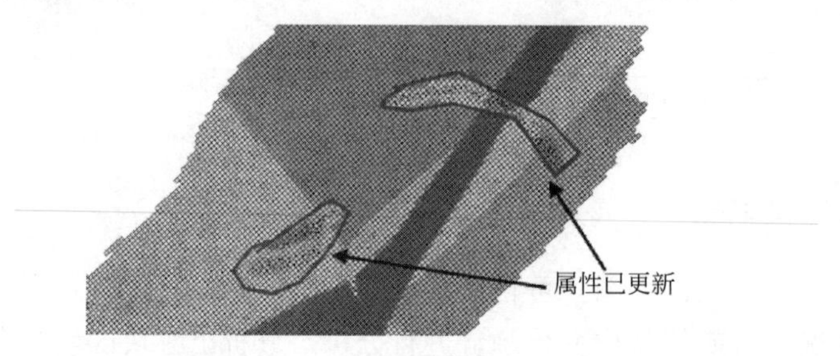


图 4-36　属性更新后显示

## 能力训练题

### 一、单选题

1. 组合样品的过程是将品位信息通过（　　）的方法进行计算。

A. 算数平均　　B. 厚度加权平均　　C. 长度加权　　D. 综合平均

2. 当样品品位为对数正态分布或近似对数正态分布时，表明矿化可能存在（　　）。

A. 连续矿体　　B. 大规模矿体　　C. 间断性矿体　　D. 比例效应

3. 散点图是表示（　　）之间关系的图，又称相关图。

A. 多个变量　　B. 三个变量　　C. 相关变量　　D. 两个变量

4. 在资源储量估算中，利用（　　）可以准确地进行资源量和品级报告。

A. 块体模型　　B. 实体模型　　C. 数据库　　D. 工程模型

5. 一般情况下，最大矿块尺寸不应大于最小探矿工程间距的（　　）。

A. 1/2　　B. 1/3　　C. 1/4　　D. 2/3

6. 地质统计学引入变异函数这一工具，它能够反映区域化变量的空间变化特征——（　　）和随机性，特别是透过随机性反映区域化变量的结构性，故变异函数又称结构函数。

A. 多样性　　B. 相关性　　C. 不确定性　　D. 不规律性

7. 我国常用的传统地质统计方法有（　　）。

A. 块段法与断面法　　B. 克里格与断面法

C. 块段法与距离幂　　D. 距离幂与断面法

8. 搜索椭球体为估值提供了重要的参数，（　　）是椭球体的参数。

A. 样品搜索半径　　B. 搜索方向　　C. 样品个数　　D. 以上都是

9. 线框赋值即利用（　　）、实体模型等将线和体的属性一一对应并映射到块体模型中，实现属性赋值。

A. 直线　　B. 闭合线　　C. 多段线　　D. 样条曲线

10. 矿体品位-吨位曲线图的绘制是根据（　　）结果，将各块段的平均品位及其资源量按大小顺序排序，在以 $x$ 轴为品位轴，以 $y$ 轴为吨位轴（吨位、金属量、块体平均品位等）的坐标系统上投点绘制品位-吨位曲线图。

A. 地质勘探　　B. 资源估算　　C. 样品化验　　D. 出矿矿石量

### 二、多选题

1. 实际工作中，特高品位的一般处理方法有（　　）。

A. 特高品位不参加平均品位计算

B. 用包括特高品位在内的工程或块段的平均品位来代替特高品位参加计算

C. 用与特高品位相邻两个样品的平均品位值来代替特高品位

D. 用特高品位与相邻两样品品位的平均值来代替特高品位

E. 用该矿床一般样品的最高品位或用特高品位的下限值来代替特高品位

2. 统计分析的常用方法有（　　）。

A. 直方图　　B. 散点图　　C. 甘特图

D. $P-P$ 图与 $Q-Q$ 图　　E. 累计概率曲线

3. 直方图可以直观地反映数据（　　）、总体规律，可以用来检验数据（　　）和寻找数据特异值。

A. 分布特征　　B. 形态特征　　C. 规模大小　　D. 分布形式

4. 在组合样品时，应注意所组合样品必须属于同一地质条件，即样品组合要求在同一成矿环境内，如同一矿化带、地层、矿（化）体内，否则一方面可能造成估值偏差，另一方面可能造成局部品位人为的贫化或富集。一般可以通过对应条件约束样品数据，并以此数据进行样品组合。约束条件通常包括（　　）等多种方式。

A. 实体约束　　B. 地质带约束　　C. 顶底板约束

D. 台阶高度　　E. DTM 面约束　　F. 圈矿指标约束

5. 矿块尺寸应根据（　　）等条件综合确定。

A. 地质统计学特征　　B. 探矿工程间隔　　C. 采矿约束

D. 地质因素　　E. 地形　　F. 计算机的处理能力

6. 虽然不同软件建立矿块模型的结构不尽相同，但所有的矿块模型都由（　　）基本要素组成。

A. 模型原点坐标　　B. 矿块中心点的坐标　　C. 矿块尺寸

D. 矿块数　　E. 矿块所载信息　　F. 颜色

7. 灵活的约束可以实现工作中各种量的计算需要，可以进行（　　）。

A. 采矿设计的矿岩量计算　　B. 贫化率的计算

C. 多种级别下矿量的统计　　D. 不同矿体资源量

8. 无基台值模型包括（　　）模型。

A. 线性无基台值　　B. 幂函数　　C. 对数　　D. 以上都是

9. 常量赋值可将固定的（　　）信息赋予到矿块。

A. 编号　　B. 体重　　C. 矿岩类型　　D. 变化的品位

10. 矿块模型报量统计可以按照（　　）进行资源量统计。

A. 高程区间　　B. 品位区间　　C. 矿石自然类型

D. 勘探线区间　　E. 矿体号

**三、判断题**

1. 不同分布规律的矿床应选择不同的估值方法。（　　）

2. $P-P$ 图和 $Q-Q$ 图都可用于检验数据是否服从指定的分布形式。（　　）

3. 特高品位处理是为了削减高品位对矿床平均品位的影响。（　　）

4. 地质数据库过滤只能依据实体模型进行过滤。（　　）

5. 在进行矿块模型估值前，常使用统计学中的直方图确定所需空间插值元素在空间中的分布规律，确定其与正态分布的相关性。（　　）

6. 块体模型是矿床在三维空间内按照一定的尺寸和比例划分为许多较小规则单元块的一种集合体，它只具有存储功能。（　　）

7. 球状模型原点处为抛物线形状。（　　）

8. 克里格法又称为空间局部插值法，从统计意义上说，是从变量相关性和变异性出发，在有限区域内对区域化变量的取值进行无偏、最优估计的一种方法。（　　）

9. 距离幂次反比法具有原理简单、计算效率高、程序实现方便和考虑矿化的方向等优点，因而被广泛使用到估值中。（　　）

10. 常量赋值主要是针对一种属性在不同的约束条件下有不同的取值的情况。 （ ）

## 思政育人

**古德生**，1937 年 10 月 13 日出生于广东梅县，采矿工程专家，中国工程院院士，中南大学教授、博士生导师。1960 年毕业于中南大学矿冶学院，毕业后留校任教，同年加入中国共产党。此后历任讲师、副教授、资源工程系教授、采矿系系主任、采矿与散体工程研究所所长。

1960 年 7 月，古德生留校任教，开始满怀热情地致力于夸美纽斯所说的“太阳底下最光辉的事业”。从登上讲坛的那一刻起，他就要求自己不忘初心，当一名好教师，做一个杰出的科学工作者。1973 年的夏天，古德生与几个志同道合的同事义无反顾地迈出校园，下到矿山生产第一线，走到了采矿工人的中间。在这里他熟悉了采矿工程的每一个环节、每一道工序，期待着从这里找到变革采矿技术的突破口。在生产实践中，他也体验到采矿工人的艰辛，并迫切地想为这些朴实的朋友们做点什么。凭着长期的观察和思考，古德生认定要想改造传统工艺，首先要创新设备，只有新设备的诞生才能推动工艺的改革。但是在此之前，很少人在研究此类课题。没有经验借鉴，也没有前辈的指导，有的只是古德生自己的智慧和一腔热血。他和同事们先后到过全国 10 多家生产各种振动设备的工厂，收集了大量技术资料，结合矿山生产的作业条件，进行科学的分析与论证。两年下来，他们的足迹遍及祖国大江南北。到最后制定方案及设计的半年多时间里，他和科研伙伴都已经有些“走火入魔”了，他们经常几个人围着一张图纸一画就是半夜。在这几年的时间里，他们经历过失败，经历过挫折，但是他们那颗火一样的心从未冷却，他们那一颗献身科研的心始终跳跃！终于，新型的颠振型振动出矿机的图纸诞生了。

改革开放的春风吹来，古德生的科研之路也在继续。常年的劳累已经让他患上了严重的腰疼病，他两次住进了医院。别人都劝他“别太累了，休息休息吧”，但是这位“拼命三郎”却无视自己的病痛，依旧忘我地跋涉在科学历险的道路上。

“八五”“九五”“十五”和“十一五”期间，古德生又带领他的团队向“无间柱连续采矿”和“松软破碎矿体开采环境再造高效率采矿”研究的新高峰努力攀登，并取得了重大创新性成果。古德生一次又一次演绎了“神话”，并得到了无数的荣誉和掌声，他先后获得了“国家有突出贡献的中青年专家”“中国有色金属工业总公司系统劳动模范”“湖南省科技兴湘奖” “湖南省杰出职工”等一系列荣誉称号。1995 年 5 月，古德生当选为中国工程院院士。

有人说：“老古，这回该歇歇了吧。”然而，“拼命三郎”岂是在荣誉面前停下脚步的人。在他的心目中，自己仍旧只是一名普通的科技工作者。心态正，对科研工作一如既往的激情激励着古德生在这条科研的道路上勇往直前：他先后完成国家级与省、部级重大科研项目和国家自然科学基金项目共 30 多项；获国家发明奖和国家级与省、部级科技进步奖 20 多项；出版《振动出矿技术》《现代金属矿床开采科学技术》《矿床无废开采的规划与设计》等专著 5 本，发表了《采场出矿运矿 ZCYS 连续作业机组》《金属矿床深部开采中的科学问题》等 140 多篇论文。与此同时，他还培养了一批优秀的学子，为我国采矿事业的发展做出了重要的贡献。

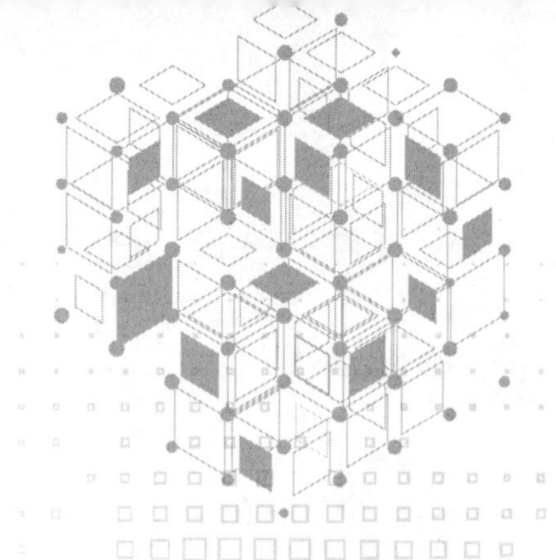

# 5 矿山测量建模

## 5.1 常见矿山测量设备简述

空间信息获取是建立矿山三维地质模型的基础任务，而矿山测量设备是获取空间信息最直接的手段。通过对获取的矿区空间信息进行有效性处理后，便可为后续矿山三维模型的创建提供基础数据。目前，常用的矿山测量设备有：全站仪、GPS测量、RTK测量、雷达遥感测量以及三维激光扫描仪等，不同装备有其不同的适用条件，合理地选择空间信息获取的装备有利于提高工作的效率和降低测量的成本。

### 5.1.1 全站仪

（1）全站仪概述　全站仪，即全站型电子速测仪（Electronic Total Station），是一种集光、机、电为一体的高技术测量仪器，是集水平角、垂直角、距离（斜距、平距）、高差测量功能于一体的测绘仪器系统。因其一次安置仪器就可完成该测站上全部测量工作，故称之为全站仪。广泛用于地上大型建筑和地下隧道施工等精密工程测量或变形监测领域，其示意图见图5-1。

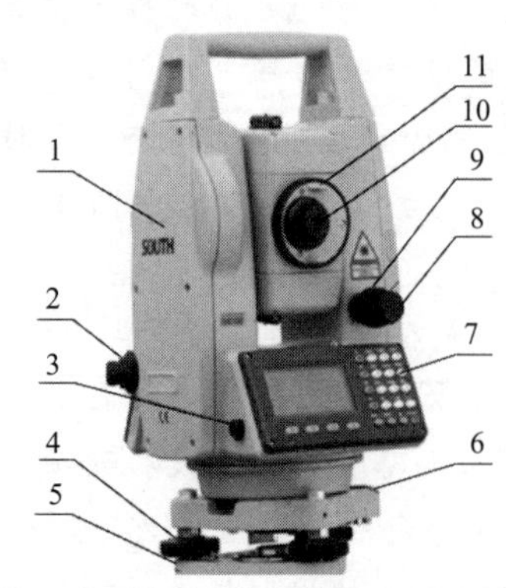


1—仪器中心把；2—光学对中器；3—数据通信接口；4—整平脚螺旋；5—底板；6—圆水准器；7—键盘；8—垂直微动螺旋；9—垂直制动螺旋；10—目镜；11—望远镜把手

图5-1　全站仪示意图

（2）全站仪的基本构造　全站型电子速测仪是由电子测角、电子测距、电子计算和数据存储等单元组成的三维坐标测量设备，它具有自动显示测量结果以及同外围设备交换信息等功能。全站仪由以下两大部分组成：

① 数据采集设备：主要有电子测角系统、电子测距系统，还有自动补偿设备等。

② 微处理器：微处理器是全站仪的核心装置，主要由中央处理器、随机储存器和只读存储器等构成，测量时，微处理器根据键盘或程

序的指令控制各分系统的测量工作，进行必要的逻辑和数值运算以及数字存储、处理、管理、传输、显示等。

通过上述两大部分有机结合，全站仪才真正地体现“全站”功能，才能既自动完成数据采集，又自动处理数据，使整个测量过程工作有序、快速、准确地进行。

(3) 全站仪的应用　全站仪的应用范围已不仅局限于测绘工程、建筑工程、交通与水利工程、地籍与房地产测量，而且在大型工业生产设备和构件的安装调试、船体设计施工、大桥水坝的变形观测、地质灾害监测及体育竞技等领域中都得到了广泛应用。

全站仪的应用特点有：

① 在地形测量过程中，可以将控制测量和地形测量同时进行。

② 在施工放样测量中，可以将设计好的管线、道路、工程建筑的位置测设到地面上，实现三维坐标快速施工放样。

③ 在变形观测钟，可以对建筑物（构筑物）的变形、地质灾害等进行实时动态监测。

④ 在控制测量中，导线测量、前方交会、后方交会等程序功能，操作简单、速度快、精度高；其他程序测量功能方便、实用且应用广泛。

⑤ 在同一个观测点，可以完成全部测量的基本内容，包括角度测量、距离测量、高差测量，实现数据的存储和传输。

⑥ 通过传输设备，可以将全站仪与计算机、绘图机相连，形成内外一体的测绘系统，从而大大提高地形图测绘的质量和效率。

二维码 6
全站仪

全站仪的详细介绍与补充可扫描二维码 6 查看。

## 5.1.2　GPS 测量

GPS 是英文 Global Positioning System（全球定位系统）的简称。该系统是一个由覆盖全球的卫星群组成的卫星系统，可以采集到任意一点的经纬度和高度，以便实现导航、定位、授时等功能。这项技术可以用来引导飞机、船舶、车辆以及个人，使其能够安全、准确地沿着选定的路线准时到达目的地。

由于 GPS 定位技术具有高精度、高效率和低成本的优点，使其在各类大地测量控制网的加强改造和建立，以及在公路工程测量和大型构造物的变形测量中得到了较为广泛的应用。

GPS 由三部分组成，分别为工作卫星、地面监控系统以及终端用户设备。

### 5.1.2.1　GPS 测量的基本原理

根据测距原理，GPS 定位方式分为伪距定位、载波相位定位、实时差分定位。

(1) 伪距定位　伪距定位又可分为单点定位和多点定位。

① 单点定位：GPS 接收机安置在测点上锁定 4 颗以上的卫星，将接收到的卫星测距码与接收机产生的复制码对齐，测量与锁定卫星测距码到接收机的传播时间 $\Delta t_i$，求出卫星至接收机的伪距，从锁定卫星广播星历中获取卫星的空间坐标，用距离交会原理算出天线所在点的三维坐标。伪距观测方程有 4 个未知数，锁定 4 颗卫星时方程有唯一解，伪距观测方程没有考虑大气电离层和对流层折射误差、星历误差影响，单点定位精度不高。C/A 码定位的精度为 25m，P 码定位的精度为 10m。

② 多点定位：多台 GPS 接收机（2～3 台）安置在不同测点上，同时锁定相同卫星进行

伪距测量，此时大气电离层和对流层的折射误差、星历误差的影响基本相同，在计算各测点间的坐标差（$\Delta x$，$\Delta y$，$\Delta z$）时，可消除上述误差影响，使测点之间的点位相对精度大大提高。

（2）载波相位定位　载波 $L_1$，$L_2$ 的频率比测距码（C/A码和P码）频率高，波长比测距码短很多，$\lambda_1=19.03\text{cm}$，$\lambda_2=24.42\text{cm}$。使用载波 $L_1$ 或 $L_2$ 作测距信号，将卫星传播到接收机天线的余弦载波信号，与接收机基准信号比相，求出相位延迟计算伪距，可获得很高的测距精度。如果测量 $L_1$ 载波相位移误差为1/100，伪距测量精度可达 $19.03\text{cm}/100=1.9\text{mm}$。

（3）实时差分定位　在已知坐标点上安置一台GPS接收机——基准站，用已知坐标和卫星星历算出观测值的校正值，通过无线电通信设备——数据链，将校正值发送给运动中的GPS接收机——移动站。移动站用接收到的校正值对自身GPS观测值进行改正，消除卫星钟差、接收机钟差、大气电离层和对流层折射误差。

**5.1.2.2　GPS的特点**

（1）全球全天候定位。

（2）定位精度高。

二维码7
GPS测量

（3）观测时间短。

（4）测站间无需通视。

（5）仪器操作简便。

（6）可提供全球统一的三维地心坐标。

（7）应用广泛。

GPS测量的详细介绍与补充可扫描二维码7查看。

### 5.1.3　RTK测量

RTK（Real-time Kinematic，实时动态）载波相位差分技术是实时处理两个测量站载波相位观测量的差分方法，其是将基准站采集的载波相位发给用户接收机，进行求差解算坐标。这是一种新的常用的卫星定位测量方法，以前的静态、快速静态、动态测量都需要事后进行解算才能获得厘米级的精度，而RTK测量是能够在野外实时得到厘米级定位精度的测量方法。它采用了载波相位动态实时差分方法，是GPS应用的重大里程碑，它的出现为工程放样、地形测图、各种控制测量带来了新的测量原理和方法，极大地提高了作业效率。

（1）工作原理　RTK测量的工作原理是将一台接收机置于基准站上，另一台或几台接收机置于载体（称为流动站）上，基准站和流动站同时接收同一时间、同一GPS卫星发射的信号，基准站所获得的观测值与已知位置信息进行比较，得到GPS差分改正值。然后将这个改正值通过无线电数据链电台及时传递给共视卫星的流动站精化其GPS观测值，从而得到经差分改正后流动站较准确的实时位置，如图5-2所示。

差分的数据类型有伪距差分、坐标差分（位置差分）和载波相位差分三类。前两类定位误差的相关性会随基准站与流动站的空间距离的增加而迅速降低，故RTK采用第三类方法。RTK的观测模型为：

$$\phi=\rho+c(d_{\mathrm{T}}-d_{\mathrm{t}})+\lambda N+d_{\mathrm{trop}}-d_{\mathrm{ion}}+d_{\mathrm{preal}}+\varepsilon(\phi) \tag{5-1}$$

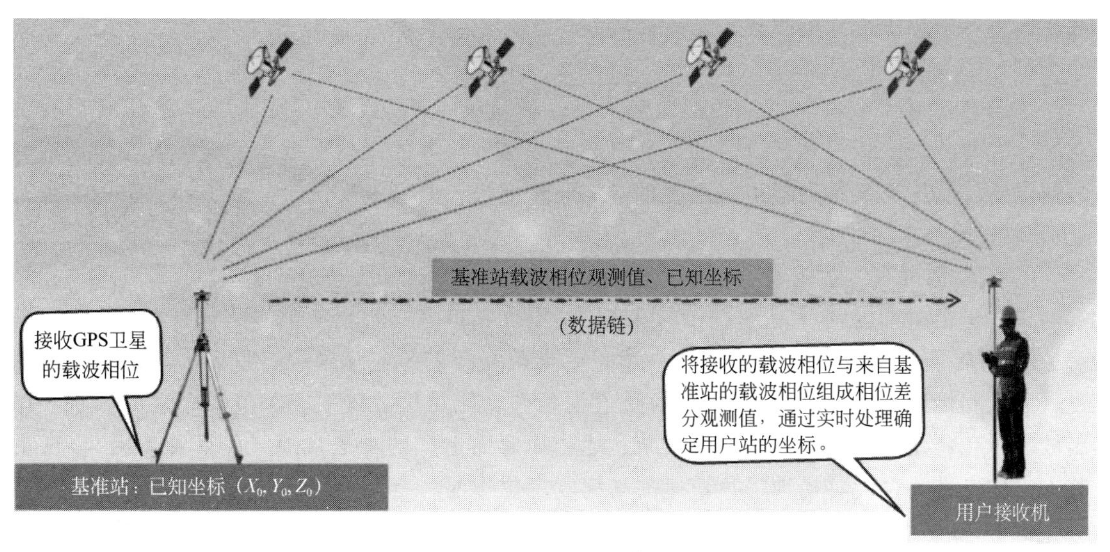


图 5-2 RTK 测量工作原理

式中 $\phi$——相位测量值；

$\rho$——星站间的几何距离；

$c$——光速；

$d_T$——接收机钟差；

$d_t$——卫星钟差；

$\lambda$——载波相位波长；

$N$——整周未知数；

$d_{trop}$——对流层折射影响；

$d_{ion}$——电离层折射影响；

$d_{preal}$——相对论效应；

$\varepsilon(\phi)$——观测噪声。

（2）系统组成（图 5-3）

① 基准站

a. 基准站 GPS 接收机 能够接收、通过串口发射基准站观测的伪距和载波相位观测值。

b. 基准站电台 将基准站观测的伪距和载波相位观测值发射出去。

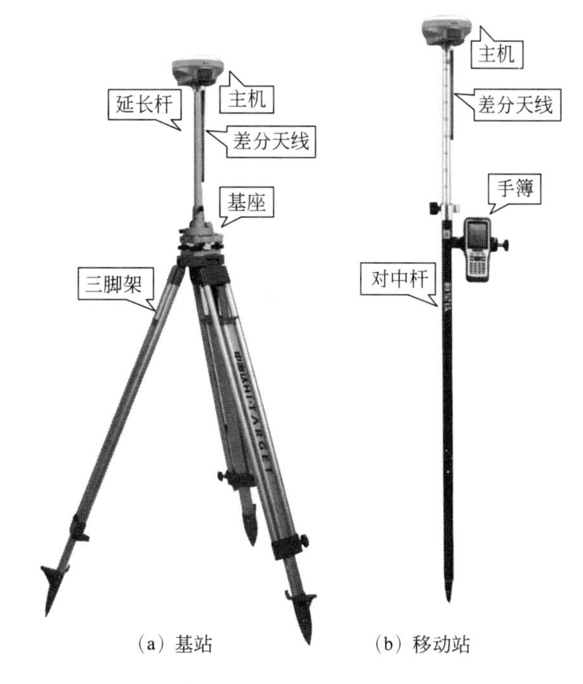


（a）基站 （b）移动站

图 5-3 RTK 组成部分

② 流动站

a. 流动站无线电系统 能够接收基准站观测的伪距和载波相位观测值、基准站坐标。

b. 流动站 GPS 接收机 能够观测伪距和载波相位观测值；通过串口接收基准站的坐标、伪距、载波相位观测值；能够差分处理基准站和流动站的载波相位观测值。

③ 测量控制器 测量控制器也称为数据采集器或电子手簿。由于 RTK 作业过程中，流动站一般将 GPS 接收机和电台背在背部，为了便于建立测量项目、建立坐标系统，会设置测量形式和参数、设置电台参数，实时查看、存储测量坐标和精度，设计放样坐标或参数指

导放样等，采用手持式的测量控制器比较方便。

（3）RTK 技术特点

① 作业效率高。在一般的地形地势下，高质量的 RTK 设站一次即可测完 4km 半径的测区，大大减少了传统测量所需的控制点数量和测量仪器的搬站次数。仅需一人操作，在一般的电磁波环境下几秒钟即得一点坐标，作业速度快，劳动强度低，节省了外业费用，提高了劳动效率。

② 定位精度高，数据安全可靠，没有误差积累。只要满足 RTK 的基本工作条件，在一定的作业半径范围内（一般为 4km），RTK 的平面精度和高程精度都能达到厘米级。

③ 降低了作业条件要求。RTK 技术不要求两点间满足光学通视，只要求满足电磁波通视，因此和传统测量相比，RTK 技术受通视条件、能见度、气候、季节等因素的影响和限制较小。在传统测量看来由于地形复杂、地物障碍而造成的难通视地区，只要满足 RTK 的基本工作条件，也能轻松地进行快速的高精度定位作业。

④ RTK 作业自动化、集成化程度高，测绘功能强大。RTK 可胜任各种测绘内、外业。流动站利用内装式软件控制系统，无需人工干预便可自动实现多种测绘功能，使辅助测量工作极大减少，减少人为误差，保证了作业精度。

二维码 8
RTK 测量

⑤ 操作简便，容易使用，数据处理能力强。只要在设站时进行简单的设置，就可以边走边获得测量结果坐标或进行坐标放样。数据输入、存储、处理、转换和输出能力强，能方便快捷地与计算机、其他测量仪器通信。

RTK 测量的详细介绍与补充可扫描二维码 8 查看。

### 5.1.4 三维激光扫描仪

三维激光扫描是集光、机、电和计算机于一体的非接触测量技术，具有测量速度快、自动化程度高、分辨率高、可靠性高和相对精度高的特点，其扫描结果直接显示为点云，利用点云数据，可快速建立结构复杂、不规则的场景的三维可视化模型，既省时又省力。该方法与传统测量方式相比具有很大的优越性，可显著地提高生产效率和质量。激光扫描技术是目前最直接的、最具潜力的三维模型数据自动获取技术，它可以对复杂的环境及空间进行扫描操作，并直接将各种大型的、复杂的、不规则的、标准或非标准的实体或实景的三维数据完整地采集到计算机中，进而重构出目标的三维模型以及点、线、面、体、空间等各种制图数据。

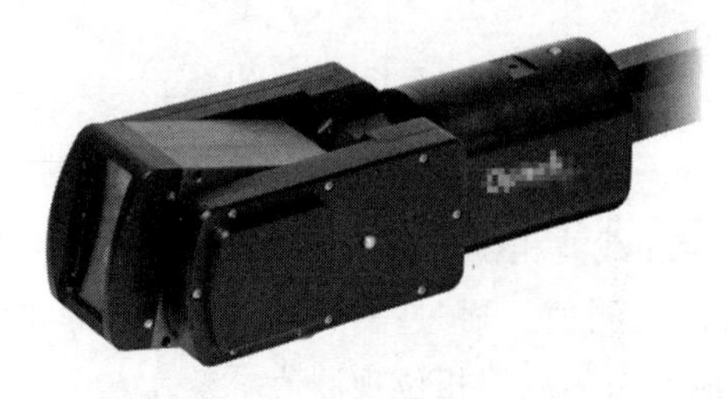
图 5-4　三维激光扫描仪

作为新的高科技产品，三维激光扫描仪（图 5-4）已经成功地在文物保护、城市建筑测量、地形测绘、变形监测、工厂、大型结构、管道设计、飞机船舶制造、公路铁路建设、隧道工程、桥梁改建等领域里应用。特别是在采矿业方面，利用三维激光扫描仪进入到一些人员不方便到达或有危险的区域进行三维扫描，可有效解决露天及地下矿山生产作业中遇到的台阶变形监测和空区塌陷体积计算等问题。

（1）分类　三维激光扫描技术是近年来出现的新技术，其分类方法大体上可以按测量方式、用途以及载体的不同进行划分。按用途可分为室内型和室外型。按照载体的不同，三维激光扫描系统又可分为机载型、车载型、地面型和手持型几类。按测量方式不同可分为基于脉冲式和基于相位差两种。脉冲激光测距是利用发射和接收激光脉冲信号的时间差来实现对被测目标的距离测量，只要测出激光脉冲发射与接收所用的往返时间，即可求出被测量的距离。其具有测程长的优点，最远可达 6km。相位式激光测距是利用发射连续激光信号和接收信号之间的相位差所含有的距离信息来实现对被测目标距离的测量，该法测程较短，只有数百米左右。

目前，大多数激光扫描仪采用脉冲激光测距，通过无接触式高速激光测量，以点云形式获取扫描物体表面阵列式几何图形的三维数据。该类仪器常见的有 CMS、C-ALS、LRIS-3D、LMS-Z420i 和 GS200 等扫描系统。

（2）技术原理　三维激光扫描系统包含数据采集的硬件部分和数据处理的软件部分，其扫描过程是利用激光测距的原理实现的。假如激光在 $A$、$B$ 两点间往返一次所需时间为 $\Delta t$，则两点间距离 $D$ 可表示为：

$$D=\frac{1}{2}c\Delta t \tag{5-2}$$

式中，$c$ 为光在大气中的传播速度。由测距公式可知，如何精确测量时间值是测距的关键。

通过记录被测物体表面大量的密集的点的三维坐标、反射率和纹理等信息，可快速复建出被测目标的三维模型及线、面、体等各种图件数据。由于三维激光扫描系统可以大量地获取目标对象的点数据，因此相对于传统的单点测量，三维激光扫描技术也被称为从单点测量进化到面测量的革命性技术突破。

（3）基本功能特点　三维激光扫描技术具有的两大功能分别是三维测量和快速扫描，这两大功能使其突破了传统的单点测量方法的局限，使之具有高效率、高精度的独特优势。

① 三维测量。传统测量概念里，普通的测量仪器一般都只能输出二维结果，如水准仪、全站仪等。但在逐步数字化的今天，三维已经逐渐地代替二维，因为其直观性是二维无法表示的。三维激光扫描仪每次测量的数据不仅仅包含 $X$、$Y$、$Z$ 点的信息，还包括 R、G、B 颜色信息，同时还有物体反色率的信息，这样全面的信息能给人一种物体在电脑里真实再现的感觉，是一般测量手段无法做到的。

② 快速扫描。快速扫描是扫描仪诞生产生的概念，在常规测量手段里，每一点的测量时间都在 2～5s 不等，更甚者要花几分钟的时间对一点的坐标进行测量。在数字化的今天，这样的测量速度已经不能满足测量的需求，三维激光扫描仪的诞生改变了这一现状，最初 1000 点/s 的测量速度已经让测量界大为惊叹，而现在脉冲扫描仪最大速度已经达到 50000 点/s，相位式扫描仪 Surphaser 三维激光扫描仪最高速度已经达到 120 万点/s，这是三维激光扫描仪对物体详细描述的基本保证，古文物、工厂管道、隧道、地形等复杂的领域无法测量已经成为过去式。

（4）应用场景　该产品可应用包括但不限于如下工作场景：

① 巷道三维扫描；

② 盘点验方；

③ 采空区扫描；

④ 地表塌陷区扫描。

其应用案例如下：

① 井下完整巷道三维模型案例（图 5-5）。

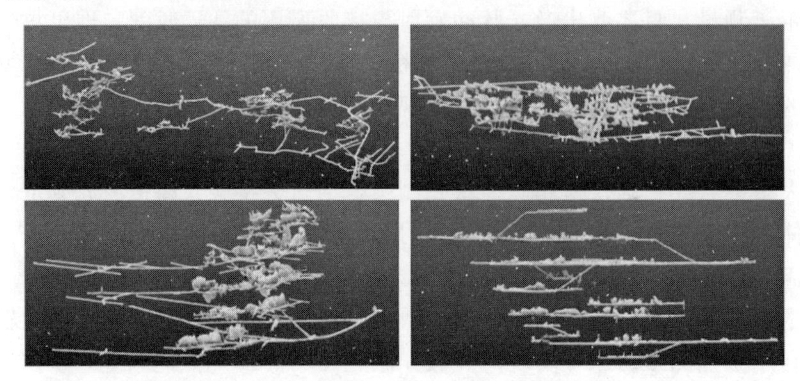

图 5-5　几座典型矿山井下三维扫描模型

② 井下局部三维模型与矿山现状图拟合数据（图 5-6）。

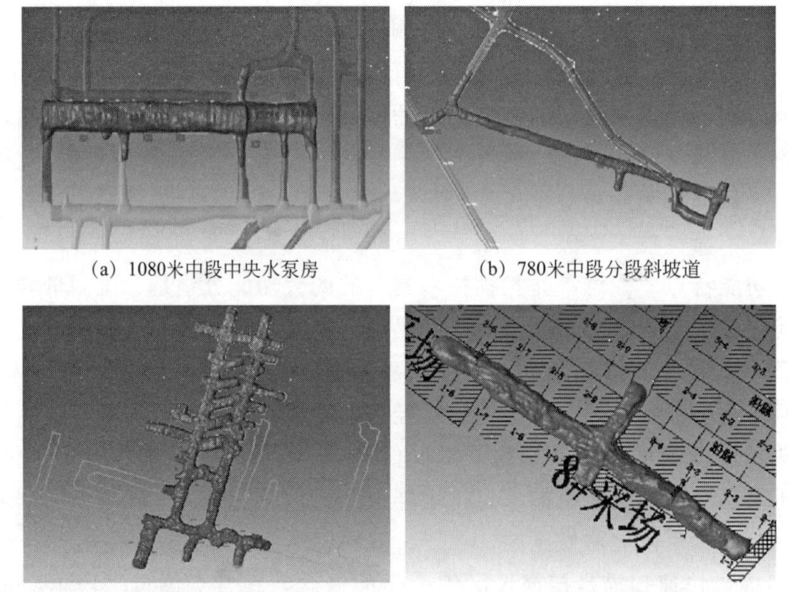

(a) 1080米中段中央水泵房　　(b) 780米中段分段斜坡道

(c) 400米中段维修硐室　　(d) 380米中段采场空区

图 5-6　某铜矿三维扫描模型与现状图拟合

③ 盘点验方（图 5-7、图 5-8）。

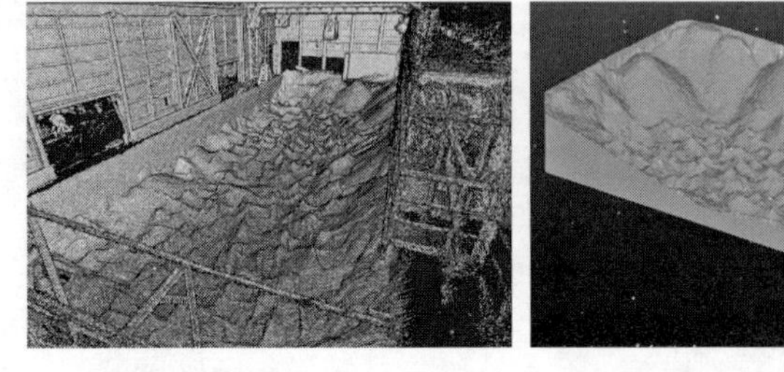

图 5-7　精矿盘点验方

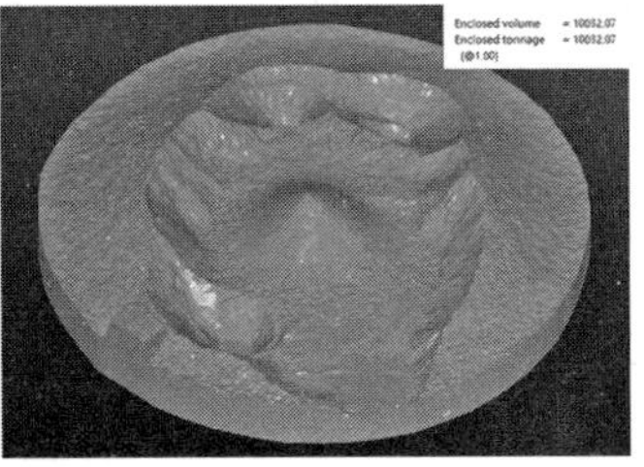

图 5-8 原矿堆场盘点验方

④ 空区扫描（图 5-9、图 5-10）。

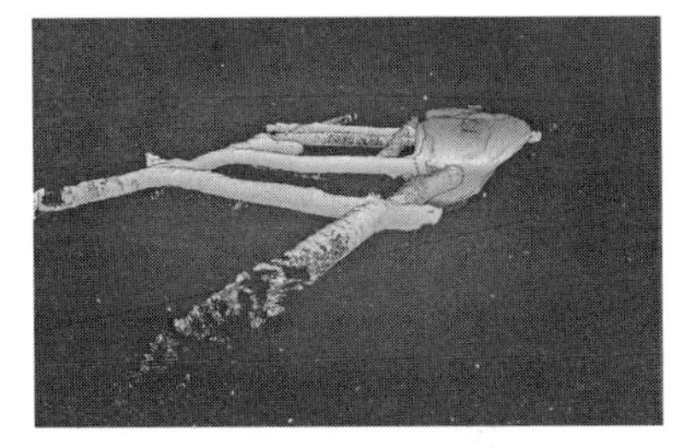
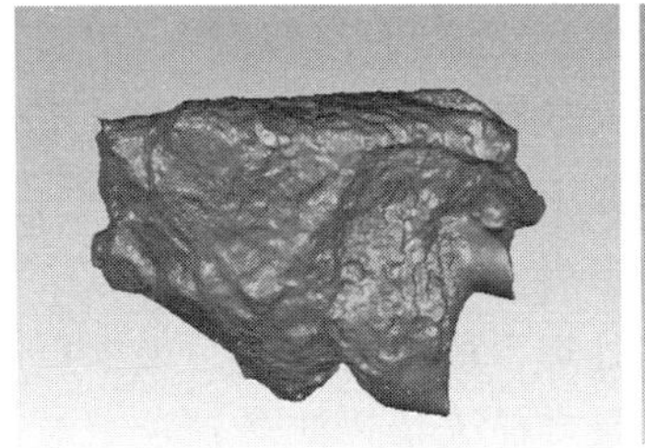
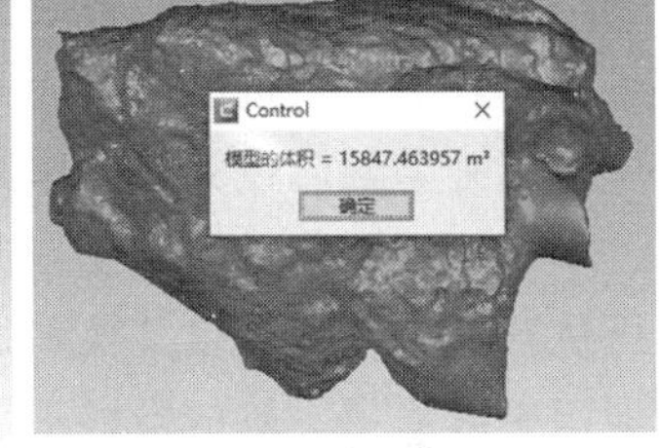


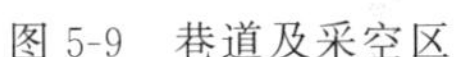

图 5-9 巷道及采空区

图 5-10 采空区模型及体积计算

⑤ 地表塌陷区扫描（图 5-11）。

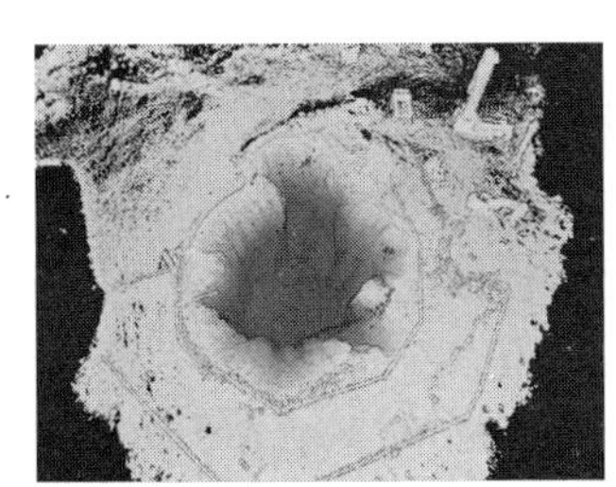

图 5-11 某铁矿地表塌陷区扫描

移动式三维激光扫描仪的详细介绍与补充可扫描二维码 9 查看。

二维码 9
移动式三维
激光扫描仪

### 5.1.5 摄影测量

摄影测量学是一门通过分析在胶片或电子载体上的影像来确定被测物体的位置、大小和形状的学科。摄影测量学是测绘学的分支学科，其主要任务是用于测绘各种比例尺的地形图、建立数字地面模型，为各种地理信息系统和土地信息系统提供基础数据。摄影测量要解决的两大问题是几何定位和影像解译。几何定位就是确定被摄物体的大小、形状和空间位置。几何定位的基本原理源于测量学的前方交汇方法，它是根据两个已知的摄影站点和两条已知的摄影方向线，交汇出构成这两条摄影光线的待定地面点的三维坐标。影像解译就是确定影像对应物的性质。其硬件系统如图 5-12 所示。

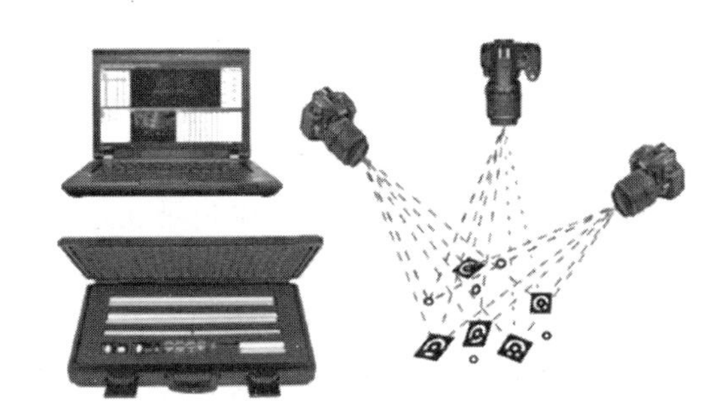

图 5-12 摄影测量硬件系统

目前，国内外学者对于岩体结构面的长度、间距、开度、起伏、空间展布等几何信息作了大量的研究工作，提出了多种岩体结构面采集方法，归纳起来当前岩体结构参数采集技术和方法主要有三类：① 精测线法，即通过皮尺和罗盘人工现场逐一接触测量结构面信息，该方法低效、费力、耗时，难以满足现代快速施工的要求，而且有些高陡岩体不可能全面接触，使得测量数据的代表性受现场条件的限制；② 通过钻孔定向取芯技术或孔内照相技术获取结构面方位信息，该方法获取岩体结构面信息规模小、应用效果不佳；③ 通过摄影测量技术求解结构面方位和规模信息。

摄影测量方法采集物体空间位置信息的技术由于其非接触性、可同时获得大量标志点信息而得到了广泛的应用。目前，摄影测量技术求解结构面方位和规模信息是最先进的方法。它可以创建一个实时的地质信息交流和反馈环境，提高地质纪录任务的效率，降低不完整信息和信息丢失的可能性，大大地帮助地质工作者区分鉴定地质特征，在已完成工作面节理图像的基础上预测没完成工作面上弱面的位置和方向。

(1) 摄影测量的分类　摄影测量按不同的分类方法可以分为不同的类型，一般可按摄影机位置、应用领域以及技术处理手段进行分类。根据摄影机位置的不同，摄影测量学可分为地面摄影测量、航空摄影测量和航天摄影测量；根据应用领域的不同，摄影测量学又可分为地形摄影测量与非地形摄影测量两大类；根据技术处理手段的不同，摄影测量学又可分为模拟摄影测量、解析摄影测量和数字摄影测量。

(2) 系统技术特点

① 高精度：单相机系统在 10m 范围内测量精度可以达到 0.08mm，而双相机系统则可以达到 0.17mm；

② 非接触测量：光学摄影的测量方式，无需接触工件；

③ 测量速度快：单相机几分钟即可完成大量点云测量，双相机可实现实时测量；

④ 可以在不稳定的环境中测量：测量时间短受温度影响小，双相机系统可以在不稳定环境中测量；

⑤ 特别适合狭小空间的测量：只要 0.5m 空间即可拍照、测量；

⑥ 数据率高，可以方便获取大量数据：像点由计算机软件自动提取并量测，测量 1000 个点的速度几乎与 10 个点的相同；

⑦ 适应性好：被测物尺寸从 0.5m 到 100m 均可用一套系统进行测量；

⑧ 便携性好：单相机系统 1 人即可携带到现场或外地开展测量工作。

(3) 摄影测量工作原理　摄影测量是采用数码相机获取地质体的图像，应用计算机三维成像技术、影像匹配、模式识别等多学科理论与方法，可以瞬间获取物体大量几何信息，是一种非接触测量手段，提供基于三维空间坐标数据和实体模型的数字信息。该方法为实现地质数字编录、岩体稳定分析、爆破设计评估等工作提供了快速、高效和安全的数据采集处理工具。

一个三维图像是通过用视觉图像组合大量的空间点生成的。每一个空间点都有其唯一的坐标，并且视觉图像也被精确记录在坐标中。三维图像可以用多种方式生成，最通用的生成方法是摄影测量和激光扫描。一个真三维软件要求是：视像上精确的表面数据和定义表面形状与位置的空间数据的集合体。

该系统由硬件和软件两大部分组成。硬件部分包括数码相机以及配套支架等，软件部分包括三维成像的软件，其中有用于的露天边坡的 Sirovision Opencut 模块，用于地下洞室的

Sirovision Underground 模块以及用于岩体结构分析的 SIROJOINT 模块。其成像系统见图 5-13，测量原理图见图 5-14。

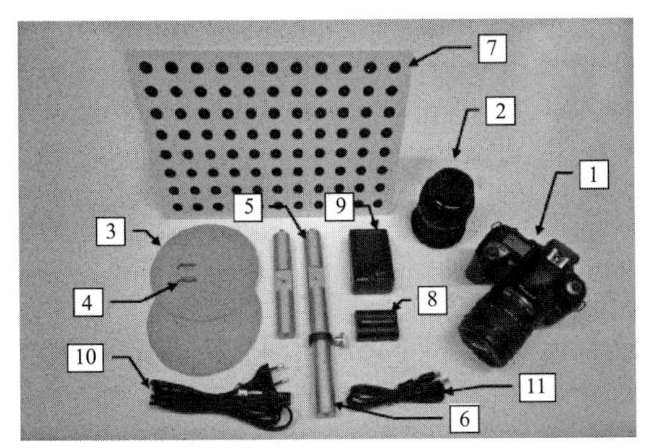
1—数码相机；2—镜头；3—三维标志盘；4—安装螺栓；
5，6—标志盘支撑架；7—刻度校准板；8～11—相机电源配置

图 5-13　成像系统

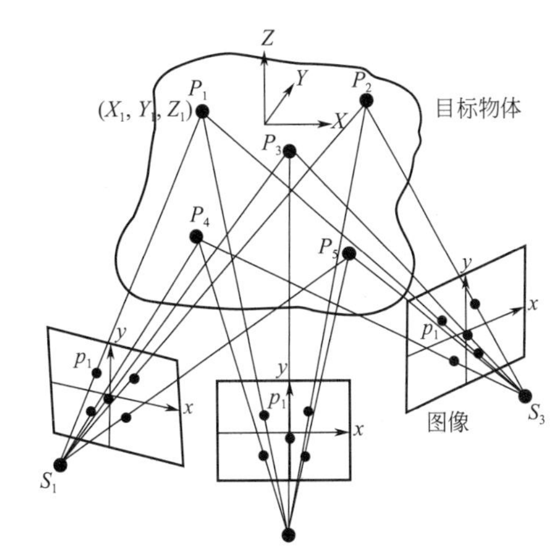


图 5-14　摄影测量原理图

(4) 摄影测量的应用　摄影测量一经问世，便被广泛地运用于各个领域，如今已被大量地运用于测制地图、工程质量管理、建筑物监测、气象监测、环境保护以及自然灾害防治等方面。在矿山地质考察方面，通过多种测量手段，可以进行矿区地表形态的测量，水文地质、工程地质的测量和矿房施工断面的测量与设计等，特别是在岩体结构面分析研究方面的运用获得了极大的成功。

摄影测量方法采集物体空间位置信息的技术由于其非接触性、可同时获得大量标志点信息而得到了广泛的应用。目前，摄影测量技术是求解结构面方位和规模信息的最先进方法。它可以创建一个实时的地质信息交流和反馈环境，提高地质纪录任务的效率，降低不完整信息和信息丢失的可能性，大大地帮助地质工作者区分鉴定地质特征，在已完成工作面节理图像的基础上预测没完成工作面上弱面的位置和方向。

### 5.1.6　无人机倾斜摄影

无人机具有机动、灵活、快速、经济等特点，以无人机作为航空摄影平台能够快速高效地获取高质量、高分辨率的影像，无人机在摄影测量中的优势是传统卫星遥感无法比拟的，其越来越受到人们的青睐，大大地扩大了遥感的应用范围和用户群，具有广阔的应用前景。无人机倾斜摄影测量已经成为未来航空摄影测量的重要手段和国际航空遥感监测体系的重要补充，它逐步从研究开发阶段发展到了实际应用阶段。

(1) 倾斜摄影原理　倾斜摄影技术需在同一飞行平台上搭载多台传感器，目前常用的是五镜头相机，同时从垂直、倾斜等不同角度采集影像，获取地面物体更为完整准确的信息。垂直地面角度拍摄获取的是垂直向下的一组影像，称为正片；镜头朝向与地面成一定夹角拍摄获取的四组影像分别指向东南西北，称为斜片。摄取范围如图 5-15 所示。

图 5-15　倾斜摄影原理图

拍摄相片时，同时记录航高、航速、航向重叠、旁向重叠、坐标等参数，然后对倾斜影像进行分析和整理。在一个时间段，飞机连续拍摄几组影像重叠的照片，同一地物最多能够在三张相片上被找到，这样内业人员可以比较轻松地分析建筑物的结构，并且可以选择最为清晰的一张照片制作细部纹理。

（2）倾斜摄影测量技术特点

① 反映地物真实情况并且能对地物进行量测。倾斜摄影测量所获得三维数据可真实地反映地物的外观、位置、高度等属性，增强了三维数据所带来的真实感，弥补了传统人工模型仿真度低的缺点。

② 高性价比。倾斜摄影测量数据是带有空间位置信息的可量测的影像数据，能同时输出 DSM、DOM、DLG 等数据成果。可在满足传统航空摄影测量的同时获得更多的数据。同时使用倾斜影像批量提取及贴纹理的方式，能够有效地降低三维建模成本。

③ 高效率。倾斜摄影测量技术借助无人机等飞行载体可以快速采集影像数据，实现全自动化的三维建模。

二维码 10
无人机倾斜摄影
航拍测绘案例

（3）倾斜摄影测量数据的处理　倾斜摄影测量数据处理常用的软件：Pictometry 倾斜影像处理软件、像素工厂、LPS 工作站、Multi-Vision 系统、DMC 系统、Street Factory 系统等软件。在国内主要有：无人机敏捷自动建模系统、SuperMap GIS 7C 软件、Leador AMMS 以及 DP-Model-er 等情形摄影测量软件。

无人机倾斜摄影航拍测绘案例可扫描二维码 10 查看。

## 5.2 测量数据处理

### 5.2.1 测量数据导出

（1）全站仪数据导出　把全站仪里面的数据导出来的方法有：

① 通过传输线，使用全站仪自带的传输软件进行数据传输。

② 通过传输线，使用 CASS 软件进行传输。

③ 有的全站仪可以使用 SD 卡，可以将数据先转到 SD 卡上，然后到电脑上读取数据。

（2）无人机倾斜摄影数据导出　通过 USB 连接线将照片拷贝至电脑。PPK 解算软件导出 POS 信息，整理出与照片名称对应的经度、纬度和高程数据文本。将照片和 POS 导入到 ContextCapture Center 中，在 3D 视图中检查，导出包含照片和 POS 的区块 kml，在相关处理软件中重新生成模型生产范围 kml。检查外业的数据，应包含：

① 照片和 POS 文本；

② 像控点坐标文本和照片；

③ 模型生产范围 kml。

（3）RTK 数据导出　RTK 把测量坐标数据导出操作步骤：

① 查看采集坐标点；

a. 输入坐标数据；

b. 查看采集坐标点，将碎步测量里采集的坐标保存在坐标点里。

② 从自带软件里导出文件；

a. 进行数据交换；

b. 导出数据。步骤为：选择原始数据→导出→文件类型选择南方 CASS7.0→输入文件名 NFdat _ cass→确定。

注意导出文件默认储存位置是“手薄内存 \ ZHD \ OUT”，可选导出格式有：txt 格式、csv 格式、dxf 格式、dat 格式、shp 格式、kml 格式等。

③ 把文件从手薄内存里拷贝到电脑上，可用手薄充电线或 USB 线连接主机，步骤如下：

a. 手薄上打开 USB 储存；

b. 找到导出文件，此时电脑上会显示两个可移动磁盘，进入 hi-survey 数据导出默认路径；

c. 把导出文件 NFdat _ cass. dat 拷贝到电脑上，此时数据导出完毕。

## 5.2.2 坐标系与坐标转换

### 5.2.2.1 坐标系

确定地球表面或外层空间中实体（点）的空间位置是测绘的基本任务之一，也是最重要、最基础的工作。实体（点）的空间位置常用某种坐标系中的坐标表达。按坐标的种类可以分为大地坐标系、直角坐标系；按坐标的中心（原点）不同可分为地心坐标系、参心坐标系和站心坐标系。目前，国内测绘工作常用的三类大地坐标系有参心坐标系、地心坐标系和地方独立坐标系。

（1）参心坐标系　参心坐标系是我国基本测图和常规大地测量的基础。“参心”意指参考椭球的中心。由于参考椭球的中心一般和地球质心不一致，因而参心坐标系又称非地心坐标系、局部坐标系或相对坐标系。它最大的特点是与参考椭球的中心有密切的关系，天文大地网整体平差后，我国形成了三种参心坐标系统，即：1954 北京坐标系（局部平差结果），1980 西安坐标系和新 1954 北京坐标系（整体平差换算值）。

① 1954 北京坐标系　它是由苏联 1942 年普尔科沃坐标系传递而来的，其原点并不在北京，而是在苏联的普尔科沃。它采用克拉索夫斯基椭球参数：长半轴 $a=6378245$m、短半轴 $b=6356863.01877$m、扁率 $f=1:298.3$。

② 1980 西安坐标系　它也叫 1980 国家大地坐标系（GDZ80）。因为 1954 北京坐标系仅仅是由苏联 1942 年普尔科沃坐标系传递而来的，与我国的大地水准面吻合度较差，存在较多缺点和问题。1980 年 4 月在西安召开的相关会议上，确定了建立我国新的大地坐标系统。1980 国家大地坐标系的主要特点有：属参心大地坐标系；采用多点定位；定向明确；大地原点位于我国陕西省泾阳县永乐镇，推算坐标的精度比较均匀；大地点高程以 1956 年青岛验潮站求得的黄海平均海面为基准。

③ 新 1954 北京坐标系　它是将 1980 西安坐标系下的全国天文大地网整体平差成果，以克拉索夫斯基椭球体面为参考面，通过坐标转换整体换算至 1954 北京坐标系下而形成的大地坐标系统。因此，其坐标不但体现了整体平差成果的优越性，它的精度与 1980 西安坐标系坐标精度相同，克服了原 1954 北京坐标系局部平差的缺点；又由于恢复至原 1954 北京坐标系的椭球参数，从而使其坐标值与原 1954 北京坐标系局部平差坐标值相差较小。

（2）地心坐标系　地心坐标系是以地球质心为坐标原点的坐标系，又可分为地心空间大地直角坐标系和地心大地坐标系。地心空间大地直角坐标系最明显的特征是坐标系的原点位于地球的质心，而地心大地坐标系的明显特征则是该坐标系所对应的与地球最密合的椭球的中心位于地球质心，其短轴一般指向国际协议原点（CIO）。

世界地心坐标系包括：1972 年世界大地坐标系（WGS 72），1984 世界大地坐标系（WGS 84）以及国际地球参考系（ITRS）。WGS 72 坐标系由 1972 年世界大地坐标系地球重力场模型和 WGS 72 跟踪站坐标组成。WGS 84 坐标系是一个协议地球坐标系，它是地心地面坐标系，它是修正美国海军导航星系统参考系的原点和尺度变化，并旋转其零度子午面与国际时间局定义的零度子午面相一致而得到的。ITRS 是一种协议地球参考系统，是在国际地球参考框架上由国际地球自转服务局根据一定的要求，建立地面观测台站进行空间大地点的测量。根据协议地球参考系的定义，采用一组国际推荐的模型和常数系统，对观测数据进行处理，解算出各观测台站在某一历元的台站坐标及速度场。我国的地心坐标系分为 1978 地心坐标系（DXZ78 地心坐标系）和 1988 地心坐标系（DXZ88 地心坐标系），而我国 GPS 大地控制网采用的是 ITRS。

（3）地方独立坐标系　地方独立坐标系一般只是一种高斯平面坐标系，也可以说是一种不同于国家坐标系的参心坐标系。在城市测量和工程测量中，为满足实际或工程上的需要，避免地面长度的投影变形较大，基于限制变形、方便、实用和科学的原则，常常会建立适合本地区的地方独立坐标系。建立地方独立坐标系，实际上就是通过一些参数来确定地方参考椭球与投影面。这些参数包括坐标系的中央子午线、起算点坐标、坐标方位角、投影面正常高、测区平均高程异常、参考椭球体等。

**5.2.2.2　坐标转换**

由于历史和技术等多方面的原因，在我国当前的测绘生产作业中，存在着 1954 北京坐标系、1980 西安坐标系、新 1954 北京坐标系（整体平差转换值）、地方局部坐标系、WGS 84 坐标系和 ITRS 等多种坐标系并存使用的局面，经常需要进行坐标系统之间的转换。坐标换算有严密法和近似法，严密法计算过程费时，而近似法既便于计算，又能达到一定精度，便于处理大量数据，如数字化地形地籍图的整体转换。以下将简要介绍坐标系的转换。

（1）1954 北京坐标系与 WGS 84 坐标系转换方法　用 GPS 卫星定位系统采集到的数据是 WGS 84 坐标系数据，而目前测量成果普遍使用的是以 1954 北京坐标系或是地方（任意）独立坐标系为基础的坐标数据。因此必须将 WGS 84 坐标系转换到 1954 北京坐标系或地方（任意）独立坐标系。在这个过程中，主要是先求出坐标转换参数。无论使用三参数法还是七参数法，只有求出了转换参数，才能进行坐标转换。WGS 84 坐标与 1954 北京坐标系的转换，可用下列步骤实现：① 将两个坐标系的坐标都转为直角坐标；② 按所采用的转换方法（三参数或七参数）求解出转换参数；③ 根据所求参数进行坐标转换；④ 根据需要，将直角坐标再转为大地坐标。

（2）1954 北京坐标系与 1980 西安坐标系转换方法　在测绘工作中常用的 1954 北京坐标系与 1980 西安坐标系属国家平面坐标系。1954 北京坐标系采用的是克拉索夫斯基椭球参数，1980 西安坐标系采用的是 1975 年国际椭球参数，两个坐标系之间的坐标转换计算属于不同参考椭球之间的数据转换计算。在进行不同坐标系之间的坐标转换计算工作中，常用的经典模型——Bursa-Wolf 模型或 Molodensky 模型是采用空间直角坐标进行表达的。但是该换算方法不仅过程复杂，而且计算量特别大。为了实现从 1954 北京坐标系到 1980 西安坐标系的“平稳过渡”，可利用下面方法：首先利用 1954 北京坐标系与 1980 西安坐标系之间的

二维向量差值 $\Delta x$、$\Delta y$ 与平面坐标（$x$，$y$）的关系，采用回归分析方法建立新旧坐标转换数学模型。具体步骤为：首先假设1954北京坐标系下的平面坐标为（$x_{54}$，$y_{54}$），1980西安坐标系下的平面坐标为（$x_{80}$，$y_{80}$），建立二维坐标转换关系式；其次利用最小二乘法原理得到未知参数的估计量；最后利用未知参数向量的估计值，分别确定平面坐标（$x$，$y$）分量的回归方程。这样即可利用1954北京坐标系下任意点的平面坐标（$x_{54}$，$y_{54}$），得到1980西安坐标系下的二维坐标（$x_{80}$，$y_{80}$），并进行精度评定。

（3）地方独立坐标系与国家坐标系之间的转换方法　在20世纪90年代前后，国家基本比例尺地形图分别采用北京坐标系和西安坐标系。地方上为了适应各类城市建设的需要，往往建立自己的独立或相对独立的坐标系，称为地方坐标系。目前，我国许多城市的大比例尺地图通常只表示其地方坐标系，一般并不表示国家坐标，也不表示经纬度。这类地图数据的通用性一般比较差，成为多源数据融合的一个障碍。那就需要进行地方独立坐标系与国家坐标系之间的转换，方法一般包括直接变换法和间接变换法。

① 直接变换法　进行两坐标系转换的最直接办法是求算地方坐标系相对于国家坐标系的旋转角度和平移量，根据地方坐标系与国家坐标系之间的关系，推出其转换公式如下

$$X_{国家}=X_0+x_{地方}\cos\alpha+y_{地方}\sin\alpha \tag{5-3}$$

$$Y_{国家}=Y_0-x_{地方}\sin\alpha+y_{地方}\cos\alpha \tag{5-4}$$

② 间接变换法　它的出发点是把地方坐标系的建立与国家高斯-克吕格直角坐标等同起来，把地方坐标系看成是以地方中央子午线（地方原点处的经线）为直角坐标纵轴，赤道北偏一定距离（地方原点到赤道的经线弧长）并垂直于中央经线的直线为横轴的地方高斯-克吕格直角坐标。这样，坐标系变换的实质就成为投影带的变换，可以由地方直角坐标反解大地坐标，再根据大地坐标正解国家高斯直角坐标。

## 5.2.3 测量数据处理

数据的预处理是对采集的各种数据，按照不同的方式方法对数据进行编辑运算，清除数据冗余，弥补数据缺失，形成符合工程要求的数据文件格式。处理内容主要包括：数据编辑、数据压缩、数据变换、数据格式转换、空间数据内插、边沿匹配、数据提取等。数据处理对于空间数据有序化、检验数据质量、实现数据共享、提高资源利用效果都具有重要意义。本节简要地介绍GPS数据、三维激光扫描数据、无人机航拍数据的预处理。

### 5.2.3.1 GPS数据处理

在定位（坐标系统、时间系统、卫星的位置、卫星的信号）、测距（观测量、影响因素）、定位原理（静态定位原理、动态定位原理等）和方法等的基础上，GPS数据处理工作是随着外业工作的开展分阶段进行的。从基本流程上分析，可将GPS网的数据处理流程划分为数据预处理、格式转换、基线解算、无约束平差以及约束平差等五个阶段，如图5-16所示。

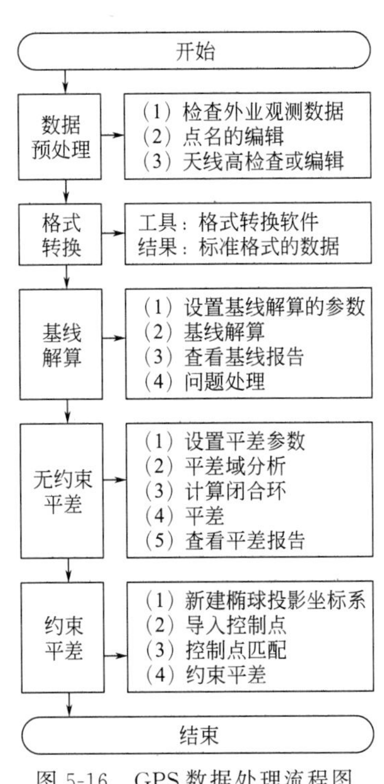

图5-16　GPS数据处理流程图

由于GPS定位技术得到的测量数据，需要经过数据处理才能成为合理且实用的结果。GPS卫星定位测量是用三维地心坐标系（WGS 84坐标系）来进行测定和定位的，所以在进行数据处理时，根据地方和工程的独特性，需要将测量数据由WGS 84坐标系转换至国家或地方独立坐标系。测量数据处理过程中，最主要的任务是进行平差计算，因为GPS测量数据是在空间三维坐标系下得到的，所以进行的平差计算应该是三维平差计算。同时，为了联合利用并处理现有数据，还需要考虑GPS测量数据的二维平差。

目前国际上著名的高精度GPS分析软件有：Bernese软件，GAMIT/GLOBK软件，EPOS. P. V3，GIPSY软件等，这些软件对高精度的GPS数据处理主要分为两个方面：一是对GPS原始数据进行处理获得同步观测网的基线解；二是对各同步网解进行整体平差和分析，获得GPS网的整体解。

在GPS网的平差分析方面，Bernese、EPOS. P. V3和GIPSY软件主要是采用法方程叠加的方法，即：首先将各同步观测网自由基准的法方程矩阵进行叠加，然后再对平差系统给予确定的基准，获得最终的平差结果。GAMIT/GLOBK软件则是采用卡尔曼滤波的模型，对GAMIT的同步网解进行整体处理。

国内著名的GPS网平差软件有：GPSADJ，Power Adjust系列平差处理软件及TGPPS静态定位后处理软件。

#### 5.2.3.2 三维激光扫描数据处理

三维激光扫描技术是目前空间信息获取的重要手段，可以对空间三维物体特征点快速扫描，精确获取目标的空间三维信息，具有探测过程自动化程度高、数据精度高等技术特点，便于结构复杂、非接触式场景的三维可视化建模。作为重要非接触式探测手段，三维激光扫描技术广泛应用于逆向工程、计算机视觉、测绘工程、图像处理和许多设计类行业中。

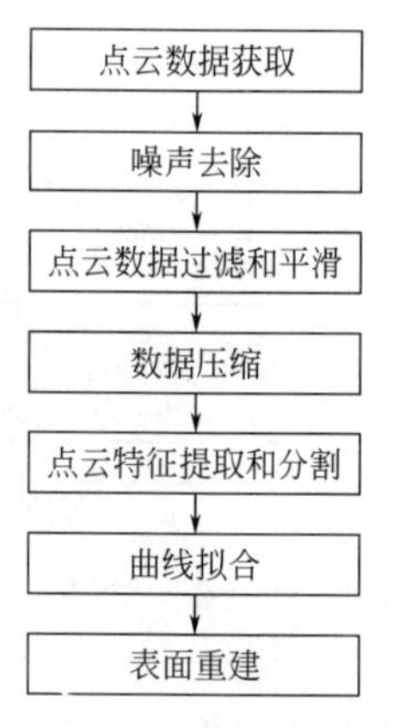

图5-17 点云数据处理流程

在三维激光扫描过程中，由于受被测对象的属性、探测环境（包括温度、湿度、粉尘浓度等因素）、测量系统自身影响（如散斑效应、电噪声、热噪声等信号干扰），使得扫描获取的点云包含大量失真点，影响空间探测效率和点云质量，因此在对点云数据进行三维建模前需要对原始数据进行必要的预处理。通用的点云数据预处理技术一般包括噪声过滤、坏点修复、多点探测点云拼合、多次探测点云精简等内容，其处理流程如图5-17所示。

（1）点云数据去噪处理　探测过程中激光设备受到人为或环境因素的影响，所获点云包含噪声点和坏点，在对点云进行三维建模前，需要对获取的点云数据进行噪声点过滤。对于噪声点的处理，传统的方法主要是采用频谱分析，也就是让信号通过一个低通或带通滤波器。但是，在实际工程应用中，信号和噪声不同频率的部分可能同时叠加，而且所分析的信号可能包含许多尖峰或突变部分，要对这种信号进行去噪处理，传统的去噪方法难以达到满意的效果，此时可以采用以下三种方法进行数据的去噪处理。

① 滤波法。该法主要有三种：高斯滤波法、平均滤波法、中值滤波法。

② 角度法和弦高差法。角度法检查点沿扫描线方向与前后两点所形成的夹角与阈值比较；弦高差法检查点到前后两点连线的距离与阈值比较，确定噪点后删除。

③曲率去噪法。该法是根据曲率变化分段，对段内曲线拟合，逐行去噪，可以减少误差点的删除错误，保证拟合曲线的真实性。

(2) 点云数据精简方法　三维激光扫描单次采集点的数量众多，如果一个采空区需要多点探测并拼接，点数量将会更大。为减少数据冗余，数据精简是三维建模前的必要环节。目前常用的点云数据精简方法有：最小距离法和平均距离法。最小距离法是设定一个最小距离作为阈值，当两点之间的距离小于阈值时删除该点。这种方法虽然能够对数据密集的区域进行处理，但是不能很好地保留空区边界的具体形态。平均距离法是计算出扫描轨迹线两点之间的平均距离，当两点之间的距离小于平均距离时，删除该点。这种方法对于点云数据较为密集的区域是不适用的，不能有效地对数据进行精简。除了以上两种方法，弦高偏移法、均匀取样法和三维网格法等也能很好地对数据进行精简处理。

① 弦高偏移法。该法根据曲面曲率的变化进行抽样精简，曲率越大抽样点越密，也可以基于弦值的方法先对数据进行精简，因为弦值高低与曲率密切相关。

② 均匀取样法。1996 年 Martin 等人提出均匀取样法，通过构建一个均匀网格，把数据点投影并分配至网格内，将网格内中间点作为特征点保留，删除其余点。

③ 三维网格法。该法以八叉树原理和非均匀三维网格细分方法为基础优化为均匀网格法，进而达到更有针对性地压缩数据的目的。

(3) 点云数据的三维拼接　由于激光沿直线传播，扫描过程中如遇遮挡或阻挡（如顶板锚索、矿柱、空区存留矿石等），部分区域将无法准确探测。因此，为尽可能准确探测采空区的实际边界，选择合理的探测位置至关重要。对于形态复杂的空区，应当设法进行多点探测，再将多次探测扫描获取的点数据进行拼接，形成完整的空区点云数据。

由于每次扫描得到的点云数据的点坐标都是相对于该扫描的坐标系，因此不同扫描次数（探测位置或视角不同）获取的点的三维坐标是处在不同的坐标系下。因此必须设法将多次扫描获取的三维点云数据置于一个公共的坐标系下，从而获取完整的空区三维点数据，此过程称为多点扫描数据的拼接，原理如图 5-18 所示。

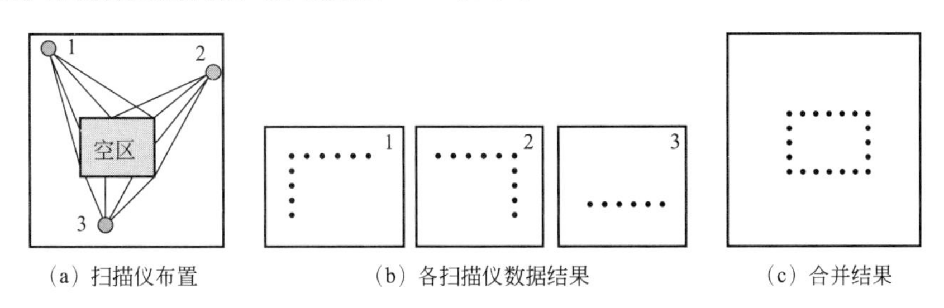


图 5-18　多点扫描数据的拼接

如果可以确定每次扫描点云坐标系在公共坐标系中的坐标，就可以将每次探测扫描点云坐标分别转化在公共坐标系中，从而完成多点扫描数据的拼接。点云数据拼接的最终目标是把多次探测扫描采集到的点云坐标转换到空区模型公共坐标系中。坐标变换过程中，对第 $i$ 次探测扫描的点云数据，它在公共坐标系下的坐标（$x$，$y$，$z$）取决于在自己坐标系下的坐标（$x_t$，$y_t$，$z_t$）与公共坐标系的相对位置，可以表示为平移参数（$X_t$，$Y_t$，$Z_t$）和旋转参数（$\omega$，$\alpha$，$\beta$），坐标变换如下式：

$$\begin{bmatrix} x \\ y \\ z \end{bmatrix} = R(\omega, \alpha, \beta) \begin{bmatrix} x_t \\ y_t \\ z_t \end{bmatrix} + \begin{bmatrix} X_t \\ Y_t \\ Z_t \end{bmatrix} \tag{5-5}$$

通过坐标变换将多次探测扫描的数据融合在公共坐标系下，以供建模处理。

三维激光探测点云拼接的方法主要有 ICP（Iterative Closest Point）法，该方法主要以迭代的方式优化初始状态，使得最终计算结果满足两个点集达到最小二乘误差的相对空间变换。ICP 法要得到全局最优解，关键在于较优初始化预测。在逆向工程的点云或 CAD 数据重定位中，一般采用 ICP 法进行拼接。基于 ICP 法的多个标志点坐标转换拼接方法精度高，但迭代过程复杂。此外除了 ICP 法，还有四元数法、SVD 法等也可以进行空间数据的点云三维拼接处理。

点云数据经过滤与拼接后，即可采用 CMS 预处理软件 CMSPosProcess 将 txt 格式的原始数据文件转换成其他软件可以利用的 dxf 或 xyz 格式文件。

#### 5.2.3.3 无人机航测数据处理

无人机航测数据内业处理自动化建模软件对比如表 5-1 所示。

表 5-1 主流自动化建模软件对比

| 软件 | Smart3D（ContextCapture） | Photoscan（Metashape） | Pix4D | M3D（国产） |
|---|---|---|---|---|
| 优点 | 建模过程可控；<br>建模效果好；<br>可输出多种格式 | 向导式过程；<br>空中三角形<br>计算容易通过 | 正射比较美观 | 10 万张影像 3h 即可通过空中三角形计算 |
| 缺点 | 比较难上手 | 建模效果不好 | 只能生产点云和正射 | 不适用于小范围<br>空中三角形计算 |

通过几款主流自动化建模软件优缺点的对比，本书考虑采用 Smart3D 软件进行自动化建模。

（1）数据处理　在 500GB 以上的剩余空间磁盘里新建工程，在子目录下创建 images、jobs、project 文件夹，同时将照片和 POS 拷贝到 images 文件夹。

（2）建模流程　典型的 CC 工作流程：

① 新建项目后导入照片、pos、点云等数据。

② 设置任务序列目录，集群设置网络路径。

③ 提交第一遍空中三角形计算（以下简称为“空三”）Aero triangulation（简称 AT），作为预判。

④ 检查空三结果，添加像控点，刺点后运行第二遍空三，若有交叉分层，再次提交或者添加连接点，运行第三遍空三，若实在难以解决用 Photoscan 运行空三。

⑤ 导入 kml 范围，采用自适应切块，选择 CGCS2000 坐标系。

⑥ 若区域有水体，采用水面约束来控制，以免后期修水面模型过于复杂。

⑦ 计算输出模型，第一遍选择 3mx，查看模型效果。

⑧ 如果模型需要修改，提交生成用于进行修饰的三维网格型的 obj 模型。

⑨ 修改完模型后，在“参考三维模型→导入修饰模型”处把修饰后的模型倒回，提交更新。

（3）新建工程　主机新建文件夹，子目录创建images、jobs、project文件夹，images文件夹存放照片、pos数据、控制点数据和照片，jobs文件夹自动存放引擎任务，project文件夹作为工程目录，自动存放工程名称下所有计算数据。

（4）空中三角网计算

① 提交空中三角测量计算，检查空三效果。

② 导入像控点，刺点后，重新提交空三，检查空三效果。若效果不佳，调整空三参数，重新提交空三，检查空三效果。

③ 没有像控点的话，若第一遍空三效果不佳，添加连接点，刺点重新运行空三。刺点后多次空三效果不佳，建议改用PhotoScan运行空三。空三的计算结果如图5-19所示。

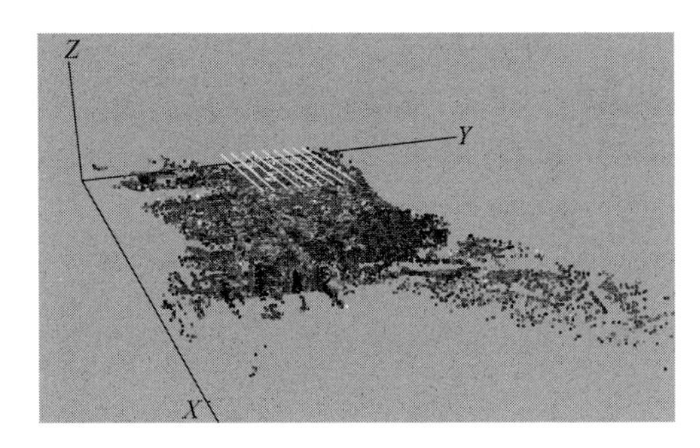

图5-19　空三计算

（5）精度验证　根据我国现行的《1∶500　1∶1000　1∶2000外业数字测图规程》（GB 14912—2005）对1∶500比例尺地形图的精度要求，无人机航空摄影测量结果应该满足其精度要求。

① 平面精度：将量测的检查点平面坐标与相对应的外业利用RTK技术实测的像控点平面数据结果进行比较，如表5-2所示。根据规范要求，对于1∶500地形图平面、丘陵地物点对最近野外控制点的图上点位中误差不得大于0.175m，通过平面精度检查，可检查出相关设备制作的倾斜模型单点误差和平面中误差是否均能满足相关规范精度要求。

**表5-2　平面数据查找统计结果**

| 像控点编号 | RTK实测/m | | 模型量测/m | | 误差/m | | |
|---|---|---|---|---|---|---|---|
| | $X$ | $Y$ | $X$ | $Y$ | d$x$ | d$y$ | d$s$ |
| | | | | | | | |
| | | | | | | | |

② 高程精度：同样将量测的检查点的高程结果与相对应的外业利用RTK技术实测的像控点高程数据结果进行比较，如表5-3所示。根据规范要求，对于1∶500地形图平面、丘陵地物点对最近野外控制点的图上点位中误差不得大于0.28m。

**表5-3　高程数据差值统计结果**

| 像控点编号 | RTK实测 $H$/m | 模型量测 $H$/m | 误差 $\Delta H$/m |
|---|---|---|---|
| | | | |
| | | | |

（6）三维建模　三维建模包含以下内容：

① 空间框架：包括导入模型生产范围kml、自适应分块。

② 处理设置：包括几何精度、孔洞填充、几何简化。

③ 生产定义：包括名称、目的、格式、空间参考系统。

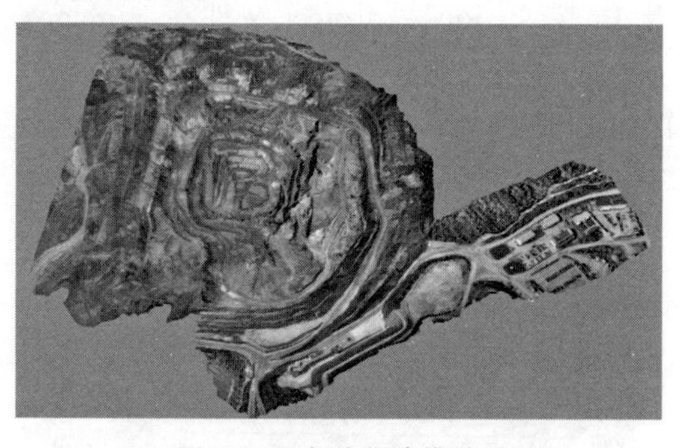

图 5-20　自动化建模效果

三维建模第一遍可生成 3mx 格式，第二遍生成用于进行修饰的三维网格的 obj 格式，如图 5-20 所示。

（7）模型修复　单个 obj 瓦片可导入 Geomagic 中进行修复，也可导入到相关软件中进行修复。修复后的瓦片可以重新导入相关软件中，提交更新。

（8）成果制作　瓦片 obj 模型导入相关软件中，提交更新后，重新生成 osgb 格式，创建 S3C 索引。

### 5.2.4　二维图件处理

（1）比例尺校正、坐标校正　矿山各类图件承载了地质勘探、生产勘探、开采过程中各类信息，是长期积累形成的，所以大部分矿山在开始应用矿业软件时往往参考或利用前期的 AutoCAD、MapGIS 等图件。

由于大部分图件为二维图，制图时基本未考虑实际坐标和对应关系，在将其导入到三维矿业软件时，一般需将图件比例调整为 1∶1000，并对图形进行坐标转换，以保证所有图件处于统一的坐标系统中，且位于正确的空间位置，并以此建立矿山三维模型。

（2）平面图及剖面图导入　平面图导入时，可以设置固定高程或不设置。不设置则表示点、线等高程为默认属性，一般情况下用于图件自带高程属性平面图的导入。

剖面图的导入不同软件方法不一，有两点法、剖面方位角法等，但是核心机理是一样的，主要通过坐标转换、旋转、移动等操作完成。

① 坐标轴变换。将图形区域内的图形的 $X$、$Y$、$Z$ 坐标做调换，包括“$XY$ 调换”“$XZ$ 调换”“$YZ$ 调换”三种坐标调换方式。在二维剖面图转为三维剖面图时，一般选用“$YZ$ 调换”，将 $X-Y$ 剖面图转为 $X-Z$ 剖面图。

② 坐标转换。选定图形上某一基点，通过调整图形的旋转角度对图形旋转和坐标移动，完成剖面图的转换，如图 5-21 所示。

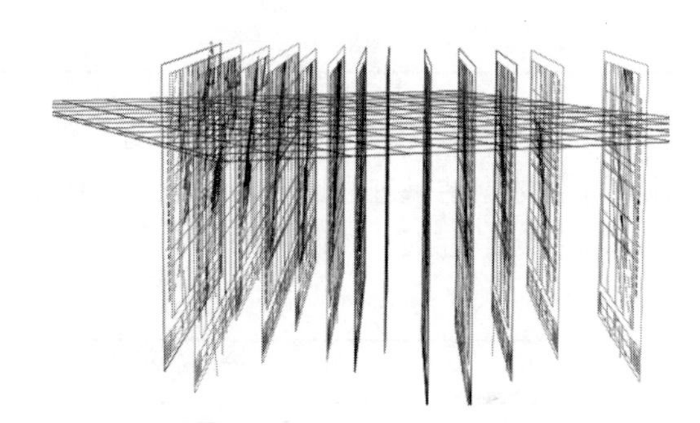

图 5-21　平剖面三维变换

（3）图层整理　图件导入到三维软件中，根据图纸使用需要，需对图中的图层进行如下整理：

① 清除无图形的空图层；

② 将同类型的图元合并放入到一个图层中；

③ 有时需将图中的点、线、文字单独分开存放到不同的图层中，方便后期对图形的使用、编辑等；

④ 有时需将图中的具体信息分类存放，比如矿体轮廓线、断层线、地层线、岩性标注等。

# 5.3 实测数据建模

随着地球信息科学与技术的发展，数字矿山已成为矿山信息化、现代化的发展方向。要实现数字矿山的战略目标，矿山三维空间数据模型的绘制至关重要。矿区内的地形地质环境以及井下各生产工艺都是处于三维空间状态的，而三维空间数据模型就是连接现实世界和计算机世界的桥梁。三维空间数据模型作为数字矿山的核心内容和基础，真实反映了矿山中三维空间实体及其相互之间的联系，为三维空间数据组织和三维空间数据库模式设计提供基本概念和方法。

## 5.3.1 实测地表建模

地表模型是三维地质建模的一项重要内容。三维地表不仅直接影响地表工程的设计、施工，而且对于选厂、排土场、井口等位置的最优布置有很大的影响，同时地表模型作为边界约束条件，还直接影响保有资源量的计算以及技术经济指标和工程量的计算。

地表 DTM 创建流程，包括源图处理与导入、图层整理、线点编辑、DTM 生成及地貌模型创建几个部分，其中前两个过程均可在 CAD、MapGIS 中实现，线点编辑与 DTM 生成两步骤需相互参考，不断反馈，直至生成合理的 DTM 模型，如图 5-22 所示。

建立三维地形模型可以分为以下三个步骤：

（1）源图预处理　源图作为一个复杂的综合图，里面的信息非常多，首先需要提取的是在建模中要用到的内容，包括地形等高线、道路线、水系界线、台阶坡顶底线、主要工业场地轮廓线、坐标网格、文字等，其他不需要的可以删除或单独存放。将这些有用的信息分别用单独图层提取出来，然后调整比例尺至 1∶1000，接着将图形坐标移动到正确位置，如图 5-23 所示。

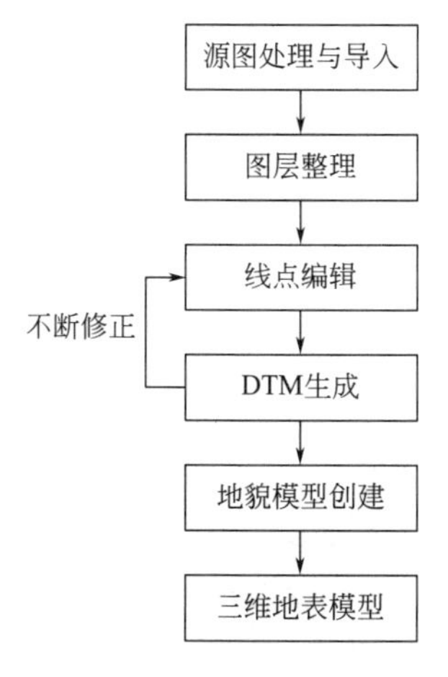


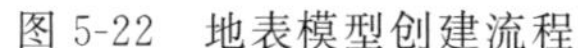
图 5-22　地表模型创建流程

图 5-23　源图预处理（见书后彩图）

（2）生成 DTM 地形　将二维图导入到三维软件中进行点线处理、赋高程并生成 DTM 地形。线处理包括将导入的线转换为多段线、提取参与生成 DTM 的三维线或点、将处于同一高程的线尽量连成一根、删除重复的点线等。最后给具有标注高程的点、线赋上相应的高程。尽可能把平面图所能展示的高程信息的点、线附上高程，最后用实体建模生成 DTM 模型，如图 5-24 所示。

(a) 等高线处理　　(b) DTM模型生成

图 5-24　等高线处理及 DTM 模型生成

(3) 地物、地貌模型创建　地表 DTM 模型创建完后，需对地表上的地物、地貌进行完善，如创建道路模型、地表工业场地模型、露天采场模型、排土场模型、塌陷区模型等。

① 矿区道路　矿区道路的建模方法有：

a. 直接对公路帮线赋上高程，参与生成 DTM 模型，模型面上会产生道路轨迹。

b. 用赋上高程的道路帮线裁剪 DTM 模型，将道路帮线缩放 80%并复制一份，然后将标高抬高 0.2m，将这两份帮线生成一个道路实体，并改变颜色，突出显示，如图 5-25 所示。

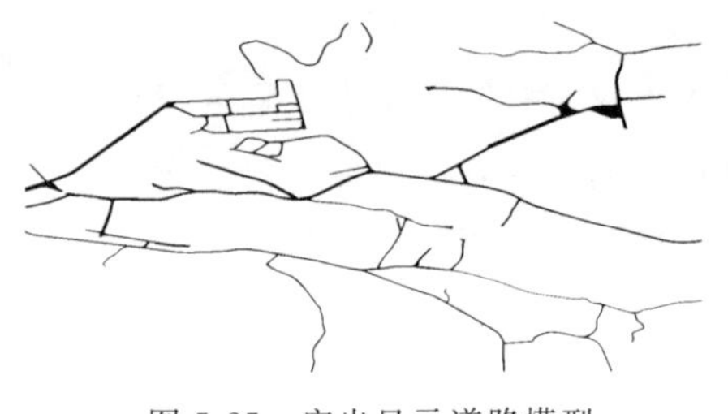

图 5-25　突出显示道路模型

c. 针对矿区内的一些单线条的小路，则直接将线附着到地表 DTM 模型上即可。

② 地表工业场地　工业场地包括采矿场和选矿厂的建筑，这些模型建立的基本思路是：地表 DTM 模型建立好后，可以批量将建筑物线框附着到 DTM 面上，批量移动复制附着的线框，然后将上下线框用面连接起来，顶部可以做一些美化处理，从而体现出建筑的三维立体效果。某工业建筑建模示意图如图 5-26 所示。

(a) 房屋轮廓线

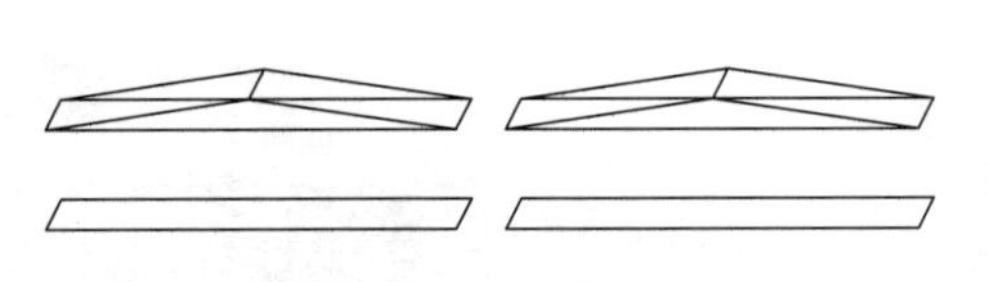

(b) 轮廓线赋高程

(c) 实体模型的生成

图 5-26　某工业建筑建模示意图

工业场地内的各种其他特殊建筑设施，可以根据其外在形态用软件的线编辑建立三维轮廓线，然后用实体建模的功能完成其三维可视化模型的构建。建成效果图见图 5-27。

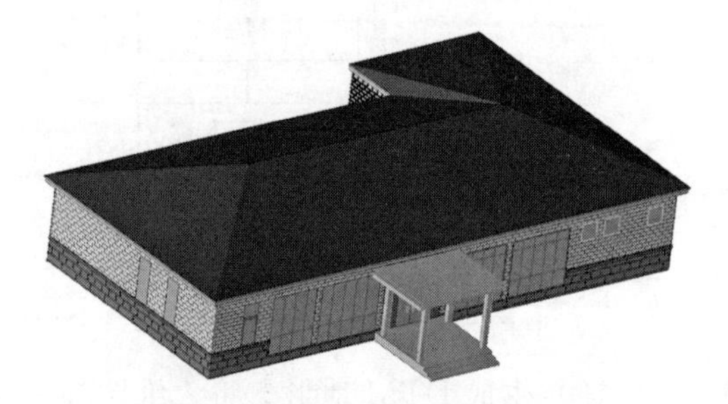

图 5-27　建成的房屋模型成果

③ 露天采场和排土场模型　矿区内露天采场、排土场（图 5-28）等关键区域，高程起伏变化较大，坡坎明显，这些区域的建模主要利用台阶线和测点高程建模，利用赋高程命令对其赋值，参考依据为附近合适的高程点。当高程点不够时，用坡度调整命令对露天台阶线和排土场台阶线赋高程，根据台阶线生成 DTM 模型，所建模型为地表 DTM 模型的一部分。

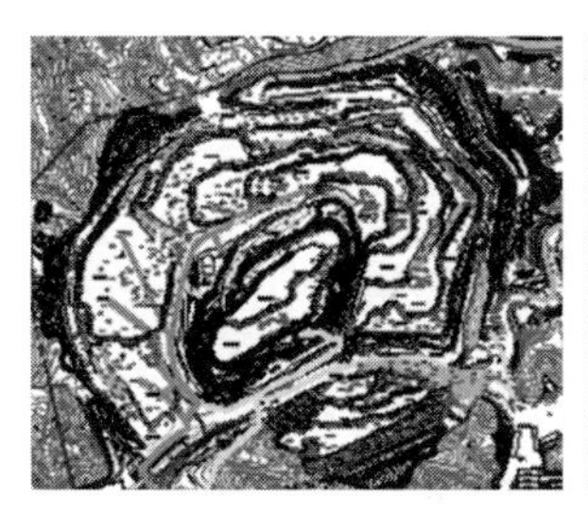
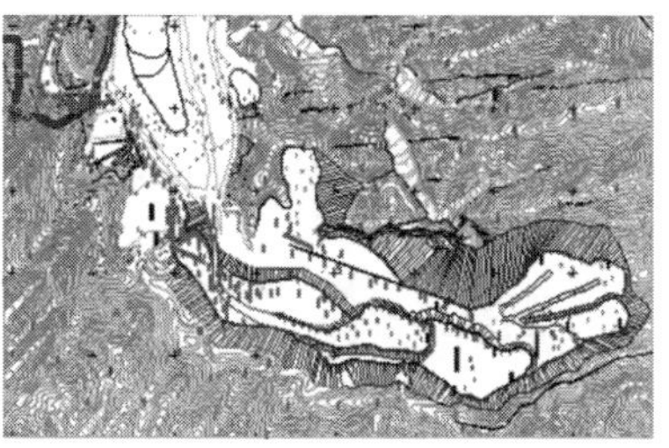

图 5-28 原始露天坑及排土场数据

根据实测点的高程对台阶坡顶、底线赋值。利用赋值完成的坡顶、底线建立露天坑现状模型和排土场模型，如图 5-29。

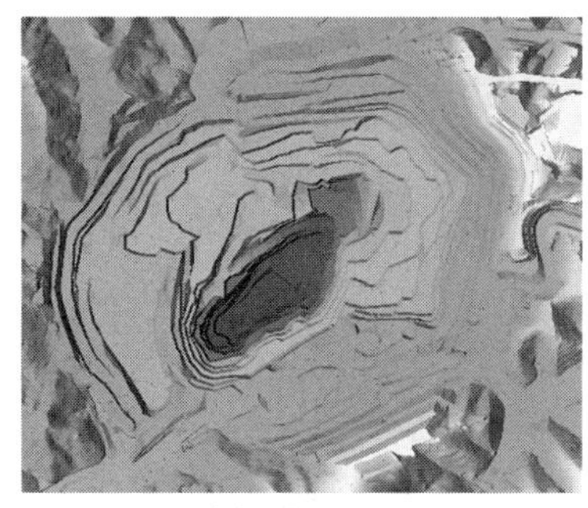

(a) 露天坑

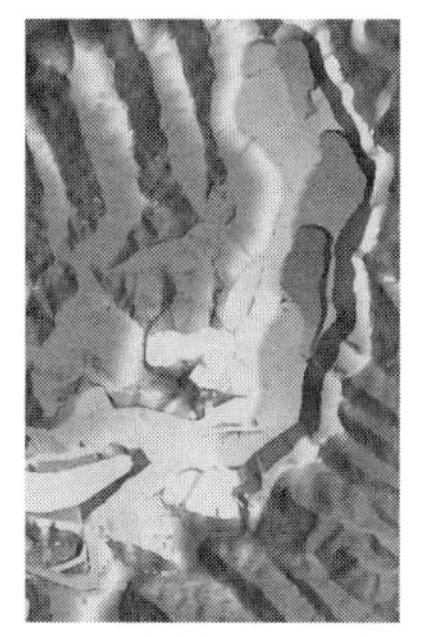

(b) 排土场

图 5-29 露天坑及排土场模型

④ 塌陷区模型 目前，有些矿山采用崩落法采矿，使得整个矿区地表存在多个塌陷区。塌陷区建模主要依照实测数据完成，如图 5-30。

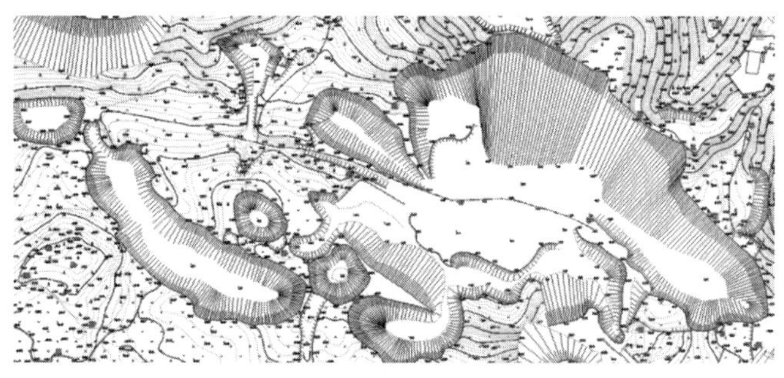

图 5-30 原始塌陷区数据

根据实测点的高程对塌陷区坡顶、底线赋值，对于没有坡底线的位置，沿着示坡线圈出坡底线。利用赋值完成的坡顶建立塌陷区模型，如图 5-31 所示。

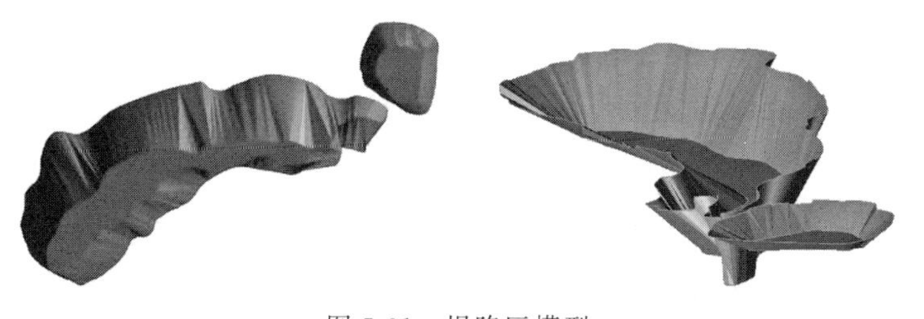

图 5-31 塌陷区模型

塌陷区模型与地表模型结合可以直观表述塌陷区范围及塌陷状态，如图 5-32。

图 5-32　塌陷区结合地表

将地表 DTM 模型与地物、地貌模型结合，整体展示如图 5-33 所示。

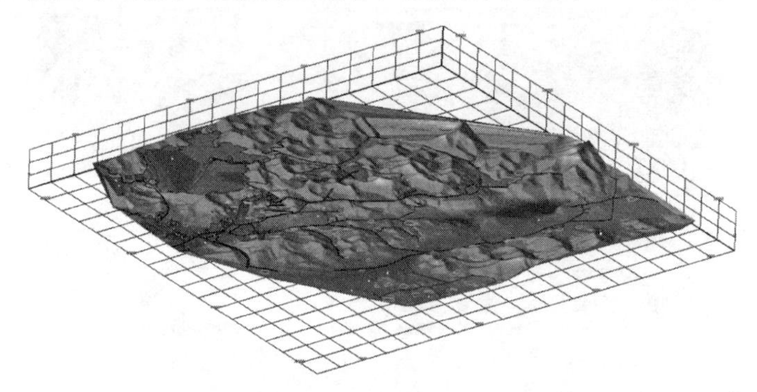

图 5-33　地表模型整体展示（见书后彩图）

## 5.3.2　地表更新

实测地表数据很多时候往往只对局部区域进行实测，外部区域仍沿用之前的测量数据。对实测的地表数据进行建模，最好的办法是将新测区域的测点或测线替换原测量数据相应区域的原始数据，然后重新建立 DTM 模型。但有时候也可以只对局部区域的实测数据进行更新建模，然后与前期 DTM 模型进行拼接，此种方法步骤如下。

（1）将实测区域的点导入软件（图 5-34）。

（2）生成实测模型　选择实测点线数据，生成 DTM 模型，对生成的模型进行删除面片等适当的处理，得到比较规整的实体，如图 5-35 所示。

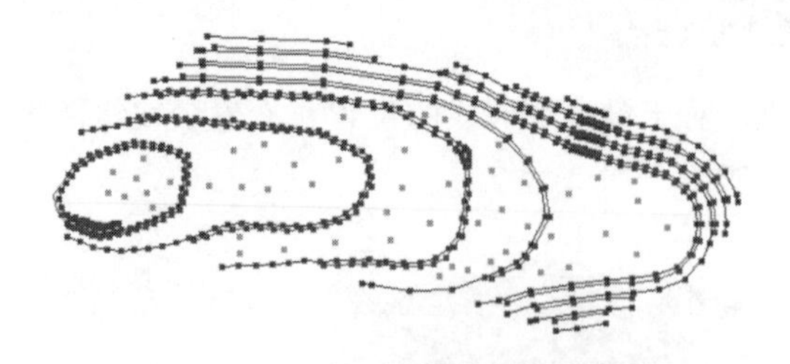

图 5-34　实测点线数据导入

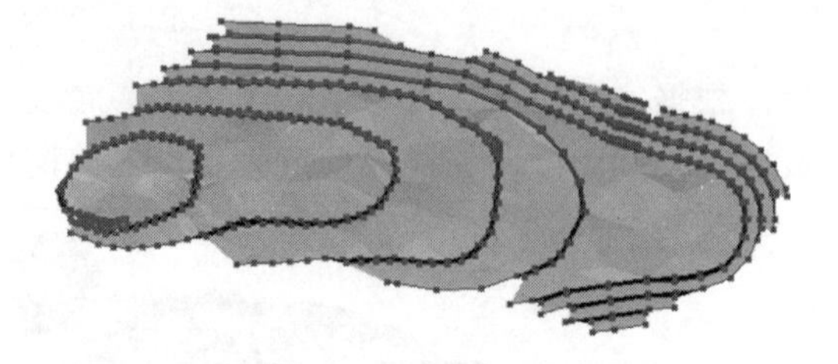

图 5-35　生成实测模型

（3）实测模型与地表模型结合

① 得到实测模型的边界线，如图 5-36 所示。

② 由于实测模型与地表不可能很好地吻合，所以将提取的开口线向上扩展一定的高度，

建立扩展 DTM 模型，如图 5-37 所示。

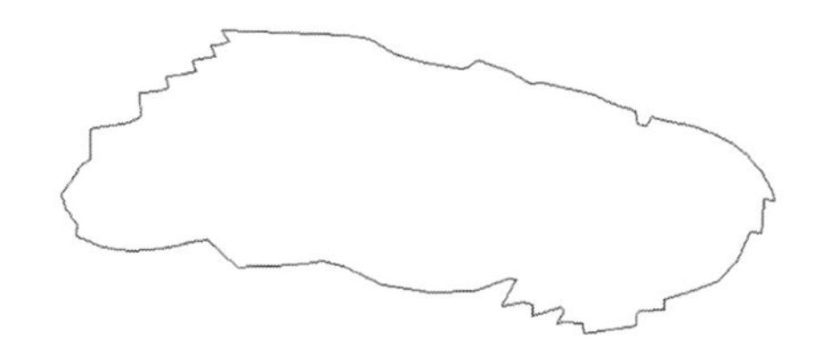

图 5-36 提取实体开口线

图 5-37 扩展 DTM 模型创建

③ 实测部分与地表模型进行布尔运算。

a. 将实测模型合并。

b. 确保实测模型和地表模型的实体方向向下，如图 5-38 所示。

c. 进行布尔运算，将实测地表 DTM 模型与原始地表表面联合，得到实测现状模型，如图 5-39 所示。

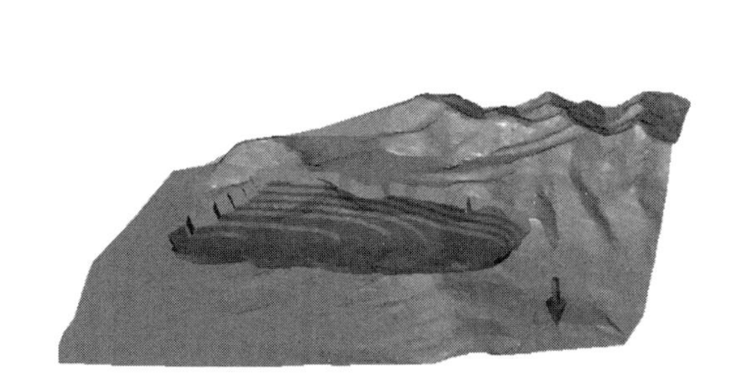

图 5-38 实体面方向展示

图 5-39 表面联合

d. 求取两个实体的交线，然后对等高线进行区域裁剪，将开采矿坑内部的原始等高线删除，完成对线的更新。

### 5.3.3 露天填挖模型与方量计算

在露天采矿场的设计和生产过程中，方量计算是一个重要环节。露天采场施工前的设计阶段必须对剥离和采矿方量进行预算，它直接关系到费用概算及方案优选。在采场剥离、采矿过程中，准确地把握采场采剥情况，对生产施工的组织者来说是有着很大帮助的。如何利用测量部门现场测出的地形数据或原有的数字地形数据快速准确地计算出方量就成了人们日益关心的问题。几种常见的计算方量的方法有：方格网法、等高线法、断面法、DTM 法、区域土方量平衡法以及平均高程法等。Dimine 软件在研究这几种传统方量计算方法后，结合软件三维可视化特点，提出了几种新的方量计算方法，可快速方便、直观、高精度地计算出露天采场设计和生产中的矿岩量，其所需基础数据为地形 DTM 模型以及圈定的采场填、挖区域的精确闭合范围线。

(1) 露天采矿场填挖模型创建　借助 Dimine 软件进行露天矿生产过程中的方量计算时，首先需要知道计算方量的时期，以便收集该时间段前、后两个时间点矿区的地形数据，进而完成填挖模型的创建。其一般流程是先进行地形测量数据的收集、整理，再创建生成地形 DTM 模型。

① 地形测量数据的收集、整理　在方量计算前，对地形测量数据的收集、整理非常重要，它决定着方量计算的精度。采场方量计算结果的精度要求比较高，不同的测图比例得到的方量计算结果都会存在一定的差异，而较大比例尺的地形测量可以减少方量计算的误差，因此一般要求用于计算方量的测量数据其比例尺不得小于1∶2000。地形测量数据的收集可以是来自测量人员的原始地形测量数据、测点及现场草图（三维激光扫描仪数据不需要草图），也可以是已绘制好的地形图。最后将前、后两个时间点的数据各自保存为AutoCAD文件的格式。

1—露天台阶；2—露天采场挖方量模型；
3—露天采场填方量模型；4—露天坑现状

图5-40　露天采矿场填挖模型（见书后彩图）

② 地形DTM模型创建　将保存的AutoCAD文件导入到Dimine系统中，并对文件中的高程点、地形高程约束线等进行高程赋值，使其具有和实际相对应的高度属性值。完成后选择Dimine系统中“实体建模”命令，再框选所有数据，便可生成地形DTM模型（图5-40），也即完成了露天填挖模型基础数据的准备。

（2）露天采矿场的方量计算　Dimine系统露天生产过程中的方量计算主要是运用“填挖方量”功能，该功能提供了四种计算填挖方量的计算方法：剖面法、网格法、三角网法、块段法。任何一种计算方法都可以快速、高精度地得出某区域内的填挖方量值及结果体模型。

① 剖面法。在某个方向上，根据设定断面间距形成一系列的剖面线，剖切DTM，从而形成系列剖面，根据系列剖面填挖方面积与影响距离计算填挖方量。

② 网格法。将填挖方区域划分成长方形网格，形成四棱柱，每个四棱柱的顶高和底高，都是由上下DTM在该网格中心点的位置的高程所确定，然后计算四棱柱的体积，最后进行汇总计算填挖方量。

③ 三角网法。将上下DTM在约束边界内部（封闭区域）的点重新构建三角网，并通过上下对应的三角网所形成的三棱柱来计算填挖方量。

④ 块段法。用在$X$、$Y$、$Z$三个方向输入的块段尺寸形成的块段填充填挖方区域，计算填挖方量。

利用Dimine软件计算得出这四种方法的结果模型如图5-41所示。

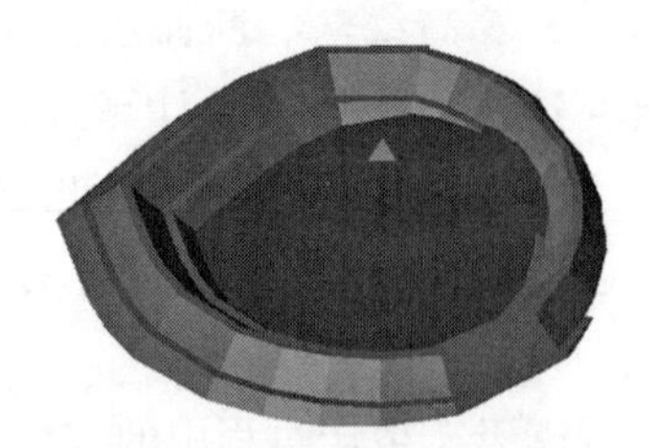

(a) 布尔运算技术方量模型图

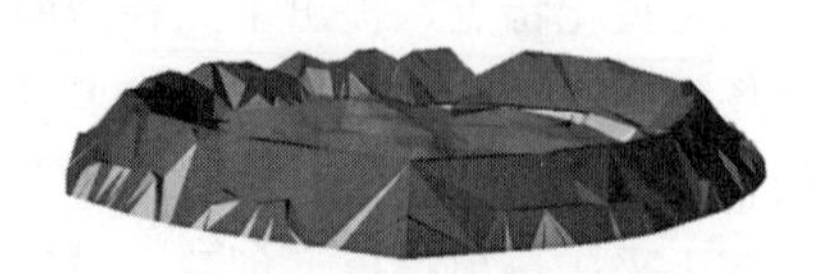

(b) 三角网法计算方量模型图

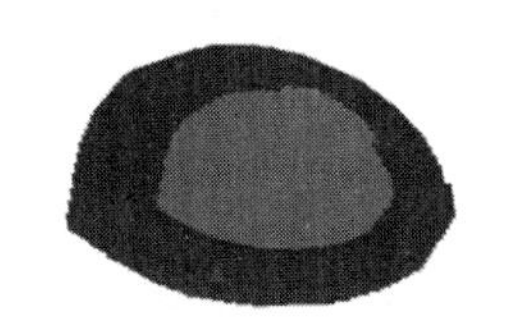

(c) 网格法计算方量模型图

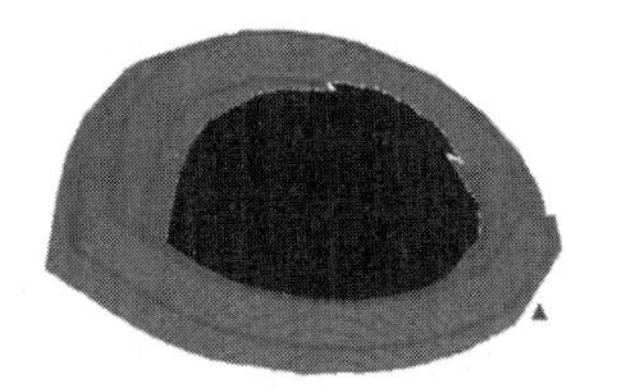

(d) 块段法计算方量模型图

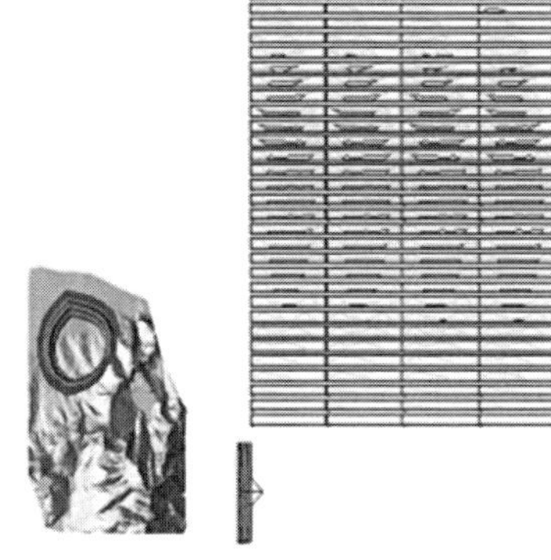

(e) 剖面法计算方量模型图

图 5-41 几种方量计算结果模型图

方量计算结果对比见表 5-4。

表 5-4 方量对比结果表

| 算法 | 挖方量/$m^3$ | 填方量/$m^3$ | 合计/$m^3$ |
|---|---|---|---|
| 布尔运算 | 1753159 | 3564557 | 5317716 |
| 三角网法 | 1712169 | 3451148 | 5163317 |
| 网格法 | 1753255 | 3564663 | 5317918 |
| 块段法 | 1754612 | 3563804 | 5318416 |
| 剖面法 | 1773017 | 3544583 | 5317600 |

由上对比可得出“填挖方量”的计算方法，在参数设置合适的情况下，计算出的结果与“布尔运算”结果基本一致（三角网法误差较大原因是 DTM 模型组成的三角面片的大小要求较严格，当对 DTM 面片加密时，即可减少误差；剖面法用在地势平坦、狭长区域计算更为准确），都在误差范围之内，符合计算过程中的精度要求。

在露天采场生产过程计算方量时，当设置的参数合理，尽量多采用几种算法计算方量来进行对比分析，最终结果的精度可大大提高。

### 5.3.4 实测井巷工程建模与掘进工程量核算

（1）概述 井巷是用于连通地上和地下的各类通道，是井下生产的动脉。由于井下巷道的复杂性和地下资源条件的不断变化，传统的二维 CAD 图只能将巷道抽象显示成双线，而无法直观地显示井下巷道的空间位置关系及其与周边巷道的相互关系。随着计算机技术的快速发展和广泛应用，数字化平台可以很好地将巷道三维实体化，如 Dimine 软件提供了中段巷道中心线设计（含弯道设计、岔道设计、坡度调整）、巷道控制点及弯道标准信息的提取和自动化成图的全套设计与出图功能，为巷道的三维设计提供了准确、快捷、方便的工具，从而可以从三维可视化的角度来直观、形象地反映出各井巷间的空间位置关系，并在此基础上指导后期生产。

井巷工程设计与实测是矿山日常生产管理中重要的一个方面。地下矿山开采实际工程中，井巷工程图纸分为两类，一类是设计的巷道施工图，另一类是实测已开掘的巷道工程图。实测巷道工程不仅可以很好地校核设计巷道的落实情况，明确其所在的实际空间位置，而且还可以进行掘进工程量的核算。本书以矿山实测井巷数据为例，运用 Dimine 系统进行井巷实测模型的创建，并进行掘进工程量核算。

（2）井巷实测模型的创建　在创建井巷实测三维模型之前，需要收集一系列基础数据，包括矿山工程设计图及数据，井下施工实测图，矿山新建工程的实测图及有关数据，矿山使用的电子数据，各巷道的设计（实测）尺寸以及矿山其他有关的图形数据等。Dimine 系统提供了多种实测模型的创建方法，有中线法、双线法、步距法及断面法等。实际矿山一般依据所采用的测量方法和三维巷道的精度要求，来确定相应的实测巷道工程模型的创建方法。

① 中线法。根据实测中线和断面号，生成巷道实体模型（图 5-42），它的优点是测量速度快，巷道美观；缺点是模型形状与实际有些出入，量算精度相对较低。

② 双线法。巷道测量时只测两边帮线平面位置及中线标高，利用中线标高对帮线进行赋高程。将帮线两端闭合后，根据巷道确定好的断面号快速生成三维实体。该方法测量方便，生成巷道较美观，但量算精度较低，如图 5-43 所示。

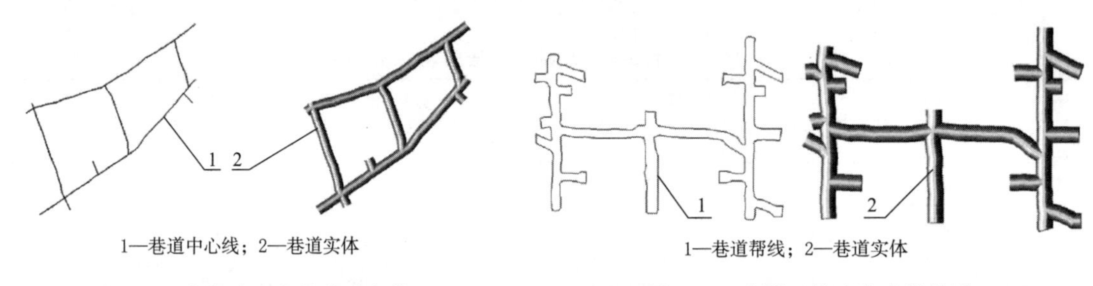


1—巷道中心线；2—巷道实体

图 5-42　中线法生成的巷道实体

1—巷道帮线；2—巷道实体

图 5-43　实测双线法生成的巷道

③ 步距法。根据步距法测量数据直接生成三维实体巷道，该方法测量和数据整理较繁杂，巷道模型美观度一般，但量算精度高，如图 5-44 所示。

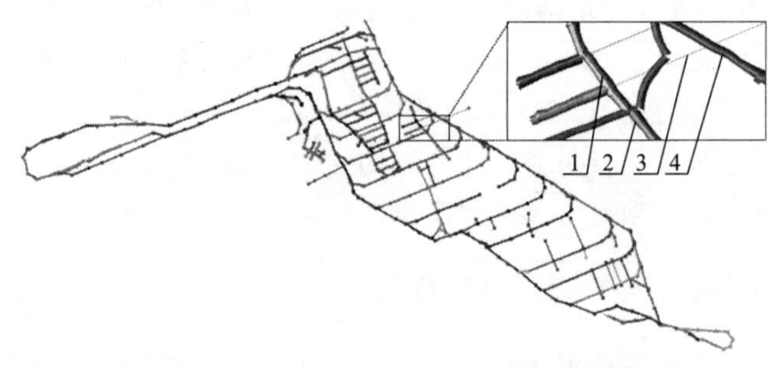


1—实测点；2—帮线；3—中心线；4—生成的巷道实体

图 5-44　步距法生成的实测巷道

④ 断面法。根据断面法测量数据直接生成三维巷道，该法数据测量的劳动强度大，巷道模型较美观，量算精度高，如图 5-45 所示。

⑤ 腰线法。利用腰线测量数据直接生成三维实体巷道，该法测量速度较快，量算精度和美观度高，如图 5-46 所示。

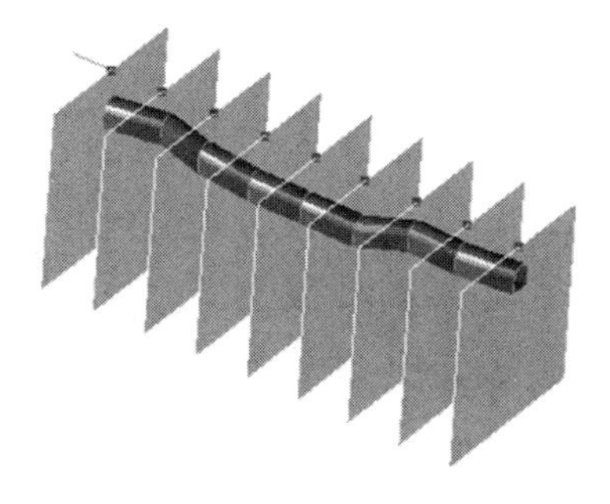

图 5-45　断面法生成巷道实体图

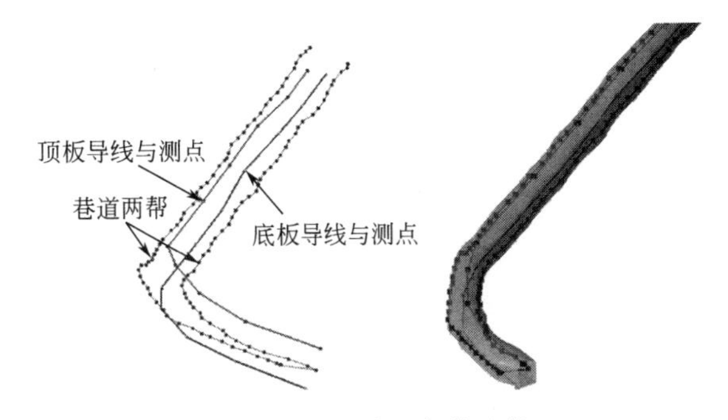


图 5-46　腰线法实体建模

在创建的三维模型中，有时会因为测量数据的原因使生成的巷道不够完整或不够美观，因此需加以调整。不同的建模方法有不同的修改方式，双线法一般为对线均匀加点，步距法一般会漏掉生成部分实体巷道，修改时连接断面线框生成巷道即可。当完成三维模型的创建和调整后，便可以进行相应的掘进工程量核算。

（3）掘进工程量核算　设计井巷能够准确地反映设计者的设计思想，而利用实测数据建立起来的井巷模型则能够真实地表现设计的落实情况，并计算掘进工程量。在 Dimine 系统中，通过选中三维实体文件，右键选择属性，在统计信息一栏里会显示三维实体的总长度、总面积、总体积以及实体个数等信息。通过与设计文件的信息对比，就可进行掘进工程量的核算，从而也就能更好地指导矿山巷道施工和工程计划编制，辅助矿山的生产。

### 5.3.5　实测矿堆建模与堆存矿量计算

（1）实测矿堆建模　矿堆作为矿石临时堆存地点，其矿石存量一直是矿企关注的焦点。为了快速精准地测量矿堆存量，常用多种方法进行测量，如 GPS-RTK 测量、倾斜摄影测量、全站仪测量、激光扫描测量等，这些方法都能快速测出矿堆轮廓，在建立数字模型的基础上进行方量计算，达到间接计算矿堆存量的目的。不管是哪种测量方法，它都是将矿堆轮廓点测出来，生成点云数据，如图 5-47 所示。再将矿堆点云生成 DTM 表面模型，如图 5-48 所示。

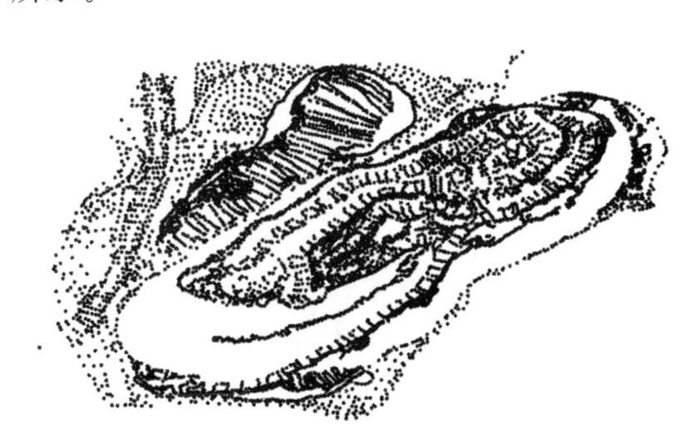

图 5-47　矿堆及周边点云

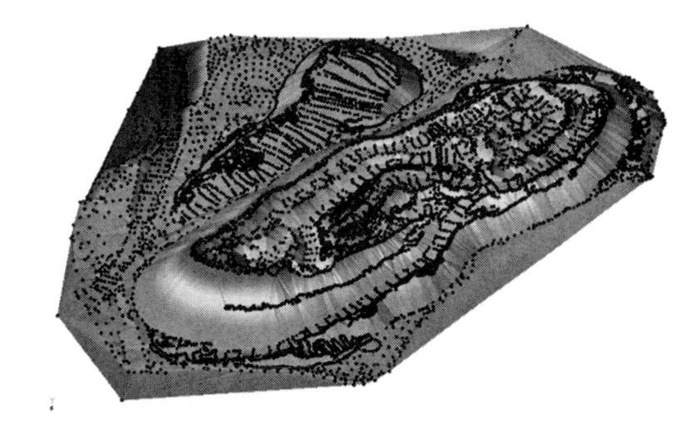

图 5-48　矿堆 DTM 表面模型

（2）矿堆存量计算　计算矿堆的存量，与排土场类似，即将矿堆的容量计算出来，间接计算矿堆容纳的矿石体积。要计算矿堆的体积，需将矿堆堆存之前的原始地表与堆存后的现状 DTM 做对比，然后计算出新增的体积方量，如图 5-49 所示。

然后可用相关的填挖方量计算方法，计算出两期 DTM 中的填挖方量。图 5-50 为用块段法计算的填挖方结果，结果显示此矿堆堆存方量为 80 万立方米，表示现在矿堆上的矿石存量为 80 万立方米。

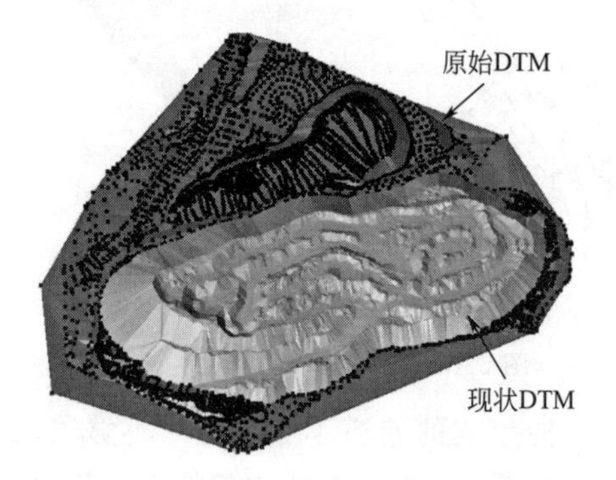


图 5-49 矿堆原始 DTM 与现状 DTM

图 5-50 块段法计算出的填挖方结果

### 5.3.6 实测采场、空区建模与技术经济指标核算

金属矿山地下开采形成的隐患空区，因其具有形态复杂、分布无规律、安全性差等特点，使其不仅对矿山的安全生产造成威胁，而且还会使矿产资源难以得到充分回收。隐患空区已成为我国矿山安全、高效开采过程中迫切需要解决的难题之一。同时，如何准确获取隐患空区三维信息，对开展空区调查、安全性评价及灾害预测与控制等工作具有重要的现实意义。一个真实的三维空区模型有助于准确、有效地获取采场回采后的存留矿石量、采下废石量、采下矿石量、贫化率和损失率等指标，对改进回采工艺和评价开采质量具有重要作用。

#### 5.3.6.1 采空区模型创建

（1）扫描仪点云创建　在传统矿山生产开采过程中，由于安全原因，测量人员难以进入采场空区进行实际测量，对各回采指标的获取往往只能根据采矿设计，并结合经验进行简单估算，其结果往往与实际情况相差较大。如今，通过运用空区激光精密探测系统（Cavity Monitoring System，CMS）对采场空区进行三维探测，以空区实测点数据为基础，运用三维矿业软件建立采空区的三维可视化模型，可以准确获取采场空区的三维形态和实际边界，如图 5-51 所示。

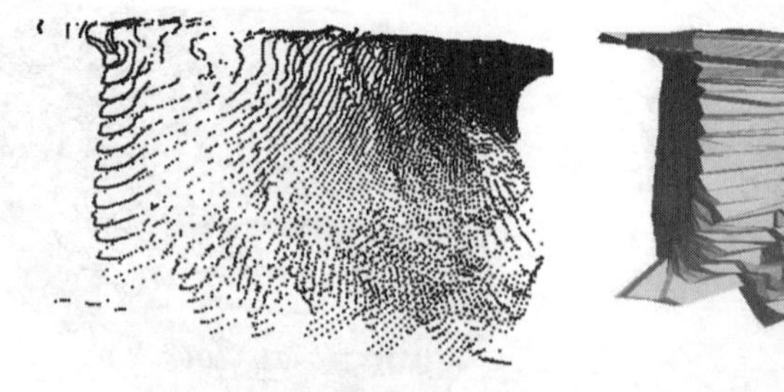

图 5-51 采空区点云及实体模型

CMS 探测空区所获得的原始数据经 CMS 预处理软件处理后，转变为 dxf 格式的数据文件，该文件可被第三方软件如 Dimine、Surpac 和 Gocad 等识别，用以生成空区三维实体模型。利用 Dimine 系统创建隐患空区模型具体步骤如下：

① 利用 Dimine 数据导入接口将 dxf 格式文件转换成实体模型 dmf 格式文件；

② 验证 dmf 格式文件有效性；

③ 如果实体模型验证有错误进行④，否则进行⑤；

④ 重新进行原始探测数据转换及处理，并返回①；

⑤ 利用 Dimine 的实体模型编辑工具对空区模型进行必要编辑（通常采用实体模型布尔运算的方法对空区旁的巷道部分进行切割处理）；

⑥ 再次验证修改后的模型，如错误返回⑤，反之完成采空区三维模型 Dimine 构建。

（2）分层开采轮廓线创建　采场也可通过采集各开采分层采场轮廓线来创建，图 5-52 为由采场轮廓线创建空区模型。

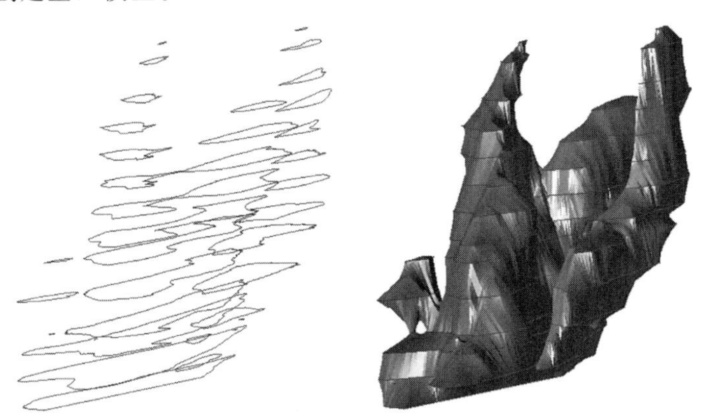

图 5-52　由采场轮廓线创建空区模型

#### 5.3.6.2 采空区技术经济指标核算

（1）采下矿石量计算　回采过程中的采下矿石量为回采总量减去采下废石量，也可以采用计算废石的方法求出采下的矿石量。

（2）贫化损失计算　采场贫化主要是由于地质条件和采矿技术等方面的原因，使采下的矿石中混有废石从而引起矿石品位降低的现象。回采贫化率是指回采过程中采下的废石量或充填体量与回采总量的百分比，其计算公式为：

$$P=\frac{R}{Q}\times 100\% \tag{5-6}$$

式中，$P$ 为贫化率，%；$R$ 为废石量，t；$Q$ 为矿石量，t。

矿石损失则是指由于多方面原因造成的矿石丢弃或不能完全采出的现象。回采损失率计算有两种方式，一种是损失量与采场回采设计工业储量的百分比，通常叫作回采视在损失率；另一种是损失量与回采过程中采下总矿石量的百分比，通常叫作回采实际损失率。

回采视在损失率的计算公式为：

$$G_1=\frac{H}{J}\times 100\% \tag{5-7}$$

式中，$G_1$ 为回采视在损失率，%；$H$ 为损失量，即采场内存留矿量，t；$J$ 为回采设计工业储量，t，$J=$(回采设计单元体积-采准工作体积)×3.7。

回采实际损失率的计算公式为：

$$P_2=\frac{R_2}{Q_2}\times 100\% \tag{5-8}$$

式中，$P_2$ 为回采实际损失率,%；$R_2$ 为回采废石量，t；$Q_2$ 为回采矿石量，t。

### 5.3.6.3 采空区技术经济指标核算案例

以某铅锌矿 N3-4 采场为实际研究对象，研究确定了一种新颖的大规模采场回采指标可视化计算方法，其基本技术思路是：运用空区激光精密探测系统（Cavity Monitoring System，CMS）对采场空区进行三维探测，以空区实测数据为基础，运用三维矿业软件 Dimine 建立采空区的三维可视化模型，准确获取采场空区的三维形态和实际边界；运用采场设计资料，建立采场回采设计模型及矿岩边界模型；运用形成的矿岩边界模型对所建立的模型进行剖切或通过模型间的布尔运算，计算获取采场回采的总体积、采下废石量、采下充填体量、采下纯矿石量、回采总量、回采贫化率和损失率，从而有效地实现大规模采场回采指标的可视化计算，为矿山进一步改进采场大爆破回采工艺，提高开采质量提供可靠的依据。

（1）采场概况　某铅锌矿 N3-4 采场为间柱采场，采场南北两帮分别为 N3＃和 N4＃采场的充填体，采场西头为 F102 断层，从断层往东至 $y=718$ 控制线以内为采场长度范围。回采高度从－280m 二分段到－240m 中段平面，采场宽为 8m。底部到－280m 分段平面为充填体，顶部－240m 中段平面到－240m 一分段为充填体。采场内矿体形态单一，矿石的主要组成为块状致密状黄铁铅锌矿，松散黄铁铅锌矿在断层的破碎带中存在。块状黄铁铅锌矿平均体重 4.11t/m³，围岩平均体重 2.74t/m³。矿岩松散系数为 1.4～1.6。矿凿岩性等级为Ⅴ～Ⅵ级，爆破性等级为Ⅳ～Ⅶ级。矿石为高硫矿石，易发热和结块，温度可高达 40～45℃。矿石品位（质量分数，下同）：Pb 为 6.04%，Zn 为 10.70%，S 为 29.39%。

采用空区三维模型构建方法，建立了为该铅锌矿 N3-4 采场空区三维模型，如图 5-53 所示。

（2）存留矿石量计算　一般地，采用大爆破回采的采场，由于矿石性质、块度、底部结构参数以及出矿进路坍塌等因素的影响，回采完毕后，采场内部往往还有部分矿石无法完全回收。无法回收的采场存留矿石是造成采场回采损失的主要原因。然而，该矿 N3-4 采场采用进路式出矿硐室，可视的遥控铲运机出矿，出矿硐室底板是平整而坚实的胶结面。因此，采下的矿石完全可以回收，只是在采场空区探测时，采场底部有部分暂时没有出完的存留矿石。为计算这部分矿石量，以采场空区探测模型为基础，提取探测采空区模型的底部边界线和采场底部设计边界线，运用 Dimine 建立存留矿量三维模型，将其与采空区三维模型复合，如图 5-54 所示。运用存留矿量三维模型计算其体积，进而计算出存留矿石量，其结果见表 5-5。

图 5-53　N3-4 采场空区三维模型

1—实测空区；2—残留矿石；3—东端天井

图 5-54　N3-4 采场存留矿量与探测空区三维复合模型

**表 5-5　N3-4 采场存留矿量计算结果**

| 存留矿石体积/m³ | 松散系数 | 矿石密度/（t/m³） | 存留矿量/t |
|---|---|---|---|
| 1028 | 1.48 | 4.11 | 2855 |

（3）回采总体积计算　为计算回采总体积，先根据实测数据构建采场底部出矿硐室三维模型，其结果如图5-55所示。根据矿山要求，为准确计算回采总体积，需要扣除原存在于采场东端用于采切的断面，即相当于半径为1.05m的天井部分体积。为此，需根据天井的实际位置建立天井三维模型，并将采场空区探测模型与天井模型进行布尔运算，获得扣除天井后的采场空区三维立体模型。由于采场空区探测时采场内尚有部分暂时未出完的存留矿量，所以计算时需加上这部分体积。另外，探测空区的范围包括了采场顶部凿岩硐室，计算回采总体积时，这部分体积也要减去，因此最后计算获得的N3-4采场回采总体积见表5-6。

图5-55　N3-4采场底部出矿硐室三维模型

**表5-6　N3-4采场回采总体积计算结果**

| 探测空区体积/$m^3$ | 顶部凿岩硐室体积/$m^3$ | 存留矿石体积/$m^3$ | 底部出矿硐室体积/$m^3$ | 回采总体积/$m^3$ |
|---|---|---|---|---|
| 11787 | 2391 | 1028 | 1721 | 8703 |

（4）采下废石量计算　图5-56为N3-4采场空区、底部洞室及东西两端矿岩分界面模型复合图。可以看出，在采场的东西两端均存在采下废石现象。计算采下废石量的具体步骤如下：① 提取采场爆破设计剖面中的采场矿体东西两端边界线，其中西端以断层F102为分界面；② 将边界线导入Dimine，进行坐标三维转换，使其与矿山实际坐标相符；③ 分别按东西两端生成矿岩边界面DTM；④ 分别将东西边界面与探测空区模型复合，并进行布尔运算，形成独立的采场东西两端采下废石三维模型；⑤ 根据生成的采下废石三维模型计算采下废石量，其结果见表5-7。

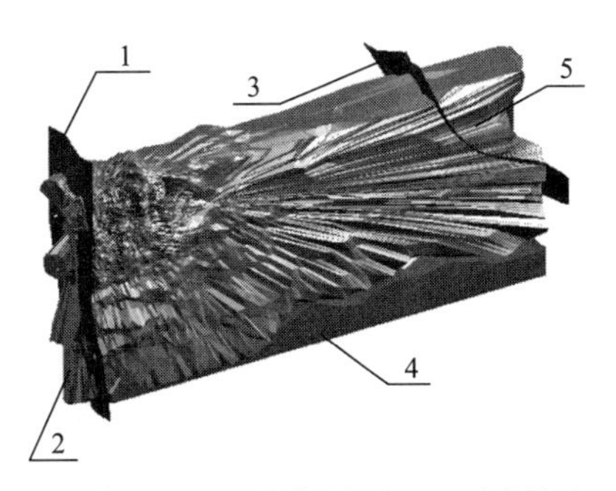


1—102断层；2—西端采下废石；3—矿岩界面；4—底部硐室；5—东端采下废石

图5-56　N3-4采场空区、底部洞室及东西两端矿岩分界面模型复合

**表5-7　N3-4采场采下废石量计算结果**

| 东端废石体积/$m^3$ | 西端废石体积/$m^3$ | 合计废石体积/$m^3$ | 废石体重/($t/m^3$) | 总废石量/t |
|---|---|---|---|---|
| 388 | 160 | 548 | 2.74 | 1502 |

（5）采下充填体量计算　N3-4为间柱采场，其两边矿房均已采完并进行了充填，因此，在回采过程中，难免将两帮的充填体崩落。为获取实际回采过程中两帮崩落充填体量，应用实测的N3-4间柱采场空区三维模型，结合矿山提供的采场两旁矿房回采时实测的各个分层边界图，建立N3-4采场两帮边界面的三维模型，再将两帮回采边界面模型与采场空区三维模型复合进行布尔运算，对模型进行剖切，获得采场两帮采下充填体三维模型，运用该模型可分别计算出采场两帮采下充填体量。图5-57为N3-4采场南、北两帮采下充填体三维模

型。N3-4 采场两帮采下充填体量的计算结果见表 5-8。

图 5-57　N3-4 采场南北两帮采下充填体三维模型

**表 5-8　N3-4 采场两帮采下充填体量计算结果**

| 采场南帮体积/$m^3$ | 采场北帮体积/$m^3$ | 总体积/$m^3$ | 充填体体重/($t/m^3$) | 充填体量/t |
|---|---|---|---|---|
| 165 | 217 | 382 | 2 | 764 |

（6）采下纯矿石量计算　回采过程中的采下纯矿石量为回采总量减去采下废石量和采下充填体量，结合上面计算结果获得 N3-4 采场回采过程中采下的纯矿石量见表 5-9。

**表 5-9　N3-4 采场采下纯矿石量计算结果**

| 回采总体积/$m^3$ | 采下废石体积/$m^3$ | 采下充填体体积/$m^3$ | 采下纯矿石体积/$m^3$ | 矿石体重/($t/m^3$) | 采下纯矿石量/t |
|---|---|---|---|---|---|
| 8703 | 548 | 382 | 7773 | 4.11 | 31947 |

（7）贫化损失计算　采场贫化主要是地质条件和采矿技术等原因，使采下的矿石中混有废石，从而引起矿石品位降低。回采贫化率是指回采过程中采下的废石量与采下矿石量［即回采总量（包括混入的废石量）］的百分比。矿石损失则是指由于多方面原因造成的矿石丢弃或不能完全采出的量，通常包括采下损失和未采下损失。对于 N3-4 采场，回采总量为回采过程中采下的纯矿石量、采下废石量与充填体量的总和。尽管 N3-4 采场空区探测时，采场内仍有部分存留矿石，但这部分矿石将来可以完全回收，因此，认为该采场没有采下损失。此外，根据探测获得的采场空区三维模型分析和现场观察，N3-4 采场也不存在未采下损失现象。N3-4 采场回采贫化率应为回采过程中采下废石量与采下充填体量之和再除以回采总量。N3-4 采场回采总量及贫化率的计算结果见表 5-10。

**表 5-10　N3-4 采场回采贫化率计算结果**

| 采下废石量/t | 采下充填体量/t | 采下纯矿石量/t | 回采总量/t | 回采贫化率/% |
|---|---|---|---|---|
| 1502 | 764 | 31947 | 34213 | 6.62 |

采用 CMS 探测三维采场空区，以空区实测数据为基础构建采空区三维可视化模型，获取采场空区的三维形态和实际边界，并运用采场设计资料，建立采场回采设计模型及矿岩边界模型，通过模型间的布尔运算，计算出各回采指标。采用该方法计算获得的采场回采指标可靠，可用于矿山实际生产管理和回采质量评估。也为矿山准确掌握开采质量、改进回采工艺和提高资源回收率开辟了一条新途径。

## 5.4　前沿新技术——无人机井下激光测量

机载三维激光扫描技术作为一种新型空间测量技术逐渐发展起来，该技术基于激光测距技术，搭载空中载体平台，可以快速、有效地获取地表或井下的坐标数据和影像数据，是目前最为先进的对地观测系统。无人机与三维激光扫描仪在测量方面具有很大的优势，将两者相结合更加能适应不同测量环境的要求。无人机载三维激光扫描系统可以更加灵活地起降，在一些环境复杂的地区仍然具有较好的表现，不受特殊地域限制，使得测量过程更加方便和快捷。

无人机三维激光扫描设备由无人机搭载三维激光扫描仪组成，采用非接触式激光测量，无需反射棱镜，扫描目标无需进行任何表面处理即可直接采集物体表面的三维数据，所采集的数据完全真实可靠，并可用于解决人员难以企及的危险环境下的测量工作，具有传统测量方式难以完成的技术优势，见图 5-58。同时，它是基于 SLAM 算法的移动式三维激光扫描系统，可以不依靠 GPS 技术动态测量和记录各种环境下的空间三维信息，因此，在矿山井下无 GPS 环境下仍可以精确地收集地下空间数据，相对于传统的三维激光采集设备，其可以快速、高精度地对扫描目标进行高密度的三维数据采集，获取海量点云数据，比传统三维激光扫描测量效率有数十倍的提升。扫描成果见图 5-59。

图 5-58　无人机载三维激光扫描设备在井下测量场景

(a) 大型采场的超视距扫描

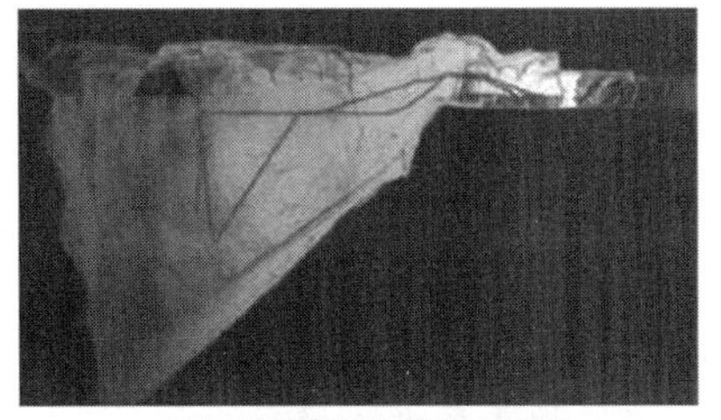

(b) 采场嗣后充填状态测量

(c) 自主飞行检测堵塞放矿口

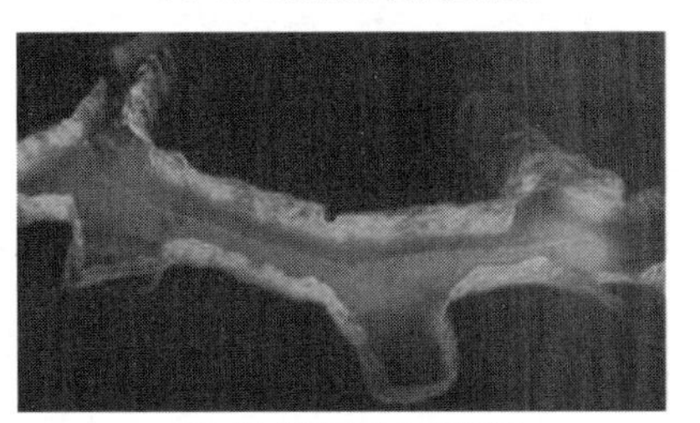

(d) 沿巷道自主飞行检测

图 5-59　井下测量成果

## 能力训练题

### 一、单选题

1. 全站仪作为一种光电测距与电子测角和微处理器综合的外业测量仪器，其主要的精度指标为（　　）和测角标准差。

A. 测斜标准差　　B. 测量标准差　　C. 测距标准差　　D. 水平标准差

2. 根据测距原理，GPS 定位方式分为（　　）、载波相位测量定位、GPS 差分定位。

A. 伪距定位　　B. 直线定位　　C. 距离定位　　D. 网格定位

3. 无人机倾斜摄影航拍技术测绘矿区地表流程为：① 现场勘察调研；② 确定航飞高度；③（　　）；④ 预布像控点；⑤ 无人机作业。

A. PPK 基准站架设　　B. 基准点选择

C. 航线规划　　D. 网格定位

4. 国内测绘工作常用的三类大地坐标系，包括参心坐标系统、地心坐标系统和（　　）。

A. 形心坐标系　　B. 北斗坐标系

C. 直角坐标系　　D. 地方独立坐标系统

5. 常规的干涉数据处理主要包括四个环节：复数像对的配准、干涉图像的生成、（　　）、建立数字高程模型等。

A. 干涉图像处理　　B. 干涉图像分析　　C. 相位合成　　D. 相位解缠

6. 从基本流程上分析，可将 GPS 网的数据处理流程划分为数据预处理、（　　）、基线解算、无约束平差以及约束平差等五个阶段。

A. 数据清洗　　B. 格式转换　　C. 数据筛选　　D. 数据合成

7. 点云数据去噪的常用方法有滤波法、（　　）和曲率去噪法。

A. 弦高偏离法　　B. 角度法和弦高差法

C. 均匀网格法　　D. 数据合成

8. 二维图件处理时，将图形区域内的图形的 $X$、$Y$、$Z$ 坐标做调换，包括“$XY$ 调换”“$XZ$ 调换”“$YZ$ 调换”三种坐标调换方式。在二维剖面图转为三维剖面图时一般选用（　　），将 $X-Y$ 剖面图转为 $X-Z$ 剖面图。

A. $XY$ 调换　　B. $XZ$ 调换　　C. $YZ$ 调换　　D. 以上皆可

9. Dimine 软件可以从三维可视化的角度来直观、形象地反映出各井巷间的（　　）关系，并在此基础上指导后期生产。

A. 空间位置　　B. 空间平行　　C. 空间距离　　D. 垂直距离

10. 采场可通过采集各开采分层（　　）创建空区模型。

A. 断面线　　B. 矿体轮廓线　　C. 采场轮廓线　　D. 空区边界线

11. 采用测量方法测出来的矿堆轮廓点生成的是（　　）。

A. 点数据　　B. 线数据　　C. 点云数据　　D. 点线数据

12. 运用空区模型与采场地质模型计算混入废石量的约束方法是（　　）。

A. 空区内部和矿体内部　　B. 空区内部和矿体外部

C. 空区外部和矿体内部　　D. 空区外部和矿体外部

## 二、多选题

1. GPS卫星定位误差中，与传播途径有关的误差包括（　　）。

A. 电离层延迟　　B. 对流层延迟　　C. 卫星钟差　　D. 多路径效应

2. 摄影测量一经问世，便被广泛地运用于各个领域，如今已被大量地运用于测绘地图、（　　）、建筑物监测、（　　）、环境保护以及自然灾害防治等方面。

A. 工程质量管理　　B. 气象监测　　C. 微震监测　　D. 水文监测

3. 常用的矿山测量设备与方法有（　　）以及三维激光扫描仪等，不同装备有其不同的适用条件，合理地选择空间信息获取的装备有利于提高工作的效率和降低测量的成本。

A. 全站仪　　B. GPS测量　　C. 雷达遥感测量　　D. 陀螺仪

4. RTK数据导出时，从自带软件里导出文件的格式可以选择（　　）。

A. shp格式　　B. KML格式　　C. CAD格式　　D. 南方CASS格式

5. 国内测绘工作常用的三类大地坐标系，包括（　　）和地方独立坐标系统。

A. 平面直角坐标系　　B. 参心坐标系

C. 地心坐标系　　D. 空间直角坐标系

6. 测量数据处理内容主要包括：数据编辑、（　　）、边沿匹配、数据提取等。

A. 数据压缩　　B. 数据变换　　C. 数据格式转换　　D. 空间数据内插

7. 在对点云数据进行三维建模前需要对原始数据进行必要的预处理。通用的点云数据预处理技术一般包括（　　）、多次探测点云精简等内容。

A. 点云格式转换　　B. 噪声过滤　　C. 坏点修复　　D. 多点探测点云拼合

8. Dimine系统露天生产过程中的方量计算主要是运用“填挖方量”功能，该功能提供的计算填挖方量的方法有（　　）。

A. 剖面法　　B. 网格法　　C. 三角网法　　D. 块段法

9. Dimine系统提供了多种实测模型的创建方法，有（　　）及断面法等。

A. 支线法　　B. 腰线法　　C. 双线法　　D. 步距法

10. 一般常用测量矿堆轮廓的方法有（　　）。

A. GPS-RTK测量　　B. 倾斜摄影测量

C. 全站仪测量　　D. 激光扫描测量

## 三、判断题

1. 使用双线法生成的巷道模型测量方便、外形美观、量算精度高。（　　）

2. 真实的三维空区模型能够准确、有效地获取采场回采后的存留矿石量、采下废石量、贫化率和损失率等指标。（　　）

3. 运用空区激光精密探测系统对空区进行三维探测，以实测点数据为基础进行三维可视化模型，能够准确获取采场空区的三维形态和实际边界。（　　）

4. 激光精密探测系统探测到的原始数据经处理后转变为dmf格式，才可被第三方三维矿业软件识别。（　　）

5. 金属矿山地下开采形成的隐患空区，因形态复杂、分布无规律、安全性差等特点，容易对矿山的安全生产造成威胁，使矿山资源难以充分回收。（　　）

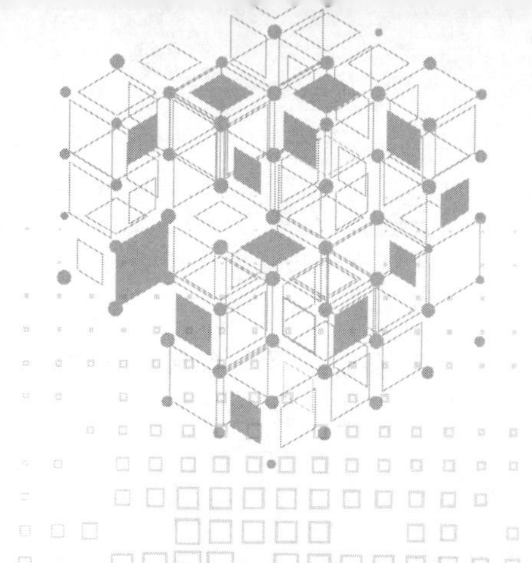

# 6 开采系统建模

地下采矿设计中可将所有的开拓工程按照它们的特征分 3 类进行实体建模：井筒、斜井和平巷，其中竖井、风井和溜井均属于井筒类。

## 6.1 井巷工程建模

### 6.1.1 建立井筒三维模型

与其他两类开拓工程实体的建模相比，井筒建模相对简单，只要确定井口和井底的三维坐标以及断面形状规格，就可以快速建立实体模型，生成井筒模型的方法有：竖井法（根据中心线和断面生成），实测井法（根据井筒的空间位置进行生成），轮廓线连线框法。本书井筒模型建立中，主要采用方法一、三。下面以主井为例介绍其建模过程：

① 确定井筒的井口和井底三维坐标。

② 确定断面形状，根据断面参数绘制井筒断面图。矿山中井筒的断面形状一般都比较规则，主要的形状包括圆形、矩形等；断面参数包括断面的半径（圆形断面），断面的长宽（矩形断面）。

③ 绘制井筒中心线。

④ 通过确定的井筒中心线及断面生成实体，如图 6-1 和图 6-2 所示。

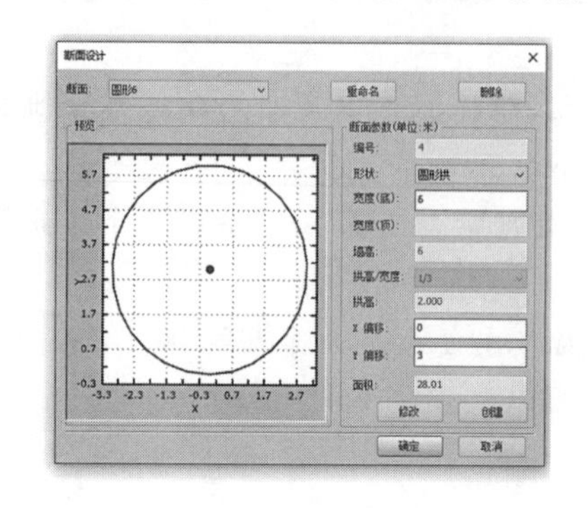


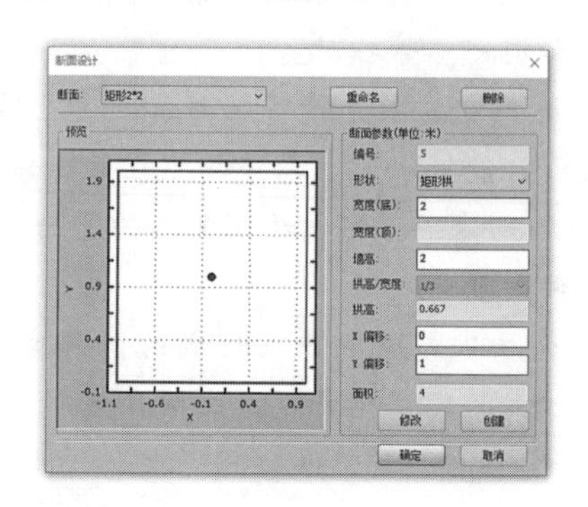


图 6-1　主井中心线及圆形与矩形断面

溜井及其他井模型则在中段（分段）平面图上提取线框，确保溜井的中心位置、断面尺寸正确，通过连线框的方法建立模型，如图 6-3、图 6-4 所示。

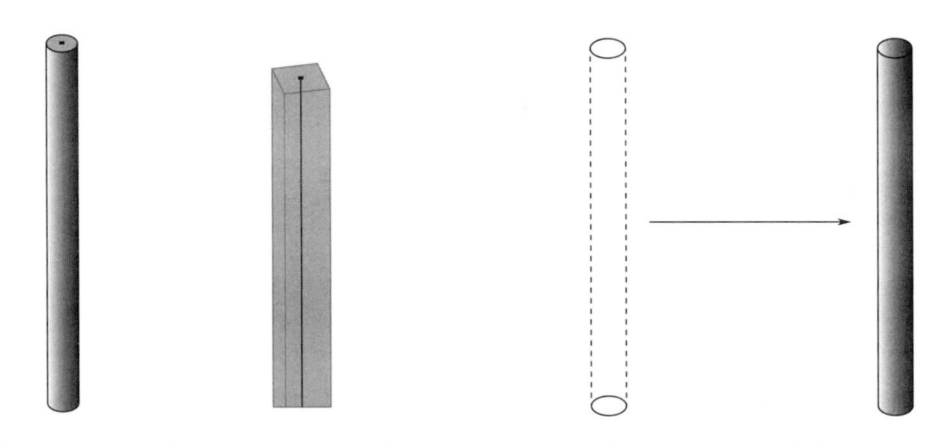

图 6-2 圆形与矩形断面生成的主井模型

图 6-3 实测轮廓连线框建模

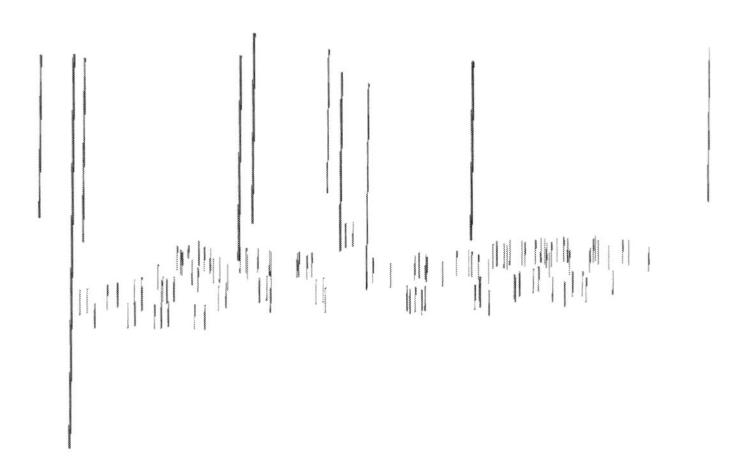

图 6-4 溜井及其他井模型生成

## 6.1.2 建立平巷三维模型

在创建井巷工程实体中，无论什么类型的实体线框模型，只需要准备好以下两个条件就可以轻松地进行工程线框实体模型的创建，这两个条件是：

① 井巷工程实体的中心线位置（应满足空间位置，即平面位置和坡度要求）；

② 井巷工程实体的断面形状和规格。

下面以“中心线＋断面”的模式，介绍平巷建立过程。

① 完成综合平面图整理与坐标对应，提取巷道中心线，如图 6-5 所示。

② 定义巷道中心线文件“巷道工程”属性，定义巷道断面信息，如图 6-6、图 6-7 所示。

③ 利用“井巷工程→联通巷道”对中心线生成巷道模型，如图 6-8 所示。

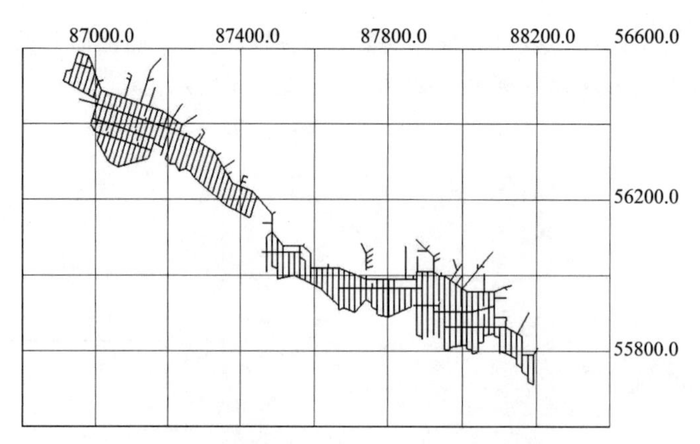


图 6-5　巷道中心线提取

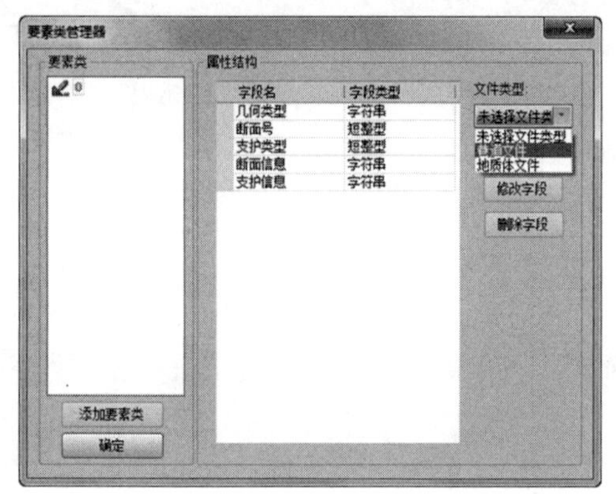


图 6-6　巷道中心线文件属性结构定义

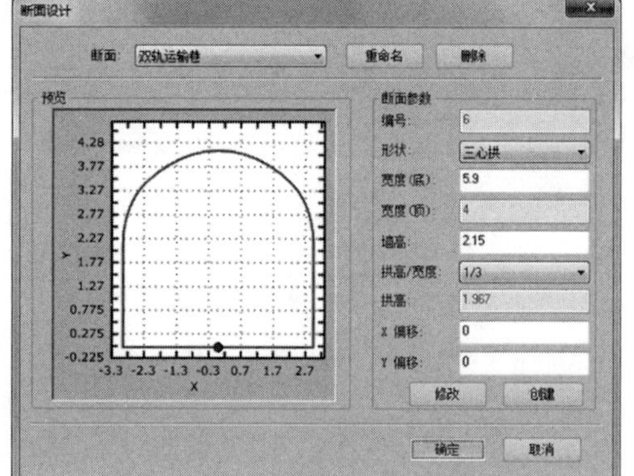


图 6-7　巷道断面信息定义

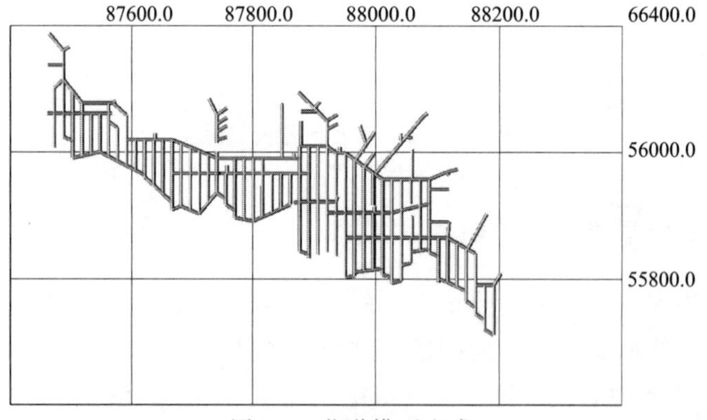


图 6-8　巷道模型生成

### 6.1.3　建立斜坡道实体模型

斜坡道实体建模相对来说比较复杂，因为斜坡道不在一个固定的平面内，有很多拐角，所以确定斜坡道中心线时比较复杂。因此，斜坡道建模首先要确定斜坡道各拐弯处及其在各中段交点处的三维坐标，然后再确定斜坡道断面形状和斜坡道中心线，最后通过中心线加单一断面方法生成实体。

采用“中心线＋断面”进行斜坡道设计，在进行中心线时考虑斜坡道的坡度及转弯半径、位置等，如图 6-9、图 6-10 所示。

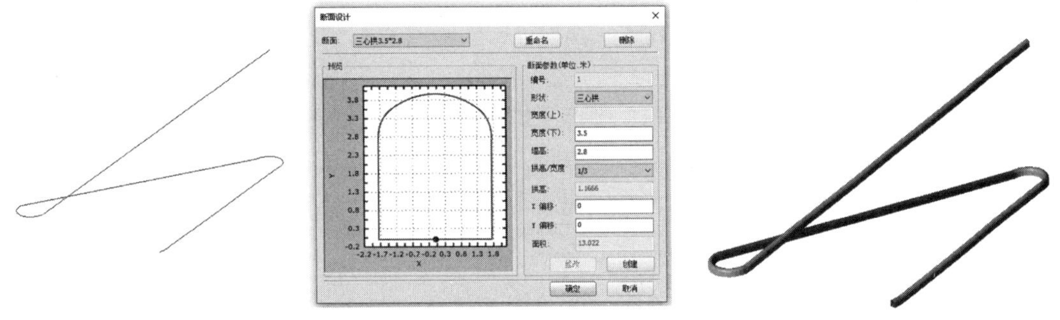


图 6-9　斜坡道中心线及断面设计　　　　图 6-10　斜坡道实体模型

## 6.2　井巷工程模型布尔运算

由于巷道和竖井都是单独按相应的方法生成的，但很多时候巷道与竖井间经常需要连通，因此，需要生成贯穿的实体模型。

平巷与竖井之间的贯通分为直角模式、丁字模式、贯穿模式。有些软件如 Dimine 可直接提供巷道联合功能处理上述平巷与竖井之间的贯通，如图 6-11、图 6-12 所示。

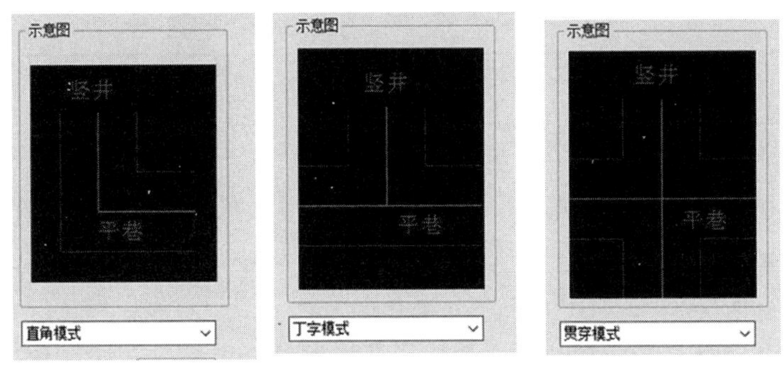


图 6-11　平巷与竖井贯通模式示意图

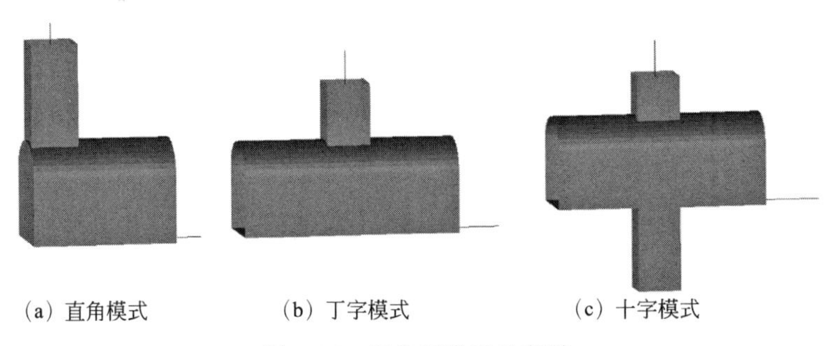

(a) 直角模式　　(b) 丁字模式　　(c) 十字模式

图 6-12　实体贯通后示意图

## 6.3　井巷工程模型导出

建成的井巷工程模型，可另存导出多种格式，包括 dxf、dwg、dmf 等，从而可在其他软件中使用。

## 6.4 开采系统指标计算

设计的开采系统，需要统计体积、副产资源量以及资源品位分布情况。统计体积则是可预计开采系统的施工工程量；而对副产资源量及资源品位分布情况进行统计，则是可对基建过程中采出的副产矿石量进行预测，并可知开采系统布设在矿体内有哪些区域穿过高品位矿石区域，从而对开采系统设计进行调整，达到设计优化的目的。

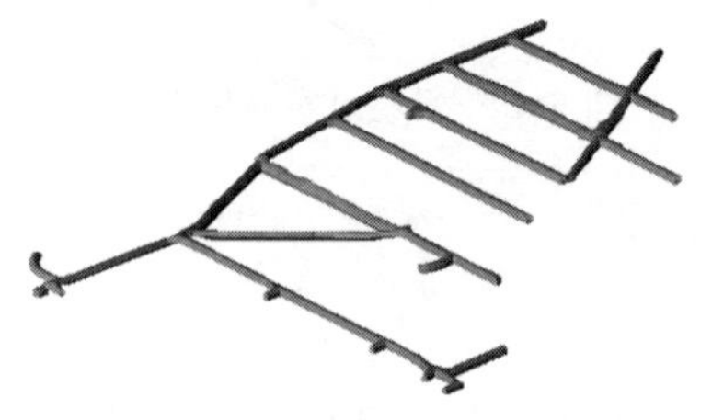

图 6-13 开拓系统模型（部分）

### 6.4.1 开采系统体积及资源量计算

开采体积与资源量计算，可通过调用已赋值的块段模型，从中约束出开采系统区域，然后报出约束区域的体积、矿量、元素品位、金属量等信息。图 6-13 为某矿的一部分开拓系统模型。表 6-1 为图 6-13 所示的开采区域掘进副产资源量统计报表。

**表 6-1 副产矿统计**

| 矿体 | 体积/$m^3$ | 体重/($t/m^3$) | 矿石量/t | 品位 Pb/% | 金属量 Pb/t |
| --- | --- | --- | --- | --- | --- |
| 实体 1 | 10177.03 | 2.752 | 28007.18 | 0.873053 | 244.5176 |

### 6.4.2 开采系统模型资源品位分布

想要掌握开采系统模型的资源品位分布，同样可用已赋值的块段模型在此开采系统模型约束内的矿块的品位，提取到开采系统模型表面上，然后对其进行品位配色显示，从而可直观地观看到某元素的品位高低情况。

Dimine 软件有属性探测功能，能快速解决此类问题。对图 6-13 所示的工程进行属性探测（图 6-14），其结果进行配色显示后如图 6-15 所示。

从图 6-15 可看出，红色区域为高品位区，其 Pb 品位达到了 1.92%以上，有些采矿方法的巷道工程为永久损失，这部分工程就需要考虑是否更改设计，使其尽量避开高品位区域。

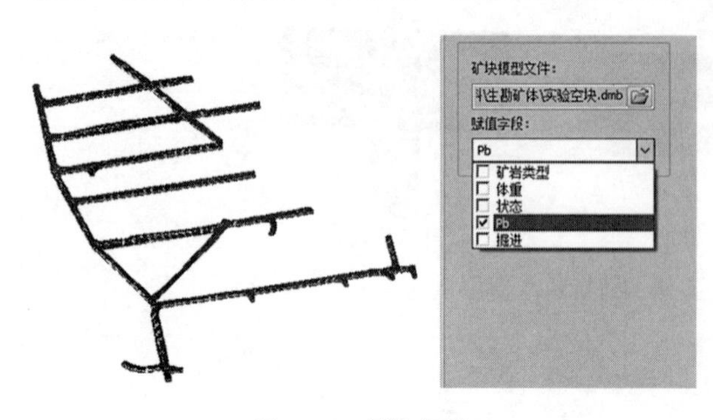


图 6-14 属性探测

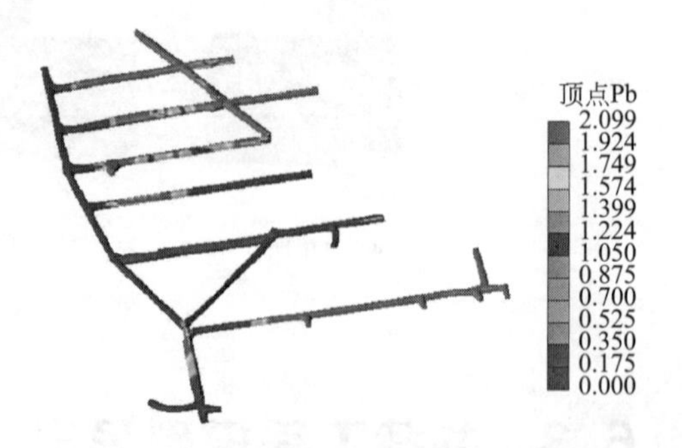


图 6-15 资源品位分布（见书后彩图）

## 能力训练题

### 一、单选题

1. 井筒建模只要确定井口和（　　）的三维坐标以及断面形状规格，就可以快速建立实体模型。

A. 井底　　B. 井长　　C. 井顶　　D. 支护

2. 平巷建模定义巷道中心线文件（　　）属性。

A. 实体　　B. 矿岩　　C. 巷道工程　　D. 断面

3. Dimine 软件有（　　）功能，能在开采系统模型表面上体现副产矿石品位分布情况。

A. 属性配色　　B. 切片　　C. 属性探测　　D. 属性查询

### 二、多选题

1. 地下采矿设计中可将所有的开拓工程按照它们的特征分（　　）。

A. 井筒　　B. 斜井　　C. 平巷　　D. 竖井

2. 生成井筒模型的方法有（　　）。

A. 竖井法　　B. 实测井法

C. 轮廓线连线框法　　D. 共面法

3. 斜坡道建模首先要确定斜坡道（　　）处及其在各中段（　　）处的三维坐标。

A. 各拐弯　　B. 各直道　　C. 交点　　D. 断面变化

4. 采用“中心线＋断面”进行斜坡道设计，在进行中心线设计时考虑斜坡道的（　　）等。

A. 坡度　　B. 转弯半径　　C. 位置　　D. 断面

5. 平巷与竖井之间的贯通分为（　　）。

A. 直角模式　　B. 丁字模式

C. 贯穿模式　　D. 相交模式

6. 在创建井巷工程实体中，无论是什么类型的实体线框模型，只需要准备好以下两个条件就可以轻松地进行工程线框实体模型的创建，这两个条件是（　　）。

A. 井巷工程实体的中心点位置　　B. 井巷工程实体的中心线位置

C. 井巷工程实体的断面形状和规格　　D. 井巷工程实体的剖面形状和规格

7. 开采系统掘进副产资源量计算需用到的基础数据包括（　　）。

A. 地表模型　　B. 矿体模型

C. 开采系统模型　　D. 块段模型

### 三、判断题

1. 对开采系统副产资源品位分布情况进行统计，可知开采系统布设在矿体内有哪些区域穿过高品位矿石区域，从而对开采系统设计进行调整，达到设计优化的目的。（　　）

2. 在创建井巷工程实体中，只需要准备好井巷工程实体的中心线位置和井巷工程实体的断面形状和规格就可创建模型。（　　）

3. 采用“中心线＋断面”进行斜坡道设计，在进行中心线设计时不需要考虑斜坡道的坡度及转弯半径、位置等。（　　）

## 思政育人

**谢和平**，1956年1月17日出生于湖南娄底，矿山岩体力学专家，中国工程院院士，中国矿业大学原校长，四川大学教授、博士生导师、原校长，深圳大学特聘教授、深圳大学深地科学与绿色能源研究院院长，国务院学位委员会委员，中国科学技术协会常委，国家重点研发计划“深部岩体力学与开采理论”项目负责人。

1956年，谢和平出生在湖南省娄底市双峰县甘棠镇一个只有三十来户人家的小山村。相较于其他小朋友喜欢玩耍，年幼的他更喜欢读书，书中知识对他而言似乎有一种强大的吸引力，让他深深陶醉其中。但是，生活留给他的看书时间实在是少之又少。当时，村里还实行集体生产制，每年的粮食按全家所挣的工分来分。为了能多挣点工分补贴家用，儿时的谢和平不得不在每天上学前和放学后去放牛，然后才能看书做功课。每当夜幕降临，为了节省煤油，爱读书的他就只好借着厨房灶膛内炉火的亮光看书。

1973年，谢和平高中毕业，他和所有同学一样回到家乡务农。他曾到公社小煤窑里挑煤，靠一根扁担把煤从两公里的地方挑上来，一畚箕两毛六分钱，一天下来能挣个两块多钱。为了挣这两块多钱，谢和平每天要挑十多个来回，走二十几公里的路。几年下来，他仿佛走了一趟挑煤长征，挑煤用的扁担在他的脖子后面磨出了一块难以平复的肌肉肿块，但却没有磨灭他那颗想读书的心，他在等待机会，等待一个能让自己重返校园读书的机会。终于，机会来了。1978年，国家恢复高考后，谢和平毫不犹豫地报了名，并考取了中国矿业大学。考上大学的他将所有的心思都放在了学习上面，带着对读书的喜欢，在本科毕业后他又考取了研究生。

1985年，提前一年拿下硕士学位的谢和平，开始攻读博士学位，也确立了自己的研究方向——岩石力学。岩石力学中关于岩石断裂理论的研究，是采矿、石油、地质等部门急需解决的问题，尤其是采矿工程的顶板垮落、冲击来压、煤与瓦斯突出等一系列的事故与岩石损伤断裂过程有密切联系。为了寻找一种最新的理论和方法来研究突破这一岩石力学中的古老难题，谢和平劳心焦思，废寝忘食。他跑遍了北京各大图书馆，查阅了大量中外资料；他经常在实验室一泡就是六七天，做上百次测定。正是带着这股钻研的韧劲儿，谢和平在我国最早建立了裂隙岩体宏观损伤力学模型来研究其自然性状及导致灾害性事故发生的机理和过程，开拓了裂隙岩体损伤力学研究新领域，并应用于深部巷道大变形预测、蠕变分析及其相关的巷道支护设计等重要工程领域。谢和平还系统研究了裂隙岩体的几何形态、定量描述方法、断裂机制、统计强度、本构关系以及断层节理力学行为，建立了非连续裂隙岩体力学研究的新理论体系。他将理论成果创造性地用于解决煤矿开采中的技术难题，提出和设计了一套“顶煤弱化预爆破技术方案”，突破了国际采矿界公认的坚硬厚煤层不能采用放顶开采的技术瓶颈，提高了回收率。他还首次应用分形方法得到了岩体断层滑移、沉陷量与节理空间分布、粗糙度的定量关系，提出用局部有限样本进行分形插值获得矿山深部断层表面形态的方法，成果在河南鹤壁矿务局应用后取得了近千万元人民币的直接经济效益。在这条自己认定的道路上，谢和平的研究越来越深入，有分量的科研成果陆续问世……

2003年谢和平开始担任四川大学校长，2017年年底因年龄到限卸任，他成为迄今为止川大历史上任职时间最长的校长。在他任职期间，对学生的成长成才十分看重。他坚持认为学校要逐步实现“人性化的管理，个性化的教育，国际化的培养”，真正树立“以人为本”

的意识，要为每一位师生提供尽可能好的工作、学习和生活条件，精心培育“崇尚学术，追求卓越”的氛围和环境，力争使每位教师能全心全意地搞科学谋创新，每位学生能安心潜心学知识长才。谢和平还曾告诫学生：“在我们每个人的一生中，人品比能力更重要，善良比天赋更重要，厚道比聪明更重要。”他认为厚道的人也许会走得慢一点，但每一步却能走得更坚实；厚道的人也许会暂时吃点亏，但却能领悟到更多人生的智慧；厚道的人也许会被认为不够圆滑，但却能赢得更多信任和尊重；厚道的人也许会付出更多的努力和辛苦，但却能收获最饱满的人生。

他提醒同学们，做老实人不是让他们胆小怕事，而是要守住做人的本分、人格的本真；做老实人也不是让他们随波逐流、当好好先生，而是在明辨是非的基础上多一份包容、在坚持原则的前提下多一份担当。宝剑锋从磨砺出，梅花香自苦寒来。从贫寒山村到广阔天地，这条路上，谢和平院士始终坚定地走着，走出了属于他自己的非凡人生……

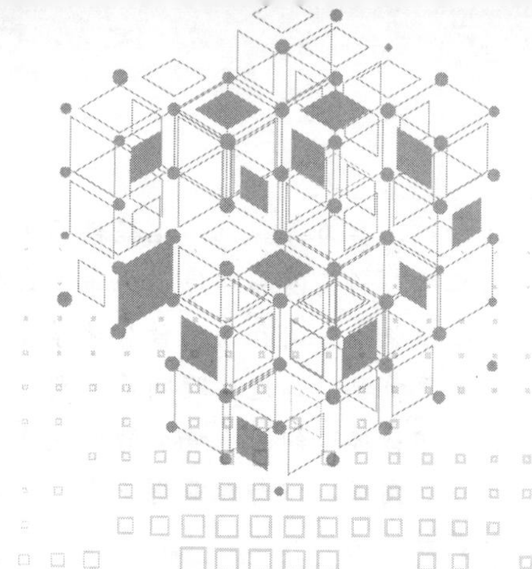

# 7 地下矿开采三维设计与优化

## 7.1 三维开拓设计

### 7.1.1 开拓方案选择

对于一座矿山来说，开拓的投资占采矿总投资的40%～60%。矿床开拓是矿山建设的长远大计，一旦建成就难以改变。因此在确定开拓方案时，需要进行多方案的技术经济分析和比较，然后才能决定谁优谁劣。

(1) 开拓方法分类 根据主要开拓巷道的类型，矿床开拓方法可分为平硐开拓、斜井开拓、竖井开拓、斜坡道开拓和联合开拓。凡用一种主要开拓巷道开拓矿床的称为单一开拓，用两种或两种以上的主要开拓巷道开拓矿床的称为联合开拓。

按照主要开拓巷道与矿床的相对位置的不同，可分为下盘、侧翼、上盘和穿过矿体等开拓方法；从实际应用上看，下盘和侧翼开拓方法使用得较为广泛。上盘和穿过矿体的开拓方法，一般很少采用。

按照主要开拓巷道内所配置的提升、运输设备不同，平硐分为有轨运输、无轨运输和带式输送机运输。斜井分为串车斜井、台车斜井、箕斗斜井和带式输送机斜井。竖井分为罐笼井、箕斗井和混合井。斜坡道为汽车运输。对某一个矿床开拓井，可以是一种或几种提升、运输方法的联合。

(2) 选择开拓方案的基本要求 矿床开拓是矿床开采的一个主要问题。它往往决定整个矿山企业建设的全貌，并与矿山总平面布置、提升运输、通风、排水等一系列问题有密切的联系。矿床开拓方案一经选定并施工之后，很难改变。为此，选择矿床开拓方案应满足下列基本要求：

① 确保工作安全，创造良好的地面与地下劳动卫生条件，具有良好的提升、运输、通风、排水等功能；

② 技术上可靠，并有足够的生产能力，以保证矿山企业均衡地生产；

③ 基建工程量最少，尽量减少基本建设投资和生产经营费用；

④ 确保在规定时间内投产，在生产期间能及时准备出新水平；

⑤ 不留或少留保安矿柱，以减少矿石损失；

⑥ 与开拓方案密切关联的地面总布置应不占或少占农田。

（3）影响矿床开拓方案选择的因素

① 地形地质条件、矿体赋存条件，如矿体的厚度、偏角、走向长度和埋藏深度等；

② 地质构造破坏，如断层、破裂带等；

③ 矿石和围岩的物理力学性质，如坚固性、稳固性等；

④ 矿区水文地质条件，如地表水（河流、湖泊等）、地下水、溶洞的分布情况；

⑤ 地表地形条件，如地面运输条件、地面工业场地布置、地面岩体崩落和移动范围、外部交通条件、农田分布情况等；

⑥ 矿石工业储量、矿石工业价值、矿床勘探程度及远景储量等；

⑦ 选用的采矿方法；

⑧ 水、电供应条件；

⑨ 原有井巷工程存在状态；

⑩ 选场和尾矿库可能建设的地点。

（4）选择矿床开拓方案的方法和步骤　对于一个矿山，往往有几个技术上可行的而在经济上不易区分的开拓方案，矿床开拓设计是从中选出最优方案。由于矿床开拓设计内容广泛，它涉及井田划分、选场和尾矿库的相关位置以及地面总平面布置等一系列问题，往往不能轻易地判断方案的优劣，因此，必须综合分析比较方法，才能选出最优的矿床开拓方案。用综合分析方法选择矿床方案的步骤如下。

① 开拓方案初选。在全面了解了设计基础资料和对矿床开拓有关的问题进行深入调查研究的基础上，根据国家技术经济政策和设计任务书，充分考虑前述影响因素，提出在技术上可行的若干方案，对各个方案拟定出开拓运输系统、通风系统，确定主要开拓巷道类型、位置和断面尺寸，绘出开拓方案草图，从其中选出3～5个可能列入分析比较的开拓方案。在方案初选中，既不要遗漏技术上可行的方案，又不必将有明显缺陷的方案列入比较。

② 开拓方案的初步分析比较。对初选出的开拓方案，进行技术、经济、建设时间等方面的初步分析比较，删去某些无突出优点和难以实现的开拓方案，从中选出2～3个在技术经济上难以区分的开拓方案列为进行技术经济比较的开拓方案。

③ 开拓方案的技术经济比较。对初步分析比较选出的2～3个开拓方案，进行详细的技术经济计算，综合分析评价，从中选出最优的开拓方案。在技术分析比较中，一般要计算和对比下列技术经济指标：

a. 基建工程量、基建投资总额和投资回收期；

b. 年生产经营费用、产品成本；

c. 基本建设期限、投产和达产时间；

d. 设备与材料（钢材、木材、水泥）用量；

e. 采出的矿石量、矿产资源利用程度、留保安矿柱的经济损失；

f. 占用农田和土地的面积；

g. 安全与劳动卫生条件；

h. 其他值得参与技术经济比较评价的项目。

通过以上技术经济比较评价，衡量矿床开采的技术经济效益，最后应估算出矿床开采的盈利指标。在进行技术经济计算时，一律按国家规定的扩大概算指标进行计算。

### 7.1.2 三维开拓设计

地下矿山开拓设计的基本任务是决定矿山主要井巷位置和开拓系统。主要井巷位置影响采矿工业场地与选厂之间的位置关系，与内部外部运输方式等都有极密切的联系。不同的开拓方案对基建投资、经营费和建设速度都有很大的影响。

为了开发地下矿床，从地表向地下掘进一系列井巷通达矿体，便于人员出入以及把采矿机械设备、器材等送往各采区工作面；同时把采出的矿石由井下运往地表，使地表与矿床之间形成一条完整的运输、提升、通风、排水、动力供应等生产服务通道，这些井巷工程的建立称矿床开拓。为开拓矿床而掘进的井巷称为开拓井巷，其在平面以及空间上的布置系统就构成了该矿床的开拓系统。根据开拓井巷在矿床中所起到的作用，又可分为主要开拓井巷和辅助开拓井巷。凡属主要运输矿石的井巷，无论其地表有无出口，均为主要开拓巷道；采矿时起到辅助作用的井巷就为辅助开拓井巷。

在建立设计工程线框实体模型时，创建使用的中线主要有两类：一类是井筒，包括竖井、风井、天溜井、人行回风井、人材井等等，这类井建立模型中主要使用的是井筒的中心线；另一类是巷道，包括斜井、中段运输巷、石门、联络道等等，这类工程实体在模型创建中主要使用的是底板中心线。实际上这两类设计工程线框实体模型最主要的区别就是中心线位置的不同。本节主要讲述如何用 Dimine 进行开拓设计。

进行开拓设计前需准备地表模型、矿体模型、已有的工程等资料，本节以新建矿山为例，由于没有现有工程，所以只需准备地表模型与矿体模型。

在地表和矿体模型的基础上进行开拓设计，开拓方式为竖井开拓；通风方式为单翼对角式、抽出式，进风井布置在矿体南侧，回风井布置在矿体北侧，副井辅助进风；井底车场为环形卧式结构；运输巷设置在底板岩石中，沿脉布置，－100m 水平、－200m 水平为运输水平，采用环形运输结构，共分 4 个中段：－180m，－160m，－140m，－120m。

主副井考虑到地表构筑物的位置以及使地下矿岩的运输功最小，因而布置在矿体中间附近位置；风井布置在两端，由于安全要求较高，位置需至少在岩石移动角外 20m 处，并且在露天境界外；斜坡道坡度为 20％。

(1) 主井井筒设计　需根据矿体发育形态以及地表起伏状态，确定主井井筒位置及标高，操作步骤如下。

① 打开矿体模型，查看矿体底部标高，图 7-1 中所示信息为－360m，故主井井筒下部高程应在－360m 以下，本处取－400m。

图 7-1　查看矿体标高

② 打开“地表模型”文件，将 DTM 表面文件隐藏，只显示等高线文件，找到地表上比较平坦的区域，结合矿体模型的产状，考虑采矿时下盘岩移范围，确定主井井筒位置，在井筒中心位置创建一个点，如图 7-2。

③ 主井井筒取圆形断面，半径为 4m，在井筒中心点绘制半径 4m 的圆。将圆转换为多段线，然后显示 DTM 表面实体，采用“线附着”命令将圆附着到地表上，查看线高程是否一致，若高程是变化的，则以就近的地表点高程作为线高程，如图 7-3。

图 7-2 设置井筒位置

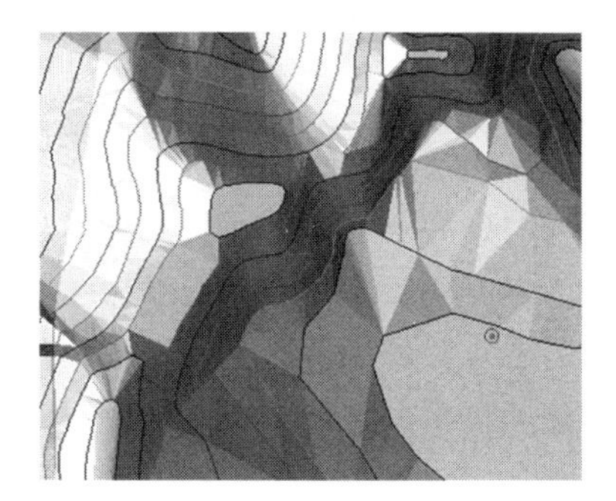

图 7-3 井筒轮廓线设计

④ 将井筒轮廓线向垂直方向复制一份，然后将复制的线圈的高程调整为－400m，见图 7-4。

⑤ 采用连线框的方式将上下井筒的轮廓线连成井筒实体，如图 7-5。

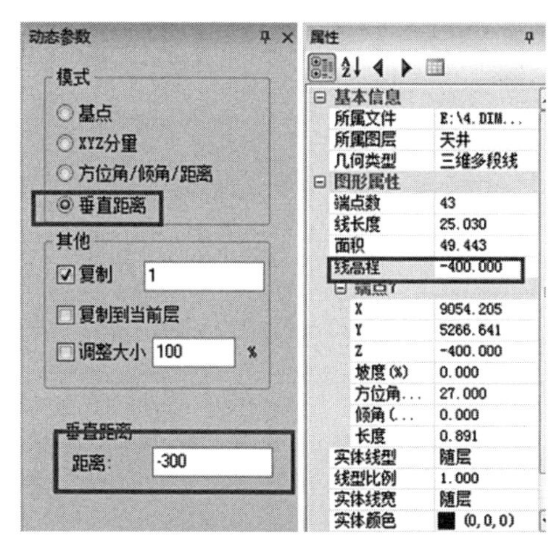


图 7-4 井筒轮廓线设置

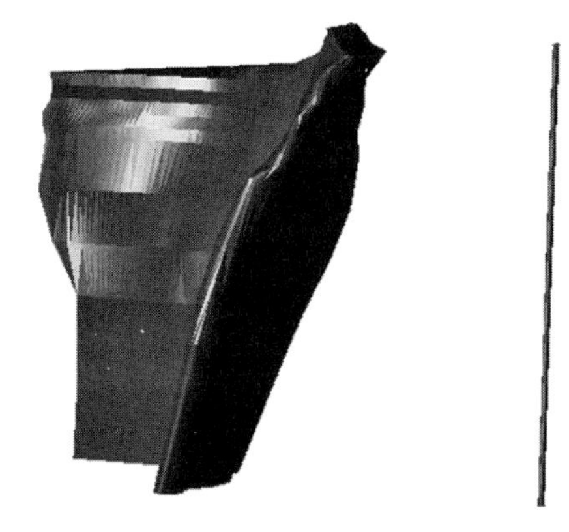

图 7-5 生成实体

⑥ 其他副井、风井等天井都按此种方式生成。将生成的井筒存放到“开拓设计”下的“井筒”图层中，并将各井筒的名称在属性表中进行备注，如图 7-6。

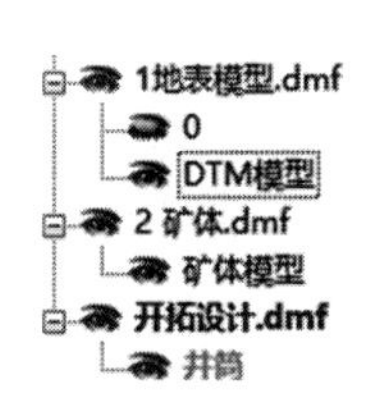


| 实体属性 | |
|---|---|
| 实体名称 | 南回风井 |
| 断面号 | |
| 支护类型 | |
| 断面信息 | |
| 支护信息 | |
| 实体类别 | 未设置类型 |
| 实体类型 | 未设置类型 |

图 7-6 设计结果展示

（2）中段运输巷道设计　中段运输巷道包括沿脉巷道与穿脉巷道。本例以－200m 中段进行设计，穿脉间距取 100m，操作步骤如下。

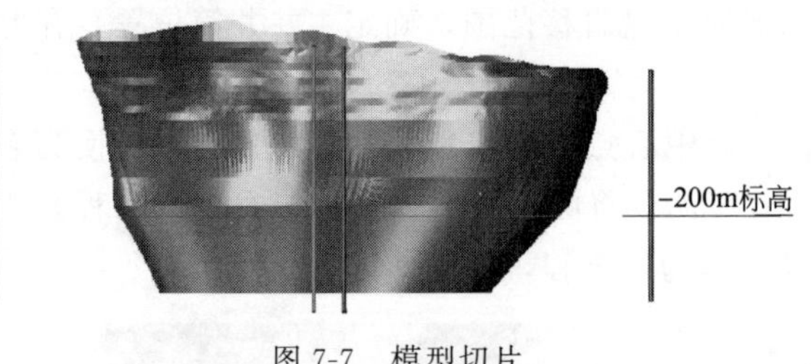


图 7-7　模型切片

① 打开“矿体模型”及前面生成的井筒文件，绘制一条辅助线，将其线高程分别调整为－200m，然后采用“实体建模”→“运算”→“切片”功能，切出 200m 的矿体及井筒的轮廓线，如图 7-7。

② 选中矿体轮廓线，右键定义多段线所在平面为工作面。

③ 在工作面上用“井巷工程”→“中心线设计”→“巷道”功能设计出平面巷道中心线。主井与副井通过环形车场相连，通过巷道将主副井与风井联通，如图 7-8。

④ 绘制穿脉，穿脉方向沿勘探线方向。打开勘探线平面文件，将勘探线复制到“－200m 水平”图层，关闭勘探线平面文件，然后通过“延长至线”“修剪”等功能得到穿脉中心线，同时创建上盘沿脉，如图 7-9。

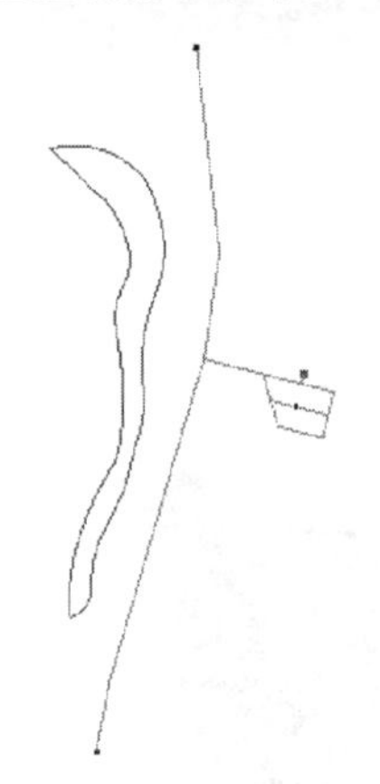

图 7-8　沿脉巷中心线设计

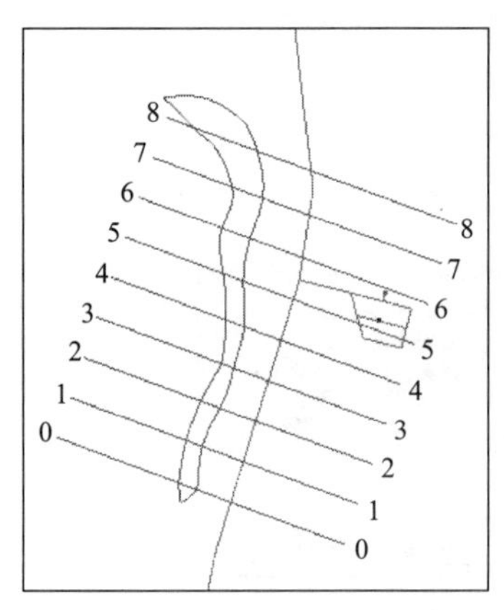


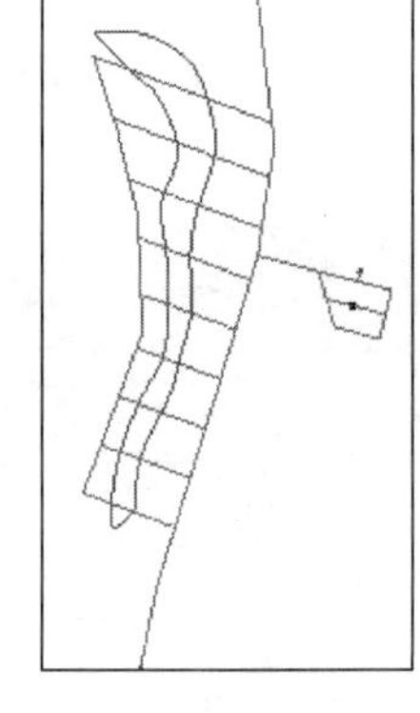

图 7-9　－200m 开拓巷道中心线

⑤ 在连接的拐点处弯道处理。点击“井巷工程”→“中心线设计”→“弯道”，选择主巷道，设置半径为 12m，然后将鼠标移动到另一条线上，空格确认。采用“修剪”功能，删掉多余的线段，如图 7-10。

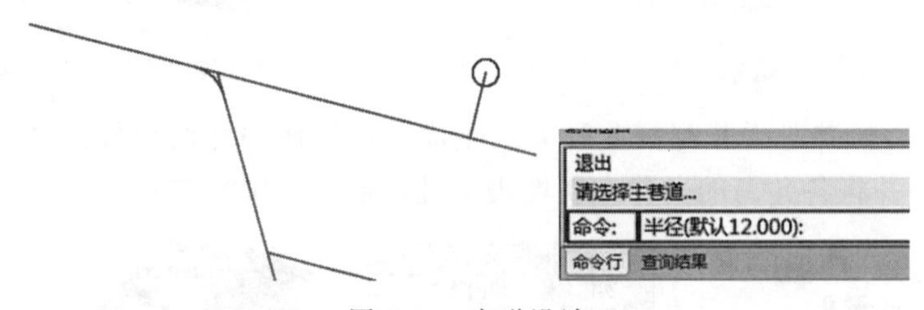


图 7-10　弯道设计

⑥ 采用以沿脉巷道中心线为基准，通过“导线赋高程”功能对各穿脉进行赋高程。运用“井巷工程”→“坡度调整”功能、“线编辑”→“移动顶点”功能和“线编辑”→“移动复制”中的基点移动功能，调整线的坡度。以主副井为最低点，坡度为 0.3%，进行调整，如图 7-11。

⑦ 中心线快速命名。通过“井巷工程”→“辅助工具”→“命名”，按照按前缀递增原

则对穿脉中心线、弯道等进行快速命名，如图 7-12 所示。

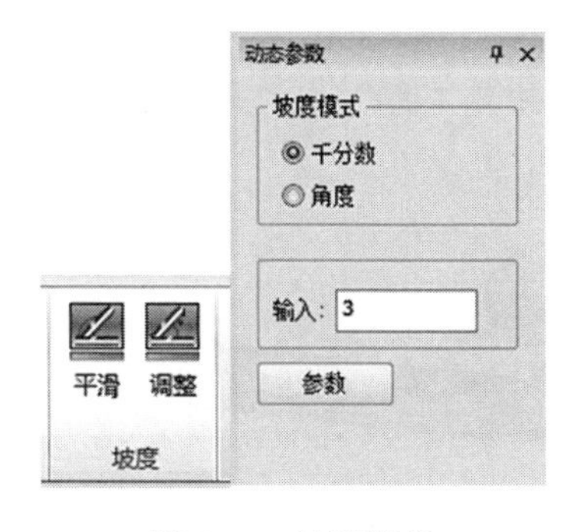


图 7-11　坡度调整

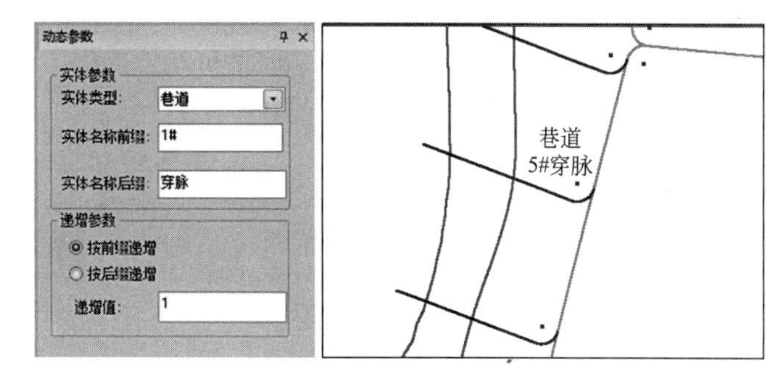


图 7-12　中心线命名

上下盘沿脉、弯道、主井联络道、副井联络道、环形车场等命名则选择中心线，单击右键选择属性，在属性窗口中输入巷道名称。为防止标注时产生很多冗余点，直巷与弯道最好分开命名，不能连接在一起。

⑧ 框选所有中心线，单击右键选择属性，在弹出的属性窗口中选择断面号和支护类型，如图 7-13 所示。

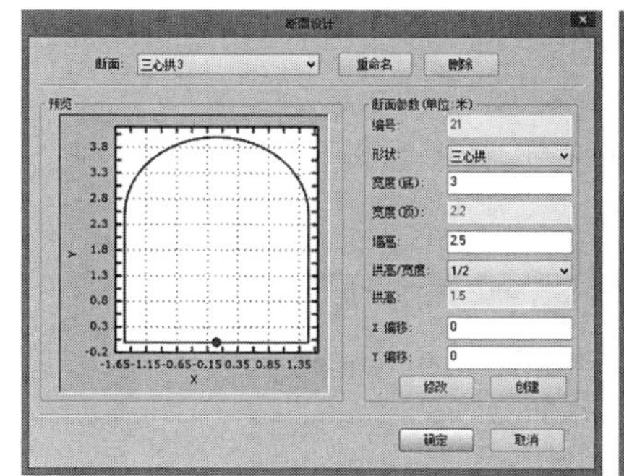


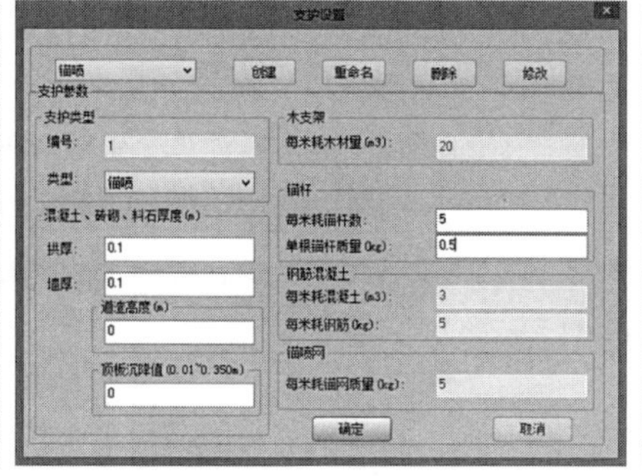


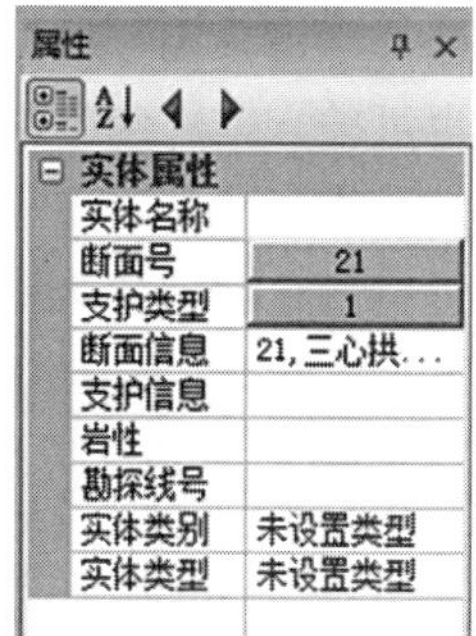


图 7-13　设置巷道断面和支护类型

对于下盘沿脉、溜井、风井和泄水井联络道，巷道规格是不一样的，需要重新进行断面号的设置。

⑨ 点击“井巷工程”→“井巷实体”→“联通巷道”。选择巷道中心线，选择要生成实体巷道的中心线后点右键，选择“不封口”，如图 7-14。

⑩ 建立水仓。

a. 在副井处建立变电硐室和水泵房硐室。点击“井巷工程”→“中心线设计”→“巷道”功能，找到硐室合适的位置，作巷道中心线，如图 7-15。

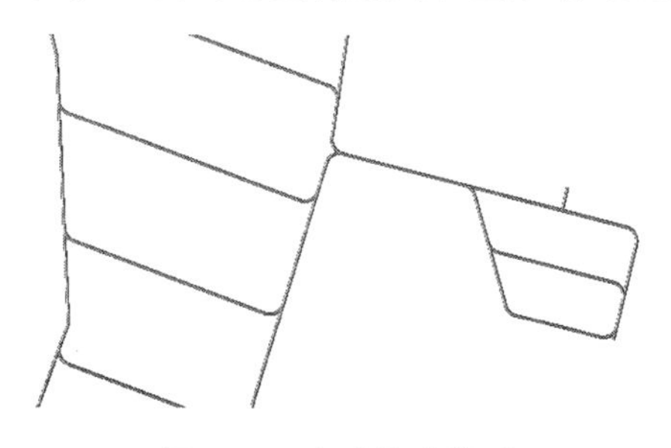

图 7-14　生成巷道模型

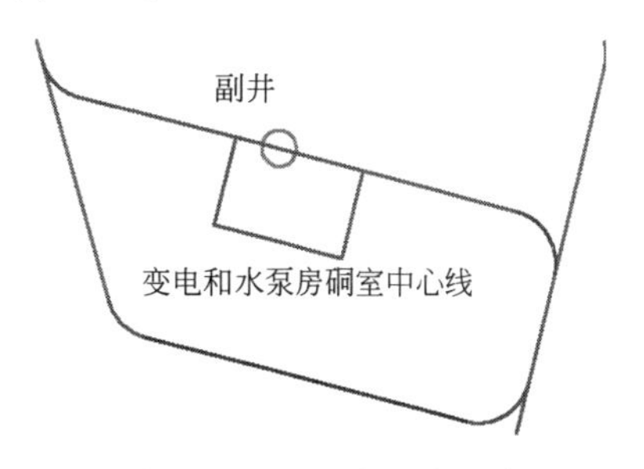


图 7-15　硐室中心线设计

b. 水仓和配水巷道的设计。运用“中心线设计”→“巷道”功能，在适当高程绘制出水仓和配水巷道中心线，如图 7-16。

c. 设置配电室、水泵房和水仓的断面和支护类型，点击“井巷工程”→“井巷实体”→“联通巷道”功能，生成工程模型，如图 7-17。

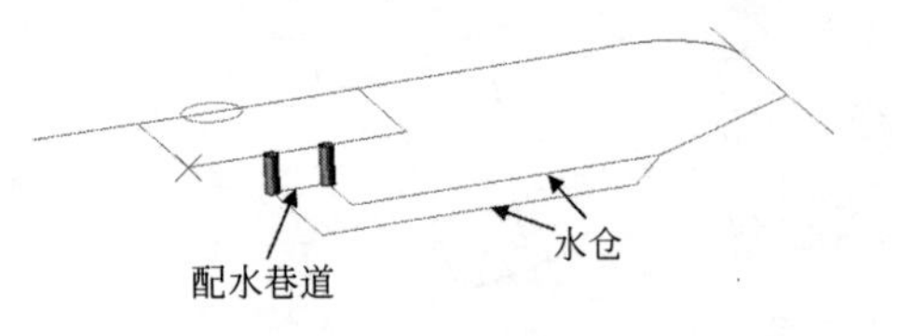


图 7-16 水仓中心线

图 7-17 生成硐室和水仓实体

⑪ 施工图表输出。将设计好的开拓设计进行输出，用于指导施工。

a. 有效性检测。设计的所有巷道必须有实体名称、断面号及支护类型，在为巷道中心线赋属性过程中，数据量大时难免有遗漏，此功能可以检测出没有赋属性的巷道中心线，同时以高亮状态显示，为赋属性提供方便。点击“井巷工程”→“施工图”→“有效性”，选择全部检测。

b. 标注。在进行井巷中心线标注时，为了使编号能满足要求，可以一条线一条线进行选择标注，编号顺序与线的方向有关。不改变参数时，编号根据图形区已有编号自动累加，也可输入本次编号的起始值，重新编号。

点击“井巷工程”→“施工图”→“标注”，在对话框中选择参数设置，点击“高级”，进行颜色和标注名称设置，如图 7-18。标注结果见图 7-19。

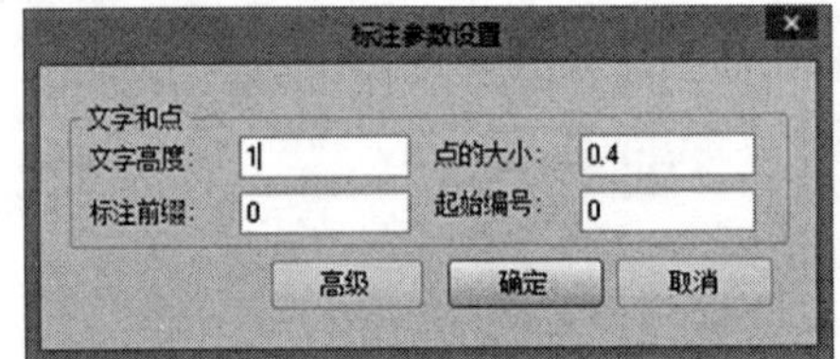


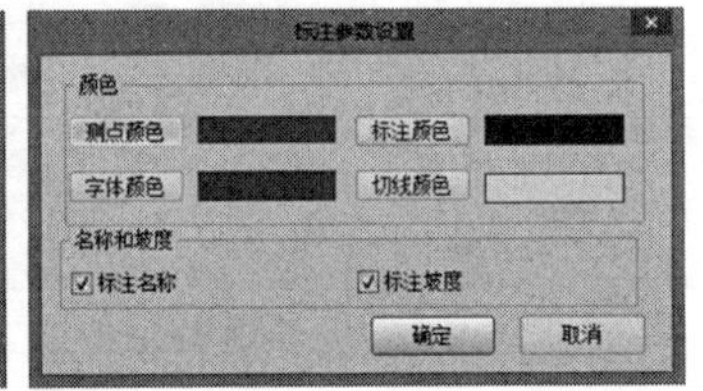


图 7-18 标注参数设置

产生测点和标注图层文件，将测点及标注图层移到“－200m 中段开拓设计”图层的下级图层中。

c. 生成双线。点击“井巷工程”→“施工图”→“双线”，框选所有中心线，右键确认，如图 7-20。

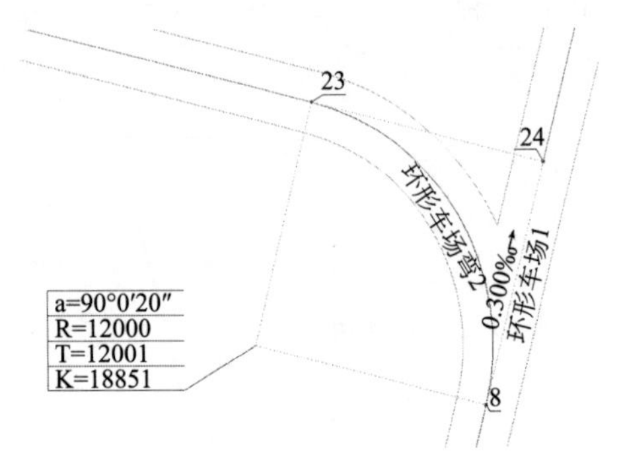


图 7-19 标注结果

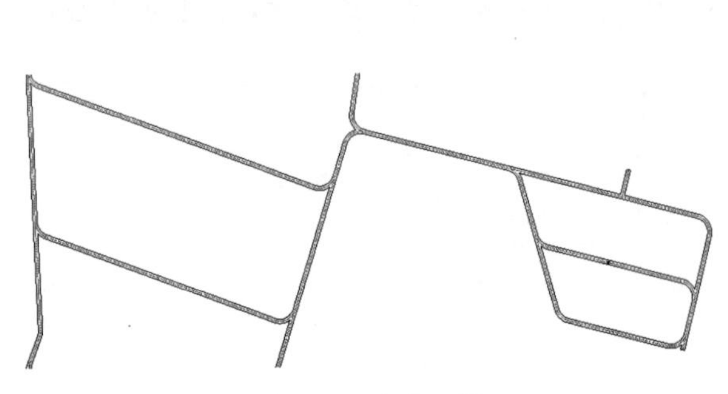

图 7-20 生成双线

d. 施工图表输出。选择“井巷工程”→“施工图”→“图表”，根据命令行提示，框选巷道中心线及其标注，确认 $X$-$Y$ 是否互换以及网格大小后，点击右键确定。系统自动生成二维施工图，如图 7-21。可以使用“工程出图”中的功能编辑和打印。

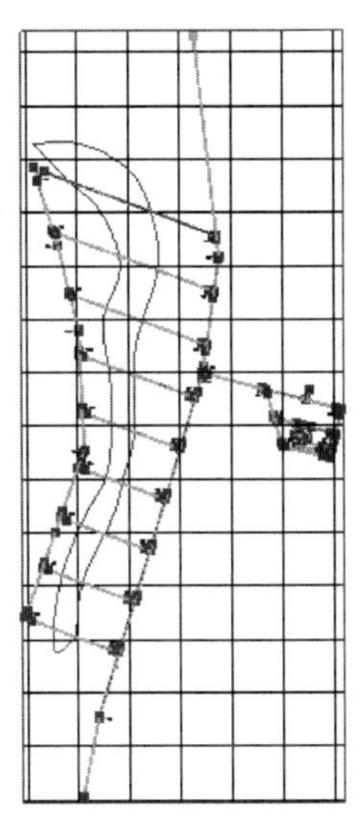

图 7-21 施工图

同理可对－100m 中段运输巷道进行设计。

(3) 中段斜坡道设计 中段之间的人员、无轨设备往往通过中段斜坡道进行连通，所以在中段之间有时需开拓中段斜坡道。

斜坡道的布置方式有直线式、折返式和螺旋式。螺旋式斜坡道又分为圆柱螺线式与圆锥螺线式。

本节以在－100m 中段与－200m 中段之间南沿建一坡度为 20% 的折返式斜坡道为例进行讲解。

① 在－200m 中段南沿上找一处绘制一条巷道，作为斜坡道联络道，然后以其为起点，按斜坡道的扩展方向绘制一条直线。将此线偏移 20m，作为折返之后的斜坡道中心线，如图 7-22。

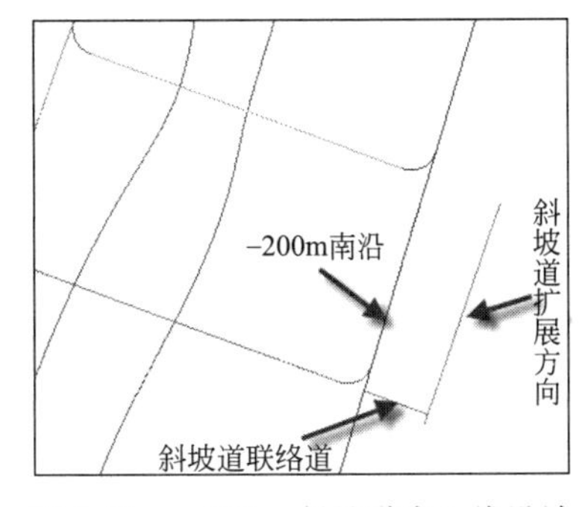


图 7-22 －200m 斜坡道中心线设计

② 点击“井巷工程”→“坡度”→“调整”，以斜坡道联络道端点为基点，坡度 20% 调整线。然后绘制一条标高为－180m 的辅助线，将斜坡道多余的线截断，如图 7-23。

③ 将折返的线调整到标高为－180m，然后以折返端为基点，按坡度 20% 进行调整，此处折返段按垂直高度上升 40m，到达－140m 标高进行设计。同理，设计－140m 至－100m 折返段，如图 7-24。

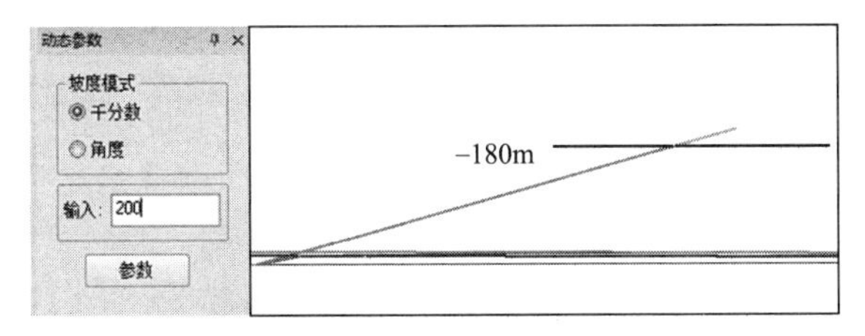


图 7-23 中心线调整

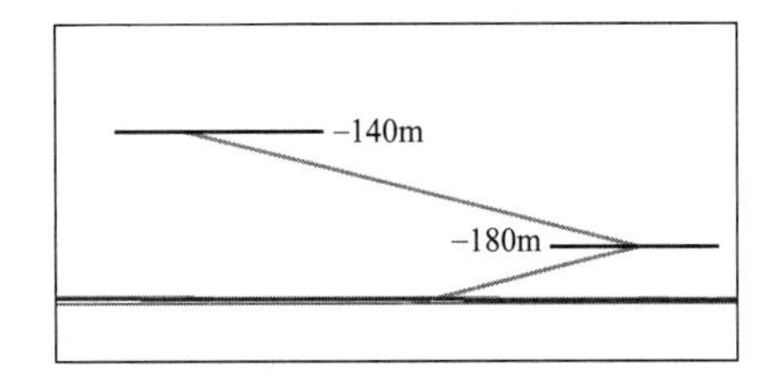


图 7-24 －180m 至－140m 斜坡道中心线设计

④ 设计折返弧段。在两线的端部采用“线编辑”→“创建”→“两点圆弧”，生成两端的折返段，使折返圆弧段的标高一致，如图 7-25。

⑤ 最后生成的效果如图 7-26。

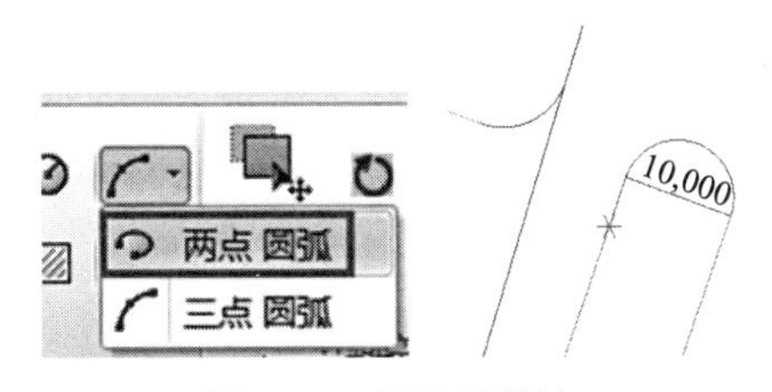


图 7-25 折返处设计

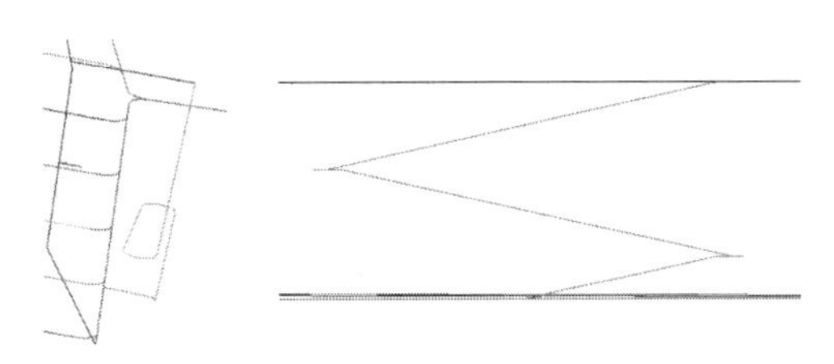

图 7-26 斜坡道中心线设计结果

⑥ 分别在－180m、－160m、－140m、－120m、－100m 处创建斜坡道的联络道，并设置巷道中心线的名称及断面、支护信息，然后生成实体模型，如图 7-27。

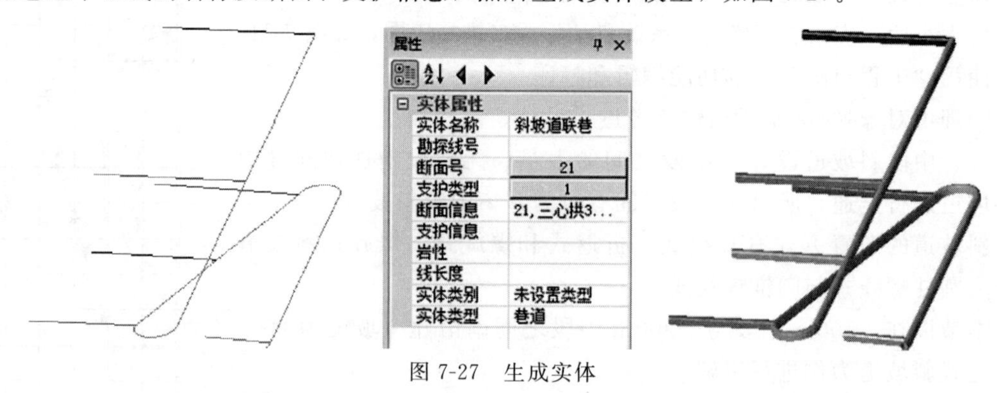


图 7-27　生成实体

斜坡道设计关键是选好斜坡道开口位置，运用坡度调整功能能快速地进行斜坡道设计。

# 7.2　盘区及采场划分

由于后期采切设计、爆破设计和指导生产时是以盘区或采场模型为基础，所以需对三维矿体模型进行必要的划分。

## 7.2.1　划分方法

采场划分有两种方式：一种是“实体切割＋裁剪”，另一种是“双线法＋布尔运算”。

（1）实体切割＋裁剪

① 中段模型划分。由于构建的三维矿体模型是整个矿区模型，因而在划分盘区或采场模型之前需划分中段模型。中段模型的划分可用三维矿业软件中的实体分割功能切出各中段实体，如图 7-28。

② 盘区或采场模型划分。在划分的中段模型的基础上，用采场范围线在中段模型基础上进行切割或裁剪，得到盘区或采场模型，如图 7-29。

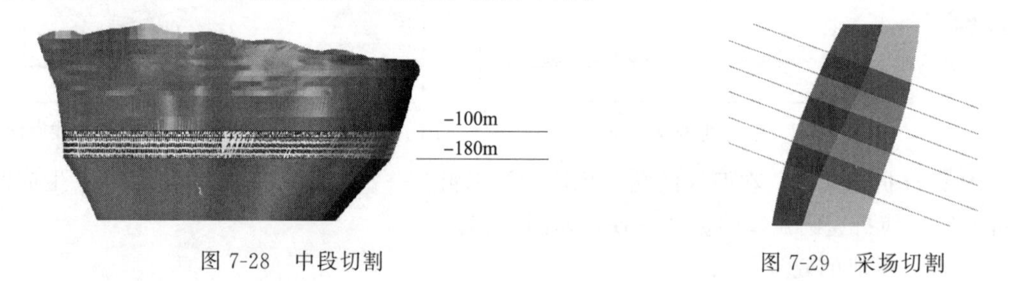


图 7-28　中段切割　　图 7-29　采场切割

（2）双线法＋布尔运算

首先采用双线法创建盘区间柱网格模型，然后用此模型与划分出的中段模型进行布尔运算。布尔运算即采用实体 $A-B$ 求差得到采场模型（$A$ 为矿体），以及采用实体求交得到矿柱模型，如图 7-30。

## 7.2.2　采场算量

通过采场算量能够得知每个盘区采场的矿量、品位、金属量等信息，从而可累计各中段可采矿量、品位、金属量等，为后期生成组织提供依据。采场算量主要利用采场模型与已赋值的块段模型进行，步骤如下：

① 打开采场模型文件，然后框选所有采场实体，右键选择“计算模型内储量”，如图 7-31。

图 7-30 “双线法＋布尔运算”生成矿房矿柱

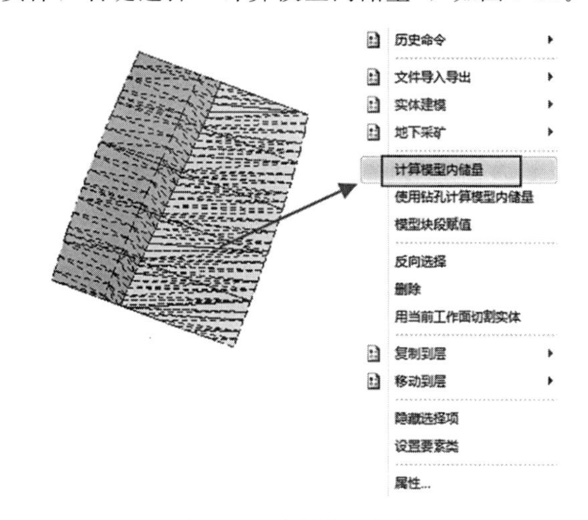


图 7-31 计算模型内储量

② 选择“块段模型”，勾选“将结果存入实体”，选择边界尺寸及内部尺寸，设置体重字段及主统计字段，点击确定，即可生成储量报表，如图 7-32。

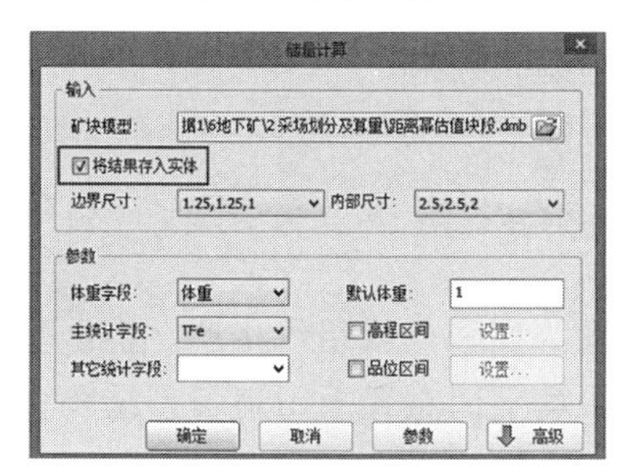


分矿体按中段估算资源储量统计表

| 矿体 | 体积 | 体重 | 矿石量 | 品位 | 金属量 |
|---|---|---|---|---|---|
| | | | | TFe | TFe |
| | m3 | t/m3 | t | % | t |
| 2#采场 | 75179.69 | 3.244744 | 243938.8 | 24.44753 | 59637.01 |
| 4#采场 | 73526.56 | 3.244291 | 238541.6 | 24.63972 | 58775.98 |
| 5#采场 | 71731.25 | 3.244138 | 232706.1 | 24.94185 | 58041.2 |
| 3#采场 | 74609.38 | 3.244421 | 242064.2 | 24.57182 | 59479.58 |
| 1#采场 | 75484.38 | 3.244374 | 244899.5 | 24.38678 | 59723.1 |
| 汇总 | 370531.3 | 3.244396 | 1202150 | 24.594 | 295656.9 |

图 7-32 计算结果

③ 先前已勾选“将结果存入实体”，模型计算的结果已经赋到实体的属性中。可以点击一个采场实体，查看其属性，可见在属性表中已有储量计算结果，如图 7-33。

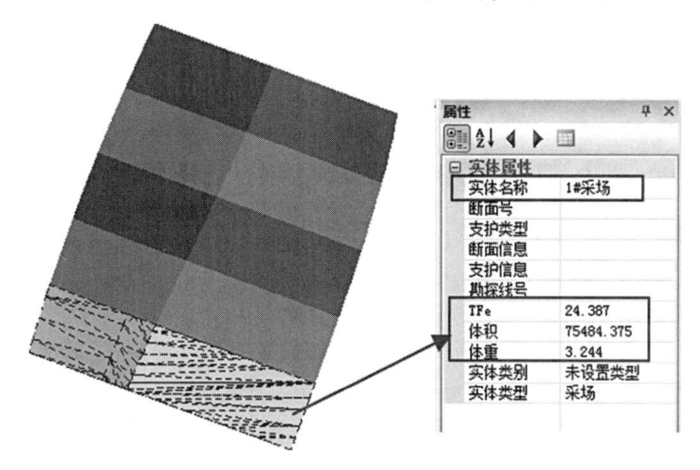


图 7-33 属性查看

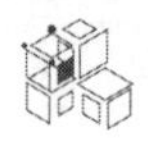

④ 对采场模型进行品位区间配色显示，从而一目了然地知道各采场品位分布的情况。在采场划分文件上右键，选择“属性配色”，在弹出的对话框中选择“区间配色”，并设置相应区间的起止值、颜色，勾选显示颜色图例，点击确定，如图 7-34。

图 7-34　采场品位配色

采场模型经过算量、配色后，能直观展现中段上高品位及低品位的分布情况，为采矿确定首采地段以及多个采场调节出矿、配矿、确定开采顺序提供便利。

## 7.2.3　指标分析

本节以岔路口钼铅锌矿为例进行盘区指标分析介绍。

岔路口钼铅锌矿开采设计将矿体划分为盘区，以盘区为回采单元组织生产。盘区垂直走向布置，盘区尺寸为 249m×100m。盘区由采场组成，采场平面布置采用扁长型结构，盘区分两步回采，一步矿房回采采用胶结充填，二步回采矿柱采用非胶结充填，采场尺寸暂定为：采场长 85m，矿房宽为 15m，矿柱为 18m。在节理发育中，岩体质量中等以下的矿段，可以减小采场长度，分为两个采场进行回采。

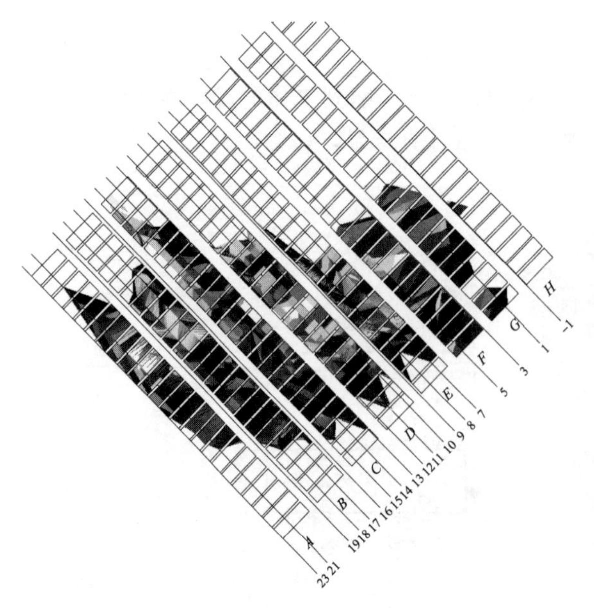


图 7-35　盘区划分图

根据岔路口矿体分布特征及盘区划分参数，沿着矿体向上，以 23 勘探线为起始，从西到东划分矿体，共 A、B、C、D、E、F、G、H 八列；垂直矿体向上，以矿体西北部为矿段开始，自北向南进行划分，共计盘区 1348 个，见图 7-35。

（1）盘区指标计算　对各中段盘区分别进行储量统计，统计包括各中段盘区数目、平均品位、矿石量、金属量等指标，如表 7-1 所示。

**表 7-1　各中段盘区信息表**

| 中段名称 | 盘区数量 | 盘区矿石量/×10$^6$t | 盘区金属量/×10$^3$t |
|---|---|---|---|
| —820m 中段 | 10 | 3.54 | 2.02 |
| —760m 中段 | 17 | 5.51 | 4.21 |
| —700m 中段 | 25 | 10.96 | 8.21 |
| —640m 中段 | 44 | 35.78 | 30.01 |
| —580m 中段 | 68 | 80.57 | 57.62 |
| —520m 中段 | 81 | 152.76 | 113.90 |
| —460m 中段 | 77 | 180.95 | 147.33 |
| —400m 中段 | 78 | 183.72 | 151.83 |
| —340m 中段 | 80 | 187.68 | 141.32 |
| —280m 中段 | 79 | 204.97 | 138.60 |
| —220m 中段 | 89 | 211.26 | 129.14 |
| —160m 中段 | 84 | 213.23 | 121.32 |
| —100m 中段 | 89 | 154.08 | 83.71 |
| —40m 中段 | 83 | 177.65 | 81.39 |
| 20m 中段 | 81 | 168.08 | 73.25 |
| 80m 中段 | 73 | 159.42 | 71.99 |
| 140m 中段 | 70 | 150.29 | 75.47 |
| 200m 中段 | 60 | 123.95 | 67.42 |
| 260m 中段 | 49 | 91.97 | 52.23 |
| 320m 中段 | 39 | 57.72 | 35.90 |
| 380m 中段 | 30 | 33.47 | 18.34 |
| 440m 中段 | 20 | 12.43 | 6.62 |
| 500m 中段 | 16 | 1.88 | 0.94 |
| 560m 中段 | 6 | 0.92 | 0.43 |

从图 7-36 中可以看出各个中段每一个指标都是在不断变化，不同的中段盘区对应着不同的经济效益，并且在一些中段局部波动较为明显，直接经济效益差异较大，这也证明了方

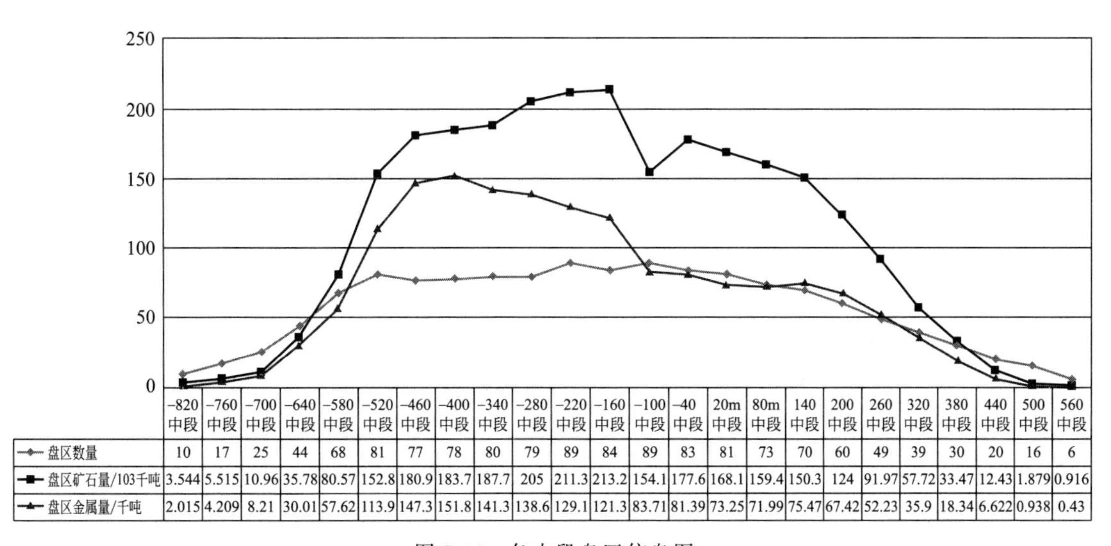


图 7-36　各中段盘区信息图

案优化研究的必要性和实用性。例如，－400m 中段可布置 78 个盘区，总的矿石量与金属量分别为 1.837 亿吨、15.183 万吨，为矿体较富集中段。

（2）盘区品位配色显示　为直观地显示各盘区的平均品位，对各盘区、采场矿体模型进行品位属性区间配色。图 7-37 列出了其中－400m 中段各盘区按照平均品位进行配色处理后的效果图，盘区、采场品位的高低一目了然。

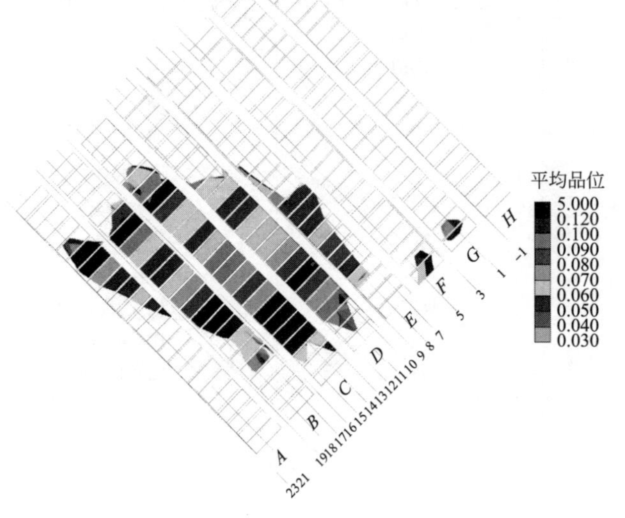

图 7-37　－400m 中段盘区按平均品位显示图（见书后彩图）

综合考虑经中段划分后各中段及其划分盘区数、资源储量、品位吨位信息，选取基建期相对较小、勘探程度足够、生产能力能够满足近几年生产的中段作为首采中段。根据前面的统计分析结果，建议选取－400m 中段作为首采中段，C15 或 C16 作为首采盘区。

# 7.3　采切工程设计

采准工程，即为获得采准矿量，在开拓矿量的基础上，按不同的采矿方法工艺的要求所掘进的各类井巷工程。如在采场（或矿块）底部所开掘的沿脉和穿脉运输巷道；运输横巷、通风平巷；采场人行、设备材料、充填料、凿岩、通风等专用天井；为开采平行矿脉作准备工作的阶段运输横巷（不包括干线运输巷道）；耙道巷道、格筛巷道、硐室、放矿小井；通往采场和主要运输平巷的安全出口等联络道；采用空场法的沿脉巷道；崩落法的沿脉巷道等井巷掘进工程。

切割工程，即为获得备采矿量，在开拓及采准矿量的基础上按采矿方法所规定，在回采作业之前所必须完成的井巷工程。其中包括采场切割天井（或上山）、切割平巷、拉底巷道、切割堑沟；放矿娄底的漏斗颈；深孔凿岩硐室；空场法的分段穿脉巷道；分层和有底柱分段崩落的分层和分段穿脉巷道及无底柱分段崩落法的分段沿脉巷道；分层崩落法的贮矿巷道、贮矿小井等井巷掘进工程。

数字化采切工程设计是借助于数字化技术对矿山开采的采切工程进行真三维设计。在矿山采矿方法设计中，应用可视化真三维技术不仅十分必要，而且完全可行，它突破传统的设计模式和方法，极大提高采矿方法设计的工作效率，使采矿方法的设计更加直观、形象、容易理解，应用前景必将越来越广泛。

本章节介绍在构建三维模型的基础上进行采场采切工程设计，计算出采准切割工程量、采切比、矿石量、损失率和贫化率等一系列参数，同时输出了施工图纸。采切工程设计资料也为后期的采矿生产计划编制和生产过程控制提供了可靠的依据。

## 7.3.1　数据准备

采矿方法设计资料准备工作是一项十分重要的工作，它是进行采矿单体设计的基础，包括矿体、地表和开拓系统的三维实体模型，需要计算储量的矿块模型，以及根据矿体的形态选择合适的采矿方法并确定出采矿方法中的各个技术参数。

（1）采矿方法的确定　三维模型为采矿方法的选择提供了较为直观的依据，包括矿体倾角、方位角、厚度、储量、矿体周围情况等。采矿方法的选择需要依据矿体最终形态及矿岩各参数来共同确定，并确定出采矿方法各个技术参数（如矿房、矿柱的尺寸，采准和切割工程的形式和规格，爆破技术参数等）。

（2）实测巷道建模　依据测量实测数据建立实测巷道模型，模型主要包括中段巷道、阶段运输巷、穿脉、凿岩巷道、切割天井、溜井、漏斗等工程。

（3）采场的划分　在确定矿山开采顺序和阶段高度等参数后，借助裁剪分割实体功能对矿体模型进行中（分）段切割，在确定阶段矿体的基础上即可对阶段矿体进行切割，形成矿块来划分采场范围，如图 7-38 所示。

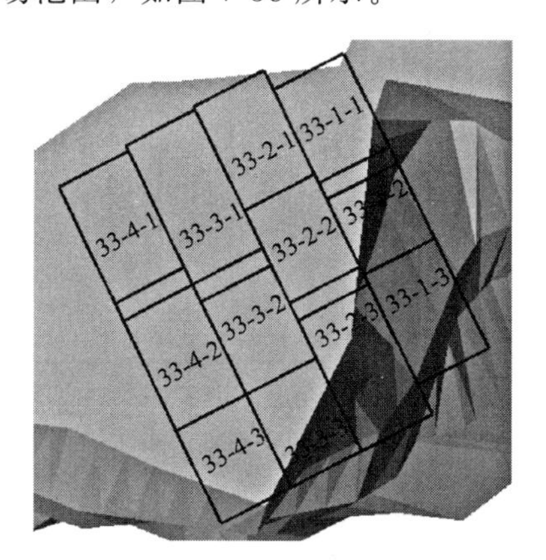

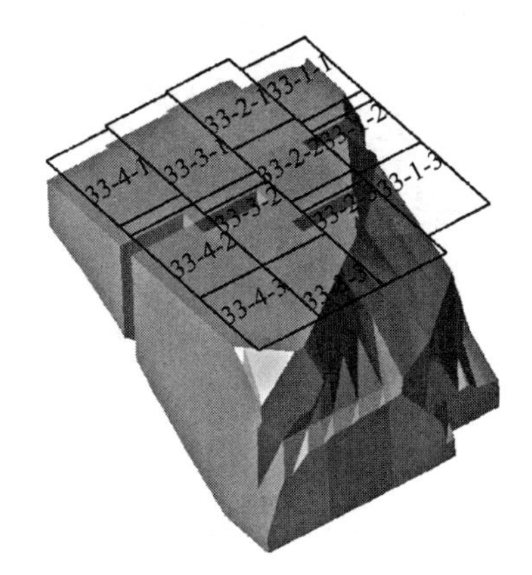


图 7-38　采场划分示意图

## 7.3.2　工程布置

（1）设计模型切分　将设计中段模型从整体模型中切分出来，并提取设计中段与上中段矿体轮廓线。

（2）井巷中心线设计　采场建设的采切工程主要由阶段运输平巷、穿脉、人行天井、电耙道、分段凿岩巷道、溜井、漏斗等工程组成。由于采切工程建模的本质为巷道建模，因而创建此设计工程实体模型的方法为中线加断面方法来生成实体。

设计井巷工程首先是井巷中心线的设计，在考虑三维采区整体和采场构成的情况下，定义平面工作面，在工作面中进行中心线设计。其中巷道弯度、道岔等位置设计，目前各软件都已提供了弯道和道岔的参数化设计；天井设计可直接在空间中定义上下井口位置，然后连线形成天井中心线。

（3）坡度设置　通过井巷中心线的一个端点为起点，对巷道设计中心线按照设计坡度进行调整。

（4）井巷中心线命名与属性设置　利用软件快速标注功能对设计井巷工程中心线进行井巷命名和属性添加，属性添加信息包含巷道断面尺寸、支护等信息。

（5）模型生成　根据确定的断面沿巷道底板中线（圆形巷道则沿巷道中线）生成巷道实体，如图 7-39。

## 7.3.3 设计指标计算

（1）标注　利用软件快速对设计工程中心线进行标注，包括名称、坡度、拐弯半径、拐点坐标等。

（2）施工图输出　在真三维模型基础之上设计的采切工程，与传统设计相比更加直观化、形象化、真实化，对从本质上了解各个采准切割工程的空间结构、采准顺序等起到了不可替代的作用。此外，根据真三维矿块及内部实体工程模型，可截取任意位置、方向、比例的平面图和剖面图。剖面图的输出如图 7-40 所示。

图 7-39　采切工程设计模型

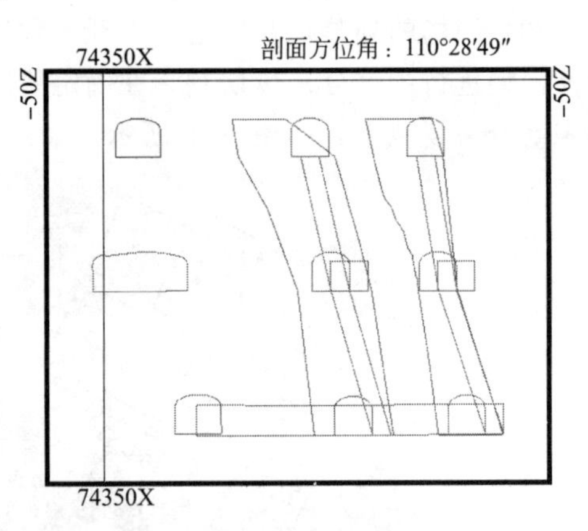


图 7-40　剖面图的输出

然后在平面图与剖面图的基础上进行施工指导、生产进度计划编制，同时为矿山的生产调度及其控制提供空间定位和基础模型，并最终服务于整个生产过程。

（3）采切工程量计算　采切工程设计完成后，输出设计成果，包括采切工程设计的二维图与三维图以及采切工程量，如图 7-41 所示。

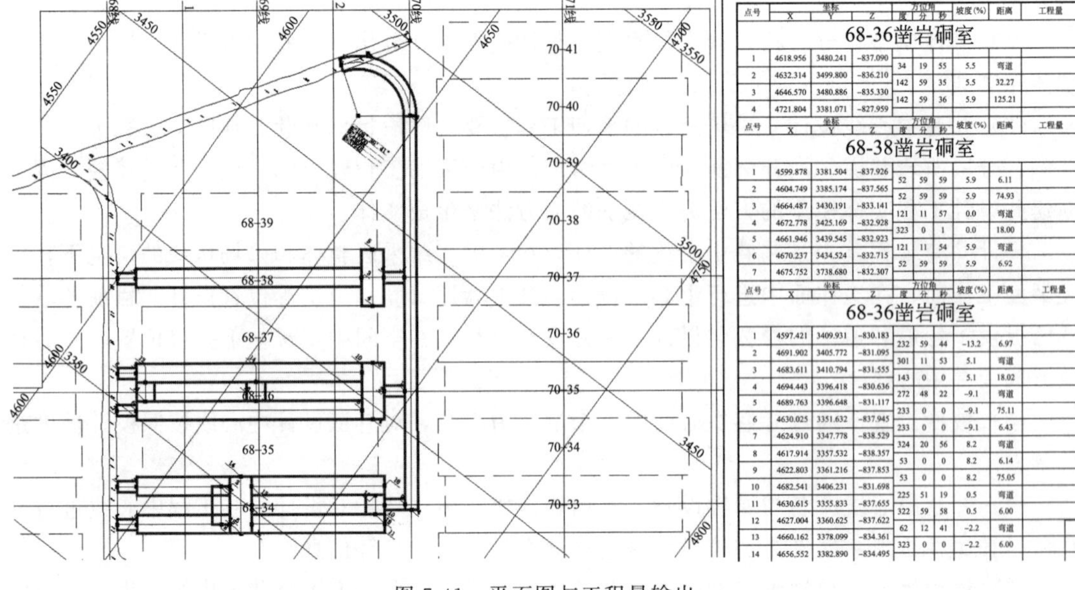


| 点号 | 坐标 X | 坐标 Y | 坐标 Z | 方位角 度 | 方位角 分 | 方位角 秒 | 坡度(%) | 距离 | 工程量 |
|---|---|---|---|---|---|---|---|---|---|
| 68-36凿岩硐室 | | | | | | | | | |
| 1 | 4618.956 | 3480.241 | -837.090 | 34 | 19 | 55 | 5.5 | 弯道 | |
| 2 | 4632.314 | 3499.800 | -836.210 | 142 | 59 | 35 | 5.5 | 32.27 | |
| 3 | 4646.570 | 3480.886 | -835.330 | 142 | 59 | 36 | 5.9 | 125.21 | |
| 4 | 4721.804 | 3381.071 | -827.959 | | | | | | |
| 68-38凿岩硐室 | | | | | | | | | |
| 1 | 4599.878 | 3381.504 | -837.926 | 52 | 59 | 59 | 5.9 | 6.11 | |
| 2 | 4604.749 | 3385.174 | -837.565 | 52 | 59 | 59 | 5.9 | 74.93 | |
| 3 | 4664.487 | 3430.191 | -833.141 | 121 | 11 | 57 | 0.0 | 弯道 | |
| 4 | 4672.778 | 3425.169 | -832.928 | 323 | 0 | 1 | 0.0 | 18.00 | |
| 5 | 4661.946 | 3439.545 | -832.923 | 121 | 11 | 54 | 5.9 | 弯道 | |
| 6 | 4670.237 | 3434.524 | -832.715 | 52 | 59 | 59 | 5.9 | 6.92 | |
| 7 | 4675.752 | 3738.680 | -832.307 | | | | | | |
| 68-36凿岩硐室 | | | | | | | | | |
| 1 | 4597.421 | 3409.931 | -830.183 | 232 | 59 | 44 | -13.2 | 6.97 | |
| 2 | 4691.902 | 3405.772 | -831.095 | 301 | 11 | 53 | 5.1 | 弯道 | |
| 3 | 4683.611 | 3410.794 | -831.555 | 143 | 0 | 0 | 5.1 | 18.02 | |
| 4 | 4694.443 | 3396.418 | -830.636 | 272 | 48 | 22 | -9.1 | 弯道 | |
| 5 | 4689.763 | 3396.648 | -831.117 | 233 | 0 | 0 | -9.1 | 75.11 | |
| 6 | 4630.025 | 3351.632 | -837.945 | 233 | 0 | 0 | -9.1 | 6.43 | |
| 7 | 4624.910 | 3347.778 | -838.529 | 324 | 20 | 56 | 8.2 | 弯道 | |
| 8 | 4617.914 | 3357.532 | -838.357 | 53 | 0 | 0 | 8.2 | 6.14 | |
| 9 | 4622.803 | 3361.216 | -837.853 | 53 | 0 | 0 | 8.2 | 75.05 | |
| 10 | 4682.541 | 3406.231 | -831.698 | 225 | 51 | 19 | 0.5 | 弯道 | |
| 11 | 4630.615 | 3355.833 | -837.655 | 322 | 59 | 58 | 0.5 | 6.00 | |
| 12 | 4627.004 | 3360.625 | -837.622 | 62 | 12 | 41 | -2.2 | 弯道 | |
| 13 | 4660.162 | 3378.099 | -834.361 | 323 | 0 | 0 | -2.2 | 6.00 | |
| 14 | 4656.552 | 3382.890 | -834.495 | | | | | | |

图 7-41　平面图与工程量输出

### 7.3.4 采切工程设计案例

采切工程设计受采矿方法制约，不同的采矿方法，其采切工程布置不同。下面以 Dimine 软件介绍无底柱分段崩落法、分段凿岩阶段出矿嗣后充填法、VCR 法的采切工程设计。

(1) 无底柱分段崩落法采切工程设计　无底柱采矿方法是凿岩巷道在不同分段错开布置，分段的凿岩、崩矿和出矿等工作均在回采巷道中进行的方法。凿岩巷道（进路）间距 20m，分段高度 20m。

① 打开“开拓设计”文件的－200m 水平图层，将文件另存为“采切设计”，新建“－180m 水平”“－160m 水平”“－140m 水平”“－120m 水平”图层，并分别在对应的图层中切割矿体轮廓线，如图 7-42 所示。

② 将“－200m 水平”的 4＃、5＃穿脉中心线复制到－180m 水平图层，并设置为－180m 标高，将 4＃穿脉先偏移 10m，然后多次偏移 20m，直到超出 5＃穿脉为止。并根据矿体边界用“线编辑”→“延伸”或“打断”修改线的长度。打开上水平的－160m 矿体界线，对比两分段的矿体界线确定切割巷位置，如图 7-43 所示。

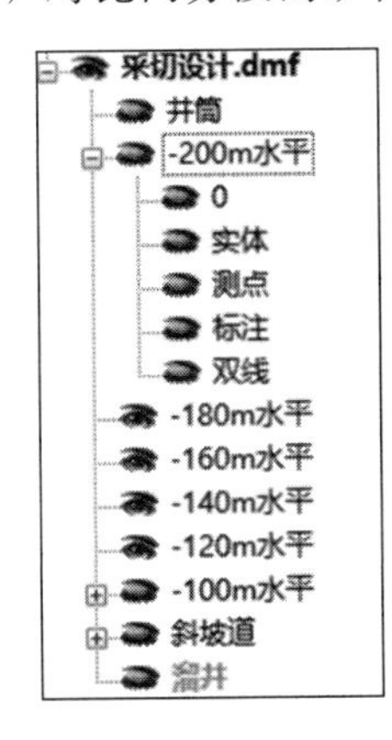


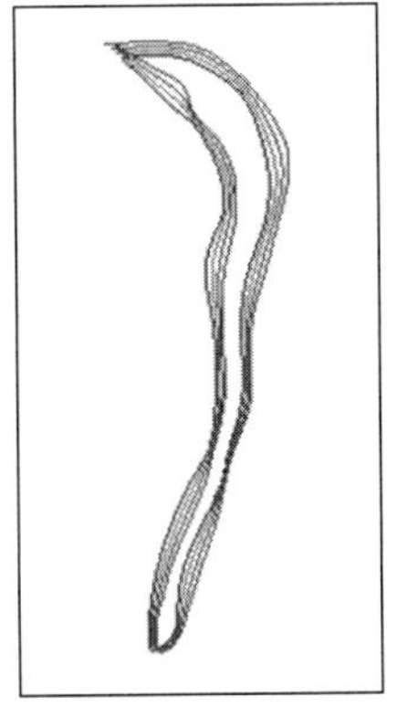

图 7-42　矿体轮廓线

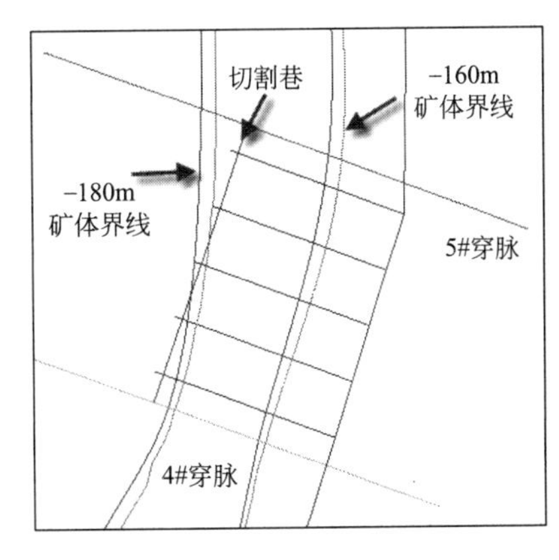


图 7-43　切割巷位置

③ 设置新增进路的名称为“4-1 凿岩巷”“4-2 凿岩巷”……“4-5 凿岩巷”，并设置断面，生成非连通实体。并在切割巷断面设置一个切割天井，断面为 2m×2m 的矩形，天井高为分段高 20m，如图 7-44 所示。

④ 同上设置－160m 分段采切工程。只是进行进路设计时，将 4＃穿脉多次偏移 20m，直到 5＃穿脉位置停止，如图 7-45 所示。

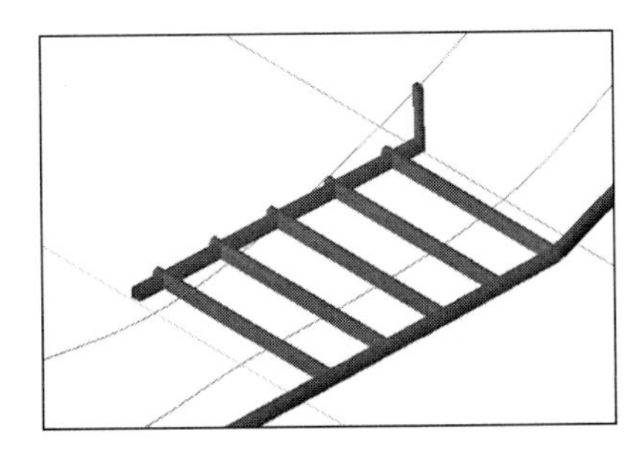

图 7-44　－180m 采切巷道实体

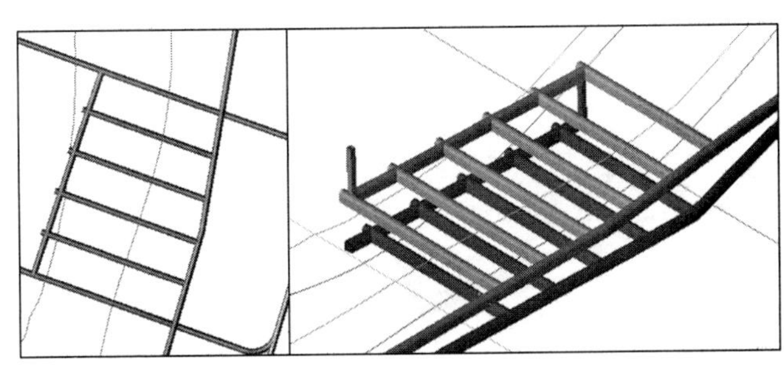

图 7-45　－160m 水平采切设计

⑤ 按－180m 分段方式设置－140m 分段的采切工程，按－160m 分段的方式设置－120m 分段采切工程，如图 7-46 所示。

⑥ 布置溜井。在靠近 4＃穿脉一侧布置一条直径 4m 的圆溜井与各分段相连，分段与溜井采用联络道相连，如图 7-47 所示。

（2）分段凿岩阶段出矿嗣后充填采切工程设计　该方法在各个分段巷道凿岩，在阶段的最下分段巷道进行出矿，分段高度 20m，凿岩巷道间距 20m，在凿岩巷道内打上向扇形孔。

① 将“－200m 水平”的 2＃、3＃穿脉中心线复制到－180m 水平图层。将 2＃与 3＃穿脉间的区域设为 5 个 20m 宽的矿房和矿柱。将 2＃穿脉多次偏移 20m，得到每个矿房矿柱区域。采用“线编辑”→“高程”→“线赋高程”，将各线高程调整至与－180m 沿脉中心线一致。下面以一号矿房为例讲解，如图 7-48 所示。

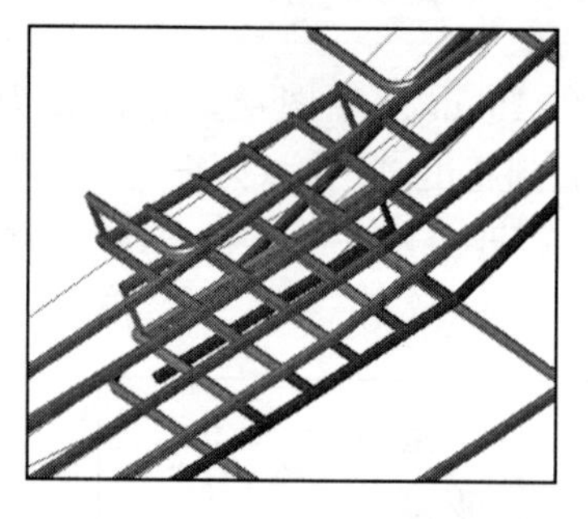

图 7-46　－140m 水平采切设计

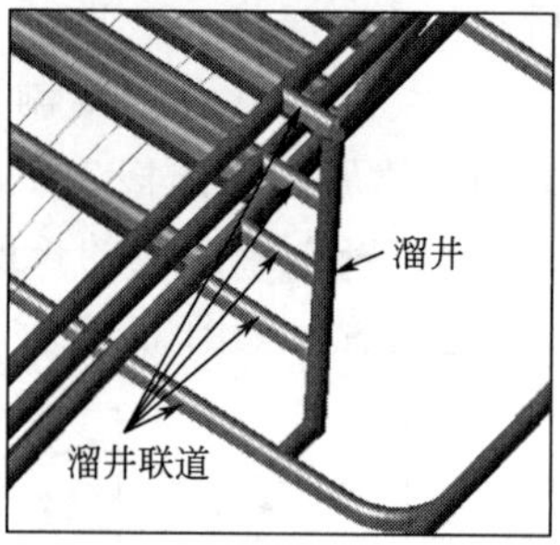

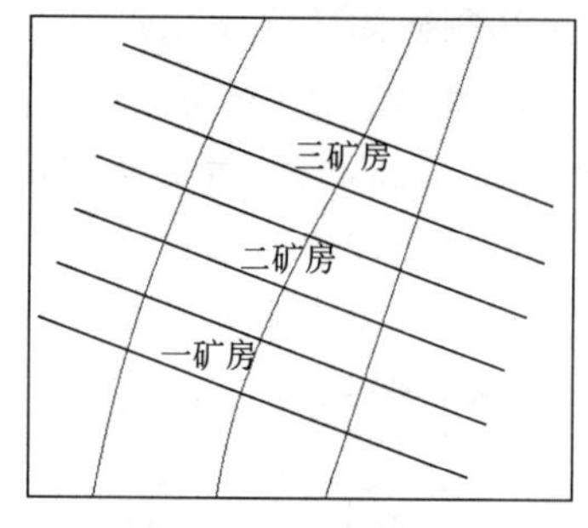


图 7-47　溜井设计

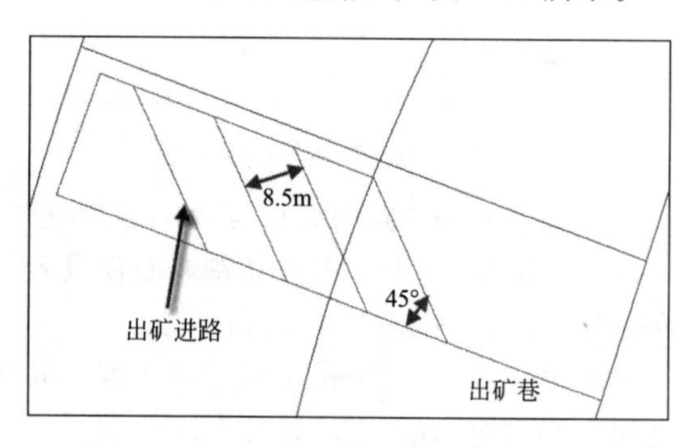


图 7-48　矿房划分

② 根据矿体边界用“线编辑”→“延伸”或“打断”修改线的长度。并通过坡度“调整”功能，将出矿巷坡度调整为 0.3%。将出矿巷偏移 17.5m，作为凿岩巷，如图 7-49 所示。

③ 布置出矿进路。从出矿巷向凿岩巷作 45°间隔 8.5m 的出矿进路，如图 7-50 所示。

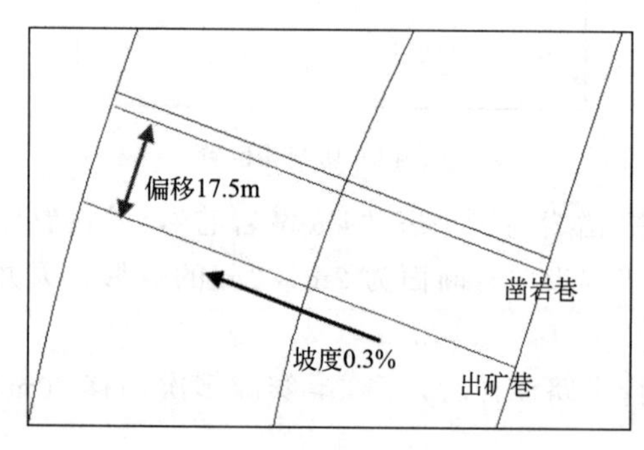


图 7-49　凿岩中心线

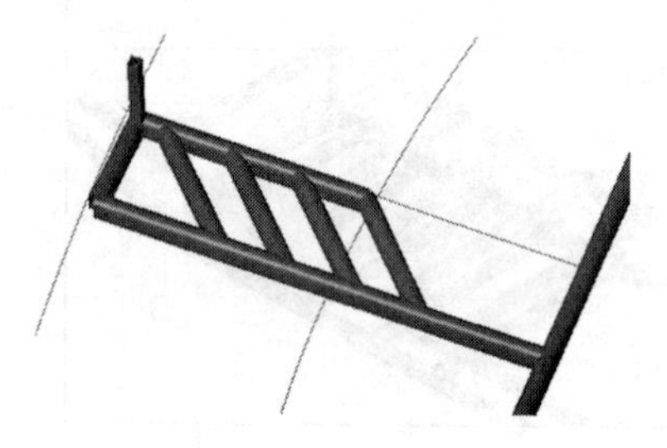


图 7-50　出矿横巷中心线

图 7-51　天井设计

④ 在凿岩巷端部设置一条切割天井，断面为 2m×2m 矩形，高 20m。设置断面及支护形态，生成实体模型，如图 7-51 所示。

⑤ 设计－160m 分段凿岩巷与切割巷。将一号矿房的边界线复制到“－160m 水平”图层，调整好线高程，在两边界线中央设立凿岩巷中心线。根据矿体界线确定切割巷。在切割巷端部设置切割天井，设置断面及支护

方式，生成实体模型，如图 7-52 所示。

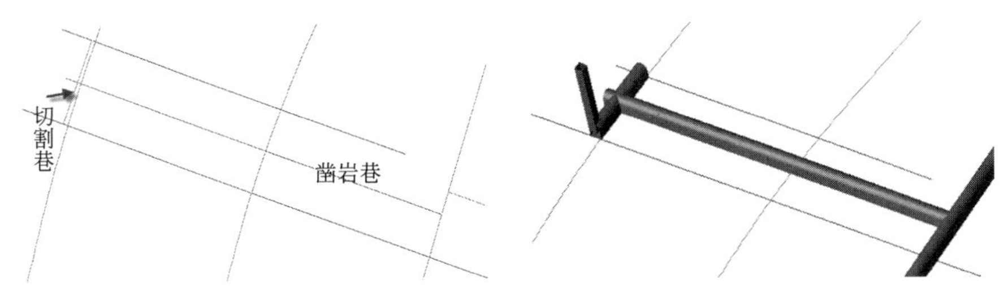


图 7-52 －160m 分段采切设计

⑥ －140m 分段、－120m 分段同－160m 分段一样建立凿岩巷与切割巷。最后建立一个中段溜井与各分段连通，溜井与分段之间采用溜井联道连接，如图 7-53 所示。

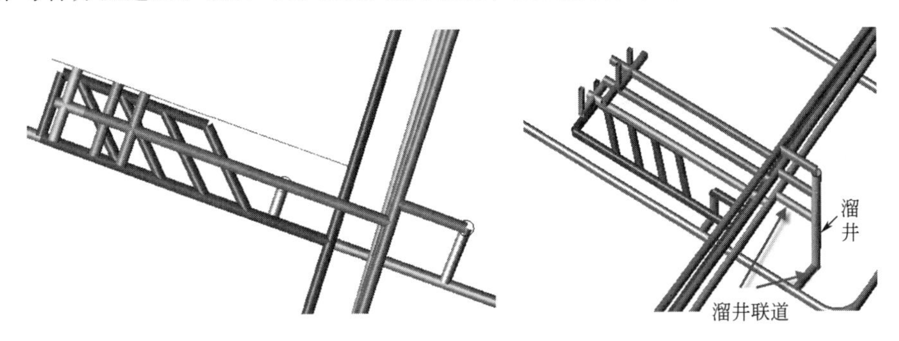


图 7-53 采切设计结果

（3）VCR 法采切工程设计 该方法是高分段凿岩爆破，在阶段的最下分段巷道进行出矿，阶段高从－100m 至－180m，阶段高度 80m，在－180m 分段设置出矿巷道及堑沟，分别在－140m 分段及－100m 分段设置两层凿岩硐室，凿岩硐室宽 6m，朝下打大直径深孔（可为平行孔或斜孔）。

① －180m 出矿水平设计

a. 将“－200m 水平”的 7＃、8＃穿脉中心线复制到－180m 水平图层。将 7＃穿脉多次偏移 20m，得到多个矿房矿柱区域。采用“线编辑”→“高程”→“线赋高程”，将各线高程调整至与－180m 沿脉中心线一致。下面以一号矿房为例讲解。

b. 进行－180m 出矿水平设计。－180m 水平的凿岩巷主要是为了开凿堑沟，切割天井也是为堑沟服务的，其高度为堑沟设计高度。凿岩巷的底部结构见图 7-54。

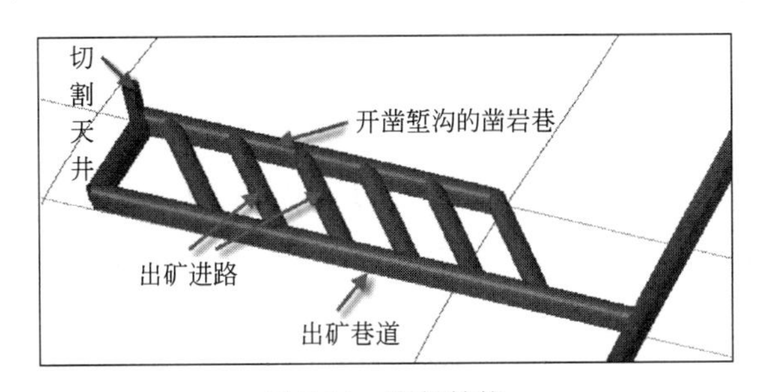


图 7-54 底部结构

② －140m 分段凿岩硐室设计

a. 将矿房控制线复制到－140m 高程，将控制线向内偏移 3m，形成凿岩硐室的中心线。凿岩硐室端部与－180m 出矿水平端部对齐。有时为增强爆破效果，在凿岩硐室中部增加一条凿岩横巷，如图 7-55 所示。

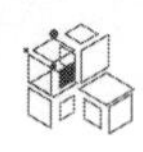

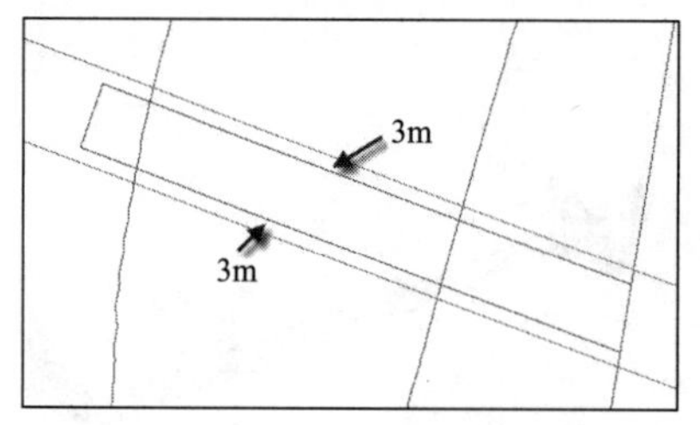


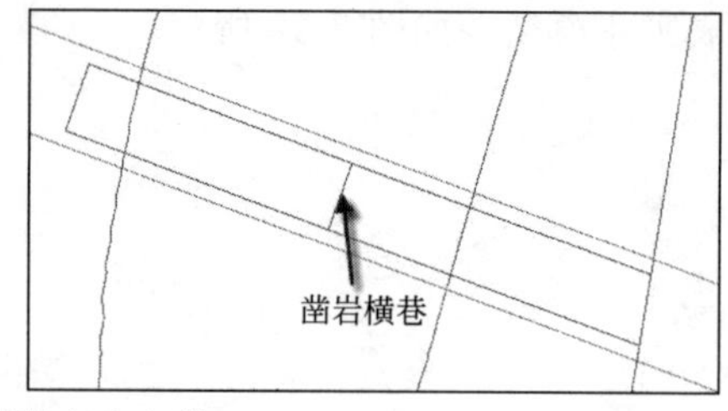


图 7-55　凿岩硐室中心线

b. 设置中心线断面及支护信息，生成实体，如图 7-56 所示。

c. －100m 分段凿岩硐室设计参照－140m 分段。最终设计结果如图 7-57 所示。

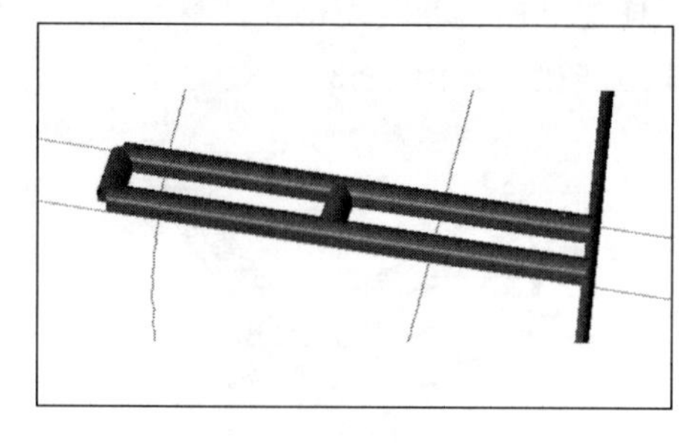

图 7-56　凿岩硐室实体

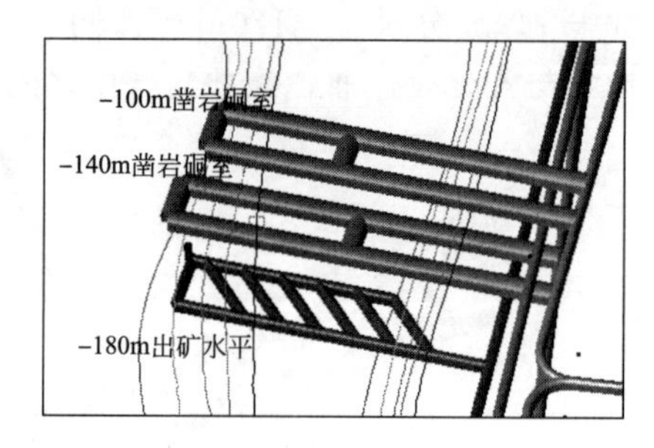


图 7-57　采切设计结果

③ 工程量计算及出图。采切设计做完后，需对设计工程进行图表输出。本处以前面 VCR 法采切工程设计（成果见图 7-58）为例，输出工程量图表。

a. 显示设计中心线（图 7-59），对中心线进行标注。

图 7-58　VCR 法采切设计成果

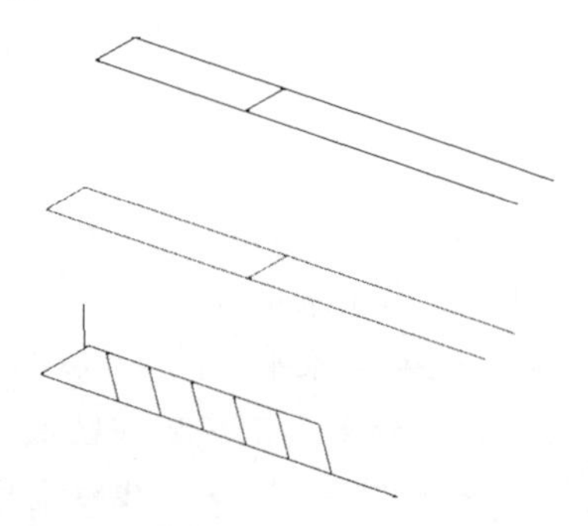

图 7-59　设计中心线

b. 由于采切工程分为多层，在标注时建立分组标识，在出图表时便于区分，如图 7-60、图 7-61 所示。

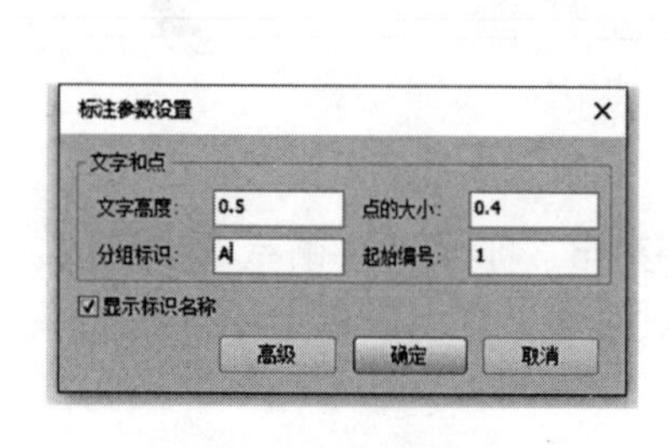


图 7-60　标注设置

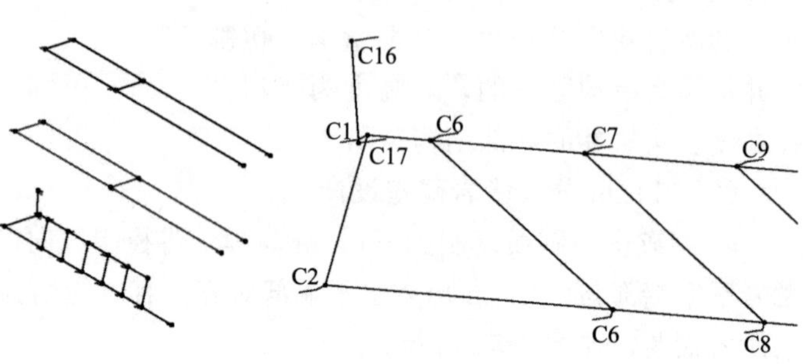


图 7-61　标注后中心线

c. 双线生成。依据中心线及各中心线的断面生成巷道帮线，如图 7-62 所示。

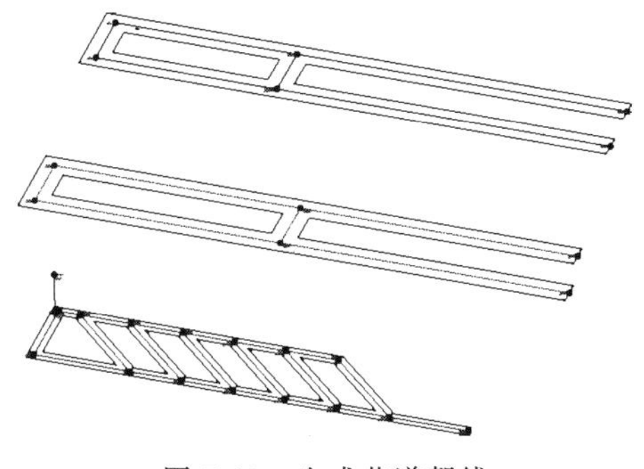

图 7-62　生成巷道帮线

d. 图表输出。一键输出工程图及工程量表、坐标信息表，如图 7-63。

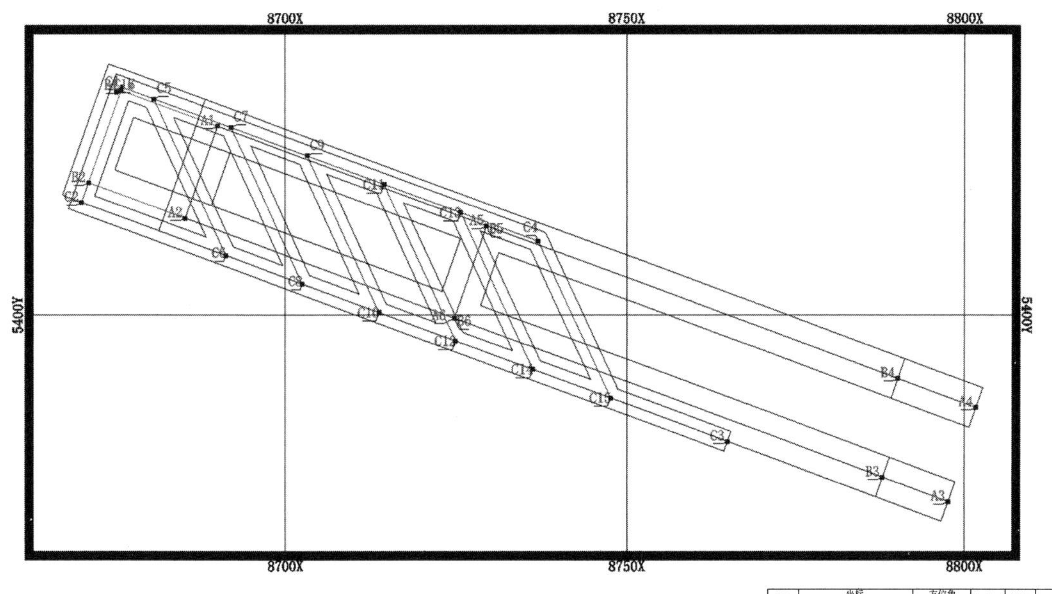


| 序号 | 名称 | 支护 型式 | 支护 厚度（m） | 断面(m2) 规格 | 断面(m2) 净(m2) | 断面(m2) 掘(m2) | 长度(m) | 开凿量(m3) | 支护量 混凝土(m3) | 支护量 木材(m3) | 支护量 钢材(kg) | 备注 |
|---|---|---|---|---|---|---|---|---|---|---|---|---|
| 10 | 切割天井7-1 | 不支护 |  | 2.00m×2.00m | 4.000 | 4.000 | 10.000 | 40.000 |  |  |  |  |
| 9 | 7-1凿岩巷 | 错喷 | 0.200 | 6.00m×5.00m | 27.468 | 31.346 | 600.549 | 17648.665 | 1398 |  | 60055 |  |
| 8 | 7-1切巷 | 错喷 | 0.200 | 3.00m×4.00m | 11.010 | 13.229 | 5.500 | 72.763 | 8 |  | 550 |  |
| 7 | 7-1出矿巷 | 错喷 | 0.200 | 3.00m×4.00m | 11.010 | 13.229 | 100.688 | 1332.042 | 148 |  | 10069 |  |
| 6 | 7-1出矿横巷6 | 错喷 | 0.200 | 3.00m×4.00m | 11.010 | 13.229 | 6.749 | 89.280 | 10 |  | 675 |  |
| 5 | 7-1出矿横巷5 | 错喷 | 0.200 | 3.00m×4.00m | 11.010 | 13.229 | 3.749 | 49.592 | 5 |  | 375 |  |
| 4 | 7-1出矿横巷4 | 错喷 | 0.200 | 3.00m×4.00m | 11.010 | 13.229 | 3.749 | 49.592 | 5 |  | 375 |  |
| 3 | 7-1出矿横巷3 | 错喷 | 0.200 | 3.00m×4.00m | 11.010 | 13.229 | 3.749 | 49.592 | 5 |  | 375 |  |
| 2 | 7-1出矿横巷2 | 错喷 | 0.200 | 3.00m×4.00m | 11.010 | 13.229 | 3.749 | 49.592 | 5 |  | 375 |  |
| 1 | 7-1出矿横巷1 | 错喷 | 0.200 | 3.00m×4.00m | 11.010 | 13.229 | 3.749 | 49.592 | 5 |  | 375 |  |

| 点号 | 坐标 X | 坐标 Y | 坐标 Z | 方位角 度 | 方位角 分 | 方位角 秒 | 坡度(%) | 线长 | 工程量 |
|---|---|---|---|---|---|---|---|---|---|
| 7-1凿岩巷 |  |  |  |  |  |  |  |  |  |
| A1 | 8689.989 | 5426.997 | -100.000 |  |  |  |  |  |  |
|  |  |  |  | 199 | 48 | 30 | 0.0 | 14.00 | 438.844 |
| A2 | 8685.245 | 5413.826 | -100.000 |  |  |  |  |  |  |
|  |  |  |  | 109 | 48 | 27 |  |  |  |
| A3 | 8797.596 | 5373.360 | -100.000 |  |  |  |  |  |  |
|  |  |  |  | 16 | 49 | 32 |  |  |  |
| A4 | 8801.654 | 5386.778 | -100.000 |  |  |  |  |  |  |
|  |  |  |  | 289 | 48 | 27 | 0.0 |  |  |
| A5 | 8729.637 | 5412.717 | -100.000 |  |  |  |  |  |  |
|  |  |  |  | 199 | 48 | 30 | 0.0 | 14.00 | 438.844 |
| A6 | 8724.892 | 5399.546 | -100.000 |  |  |  |  |  |  |
| 7-1凿岩巷 |  |  |  |  |  |  |  |  |  |
| B1 | 8675.876 | 5432.080 | -140.000 |  |  |  |  |  |  |
|  |  |  |  | 199 | 48 | 30 | 0.0 | 14.00 | 438.844 |
| B2 | 8671.132 | 5418.909 | -140.000 |  |  |  |  |  |  |
|  |  |  |  | 109 | 48 | 27 |  |  |  |
| B3 | 8787.867 | 5376.864 | -140.000 |  |  |  |  |  |  |
|  |  |  |  | 9 | 12 | 11 |  |  |  |
| B4 | 8790.145 | 5390.924 | -140.000 |  |  |  |  |  |  |
|  |  |  |  | 289 | 48 | 27 | 0.0 |  |  |
| B5 | 8729.637 | 5412.717 | -140.000 |  |  |  |  |  |  |
|  |  |  |  | 199 | 48 | 30 | 0.0 | 14.00 | 438.844 |
| B6 | 8724.892 | 5399.546 | -140.000 |  |  |  |  |  |  |

图 7-63　图表输出

# 7.4　爆破设计

## 7.4.1　扇形中深孔设计

（1）概述　扇形深孔爆破在地下三维爆破设计占有很大的比重。依据三维矿体模型、井巷工程模型、空区模型等来确定采场边界范围，在此基础上，系统依据孔底距、钻机参数等自动生成各炮排炮孔；根据装药算法自动进行装药设计；用户可以对自动生成的炮孔参数（长度、角度、装药长度等）进行交互式修改和编辑，最终生成爆破实体、爆破施工卡片以及中深孔设计施工图。

利用软件平台进行采场爆破设计可以在三维立体空间中更准确、直观地进行相关设计，增强了空间概念，更准确地指导生产，快速地进行各种图件的生成和各类经济技术指标的计算，为二步骤采场的回采提供准确边界，大大提高设计精度和设计人员的效率。

（2）流程（图 7-64）

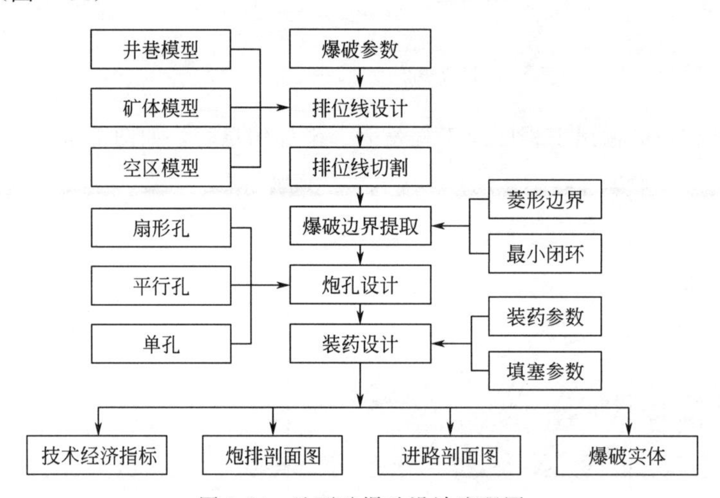


图 7-64　地下矿爆破设计流程图

① 爆破参数设置。

a. 炮孔参数设置是否合理直接决定了爆破效果，包括孔底距、孔底距容差、最小孔口距、边界容差与最大孔深。其中孔底距是指相邻两个炮孔孔底间的垂直距离；孔底距容差是指爆破设计时，难以刚好调整每个孔的孔底距相等，这时候可允许孔底距在相应的偏差范围内进行调节，此偏差范围即为容差（如孔底距为 2m，容差为 0.1m，则设计的炮孔允许其孔底距范围为 1.9～2.1m）；最小孔口距是指在施工炮孔时，相邻炮孔孔口的最小距离；边界容差是指炮孔到采场边界的距离，正为穿过采场，负为在采场内部，－0.5 代表在爆破边界内，距离边界线 0.5m；最大孔深是指布置炮孔时按照最大孔深值进行布置，如果超过边界则根据边界容差值进行截断。

b. 钻机参数。钻机参数包括钻机支高、钻机机身高度与宽度、钻孔直径。其中钻机支高是指布置炮孔时实时显示的钻机支柱的高度；钻机机身高度与宽度是指布置炮孔时实时显示的钻机高度、宽度；钻孔直径是指施工钻孔的孔直径。

② 工程模型创建。工程模型的创建包括矿体模型、井巷工程模型与空区模型的创建。其中矿体模型是地下矿爆破设计的对象，可以进行采场切割划分来确定爆破边界；实测及设计井巷工程模型用于确定钻机的摆布位置与确定钻机中心点；空区模型是针对二步骤回采确定相邻采场的爆破边界。

③ 排位设计。排位设计时需考虑排位间距、排位左右控制宽度、排位控制高度、排位角度与倾角等因素。其中排位间距是指每一排炮排的间距，可以按照排间距或者排数来定义

炮排；排位左右控制宽度是指炮排左、右侧控制线与巷道中心线的左、右侧距离，一般为采场控制线距离的一半；排位控制高度是指炮排垂直方向控制高度，一般超过分层（段）设计高度；排位角度与倾角是指炮排与巷道中心线水平面的夹角与倾角，如图 7-65 所示。

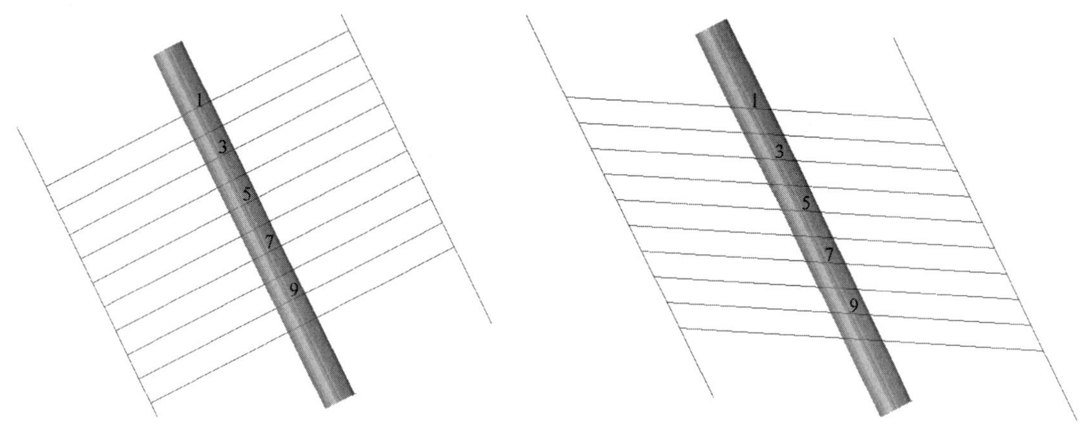


图 7-65 排线与巷道垂直、呈 60°夹角示意

④ 排位切割。根据设计好的炮排对爆破实体（巷道、矿体、空区等实体模型）切割并生成炮排的切片文件。

⑤ 爆破控制边界提取。爆破边界由矿体模型、巷道模型、空区模型等切割线及边孔角角度来进行控制，可以通过提取多线条的最小闭环区域或创建菱形边界来进行爆破边界的提取。

其中边孔角是扇形炮孔的一个重要参数。若边孔角过大，会增大下一分段炮排中部炮孔的深度及凿岩难度，致使爆破后所形成的“V”形槽角度过小，从而不利于散体的流动；如果边孔角过小，则会使边部炮孔进入散体挤压带范围之内，无法保证炮孔爆破有足够的碎胀空间，从而爆破时容易出现药壶效应，不能有效地崩落矿岩，容易形成大块矿石产生区。

a. 最小闭环。选择封闭区域，在选择的控制线内生成最小的闭合爆破边界，如图 7-66。

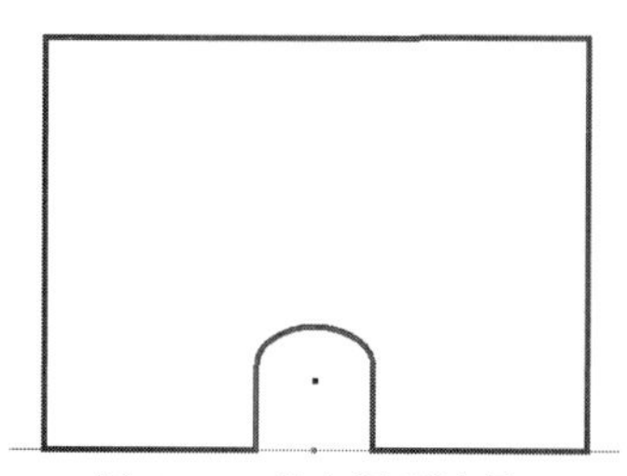

图 7-66 最小闭环边界

b. 菱形边界。在每个切片文件上依据设置的边孔角参数及选中数据自动绘出菱形的爆破边界，见图 7-67。

c. 钻机中心点。根据钻机中心数可以分为“上单下单”“上单下双”“上双下单”“上双下双”等几种情况。这里的单双指的是钻机点的数目，需根据实际钻孔的情况选择，例如本水平只有一个钻机工作而上水平有两个钻机工作，则该钻孔称为上双下单，其他的几种钻机布置形式以此类推，如图 7-67。

d. 边界收缩。对于采场周边已经采空的位置、周边巷道等炮孔不能击穿，或采场需要保留一定的安全边界间距，这时的炮孔需要收缩边界。

⑥ 炮孔设计。在每一炮排剖面爆破边界线的基础上进行炮排炮孔的设计。根据炮孔参数进行炮孔设计，设计后的炮孔还可以进行命名、位置调整等，如图 7-68。

⑦ 装药设计。装药设计就是在设计的炮孔的基础上进行炸药的布置，确定装药的长度和填塞的长度，为爆破提供准备。

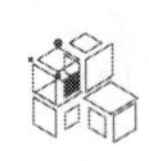

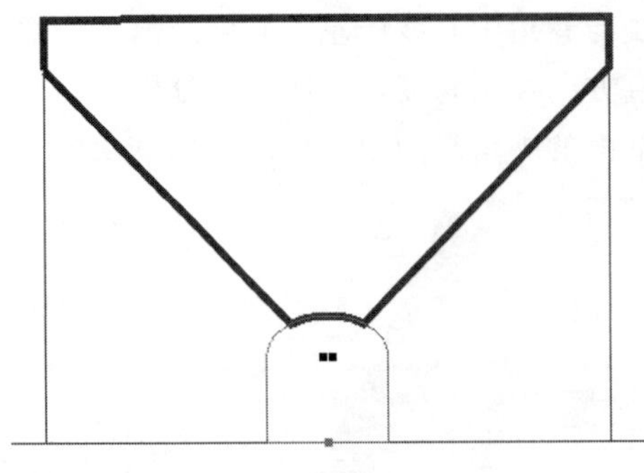

图 7-67　菱形边界与双钻机中心

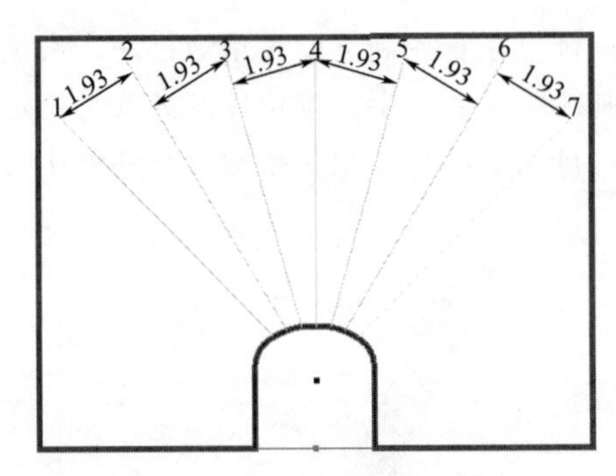


图 7-68　扇形炮孔设计示意图

a. 装药影响半径。装药影响半径分为采用实际孔底距一半和输入给定值两种方法。当出现炮孔的孔底距过大时，超出了炸药的临界半径，这样是不合理的，所以需给定一个临界半径值。

b. 填塞参数。炸药比重：在指定孔径的情况下的每米炸药的质量。

连续装药（图 7-69）：以指定的首孔和其填塞长度为基础，根据输入的装药影响半径来确定临近炮孔的装药长度。图 7-69 中首孔填塞长度 2m，首孔的装药影响半径线与相邻孔的交点就是相邻炮孔的装药与填塞分界点，从该分界点到孔底的距离为装药长度，从该分界点到孔口的距离为堵塞长度。

交错装药（图 7-70）：按照指定的首孔填塞长度、设置填塞长度和最小填塞长度在装药影响半径的影响下以此交错装药。图 7-70 中 4＃首孔填塞长度 2m，3＃和 5＃受装药影响半径影响，2＃、6＃设置填塞长度 1m，以此影响 1＃和 7＃填塞长度，保证最小填塞长度在 1m。

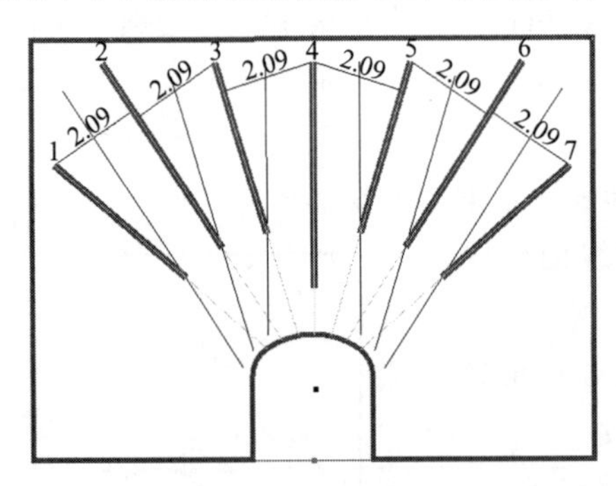


图 7-69　连续装药

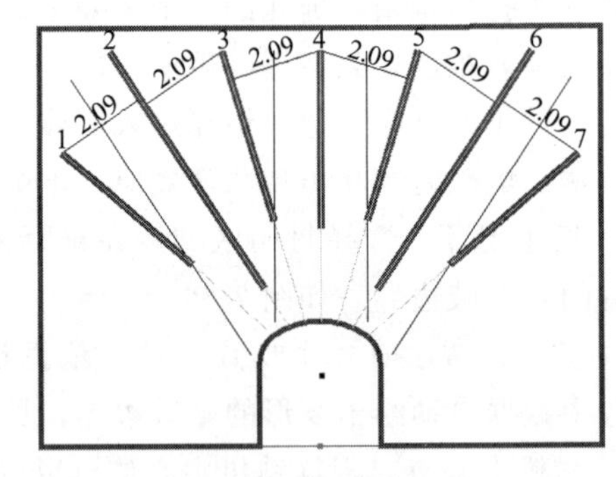


图 7-70　交错装药

参数装药（图 7-71）：按照首孔填塞长度和设置填塞长度一次性交错装药。图 7-71 中首孔填塞长度 2m，设置填塞长度 1m。装药后可以修改编辑填塞长度。

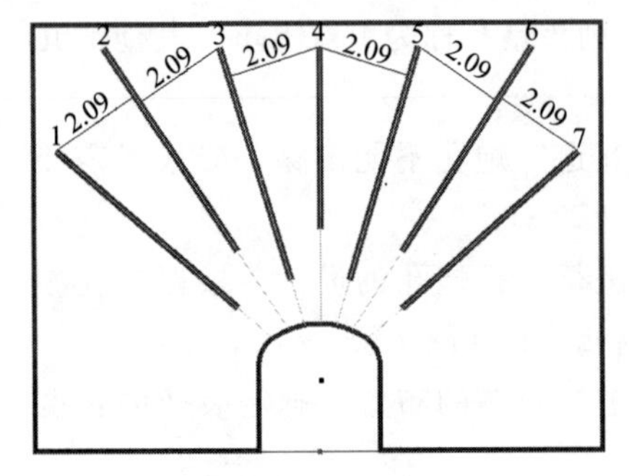


图 7-71　参数装药

⑧ 成果输出。它指将设计炮孔信息、装药信息、爆破技术指标和矿岩详细信息等成果信息通过图件、Excel 表等方式输出出来。

a. 炮排剖面图。系统会自动在对应的炮孔文件下产生炮排剖面图，如图 7-72，并可输出每一炮排边界、炮孔、装药设计图，包含钻孔方位角、倾角、孔深、装药长度、装药量等，指导钻孔装药施工。选择进路中心线时，系统可自动切出进路剖面图。

–70分段第11排

| 凿岩巷道 | 排号 | 凿岩中心 | 孔号 | 方位 | | 倾角 | | 孔深 | | 装药长度 | | 装药重量 | 圆心距 |
|---|---|---|---|---|---|---|---|---|---|---|---|---|---|
| | | | | 设计 | 实际 | 设计 | 实际 | 设计 | 实际 | 设计 | 实际 | | |
| E5-1 | 11 | 单 | 1 | 300.1 | | –5.7 | | 1.1 | | 0.8 | | 1.8 | 5.6 |
| E5-1 | 11 | 单 | 2 | 300.1 | | 9.8 | | 0.7 | | 0.2 | | 0.5 | 5.7 |
| E5-1 | 11 | 单 | 3 | 300.1 | | 26.4 | | 2.1 | | 1.5 | | 3.4 | 5.1 |
| E5-1 | 11 | 单 | 4 | 300.1 | | 41.4 | | 6.0 | | 5.5 | | 12.3 | 4.0 |
| E5-1 | 11 | 单 | 5 | 300.1 | | 52.2 | | 8.6 | | 7.6 | | 17.0 | 3.4 |
| E5-1 | 11 | 单 | 6 | 300.1 | | 61.2 | | 12.4 | | 11.9 | | 26.7 | 3.1 |
| E5-1 | 11 | 单 | 7 | 300.1 | | 68.2 | | 16.4 | | 15.4 | | 34.8 | 2.9 |
| E5-1 | 11 | 单 | 8 | 300.1 | | 73.9 | | 15.9 | | 15.4 | | 34.6 | 2.8 |
| E5-1 | 11 | 单 | 9 | 300.1 | | 79.8 | | 15.5 | | 14.5 | | 32.7 | 2.8 |
| E5-1 | 11 | 单 | 10 | 300.1 | | 85.7 | | 15.3 | | 14.8 | | 33.3 | 2.7 |
| E5-1 | 11 | 单 | 11 | 120.1 | | 88.3 | | 15.3 | | 14.3 | | 32.2 | 2.7 |
| E5-1 | 11 | 单 | 12 | 120.1 | | 82.3 | | 15.5 | | 15.0 | | 33.7 | 2.7 |
| E5-1 | 11 | 单 | 13 | 120.1 | | 76.4 | | 15.8 | | 14.8 | | 33.2 | 2.7 |
| E5-1 | 11 | 单 | 14 | 120.1 | | 70.6 | | 15.8 | | 15.3 | | 34.5 | 2.7 |
| E5-1 | 11 | 单 | 15 | 120.1 | | 63.7 | | 13.0 | | 12.0 | | 27.0 | 2.7 |
| E5-1 | 11 | 单 | 16 | 120.1 | | 54.4 | | 8.9 | | 8.4 | | 18.9 | 2.7 |
| E5-1 | 11 | 单 | 17 | 120.1 | | 41.0 | | 5.5 | | 4.5 | | 10.2 | 2.5 |
| E5-1 | 11 | 单 | 18 | 120.1 | | 21.8 | | 3.6 | | 3.1 | | 7.0 | 2.1 |
| E5-1 | 11 | 单 | 19 | 120.1 | | –5.0 | | 3.1 | | 2.6 | | 5.8 | 1.9 |
| 总计 | | | | | | | | 190.5 | | 177.6 | | 399.6 | |

E5-1—87分段第11排

| 凿岩巷道 | 排号 | 凿岩中心 | 孔号 | 方位 | | 倾角 | | 孔深 | | 装药长度 | | 装药重量 | 圆心距 |
|---|---|---|---|---|---|---|---|---|---|---|---|---|---|
| | | | | 设计 | 实际 | 设计 | 实际 | 设计 | 实际 | 设计 | 实际 | | |
| E5-1 | 11 | 单 | 1 | 300.1 | | 50.0 | | 9.8 | | 9.1 | | 20.4 | 2.8 |
| E5-1 | 11 | 单 | 2 | 300.1 | | 58.0 | | 11.9 | | 11.4 | | 25.6 | 2.8 |
| E5-1 | 11 | 单 | 3 | 300.1 | | 64.8 | | 13.5 | | 12.5 | | 28.2 | 2.8 |
| E5-1 | 11 | 单 | 4 | 300.1 | | 71.1 | | 13.1 | | 12.6 | | 28.4 | 2.8 |
| E5-1 | 11 | 单 | 5 | 300.1 | | 77.6 | | 12.6 | | 11.6 | | 26.1 | 2.8 |
| E5-1 | 11 | 单 | 6 | 300.1 | | 84.3 | | 12.3 | | 11.8 | | 26.6 | 2.8 |
| E5-1 | 11 | 单 | 7 | 300.1 | | 89.0 | | 12.3 | | 11.3 | | 25.4 | 2.8 |
| E5-1 | 11 | 单 | 8 | 300.1 | | 82.4 | | 12.4 | | 11.9 | | 26.8 | 2.8 |
| E5-1 | 11 | 单 | 9 | 300.1 | | 75.8 | | 12.7 | | 11.7 | | 26.4 | 2.8 |
| E5-1 | 11 | 单 | 10 | 300.1 | | 69.3 | | 13.3 | | 12.8 | | 28.8 | 2.8 |
| E5-1 | 11 | 单 | 11 | 120.1 | | 61.4 | | 9.9 | | 9.2 | | 20.6 | 2.8 |
| E5-1 | 11 | 单 | 12 | 120.1 | | 51.5 | | 7.4 | | 6.9 | | 15.5 | 2.8 |
| 总计 | | | | | | | | 141.2 | | 132.8 | | 298.8 | |

图 7-72 炮排剖面图

b. 技术经济指标。技术经济指标是评价爆破效果好坏的参数，一般包括损失率、贫化率、每米崩矿量以及炸药单耗，如图 7-73。

| 进路号 | 排号 | 孔数 | 设计米数 | 设计装药米数 | 火工材料消耗 | | | 崩落地质矿量 | 崩落地质品位 | 崩落平均品位 | 上接矿量 | 上接地质品位 | 上接平均品位 | 崩落矿量 | 崩落岩量 | 崩落毛矿量 | 左下转矿量 | 左下转地质品位 | 左下转平均品位 | 右下转矿量 |
|---|---|---|---|---|---|---|---|---|---|---|---|---|---|---|---|---|---|---|---|---|
| | | | | | 炸药 | 非电管 | 导爆索 | | | | | | | | | | | | | |
| 单位 | | 个 | m | m | kg | 发 | m | t | | | t | | | t | t | t | t | | | t |
| W1＃进路 | 1 | 4 | 13 | 10 | 48.59 | | | 86.95 | 47.85 | 47.85 | 0.00 | 0.00 | 0.00 | 86.95 | 0.00 | 86.95 | 162.63 | 46.04 | 46.04 | 169.48 |
| | 2 | 4 | 7 | 0 | 0.00 | | | 42.96 | 46.49 | 43.37 | 0.00 | 0.00 | 0.00 | 42.96 | 3.09 | 46.05 | 104.13 | 45.70 | 45.46 | 122.07 |
| | 8 | 5 | 30 | 23 | 114.43 | | | 62.85 | 41.81 | 13.17 | 0.00 | 0.00 | 0.00 | 62.85 | 136.72 | 199.57 | 191.05 | 41.24 | 32.70 | 130.18 |
| | 9 | 9 | 128 | 84 | 421.59 | | | 488.22 | 48.87 | 29.33 | 0.00 | 0.00 | 0.00 | 488.22 | 325.30 | 813.52 | 257.76 | 42.46 | 42.19 | 220.04 |
| | 10 | 10 | 173 | 114 | 571.05 | | | 980.85 | 51.27 | 44.89 | 0.00 | 0.00 | 0.00 | 980.85 | 139.49 | 1120.34 | 259.86 | 43.49 | 43.49 | 258.92 |
| | 13 | 11 | 201 | 126 | 628.94 | | | 734.72 | 51.57 | 51.57 | 459.26 | 53.84 | 48.94 | 1193.98 | 45.95 | 1239.93 | 158.42 | 43.19 | 43.19 | 158.42 |
| | 13 | 11 | 203 | 128 | 637.53 | | | 735.89 | 52.17 | 52.17 | 518.86 | 52.10 | 52.10 | 1254.74 | 0.00 | 1254.74 | 170.20 | 42.87 | 42.87 | 170.38 |
| | 13 | 11 | 203 | 128 | 637.53 | | | 735.89 | 51.74 | 51.74 | 518.87 | 51.61 | 51.61 | 1254.75 | 0.00 | 1254.75 | 259.40 | 42.26 | 42.26 | 259.40 |
| | 14 | 11 | 203 | 128 | 637.53 | | | 735.89 | 51.74 | 51.74 | 518.88 | 51.61 | 51.61 | 1254.76 | 0.00 | 1254.76 | 259.40 | 42.26 | 42.26 | 259.40 |
| | 15 | 11 | 203 | 128 | 637.53 | | | 735.89 | 51.39 | 51.39 | 518.89 | 51.67 | 51.67 | 1254.77 | 0.00 | 1254.77 | 259.40 | 41.95 | 41.95 | 259.40 |
| | 16 | 11 | 203 | 128 | 637.53 | | | 735.89 | 51.26 | 51.26 | 518.89 | 51.52 | 51.52 | 1254.77 | 0.00 | 1254.77 | 259.40 | 41.70 | 41.70 | 259.40 |
| | 17 | 11 | 203 | 128 | 637.53 | | | 735.89 | 50.95 | 50.95 | 518.89 | 51.26 | 51.26 | 1254.78 | 0.00 | 1254.78 | 259.40 | 43.32 | 43.32 | 259.40 |
| | 18 | 11 | 203 | 128 | 637.53 | | | 735.89 | 50.61 | 50.61 | 518.90 | 50.33 | 50.33 | 1254.78 | 0.00 | 1254.78 | 259.40 | 45.83 | 45.83 | 259.40 |
| | 19 | 11 | 203 | 128 | 637.53 | | | 735.89 | 50.52 | 50.52 | 518.90 | 49.45 | 49.45 | 1254.79 | 0.00 | 1254.79 | 259.40 | 47.68 | 47.68 | 259.40 |
| | 20 | 11 | 203 | 128 | 637.53 | | | 735.89 | 50.61 | 50.61 | 518.84 | 49.16 | 49.16 | 1254.72 | 0.00 | 1254.72 | 259.40 | 49.14 | 49.14 | 250.75 |
| | 21 | 11 | 203 | 128 | 637.53 | | | 735.68 | 50.75 | 50.75 | 518.59 | 49.23 | 49.23 | 1254.27 | 0.00 | 1254.27 | 259.39 | 49.90 | 49.90 | 196.87 |
| | 22 | 11 | 203 | 128 | 637.53 | | | 735.89 | 50.59 | 50.59 | 518.80 | 49.33 | 49.33 | 1254.69 | 0.00 | 1254.69 | 259.40 | 50.11 | 50.11 | 113.49 |
| | 23 | 11 | 203 | 128 | 637.53 | | | 699.23 | 50.48 | 47.97 | 504.68 | 49.32 | 47.98 | 1203.91 | 50.78 | 1254.69 | 256.95 | 50.02 | 49.54 | 33.51 |
| | 24 | 11 | 203 | 128 | 637.53 | | | 483.19 | 50.72 | 33.30 | 389.24 | 49.41 | 37.07 | 872.42 | 382.26 | 1254.69 | 223.93 | 49.23 | 42.49 | 0.00 |

图 7-73 炮排技术经济指标表

损失率＝爆破边界之外的矿量/(爆破边界之外的矿量＋爆破边界之内的矿量)×100%＝损失矿量/(损失矿量＋崩落矿量)×100%，其中“爆破边界之外的矿量”由用户在计算量的时候指定区域计算。

贫化率＝爆破边界之内的岩量/爆破边界之内的所有量（即岩量＋矿量)×100%＝崩落岩量/崩落毛矿量×100%。

每米崩矿量＝每排爆破边界之内的所有量/每排炮孔米数＝每排崩落毛矿量/每排炮孔米数。

炸药单耗＝每排爆破边界之内的所有量/每排炸药质量＝每排崩落毛矿量/每排炸药质量，其中崩落毛矿量＝崩落岩量＋崩落矿量。

c. 爆破实体。各炮排间会相连生成爆破实体，首排炮会按照输入的首排炮孔爆破控制距离生成初始自由面处的爆破实体，见图 7-74。

（3）扇形深孔案例

① 设计区域模型裁剪。采场规格：16m×12.5m×9m；切割天井：2.7m×2.2m；穿脉、切割巷：2.7m×2.7m。基础数据准备见图 7-75。

爆破顺序为：采场天井→天井进路纵向自由面→天井两侧切割槽→采场矿体。

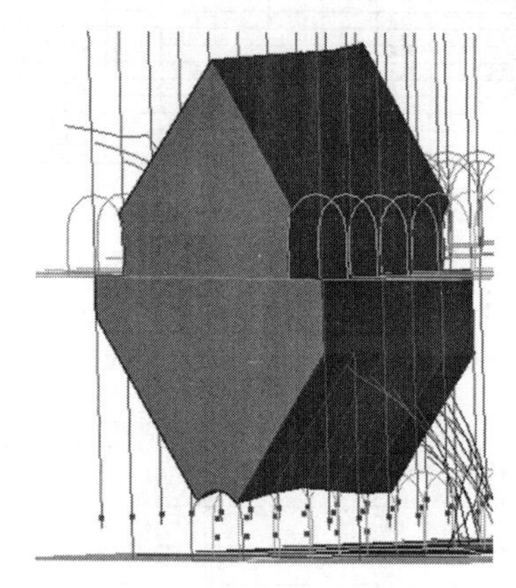

图 7-74　炮排三维实体

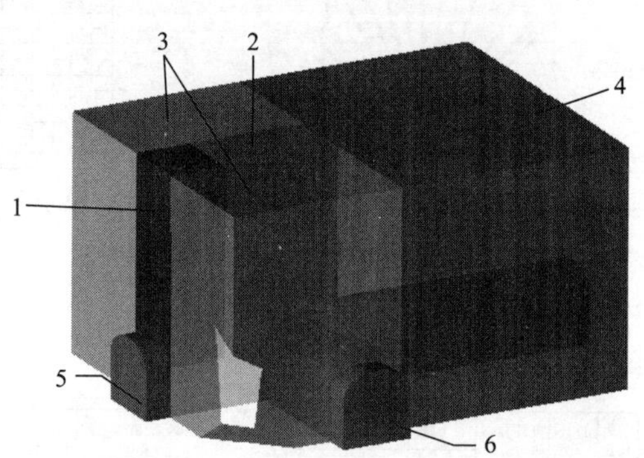


1—采场天井；2—天井进路纵向自由面；3—天井两侧切割槽；4—采场矿体；5—穿脉；6—切割巷

图 7-75　基础数据准备

② 排位线设计见图 7-76。

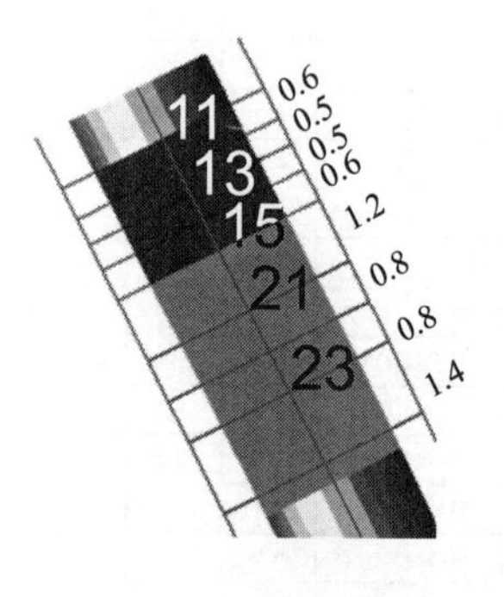


(a) 天井与纵排炮排
（图7-75中1和2部分）

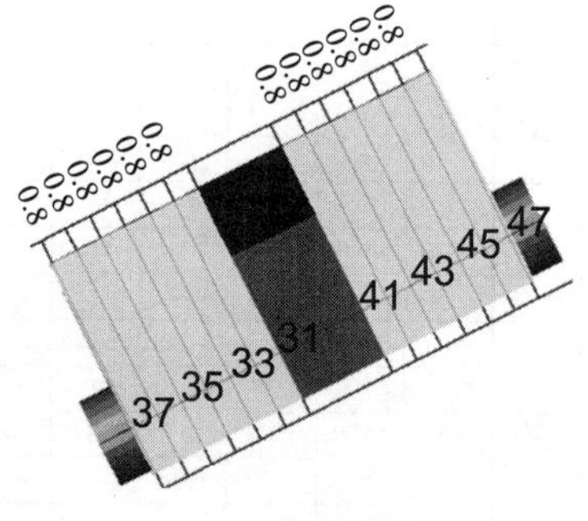


(b) 切割炮排
（图7-75中3部分）

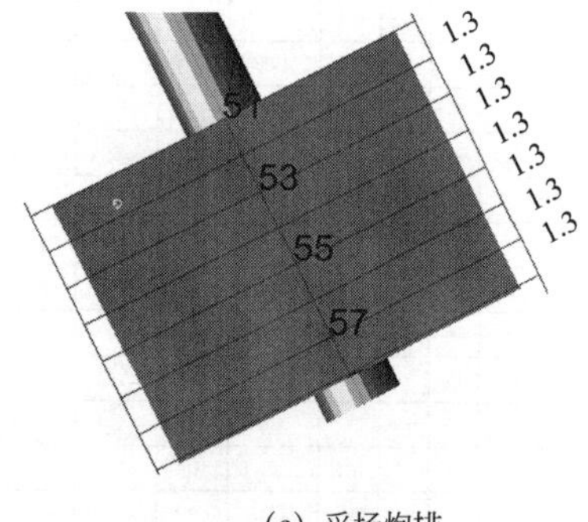


(c) 采场炮排
（图7-75中4部分）

图 7-76　炮排布置及炮排间距

③ 排线切割。打开炮排对应的井巷、矿体等模型，对模型进行排线切割，切出排线轮廓线。

④ 爆破边界提取。利用菱形边界设置边孔角来提取本水平爆破边界，见图 7-77。应注意上下中段爆破边界保留 0.3m 的安全距离。

⑤ 炮孔设计见图 7-78。

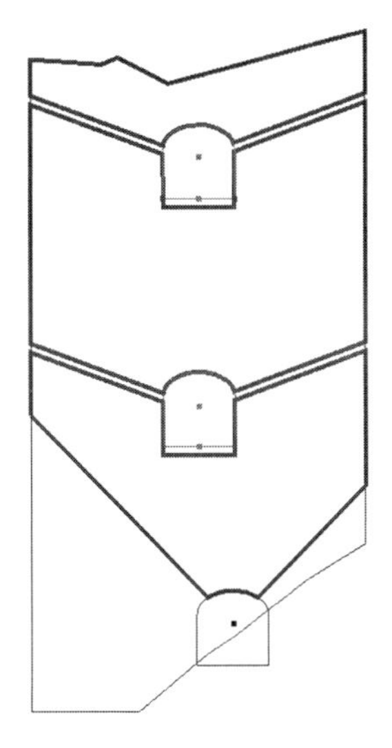

图 7-77 采场炮排爆破边界

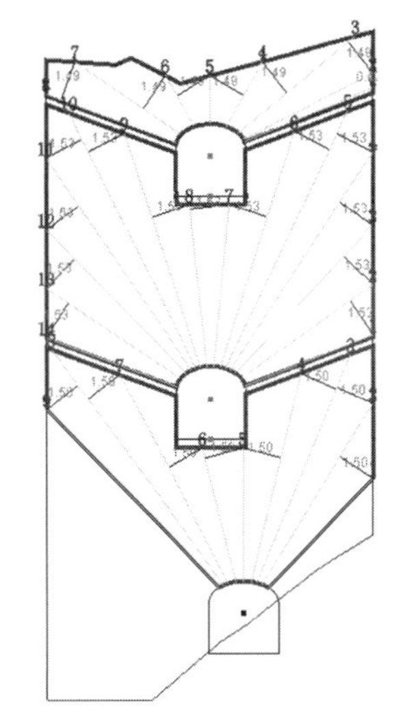

图 7-78 采场炮排炮孔设计

## 7.4.2 大直径深孔设计

(1) 概述 20 世纪 70 年代后发展起来的地下大直径深孔回采落矿法，在提高硬岩矿地下开采的矿山生产能力、作业效率，降低成本，改善作业环境等方面都具有突出的优点，受到采矿界的普遍重视。地下矿采场深孔爆破设计是在资源模型、现状井巷工程模型的基础上开展的，爆破效果的好坏也会直接影响矿山安全生产、经济效益。而具有三维可视化、模拟、分析与优化等技术于一体的数字化爆破软件可以满足爆破工程师三维精确爆破设计、分析与优化爆破设计。

大直径深孔爆破设计是回采工艺中的重要环节，它直接影响崩矿质量、作业安全、回采成本、损失贫化和材料消耗等。合理的平行深孔设计应是：

① 炮孔能有效地控制矿体边界，尽可能降低回采过程中的矿石损失率、贫化率；

② 炮孔布置均匀，有合理的密度和深度，使爆下矿石的大块率低；

③ 炮孔的效率要高；

④ 材料消耗少；

⑤ 施工方便，作业安全。

(2) 流程 Dimine 软件的深孔设计功能针对地下矿大直径深孔采矿作业矿山的一步骤、二步骤回采爆破设计提供了系统解决方案，如图 7-79。

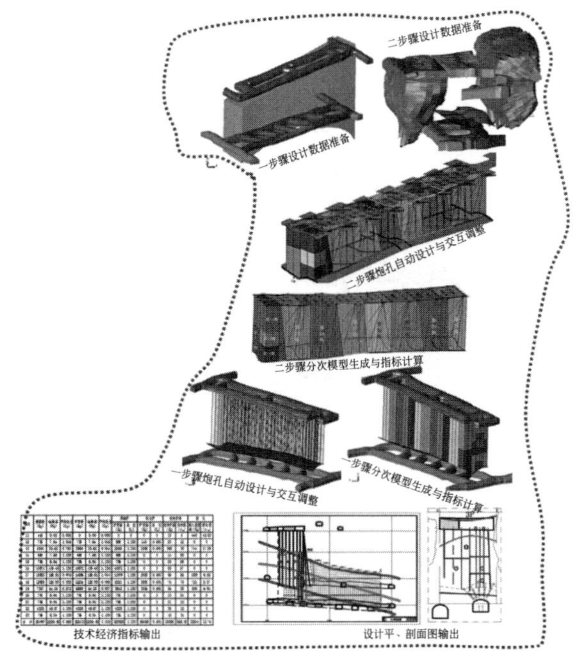


图 7-79 Dimine 软件深孔爆破功能流程示意图

功能涵盖孔网参数定义，自定义掏

槽与拉槽设计，凿岩硐室范围、空区范围、设备运行等多约束条件下炮孔自动布置与交互编辑，多类型装药设计，自定义爆破分组，分组技术经济指标计算，设计图件自动输出等。大直径平行深孔爆破设计流程如图 7-80 所示。

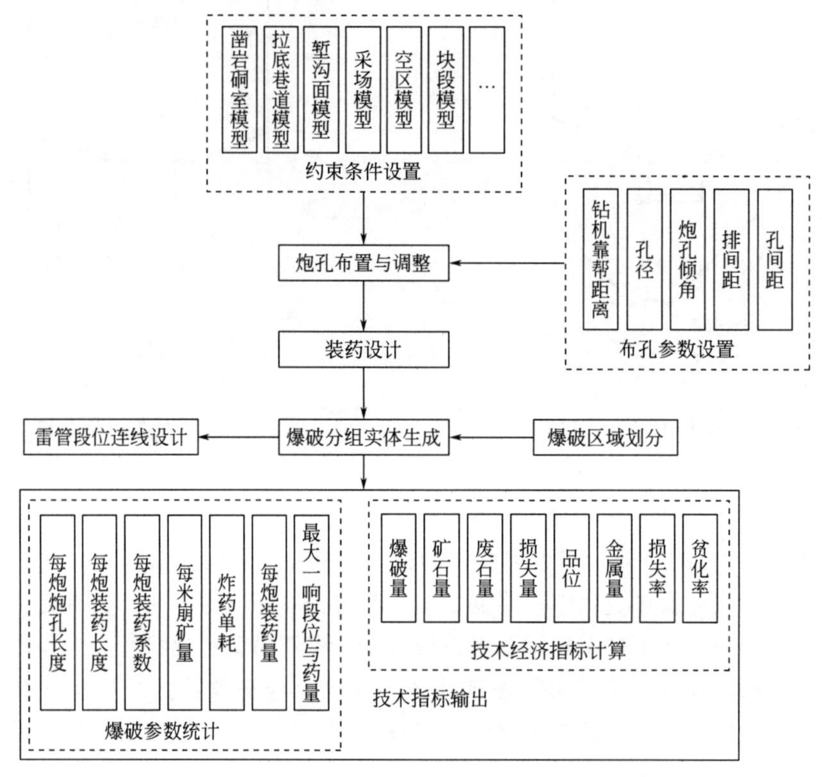

图 7-80　大直径平行深孔爆破设计流程图

① 约束条件设置。进行深孔爆破设计前需准备基础模型数据（图 7-81），将基础数据汇总就形成了约束文件。这些数据包括设计采场周边的实测工程模型、凿岩硐室模型、拉底巷道模型、堑沟面模型、采场模型、空区模型、块段模型等，随着现场的实际情况可增加、减少相应的数据。

图 7-81　深孔爆破设计基础模型数据

a. 设计采场周边的实测工程模型，主要为了体现凿岩巷道或硐室的相对位置、采场的规格尺寸、补偿空间的大小和位置、原拟定的爆破顺序和相邻采场的情况。

b. 凿岩硐室是为凿岩设备作业而准备的工作场地，凿岩硐室模型可根据巷道实测模型的构建方法构建。

c. 采场模型是根据采矿范围线圈定的范围切割矿体模型而得到的，是进行深孔设计的基础。而空区模型是相邻采场采完后的轮廓模型，主要作用是为了确定边部炮孔的孔深、倾角等参数，模型可通过三维激光扫描仪的点云数据进行创建。

d. 当采场采矿采用的是下部堑沟与上部深孔爆破相结合的方式，则基础数据中增加拉底巷道模型及堑沟面模型。拉底巷道模型是为了做堑沟孔设计，堑沟面模型是根据生成的堑沟设计的顶面构建的，主要的作用是为了控制上部深孔的孔底位置。

e. 块段模型是为了后期的技术经济指标计算以及工程量统计服务的。块段模型可以是整个矿区的块段模型，也可以是采场范围内的单独的块段模型。块段模型中的体重和元素字段需赋值，若矿石种类或工艺复杂，需将矿种及难易选矿石分开，则块段模型中还需增加“矿石种类”和“矿石类型”，以便在技术经济指标输出时，得到相关的数据指标。

② 布孔设计。在进行布孔设计前需对矿岩凿爆性质及现有的凿岩机具、型号、性能等进行了解，从而确定最小抵抗线、炮孔排间距、孔间距、孔径、最大孔深等参数。平行深孔爆破炮排分为拉槽区和侧爆区，炮孔分为拉槽孔、排炮孔，大部分都是竖直孔，少部分为排面斜孔或排间斜孔。

a. 排炮孔布置。深孔爆破设计前，可先设计拉槽区和侧爆区的排炮孔。参数化爆破设计前，需要定义好孔网参数（孔间距、排间距、布孔方位）、布孔参数（孔径、孔深、超深等）。对于不等间距的炮孔设计，可事先自定义孔网布置线，并赋上孔网的排号、列号属性，然后通过软件自动读取孔网线，在孔网线的交点处生成炮孔。考虑到实际生产需要，可以通过约束条件（如凿岩硐室下表面、堑沟上表面、爆破范围）进行炮孔布置。

炮孔布置时，布置的炮孔孔口自动附着在上约束面，孔底自动附着在周围或底部约束面。布孔点位置计算采用 KD 树自动搜索技术，按孔网参数、钻机靠帮距离、布孔范围进行布孔位置点的计算。

生成炮孔的过程中会创建以 $Z$ 轴为法向量，以设置的孔网线标高为一个工作面，将凿岩硐室底板面投影至工作面上，依据边界距离限制以及孔间距、排间距或者拾取的孔网线交点，在工作面上重新绘制孔网线，并生成炮孔。炮孔布置流程见图 7-82。

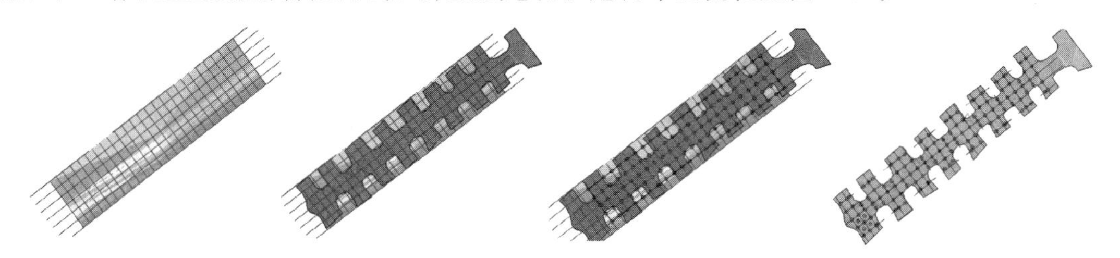

图 7-82　炮孔布置流程

布孔原则为：

(a) 能施工竖直孔，按照位置点布置竖直孔。

(b) 布孔范围外（凿岩硐室中的矿柱限定），孔底依旧在孔底面约束上的布孔点位置，孔口则自动依附到邻近的孔口面布孔点上。

(c) 在矿柱影响区域，为了最大限度地回收矿柱下方的矿石，有时需根据孔底距布置一定深度和倾角的斜孔。斜孔分为两种，一种是在排面上的斜孔，另一种是属于此排但不在此排面上的斜孔。

图 7-83 中 7P-2＃孔由于遇见矿柱，孔口向 3＃孔方向移动；6P-1＃、6P-2＃孔由于遇见矿柱（或离矿柱过近），则孔口偏移；$7P\text{-}1_1$＃、$7P\text{-}2_1$＃孔孔口向第 8 排靠近，孔底则是根据最小孔底距及最大限度地回收矿柱下方的矿石的原则进行设计。斜孔布置时应该向爆破方向反方向倾斜，否则，在爆破时会破坏后排炮孔。

(d) 爆破区域内，根据每孔影响范围，当有大片区域没有影响炮孔时，则需考虑补孔。

斜插孔孔口依附到与爆破方向一致的最近布孔点上，斜插孔布孔方向与角度与爆破方向有关。

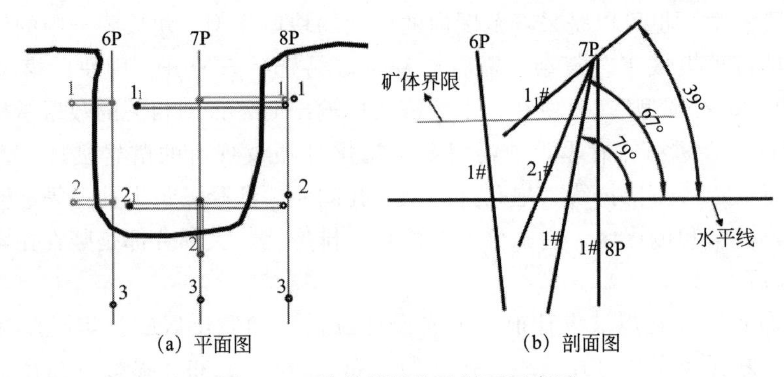


图 7-83　某种斜插孔平剖面示意图

依据孔网布置线，自动生成的炮孔如图 7-84 所示。

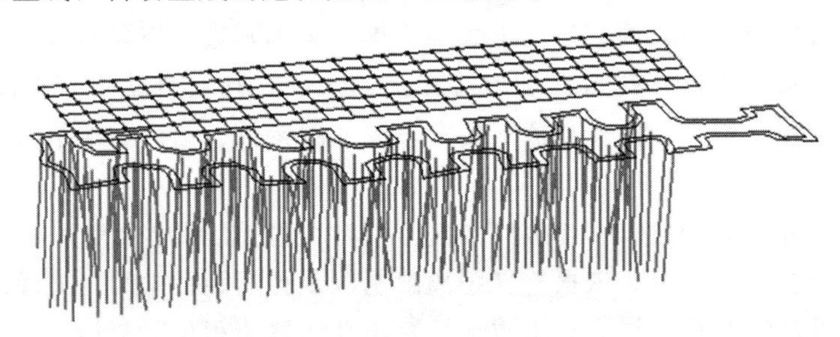

图 7-84　自动布置的排炮孔示意图

b. 拉槽孔布置。拉槽区有两种拉槽孔布置方式，一种是利用预先人工开凿的天井作为自由面，在天井周围布置竖直孔进行拉槽；一种是利用不装药的空孔作为补偿空间，筒形掏槽，毫秒微差起爆形成拉槽区。

拉槽：即开切割槽，主要有浅孔拉槽、水平深孔拉槽和垂直深孔拉槽三种方式。

自由面：是在爆破作用范围内，岩体和空气接触的界面。

补偿空间：指在矿块中开凿的用于容纳被爆破矿石碎胀出的体积的空间。

毫秒微差起爆：是一种延期时间间隔为几毫秒到几十毫秒的延期爆破。

(a) 天井拉槽。选定位置设计天井，设好天井直径，拉槽孔距天井边部一定距离布设成一圈，根据孔距再设计第二圈拉槽孔，如图 7-85 所示。

(b) 空孔拉槽。空孔拉槽一般采用由几个孔组成束状孔，以多个大直径空孔作为自由面，与补偿空间利用向下压矿的方式生成，如图 7-86 所示。

进行拉槽孔设计时，可以根据前后之间炮孔的相互关系按照规定距离生成拉槽孔，也可以在事先确定每个拉槽孔位处点击生成拉槽孔，生成的炮孔自带拉槽孔属性。

由于矿山常用的拉槽方式比较固定，参数也比较固定，故生成拉槽孔具有规律性，可以允许用户将设计的拉槽孔复制用于下个采场的设计。复制过来的拉槽孔自动读取新区域的上下表面，自动匹配炮孔的孔深，其他孔号、孔径、方位角、倾角等参数不变，若需要改变，则局部进行修改。

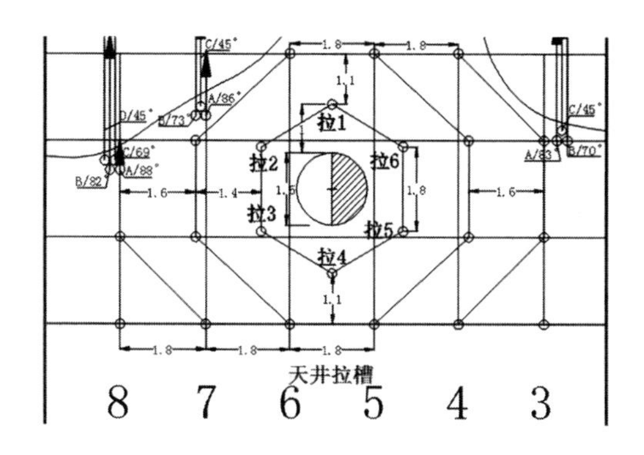


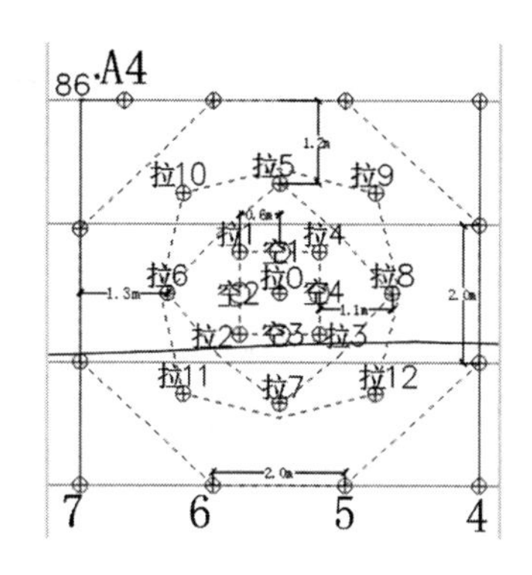


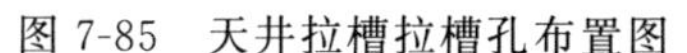

图 7-85　天井拉槽拉槽孔布置图

图 7-86　空孔拉槽拉槽孔布置图

c. 炮孔调整修改。在斜孔布置区，通常为了炮孔分布均匀、崩落矿石块度均匀，需对炮孔的各项参数进行调整，因此软件应允许交互式修改炮孔的长度、方位角、倾角等参数。通过交互方式，可以立即查看调整后的效果，不满意再接着调整。

③ 装药设计。装药形式分为连续装药和间隔装药，间隔装药根据层位的不同又分为两层间隔、三层间隔、多层间隔等类型，间隔填塞物又有毛竹、河沙、水泥塞等多种形式，故应允许用户进行装药模板定义。

装药设计前，先定义装药参数模板。装药参数模板中包含炸药数据库、起爆方式、装药模板、模板内容、显示样式几方面内容。

炸药数据库能进行炸药种类、炸药体重及单价的编辑，包括新增和删除等操作。起爆方式有电雷管和非电雷管起爆两种方式选择。装药模板、模板内容和显示样式是联动的，当选择某种装药模板时，模板内容和显示样式跟着变化。装药模板即装药结构，可以定义连续装药、多间隔装药，模板可添加、删除、保存操作；装药内容即具体的装药结构参数，包括从孔口到孔底每段填充物的名称、长度、雷管数目、雷管段位、延迟时间等参数；显示样式则是对装药结构的标示。

定义好装药参数模板后，再进行装药设计，可以选择装药形式。装药形式分为连续装药和间隔装药两种形式。

连续装药是指利用连续装药装置实现连续装药。间隔装药是在保证矿岩充分破碎的前提下，采用孔底空气间隔装药可有效降低爆破震动的峰值质点震速、降低大块率。

当选择连续装药时，可以选择设置线装药密度进行装药；当选择间隔装药时，由于每个炮孔的装药间隔只能大致估算，故进行装药时可用装药系数来进行装药量计算。如表 7-2 所示为某矿爆破 5m 高度时的各类型炮孔的装药系数。

**表 7-2　装药系数表**

| 类型 | 炮孔类型 | 装药结构 | 装药系数 | 备注 |
| --- | --- | --- | --- | --- |
| 二步骤 | 边孔 | 1 个毛竹，1 卷药包 | 25% | 1×0.5/(1×0.5+1.5)=25% |
|  | 中间孔 | 1 个毛竹，2 卷药包 | 40% | 2×0.5/(2×0.5+1.5)=40% |
|  | 中间孔 | 1 个毛竹，3 卷药包 | 50% | 3×0.5/(3×0.5+1.5)=50% |
| 一步骤 | 边孔 | 1 个毛竹，2 卷药包 | 40% |  |
|  | 中间孔 | 1 个毛竹，3 卷药包 | 50% |  |

续表

| 类型 | 炮孔类型 | 装药结构 | 装药系数 | 备注 |
|---|---|---|---|---|
| 预裂孔 | 边孔 | 1卷药包，1个毛竹 | | 1.5m孔距，药包直径$\phi$120mm |
| | 边孔 | 2卷药包，1个毛竹 | | 2m孔距，药包直径$\phi$120mm |

④ 爆破分组。一般采场的炮孔都是一次布置完成的，但是根据爆破安全、施工条件、补偿空间、爆破量等因素需对炮孔进行爆破分组划分，分成多次爆破。为了拥有足够的补偿空间，有的炮孔在高度方向上可能分成2～4次爆破，因此在爆破分组时需提供按高程划分分组。在侧崩区，考虑到一次爆破炸药量不能超过一个限值，因此在侧崩区方向上也将其分几次进行爆破。爆破分组的大致步骤如下：

a. 根据爆破安全、施工条件、爆破量等因素对炮孔进行爆破分组划分；

b. 分组圈定后，根据约束条件优化产生出每分组炮孔边界；

c. 每分组边界内，考虑用炮孔孔口、孔底标高点约束，选定要进行分次爆破的炮孔，进行分次爆破实体模型的自动生成，并根据分次模型内包含的炮孔长度、设置的装药系数、堵塞长度，动态交互式完成装药长度、装药量计算，并对分次模型相关爆破参数进行统计。分次爆破实体模型见图7-87。

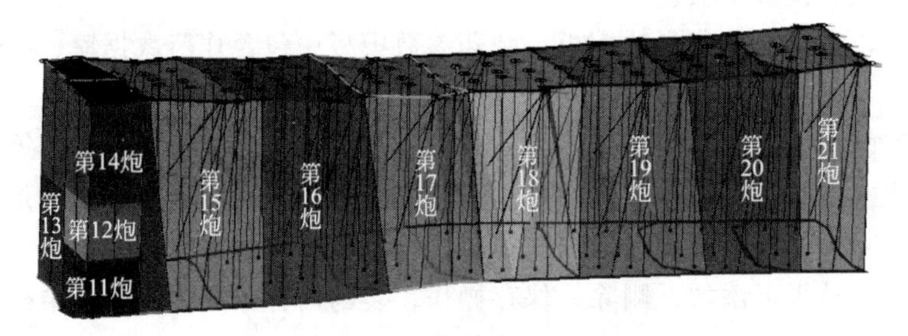


图7-87 分次爆破实体模型

⑤ 雷管段位连线设计。在平行深孔爆破中，使用最广泛的是非电力起爆法（一般采用导爆管起爆与导爆索辅爆的复式起爆法）。为了改善爆破效果，必须合理地选取起爆顺序，即需进行雷管段位设计，使炮孔合理地起爆，达到预期的爆破效果。

a. 起爆顺序影响因素

（a）回采工艺的影响。为解决后续爆破的补偿空间不足的问题，大多数矿山是先进行拉槽区的爆破，且拉槽区在空间高度上分几次爆破，达到扩充补偿空间的目的。然后以拉槽区为自由面将侧崩区进行分次爆破。

（b）自由面条件的影响。由于爆破方向总是指向自由面，故自由面的位置和数目对起爆顺序有很大的影响。当采用垂直深孔崩矿、补偿空间为切割立槽或已爆碎的矿石时，起爆顺序应自切割立槽往后依次逐排爆破。

（c）布孔形式的影响。水平、垂直或倾斜布置的深孔，应取单排或数排为同段雷管，逐段爆破。束状深孔或交叉布置的深孔，则宜采取同段雷管起爆。

b. 雷管段位设计原则。为了减少爆破冲击波的破坏作用，应适当增加起爆雷管的段数，降低每段的装药量，并力求分段的装药量均匀。

雷管段别的安排是由起爆顺序来决定的，先爆的深孔安排低段雷管，后爆的深孔安排高段雷管。一般在平面上，拉槽孔的雷管段位从内侧向外侧逐渐增大，侧崩区中间炮孔较两边边孔的段位低；在炮排剖面上，不管是拉槽孔还是侧崩区的炮孔从下往上雷管段位是增大的。

为了使起爆顺序准确可靠，在生产中从二段管开始起爆，例如起爆顺序是 1、2、3，安排雷管的段别是 2 段、3 段、4 段等。为保证不因雷管质量而产生跳段，一般采用 3 段、5 段、7 段等形式。

c. 雷管段位设计。根据前述原则，对每个炮孔的每段装药进行雷管段位设计。雷管段位设计可在前面装药模板中添加，也可以在后期进行炮孔编辑时，将雷管段位的属性写入到炮孔的属性中。

d. 连线网络设计。有时由于同组起爆的炮孔较多，需将其分成几组进行连线起爆，连线网络设计即根据爆破方向选取合适的炮孔进行分组，分组时考虑每个炮孔的延迟时间，最后各组用搭桥雷管与起爆雷管相连。

⑥指标输出。在分次区域划分与属性定义完成后，根据处理好的爆破模型，自动统计每个爆破模型内的相关装药参数，调用块段模型来计算相应技术经济指标。

a. 爆破范围统计。统计的参数包括：整个采场共分为几次爆破；每次爆破的排号；每次爆破的孔数；每次爆破的总孔深。

b. 爆破参数统计。统计的参数包括：整个采场共分为几次爆破；每次爆破的装药量；每次爆破的雷管分段情况；最大一响的段别和药量；补偿空间；装药系数；每米崩矿量；炸药单耗等。相关参数统计见图 7-88，需注意的是：

（a）根据炮孔类型，定义每个孔装药结构及对应的装药系数。

（b）根据圈定的每炮区域（有些后排孔装药要考虑矿岩界限，圈定区域不一定全部到孔口），计算每炮所对应的炮孔长度。

| 参数 | 次数 | | | | | | | | | | | | |
|---|---|---|---|---|---|---|---|---|---|---|---|---|---|
| | ① | ② | ③ | ④ | …… | ⑪ | ⑫ | ⑬ | ⑭ | …… | 中孔 | 大孔 | 合计 |
| 装药量 | 158 | 353 | 483 | 451 | | 805 | 936 | 400 | 2144 | | — | — | — |
| 雷管分段 | 2″-6″<br>共 4 响 | 2″-9″<br>共 8 响 | 2″-8″<br>共 6 响 | 2″-8″<br>共 6 响 | | 2″-9″<br>共 5 响 | 2″-9″<br>共 5 响 | 2″-10″<br>共 9 响 | 2″-15″<br>共 11 响 | | — | — | — |
| 最大一响 | 3d：50kg | 3d：50kg | 2d：168kg | 2d：160kg | | 9d：272kg | 9d：288kg | 2d：90kg | 9d：486kg | | — | — | — |
| 补偿空间 | >30% | >30% | >30% | >30% | | >30% | >30% | >30% | >30% | | — | — | — |
| 装药系数 | 80.4% | 88.4% | 81.2% | 80.1% | | 69.6% | 72.7% | 30.0% | 53.9% | | — | — | — |
| 每米崩矿量 | 3.80 | 3.12 | 7.02 | 7.74 | | 3.71 | 7.17 | 11.66 | 16.37 | | — | — | — |
| 炸药单耗 | 0.81 | 1.09 | 0.45 | 0.40 | | 3.38 | 1.82 | 0.46 | 0.59 | | — | — | — |

图 7-88　爆破参数统计表格示意图

c. 技术经济指标。统计的参数包括：爆破量、金属量、品位，崩落矿石量、金属量、品位，损失矿量，崩落废石量，损失率，贫化率等。各种矿量是通过调用已赋值的块段模型，根据爆破实体模型约束而得到各参数的。对于品位，地质品位已知，爆破量的品位根据金属量除以爆破量计算。相关技术经济指标见图 7-89。

| 参数 | 次数 | | | | | | | | | | | | |
|---|---|---|---|---|---|---|---|---|---|---|---|---|---|
| | ① | ② | ③ | ④ | …… | ⑪ | ⑫ | ⑬ | ⑭ | …… | 中孔 | 大孔 | 合计 |
| $Q_{爆}$/t | 194 | 323 | 1082 | 1129 | | 238 | 513 | 863 | 3617 | | | | |
| $P_{爆}$/t | 1.04 | 1.37 | 5.19 | 5.62 | | 1.69 | 3.63 | 6.11 | 26.61 | | | | |
| $C_{爆}$/% | 0.536 | 0.423 | 0.480 | 0.498 | | 0.708 | 0.708 | 0.708 | 0.736 | | | | |
| $Q_N$/t | 147 | 193 | 734 | 794 | | 238 | 513 | 863 | 2526 | | | | |
| $P_N$/t | 1.04 | 1.37 | 5.19 | 5.62 | | 1.69 | 3.63 | 6.11 | 17.89 | | | | |
| $C_N$/% | 0.708 | 0.708 | 0.708 | 0.708 | | 0.708 | 0.708 | 0.708 | 0.708 | | | | |
| $Q_\gamma$/t | 0 | 0 | 0 | 0 | | 0 | 0 | 0 | 1091 | | | | |
| $P_\gamma$/t | 0 | 0 | 0 | 0 | | 0 | 0 | 0 | 8.73 | | | | |
| $C_\gamma$/% | 0 | 0 | 0 | 0 | | 0 | 0 | 0 | 0.800 | | | | |
| $Q_{损}$/t | 48 | 155 | 417 | 457 | | 0 | 0 | 485 | 0 | | | | |
| $Q_{废}$/t | 47 | 130 | 348 | 335 | | 0 | 0 | 0 | 0 | | | | |
| 贫化率/% | 24.23 | 40.22 | 32.19 | 29.68 | | 0 | 0 | 0 | 0 | | | | |
| 损失率/% | 24.62 | 44.44 | 36.23 | 36.50 | | 0 | 0 | 35.96 | 0 | | | | |

图 7-89　技术经济指标表格示意图

d. 安全技术参数。由于一次爆炸的炸药量很大，地下深孔爆破会产生强烈的空气冲击波和地震波，空气冲击波和地震震动会引起地下坑道、线路、管道、支护和设备的破坏或损伤，甚至危及地面建筑物和构筑物。因此在深孔爆破设计时，必须估算其危害的范围。

统计的参数包括：地震波传播范围、冲击波范围、人受到影响的范围。各参数计算方法如下：

$$R_1 = 7\sqrt[3]{Q_1} \tag{7-1}$$

$$R_2 = \sqrt{Q_2} \tag{7-2}$$

$$R_3 = 4R_1 \tag{7-3}$$

式中，$R_1$ 为地震波传播范围；$Q_1$ 为单次爆破最大段炸药量；$R_2$ 为冲击波范围；$Q_2$ 为单次爆破总装药量；$R_3$ 为人受到影响的范围。

爆破影响范围计算结果示意图见图 7-90。

| 范围 | 次数 | | | | | | | | |
|---|---|---|---|---|---|---|---|---|---|
| | ① | ② | ③ | ④ | …… | ⑪ | ⑫ | ⑬ | ⑭ | …… |
| $R_{地}$/m | 26 | 26 | 39 | 38 | | 45 | 46 | 31 | 55 | |
| $R_{冲}$/m | 13 | 19 | 22 | 21 | | 28 | 31 | 20 | 46 | |
| $R_{人}$/m | 52 | 76 | 88 | 84 | | 112 | 124 | 80 | 184 | |

图 7-90　爆破影响范围计算结果示意图

e. 汇总表。最后输出大孔的地质矿量、可采矿量、损失矿量、采出矿量、废石混入量、每米崩矿量、损失率、贫化率。地质矿量指由地质勘探部门根据地质和成矿理论及相应调查方法所预测的矿产储量。而块段模型的品位需根据爆破实体模型计算。汇总表见图 7-91。

| 地点 | 项目 | | | | | | | | | | | | | | | | | |
|---|---|---|---|---|---|---|---|---|---|---|---|---|---|---|---|---|---|---|
| | 地质矿量 | | | | 可采矿量 | | | 损失矿量 | | | 采出矿量 | | | 混入废石量 | 每米崩矿量 | 损失率 | 贫化率 | 备注 |
| | Q/t | | C/% | P/t | Q/t | C/% | P/t | Q/t | C/% | P/t | Q/t | C/% | P/t | /t | /(t/m) | /% | /% | |
| 46-13#采场大孔布孔 | 73609 | | 0.725 | 533.48 | 65219 | 0.727 | 474.08 | 8390 | 0.708 | 59.40 | 65219 | 0.727 | 474.06 | | 23.67 | 11.40 | | |
| | 其中易选矿量 | 13402 | 0.800 | 107.22 | 13402 | 0.800 | 107.22 | | | | 13402 | 0.800 | 107.22 | | | | | |
| | 其中难选矿量 | 60207 | 0.708 | 426.26 | 51817 | 0.708 | 366.86 | 8390 | 0.708 | 59.40 | 51817 | 0.708 | 366.86 | | | | | |

图 7-91　技术经济汇总表示意图

f. 炮孔信息表。统计的参数包括：排号、孔号、孔深、孔倾角，如图 7-92 所示。

| 排号 | 孔号 | 孔深/m | 角度/(°) | 孔号 | 孔深/m | 角度/(°) |
|---|---|---|---|---|---|---|
| 槽孔 | ① | 19.5 | 90 | ② | 19.2 | 90 |
| | ③ | 19 | 90 | ④ | 19.2 | 90 |
| 1P | 1 | 12.8 | 85 | 2 | 15.7 | 90 |
| | 3 | 18.7 | 90 | 4 | 20.3 | 90 |
| | 5 | 19.2 | 90 | 6 | 19.7 | 90 |
| 2P | 1 | 12.6 | 85 | 2 | 15.6 | 90 |
| | 3 | 18.5 | 90 | 4 | 20 | 90 |
| | 5 | 19 | 90 | 6 | 19.6 | 90 |
| 3P | 1 | 15.6 | 84 | 2 | 18.5 | 87 |
| | 3 | 18.7 | 90 | 4 | 18.7 | 90 |
| | 5 | 19.4 | 90 | | | |
| 4P | 1 | 14.6 | 87 | 1_1 | 10 | 70 |
| | 1_2 | 6.1 | 50 | 2 | 17.7 | 87 |
| | 3 | 19.4 | 90 | 4 | 18.5 | 86 |
| | 5 | 19.4 | 82 | | | |
| 5P | 1 | 14.4 | 90 | 2 | 17.4 | 90 |
| | 3 | 18.9 | 90 | 4 | 17.8 | 86 |
| | 5 | 18.2 | 85 | 5_1 | 13.2 | 70 |
| | 5_2 | 7.3 | 40 | | | |
| 6P | 2 | 17.3 | 86 | 3 | 18.7 | 90 |
| | 4 | 17.5 | 90 | 5 | 17.9 | 90 |

图 7-92　炮孔信息表示意图

⑦ 设计出图。设计完成后，可以对平行深孔进行图件输出。主要输出的图件包括平面图和剖面图，其中剖面图分为炮排剖面图和进路剖面图。

a. 炮孔布置平面图。炮孔布置平面图（图 7-93）主要为各凿岩硐室标高上的炮孔布置图。图上主要的元素包括凿岩硐室及周边巷道的投影轮廓、邻近的采场布置、炮孔的孔口及孔底投影位置显示、炮孔孔号及倾角、雷管段位的标注、爆破分组界线等。

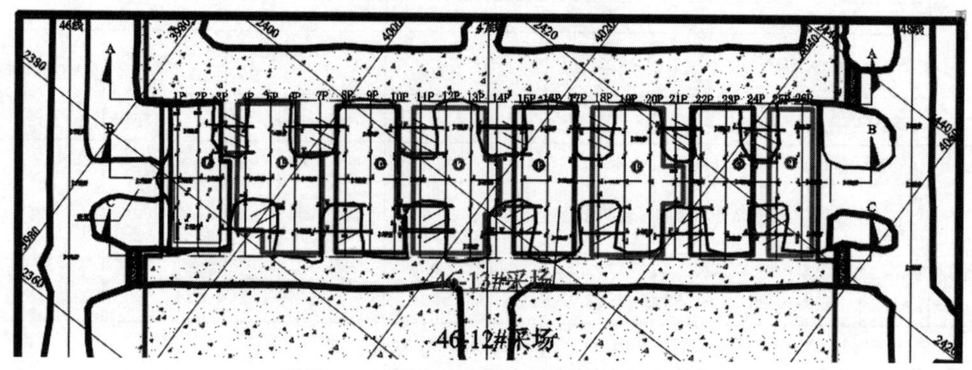

图 7-93 深孔炮孔布置平面图（部分）

b. 炮排剖面图。炮排剖面图（图 7-94）是将炮孔按排号显示在剖面上。出图前可人为设置一个出图范围，将排面上的炮孔投影到剖面上，炮孔分组轮廓投影到剖面，至于采场边界线、矿体界线、邻近工程轮廓线则由剖面切割相应实体模型得到，图上应标注排号、炮孔号、爆破分组号、标高等信息。

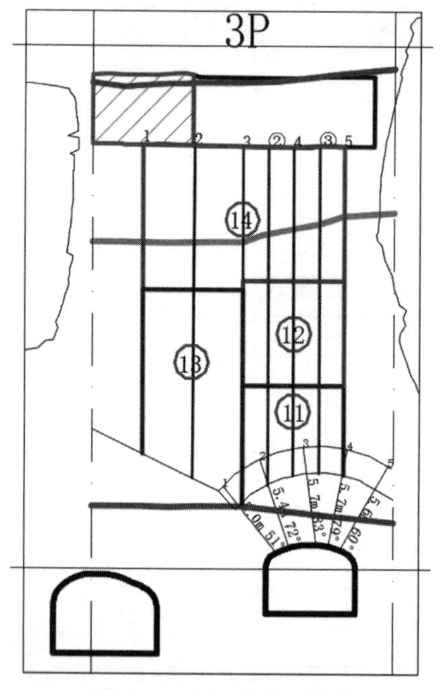

图 7-94 深孔炮排剖面图

c. 进路剖面图。进路剖面图（图 7-95）是沿着凿岩硐室方向绘制的一系列体现排间炮孔相对位置的剖面图。出图前，先设置出图的剖面位置，然后将离剖面最近的炮孔投影至该面，炮孔分组轮廓也投影到该面，用剖面切割凿岩硐室模型、矿体模型、实测工程模型等，得到上下部硐室轮廓线、矿体界线，最后标注炮孔排号、分组号、标高等信息。

(3) 大直径深孔设计案例 本节介绍 Dimine 软件完成铜陵冬瓜山矿某采场大直径深孔回采爆破设计。冬瓜山铜矿采用以大直径深孔爆破为主要工艺特点的空场采矿嗣后充填法。该法是在矿块的上部水平开挖供凿岩作业用的凿岩硐室（巷道），在硐室内钻凿下向深孔，直至矿块下部的拉底水平，然后球形药包爆破落矿，崩落的矿石从下部出矿巷道运出。

① 采场结构。冬瓜山采区分三步骤回采，采场间隔布置，一步骤回采完毕后采用灰砂比为 1∶8 的胶结充填，二步骤采用灰砂比为 1∶15 的胶结充填，三步骤为矿柱最后回收，采用灰沙比 1∶30 左右的胶结充填。

一步骤采场参数：长 82m，宽 18m；二步骤采场参数：长 78m，宽 18m；各采场厚度视矿体厚度而定。各步骤采场布置结构如图 7-96 所示，采场底部采用扇形深孔爆破进行拉底，形成堑沟结构。

② 采切工程。采场上部为凿岩硐室，用于钻凿大孔，其中一步骤、二步骤凿岩硐室结构如图 7-97（a）所示。下部为拉底巷道，用于钻凿形成堑沟的深孔，拉底巷道连接出矿横巷，出矿横巷连接穿脉如图 7-97（b）所示。

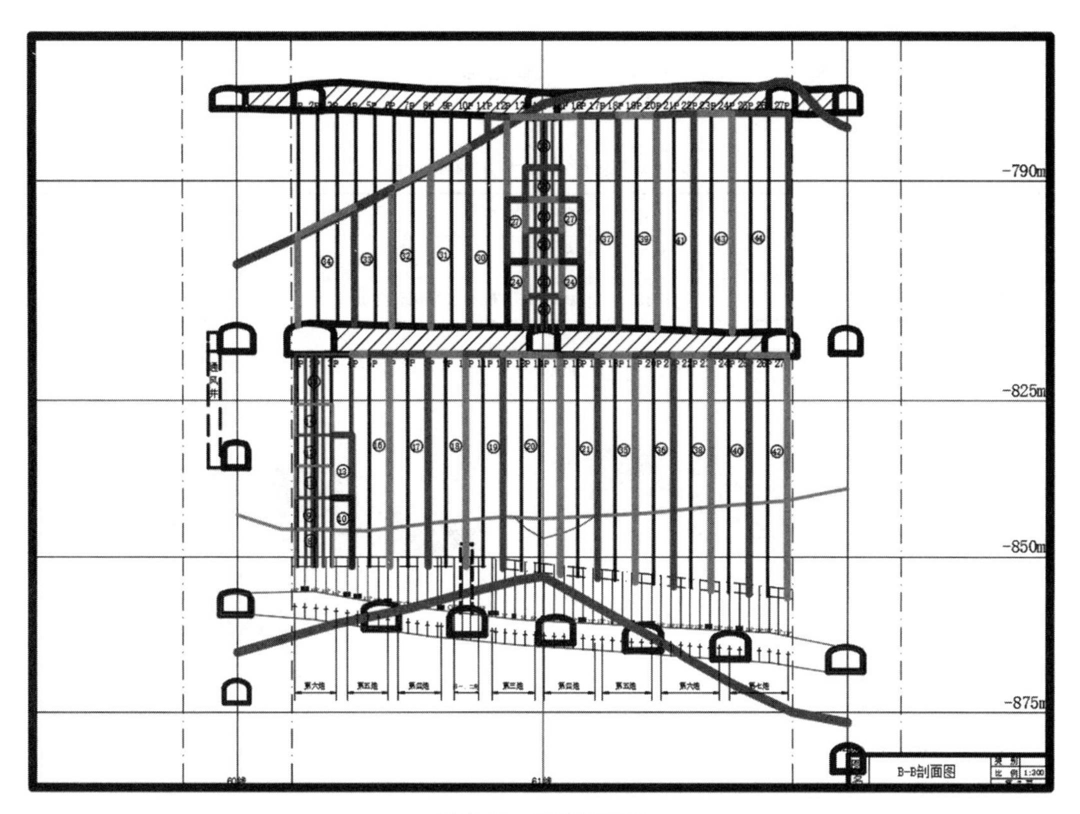


图 7-95 进路剖面图

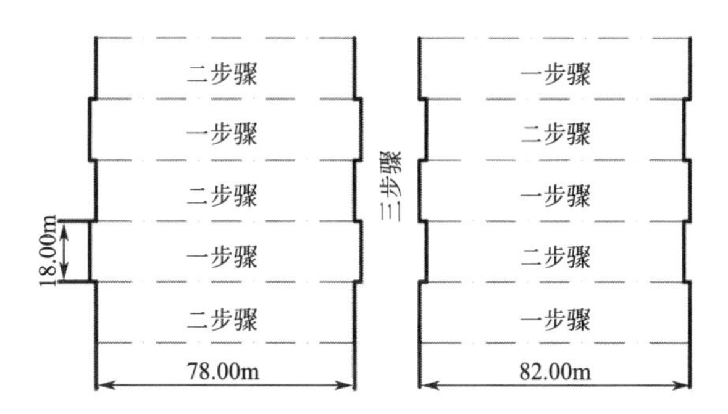


图 7-96 冬瓜山采场布置示意图

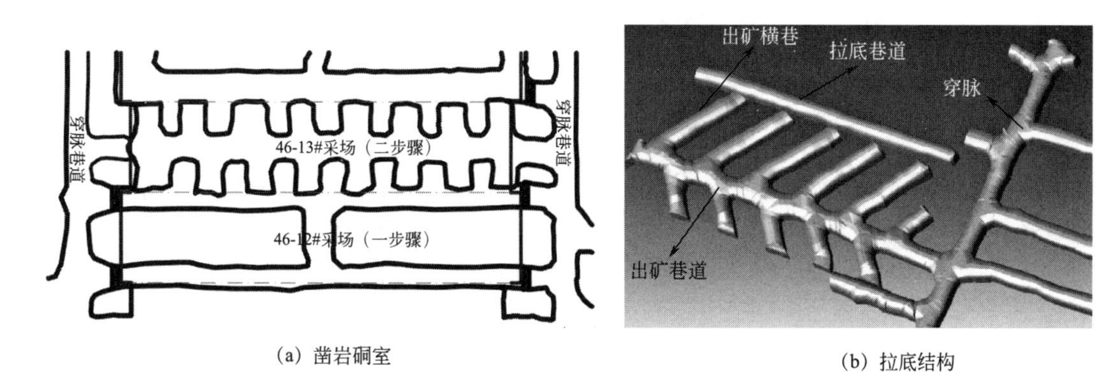


(a) 凿岩硐室

(b) 拉底结构

图 7-97 凿岩硐室与拉底结构

③ 爆破设计

a. 布孔参数。孔网参数如表 7-3 所示。考虑到现场场地的实际情况，事先自定义炮孔位置的网格线，如图 7-98 所示。

**表 7-3　冬瓜山深孔孔网参数表**

| 类型 | 排距 | 孔距/m | 每排 | 炮孔距边帮 | 孔底位置 | 备注 |
| --- | --- | --- | --- | --- | --- | --- |
| 一步骤 | 3m 左右 | 2.6～2.8 | 7 孔 | 0.8m 左右 | 超堑沟面 1.5m 左右 | |
| 二步骤 | 3m 左右 | 3～3.5 | 6 孔 | 0.8m 左右 | 超堑沟面 1.5m 左右 | 炮孔离充填体 2m |

b. 布置排炮孔。打开约束文件，布置排炮孔。生成的炮孔见图 7-99。

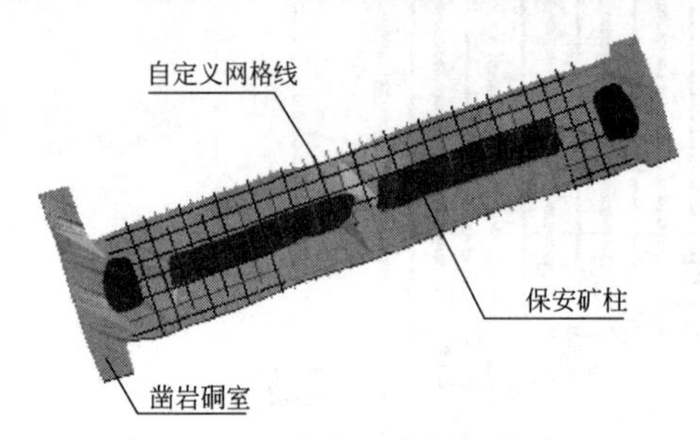


图 7-98　自定义布孔网格线

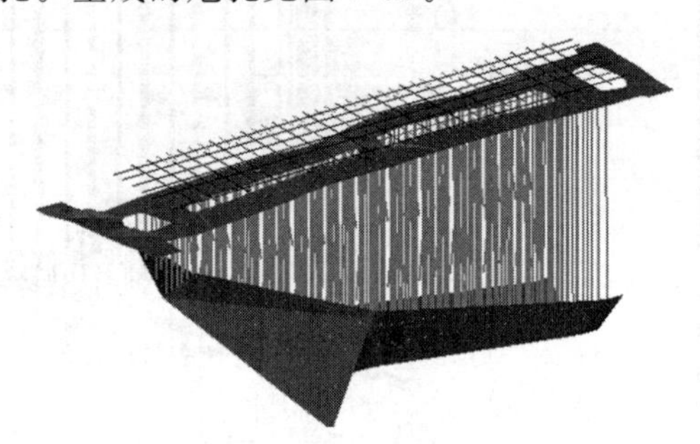

图 7-99　生成炮孔

c. 布置拉槽孔。冬瓜山深孔拉槽布孔方式如图 7-100 所示。

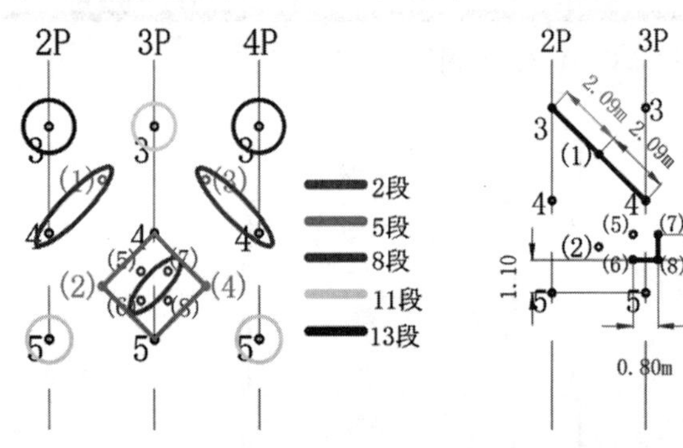


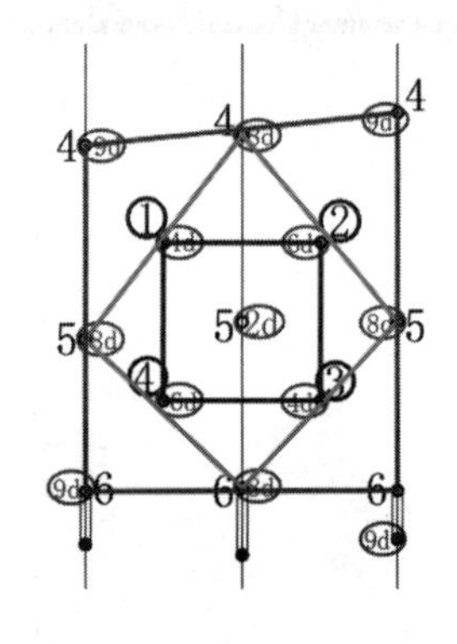

图 7-100　拉槽孔布置

其中（1）号孔在 2P-3 与 3P-4 连线的中点处，（2）号孔在 2P-5 与 3P-4 连线的中点处，（3）号孔在 3P-4 与 4P-3 连线的中点处，（4）号孔在 3P-4 与 4P-5 连线中点处，（5）（7）号孔连线与 3P-4 号孔的距离为 1.1m，（6）（8）号孔连线与 3P-5 号孔的距离为 1.1m。深孔拉槽孔在爆破高度不高（小于 30m 左右）时，有时会采用如下方式布置：先形成拉槽井，拉槽井的布孔方式以原有的一个炮孔为中心点，在其周围布置四个炮孔形成四边形，形成 5 个掏槽孔，四边形边长 2～2.5m 左右。

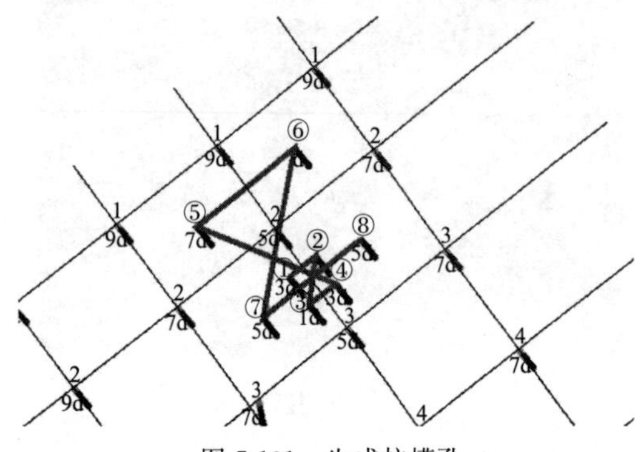

图 7-101　生成拉槽孔

根据拉槽孔的规格，按照顺序及距离点选相应位置生成拉槽孔，如图 7-101。

④ 装药设计。拉槽孔分层崩落，一次崩落 5m，孔底堵孔 1.5～2m，剩余 3m 采用直径 $\phi$140mm 药卷连续不耦合装药，药卷上方用充填沙充填 2～3m 左右，直至拉槽完成。目前矿山常用的深孔装药的装药结构及对应装药系数如表 7-4 所示。

**表 7-4　装药系数表**

| 类型 | 炮孔类型 | 装药结构 | 装药系数 | 备注 |
|---|---|---|---|---|
| 二步骤 | 边孔 | 1 个毛竹，1 卷药包 | 25% | 1×0.5/(1×0.5+1.5)=25% |
| | 中间孔 | 1 个毛竹，2 卷药包 | 40% | 2×0.5/(2×0.5+1.5)=40% |
| | 中间孔 | 1 个毛竹，3 卷药包 | 50% | 3×0.5/(3×0.5+1.5)=50% |
| 一步骤 | 边孔 | 1 个毛竹，2 卷药包 | 40% | 2×0.5/(2×0.5+1.5)=40% |
| | 中间孔 | 1 个毛竹，3 卷药包 | 50% | 3×0.5/(3×0.5+1.5)=50% |
| 预裂孔 | 边孔 | 1 卷药包，1 个毛竹 | | 1.5m 孔距，药包直径 $\phi$120mm |
| | 边孔 | 2 卷药包，1 个毛竹 | | 2m 孔距，药包直径 $\phi$120mm |

根据装药系数表，自定义每排炮孔后每个炮孔的装药系数，完成装药。

⑤ 爆破分组。根据补偿空间需求及最大装药量控制对炮孔进行分组爆破。拉槽区按深度方向分组，侧崩区按采场走向方向分组，如图 7-102。

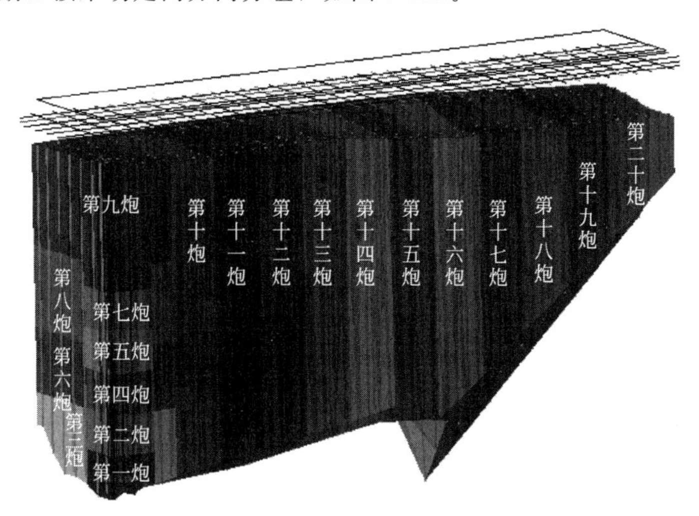


图 7-102　爆破分组示意图

⑥ 雷管段位标定。由“中间向两边，前排向后排”段别逐渐增大；深孔雷管 1d～18d 段别，1d 段用于起爆；侧崩区中间炮孔较两帮炮孔段位低，如图 7-103 所示。

⑦ 指标计算

a. 爆破范围表，见图 7-104。

b. 爆破参数统计表，见图 7-105。

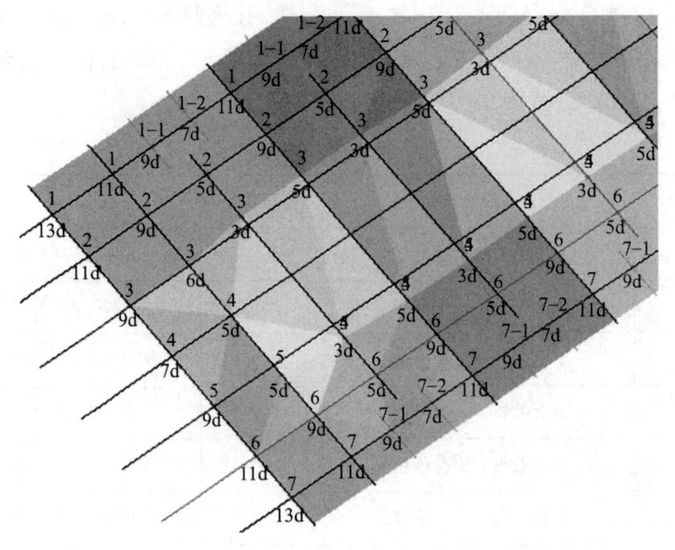

图 7-103　雷管段位设计图

| 次数 | 参数 | | |
|---|---|---|---|
| | 排号 | 孔数 | 孔深/m |
| 7 | 大孔 25P-27P | 17 | 79.4 |
| 8 | 大孔 25P-27P | 17 | 85.6 |
| 9 | 大孔 24P-27P | 19 | 132.7 |
| 10 | 大孔 25P-27P | 17 | 85.1 |
| 11 | 大孔 25P-27P | 17 | 84.9 |
| 12 | 大孔 24P-27P | 19 | 152.1 |
| 13 | 大孔 25P-27P | 17 | 85 |
| 14 | 大孔 25P-27P | 17 | 85.1 |
| 15 | 大孔 24P-27P | 19 | 190.1 |
| 16 | 大孔 24P-27P | 36 | 414.7 |
| 17 | 大孔 22P-23P | 15 | 550.6 |
| 18 | 大孔 20P-21P | 16 | 576.7 |
| 19 | 大孔 18P-19P | 16 | 566.1 |
| 20 | 大孔 16P-17P | 15 | 517.4 |
| 21 | 大孔 14P-16P | 17 | 574.6 |
| 22 | 大孔 12P-13P | 16 | 528.3 |
| 23 | 大孔 10P-11P | 16 | 528.2 |
| 24 | 大孔 8P-9P | 16 | 443.4 |
| 25 | 大孔 6P-7P | 15 | 337.3 |
| 26 | 大孔 4P-5P | 16 | 285.7 |
| 27 | 大孔 1P-3P | 22 | 267.9 |

图 7-104　爆破范围统计信息示意图

| 分组号 | 装药量 | 雷管分段 | 最大一响 | 补偿空间 | 装药系数 | 每米崩矿量/(t/m) | 炸药单耗/(kg/t) |
|---|---|---|---|---|---|---|---|
| 7 | 432.37 | 9″-18″共 10 响 | 18d：174kg | >30% | 30.25% | 8.44 | 0.65 |
| 8 | 468.02 | 9″-18″共 10 响 | 18d：180kg | >30% | 30.36% | 9.15 | 0.6 |
| 9 | 1206.54 | 9″-21″共 13 响 | 13d：295kg | >30% | 37.47% | 24.27 | 0.37 |
| 10 | 464.27 | 9″-18″共 10 响 | 18d：180kg | >30% | 30.29% | 9.21 | 0.59 |
| 11 | 462.91 | 9″-18″共 10 响 | 18d：180kg | >30% | 30.29% | 9.31 | 0.59 |
| 12 | 1253.47 | 9″-21″共 13 响 | 15d：267kg | >30% | 36.25% | 25.5 | 0.32 |
| 13 | 463.63 | 9″-18″共 10 响 | 18d：180kg | >30% | 30.28% | 9.29 | 0.59 |
| 14 | 463.89 | 9″-18″共 10 响 | 18d：180kg | >30% | 30.30% | 8.72 | 0.63 |
| 15 | 1566.52 | 9″-21″共 13 响 | 15d：333kg | >30% | 36.25% | 25.91 | 0.32 |
| 16 | 2509.37 | 9″-21″共 13 响 | 15d：462kg | >30% | 33.62% | 17.84 | 0.34 |
| 17 | 5102.06 | 3″-21″共 19 响 | 5d：1367kg | >30% | 34.81% | 31.92 | 0.29 |
| 18 | 5276.86 | 3″-11″共 9 响 | 5d：2174kg | >30% | 35.10% | 28.83 | 0.32 |
| 19 | 5187.37 | 3″-11″共 9 响 | 5d：2150kg | >30% | 35.16% | 28.66 | 0.32 |
| 20 | 5095.57 | 3″-11″共 9 响 | 5d：2123kg | >30% | 35.22% | 30.75 | 0.32 |
| 21 | 4959.03 | 3″-11″共 9 响 | 5d：2075kg | >30% | 35.26% | 26.37 | 0.33 |
| 22 | 4849.89 | 3″-11″共 9 响 | 5d：2033kg | >30% | 35.26% | 25.79 | 0.36 |
| 23 | 4881.36 | 3″-11″共 9 响 | 5d：2072kg | >30% | 35.55% | 26.3 | 0.35 |
| 24 | 4302.26 | 3″-11″共 9 响 | 5d：1902kg | >30% | 35.69% | 26.6 | 0.36 |
| 25 | 3353.09 | 3″-11″共 9 响 | 5d：1403kg | >30% | 35.45% | 28.01 | 0.35 |
| 26 | 2819.45 | 3″-11″共 9 响 | 5d：1085kg | >30% | 35.70% | 26.2 | 0.38 |
| 27 | 2371.38 | 3″-13″共 11 响 | 5d：826kg | >30% | 35.65% | 29.49 | 0.3 |

图 7-105　爆破参数统计信息示意图

c. 技术经济表，见图 7-106。

d. 安全技术参数表，见图 7-107。

e. 炮孔信息表，见图 7-108。

| 分组号 | 爆破量/t | CU爆破金属量/t | CU爆破金属品位/% | S爆破金属量/t | S爆破金属品位/% | 难量/t | CU难金属量/t | CU难金属品位/% | S难金属量/t | S难金属品位/% | 易量/t | CU易金属量/t | CU易金属品位/% | S易金属量/t | S易金属品位/% | 废量/t | 混入废石量/t | 损失矿石量/t | 贫化率/% | 损失率/% |
|---|---|---|---|---|---|---|---|---|---|---|---|---|---|---|---|---|---|---|---|---|
| 7 | 669.80 | 16.96 | 2.60 | 117.47 | 17.99 | 386.44 | 10.20 | 2.64 | | | 266.56 | 6.76 | 2.54 | | | 16.80 | 16.80 | 0.00 | 2.51 | 0 |
| 8 | 783.66 | 19.88 | 2.60 | 137.67 | 17.99 | 43.91 | 1.16 | 2.64 | | | 721.37 | 18.72 | 2.59 | | | 18.37 | 18.37 | 0.00 | 2.34 | 0 |
| 9 | 3220.09 | 78.02 | 2.63 | 534.82 | 18.02 | 2447.97 | 64.57 | 2.64 | | | 519.43 | 13.45 | 2.59 | | | 252.70 | 252.70 | 0.00 | 7.85 | 0 |
| 10 | 783.80 | 19.88 | 2.60 | 137.72 | 17.99 | 0.00 | 0.00 | 0.00 | | | 765.56 | 19.88 | 2.60 | | | 18.24 | 18.24 | 0.00 | 2.33 | 0 |
| 11 | 790.23 | 20.11 | 2.60 | 139.23 | 17.99 | 0.00 | 0.00 | 0.00 | | | 773.95 | 20.11 | 2.60 | | | 16.27 | 16.27 | 0.00 | 2.06 | 0 |
| 12 | 3878.89 | 101.56 | 2.63 | 698.08 | 18.08 | 891.19 | 23.46 | 2.63 | | | 2970.89 | 78.10 | 2.63 | | | 16.80 | 16.80 | 0.00 | 0.43 | 0 |
| 13 | 789.93 | 20.15 | 2.60 | 139.50 | 17.99 | 0.00 | 0.00 | 0.00 | | | 775.50 | 20.15 | 2.60 | | | 14.44 | 14.44 | 0.00 | 1.83 | 0 |
| 14 | 741.74 | 19.07 | 2.61 | 131.53 | 17.99 | 0.00 | 0.00 | 0.00 | | | 731.24 | 19.07 | 2.61 | | | 10.50 | 10.50 | 0.00 | 1.42 | 0 |
| 15 | 4924.93 | 128.95 | 2.63 | 886.71 | 18.08 | 0.00 | 0.00 | 0.00 | | | 4903.93 | 128.95 | 2.63 | | | 21.00 | 21.00 | 0.00 | 0.43 | 0 |
| 16 | 7397.77 | 192.91 | 2.62 | 1327.76 | 18.07 | 0.00 | 0.00 | 0.00 | | | 7349.47 | 192.91 | 2.62 | | | 48.30 | 48.30 | 0.00 | 0.65 | 0 |
| 17 | 17577.24 | 450.19 | 2.62 | 3105.32 | 18.06 | 2382.88 | 62.74 | 2.63 | | | 14810.59 | 387.45 | 2.62 | | | 383.77 | 383.77 | 0.00 | 2.18 | 0 |
| 18 | 16623.39 | 421.73 | 2.62 | 2908.28 | 18.05 | 2634.91 | 69.23 | 2.63 | | | 13478.26 | 352.49 | 2.62 | | | 510.21 | 510.21 | 0.00 | 3.07 | 0 |
| 19 | 16224.73 | 405.23 | 2.62 | 2798.08 | 18.06 | 2997.36 | 78.60 | 2.62 | | | 12496.87 | 326.63 | 2.61 | | | 730.49 | 730.49 | 0.00 | 4.50 | 0 |
| 20 | 15910.79 | 393.73 | 2.61 | 2722.91 | 18.08 | 3629.75 | 95.07 | 2.62 | | | 11430.19 | 298.66 | 2.61 | | | 850.85 | 850.85 | 0.00 | 5.35 | 0 |
| 21 | 15153.07 | 375.70 | 2.62 | 2594.40 | 18.09 | 4742.86 | 124.27 | 2.62 | | | 9595.11 | 251.43 | 2.62 | | | 815.11 | 815.11 | 0.00 | 5.38 | 0 |
| 22 | 13625.99 | 323.20 | 2.62 | 2227.54 | 18.09 | 5506.26 | 144.26 | 2.62 | | | 6806.22 | 178.94 | 2.63 | | | 1313.51 | 1313.51 | 0.00 | 9.64 | 0 |
| 23 | 13890.69 | 277.76 | 2.61 | 1921.90 | 18.09 | 5748.62 | 150.00 | 2.61 | | | 4876.40 | 127.75 | 2.62 | | | 3265.67 | 3265.67 | 0.00 | 23.51 | 0 |
| 24 | 11794.28 | 221.00 | 2.61 | 1530.72 | 18.08 | 5946.60 | 155.12 | 2.61 | | | 2518.31 | 65.88 | 2.62 | | | 3329.37 | 3329.37 | 0.00 | 28.23 | 0 |
| 25 | 9446.40 | 175.10 | 2.61 | 1213.25 | 18.09 | 6318.31 | 164.94 | 2.61 | | | 387.29 | 10.16 | 2.62 | | | 2740.81 | 2740.81 | 0.00 | 29.01 | 0 |
| 26 | 7485.81 | 146.86 | 2.61 | 1017.46 | 18.10 | 5621.66 | 146.86 | 2.61 | | | 0.00 | 0.00 | 0.00 | | | 1864.14 | 1864.14 | 0.00 | 24.90 | 0 |
| 27 | 7901.42 | 168.90 | 2.62 | 1168.10 | 18.10 | 6455.00 | 168.90 | 2.62 | | | 0.00 | 0.00 | 0.00 | | | 1446.42 | 1446.42 | 0.00 | 18.31 | 0 |
| 合计 | 169614.65 | 3976.88 | 2.62 | 27458.44 | 18.07 | 55753.72 | 1459.38 | 2.62 | 0.00 | # VALUE! | 96177.13 | 2517.50 | 2.62 | 0.00 | # VALUE! | 17683.79 | 17683.79 | 0.00 | 10.43 | 0 |

图 7-106　技术经济指标计算结果表示意图

| 次数 | 范围 | | |
|---|---|---|---|
| | $R_{地}$/m | $R_{冲}$/m | $R_{人}$/m |
| 7 | 18 | 21 | 84 |
| 8 | 18 | 22 | 88 |
| 9 | 22 | 35 | 140 |
| 10 | 18 | 22 | 88 |
| 11 | 18 | 22 | 88 |
| 12 | 21 | 35 | 140 |
| 13 | 18 | 22 | 88 |
| 14 | 18 | 22 | 88 |
| 15 | 22 | 40 | 160 |
| 16 | 25 | 50 | 200 |
| 17 | 16 | 71 | 284 |
| 18 | 19 | 73 | 292 |
| 19 | 19 | 72 | 288 |
| 20 | 19 | 71 | 284 |
| 21 | 19 | 70 | 280 |
| 22 | 19 | 70 | 280 |
| 23 | 19 | 70 | 280 |
| 24 | 19 | 66 | 264 |
| 25 | 17 | 58 | 232 |
| 26 | 15 | 53 | 212 |
| 27 | 30 | 49 | 196 |

图 7-107　安全技术参数表示意图

| 排号 | 孔号 | 孔深/m | 角度/(°) | 孔号 | 孔深/m | 角度/(°) |
|---|---|---|---|---|---|---|
| 槽孔 | ① | 40 | 90 | ② | 40.1 | 90 |
| | ③ | 39.7 | 90 | ④ | 39.8 | 90 |
| | ⑤ | 40.7 | 90 | ⑥ | 41.4 | 90 |
| | ⑦ | 39.8 | 90 | ⑧ | 40.1 | 90 |
| 1P | 1 | 6.9 | 90 | 2 | 8.9 | 90 |
| | 3 | 11.3 | 90 | 4 | 14.3 | 90 |
| | 5 | 12 | 90 | 6 | 9.8 | 90 |
| | 7 | 7.9 | 90 | | | |
| 2P | 1 | 9.4 | 90 | 2 | 11.4 | 90 |
| | 3 | 13.9 | 90 | 4 | 17.2 | 90 |
| | 5 | 13.5 | 88 | 6 | 11.3 | 90 |
| | 7 | 9.5 | 90 | | | |
| 3P | 1_1 | 11.1 | 90 | 1_2 | 12.8 | 90 |
| | 2 | 13.9 | 90 | 3 | 16.4 | 88 |
| | 4 | 21.2 | 80 | 6 | 13.1 | 90 |
| | 7_1 | 10.6 | 90 | 7_2 | 11.6 | 90 |
| 4P | 1 | 14.5 | 90 | 2 | 16.5 | 90 |
| | 3 | 18.9 | 88 | 4 | 24.3 | 81 |
| | 5 | 17.1 | 87 | 6 | 14.7 | 90 |
| | 7 | 12.8 | 90 | | | |
| 5P | 1_1 | 16.2 | 90 | 1_2 | 17.9 | 90 |
| | 2 | 19 | 90 | 3 | 21.7 | 89 |
| | 4 | 27.4 | 82 | 5 | 19.7 | 87 |
| | 6 | 16.4 | 90 | 7_1 | 13.9 | 90 |
| | 7_2 | 15 | 90 | | | |
| 6P | 1 | 19.5 | 90 | 2 | 21.5 | 90 |
| | 3 | 24.6 | 89 | 4 | 30.4 | 83 |
| | 5 | 22.8 | 88 | 6 | 18.1 | 90 |
| | 7 | 16.1 | 90 | | | |
| 7P | 1_1 | 21.2 | 90 | 1_2 | 22.8 | 90 |
| | 2 | 23.9 | 90 | 3 | 27.6 | 89 |
| | 4 | 33.5 | 84 | 6 | 19.7 | 90 |
| | 7_1 | 17.2 | 90 | 7_2 | 18.4 | 90 |
| 8P | 1 | 24.4 | 90 | 2 | 26.4 | 90 |
| | 3 | 30.5 | 89 | 4 | 36.6 | 84 |
| | 5 | 29 | 88 | 6 | 21.6 | 90 |
| | 7 | 19.5 | 90 | | | |
| 9P | 1_1 | 26.1 | 90 | 1_2 | 27.7 | 90 |
| | 2 | 29.3 | 90 | 3 | 33.4 | 89 |
| | 4 | 39.6 | 84 | 5 | 32.1 | 88 |
| | 6 | 24.7 | 90 | 7_1 | 20.6 | 90 |
| | 7_2 | 21.7 | 90 | | | |
| 10P | 1 | 29.4 | 90 | 2 | 32.3 | 90 |
| | 3 | 36.4 | 89 | 4 | 42.6 | 85 |
| | 5 | 35.1 | 89 | 6 | 27.7 | 90 |
| | 7 | 22.7 | 90 | | | |
| 11P | 1_1 | 31 | 90 | 1_2 | 32.8 | 89 |
| | 2 | 35.2 | 90 | 3 | 39.3 | 89 |
| | 4 | 45.6 | 85 | 5 | 38.1 | 89 |
| | 6 | 30.7 | 90 | 7_1 | 23.8 | 90 |
| | 7_2 | 25.6 | 90 | | | |
| 12P | 1 | 34.1 | 89 | 2 | 35 | 90 |
| | 3 | 34.8 | 89 | 4 | 36.5 | 84 |
| | 5 | 36.4 | 89 | 6 | 31 | 90 |
| | 7 | 26.6 | 90 | | | |
| 13P | 1_1 | 33.3 | 89 | 1_2 | 32.2 | 89 |
| | 2 | 35.1 | 90 | 3 | 35.5 | 88 |
| | 4 | 36 | 86 | 5 | 36.1 | 90 |
| | 6 | 31.3 | 90 | 7_1 | 27.1 | 90 |
| | 7_2 | 27.4 | 90 | | | |

| 排号 | 孔号 | 孔深/m | 角度/(°) | 孔号 | 孔深/m | 角度/(°) |
|---|---|---|---|---|---|---|
| 14P | 1 | 32.7 | 89 | 2 | 35.2 | 90 |
| | 3 | 36.1 | 90 | 4 | 35.8 | 90 |
| | 5 | 36.4 | 90 | 6 | 31.7 | 90 |
| | 7 | 27.7 | 90 | | | |
| 15P | 1_1 | 33.3 | 89 | 1_2 | 33.9 | 90 |
| | 2 | 36.1 | 90 | 3 | 36.6 | 89 |
| | 4 | 36.5 | 86 | 5 | 36.9 | 89 |
| | 6 | 32.1 | 90 | 7_1 | 27.9 | 90 |
| | 7_2 | 28.2 | 90 | | | |
| 16P | 1 | 34.5 | 90 | 2 | 36.9 | 90 |
| | 3 | 37 | 88 | 4 | 37.4 | 84 |
| | 5 | 37.3 | 89 | 6 | 32.6 | 90 |
| | 7 | 28.4 | 90 | | | |
| 17P | 1_1 | 35 | 90 | 1_2 | 35.2 | 90 |
| | 2 | 37.5 | 90 | 3 | 37.3 | 88 |
| | 4 | 37.5 | 84 | 5 | 37.5 | 89 |
| | 6 | 32.9 | 90 | 7_1 | 28.7 | 90 |
| | 7_2 | 29.1 | 90 | | | |
| 18P | 1 | 35.5 | 90 | 2 | 37.9 | 90 |
| | 3 | 37.5 | 88 | 4 | 37.7 | 84 |
| | 5 | 37.7 | 89 | 6 | 33.2 | 90 |
| | 7 | 29.5 | 89 | | | |
| 19P | 1_1 | 35.8 | 90 | 1_2 | 36.1 | 90 |
| | 2 | 38.3 | 90 | 3 | 37.6 | 88 |
| | 4 | 37.9 | 84 | 5 | 37.9 | 89 |
| | 6 | 33.4 | 90 | 7_1 | 29.8 | 89 |
| | 7_2 | 30.2 | 89 | | | |
| 20P | 1 | 36.4 | 90 | 2 | 38.7 | 90 |
| | 3 | 37.7 | 88 | 4 | 38.1 | 84 |
| | 5 | 38.1 | 89 | 6 | 33.7 | 90 |
| | 7 | 30.6 | 89 | | | |
| 21P | 1_1 | 36.6 | 90 | 1_2 | 36.9 | 90 |
| | 2 | 39 | 90 | 3 | 37.8 | 88 |
| | 4 | 38.3 | 84 | 5 | 38.3 | 89 |
| | 6 | 34 | 90 | 7_1 | 31 | 89 |
| | 7_2 | 31.4 | 89 | | | |
| 22P | 1 | 37.2 | 90 | 2 | 39.2 | 90 |
| | 3 | 38 | 89 | 4 | 38.5 | 84 |
| | 6 | 34.6 | 90 | 7 | 32.2 | 89 |
| 23P | 1_1 | 37.6 | 90 | 1_2 | 38 | 90 |
| | 2 | 39.5 | 90 | 3 | 38.4 | 89 |
| | 4 | 38.7 | 84 | 5 | 38.7 | 88 |
| | 6 | 35.2 | 90 | 7_1 | 32.1 | 89 |
| | 7_2 | 32.5 | 90 | | | |
| 24P | 1 | 38.4 | 90 | 2 | 39.9 | 90 |
| | 3 | 38.7 | 89 | 4 | 38.9 | 84 |
| | 5 | 38.9 | 88 | 6 | 35.8 | 90 |
| | 7 | 32.9 | 90 | | | |
| 25P | 1 | 39.1 | 90 | 2 | 40.2 | 90 |
| | 3 | 39.1 | 89 | 4 | 38.9 | 89 |
| | 5 | 39.1 | 89 | 6 | 36.3 | 90 |
| | 7 | 33.5 | 90 | | | |
| 26P | 1 | 39.8 | 90 | 2 | 40.6 | 90 |
| | 3 | 39.5 | 90 | 4 | 39 | 90 |
| | 5 | 39.3 | 90 | 6 | 36.9 | 90 |
| | 7 | 34 | 90 | | | |
| 27P | 1 | 40.3 | 90 | 2 | 41 | 90 |
| | 3 | 39.8 | 90 | 4 | 39.3 | 90 |
| | 5 | 39.5 | 90 | 6 | 37.2 | 90 |
| | 7 | 34.4 | 90 | | | |

图 7-108　炮孔信息表示意图

⑧ 设计出图　相关图纸见图 7-109 和图 7-110。

图 7-109　炮孔平面布置图

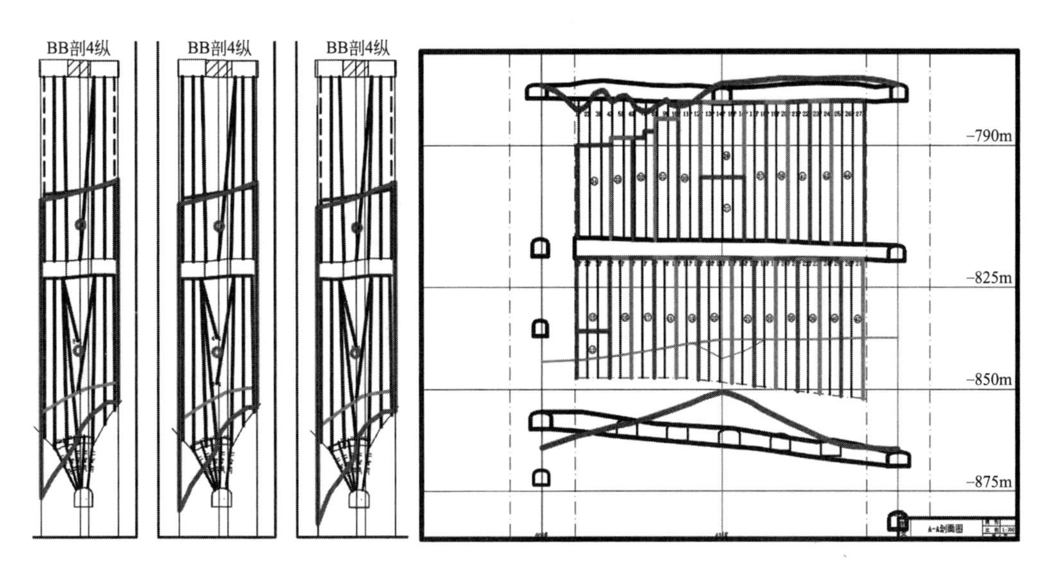


图 7-110　炮排剖面图图及进路剖面图

# 7.5 开拓系统优化

## 7.5.1 概述

在矿山设计中，正确地选择矿床开拓方案，是总体设计中十分重要的问题，是矿床地下开采成败的关键。因为开拓方案的选择决定着整个矿床开采期间的提升、运输、通风、排水、动力供应、地面运输及布置等问题，并直接影响到该企业建设的经济效益和发展前景。而且，矿床开拓方案一旦确定并进行矿山建设以后，就很难再改为其他方案，如若改变，不仅会带来很大的经济损失，而且会贻误时间。由此可见，在进行开拓方案选择时应更努力找到更符合矿山实际的开拓方案。

开拓系统选择是矿山地下开采设计中至关重要的部分，是一项寻求矿山开采的经济效益、生产安全和生产效率等多因素综合效益最佳的优化决策问题。传统的方案比较法对影响开拓系统选择的各因素只作定性分析，往往较难选择最优方案。而基于三维矿业软件的开拓系统方案优化，通过建立不同方案的三维井巷工程模型，与矿体模型对比各工程布置的合理性，并通过基建工程量及基建工期长度进行技术经济分析，选出最优方案。

下面以老虎洞磷矿为例介绍开拓系统优化功能。

### 7.5.2 案例

老虎洞磷矿矿体为缓倾斜中厚矿体，呈隐伏层状产出，总体走向北东，区内全长约3800m，主要赋存标高0～800m。西翼矿层倾向320°～350°，倾角10°～23°；东翼矿层，倾向150°～170°，倾角50°～65°。

矿体共分上下两层：上层矿为b矿层，倾角15°，平均厚度9m，为钙镁质磷块岩矿石，适宜于制造普通磷肥或磷酸，抗压强度3～5MPa。矿石较软，稳固性较差。b矿层矿石密度为2.72t/m$^3$。下层矿为a矿层，倾角15°，平均厚度16m，为硅钙质磷块岩矿，a层矿抗压强度38MPa，节理裂隙较发育，矿石具有硬、脆、碎的特点。适宜于制造高价值的黄磷。

夹层平均厚度3.99m，由深灰色粉晶白云岩和白云岩组成，所含磷块岩条带导致岩石软硬不均，硬、脆、碎为其主要特点。节理及裂隙发育，易将岩石切割成大小不等的碎块。该层稳定性较差。

矿体顶板、矿体和夹层均以细晶白云岩为主，岩石具有硬、脆、碎的特点，岩石抗压强度低、内聚力小、孔隙率大、岩层稳定性差。矿体底板为黏土质砂岩，工程地质条件属中等复杂类型。

矿区处于整个白云岩背斜倾伏端的地下水富集区，矿层底板为非可溶岩相对隔水层，底板不充水，矿层顶板为矿区主要含水层（Z2dn）。因此，矿床为顶板直接充水的岩溶充水矿床，水文地质条件复杂。地表岩根河从南往北流经矿区，为水体下开采矿床。

区内断层发育，伴随断裂形成的构造节理裂隙、岩层层间裂隙也较发育，这些断层和节理裂隙破坏了岩层的完整性，并成为含水层中地下水向矿井充水的通道。

（1）方案一　方案一推荐采用上向水平分层充填法和上向进路充填法。其中，上向水平分层充填法适用于岩石稳固性相对较好的地段，上向进路充填法适用于岩石较破碎地段。上向水平分层充填法约占70%，上向进路充填法约占30%。

矿体划分为盘区开采，盘区沿走向长120m，中段高50m，分段高度12.5m，分层高为4.0～4.2m。盘区内划分矿房和矿柱，采场垂直走向布置。使用上向分层充填法时矿房和矿柱宽均为8m，使用进路充填法时进路宽4m。采场长度分别为b矿层、a矿层的水平厚度。回采时先采矿房，矿房采后胶结充填，而后采矿柱，矿柱采后胶结充填。采用浅孔凿岩，4m$^3$铲运机出矿。

采用主副井开拓，中段高度50m。一期开采设置9个中段，分别为800m、750m、700m、650m、600m、550m、500m、450m和400m中段。

主井井口标高1150m，井底标高250m，井深900m，井筒净直径$\phi$为6.5m，最低服务中段标高400m。破碎站设在350m中段，皮带装载设在300m水平，井底及粉矿回收设在250m水平。

1号副井：井口标高1150m，井底标高225m，井深925m，井筒净直径为5.5m，与各生产中段（800m、750m、700m、650m、600m、550m、500m、450m、400m）及主井破碎水平（350m）、装矿水平（300m）、粉矿回收水平（250m）相连通，除了350m、300m和250m水平外，其他水平均为双侧马头门相通。主要担负全矿的粉矿、部分人员、部分材料和设备的提升任务，并作为进风井。

2 号副井：井口标高 1150m，井底标高 375m，井深 775m，井筒净直径为 7.5m，与各生产中段（800m、750m、700m、650m、600m、550m、500m、450m、400m）均采用双侧马头门连通，担负全矿的无轨设备、主要生产人员、部分设备的提升任务，并作为进风井。

采准工程基本在脉外布置，分层或进路充填法的采切工程主要包括：穿脉巷道、分段巷道、采场分层联络道、矿废石溜井和溜井联络道等。

方案一开拓系统三维实体模型如图 7-111 所示。

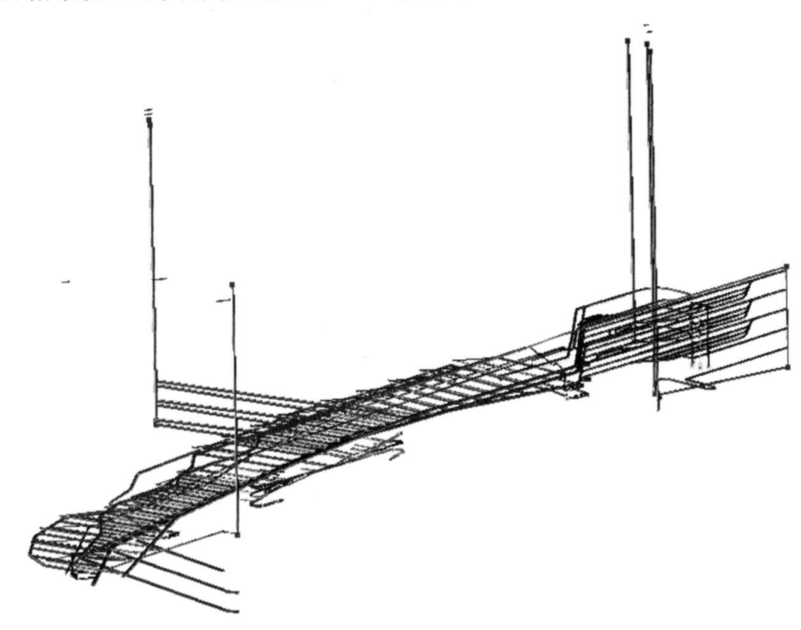

图 7-111 开拓系统三维模型（方案一）

（2）方案二 对于 a 层矿，采用预控顶中深孔空场嗣后充填采矿法，对于 b 层矿，设计优先推荐采用掘进机进路式开采，同时也可以考虑采用与 a 矿层一样的开采方式。

矿体沿走向每隔 200～300m 左右布置一个采区，采区在倾向方向采用伪倾斜布置，两个采区之间沿矿体伪倾向留设 35m 或 25m 间柱（a 矿层分段回采时间柱宽 35m，a 矿层全段回采时间柱宽 25m），间柱内布置斜坡道（平均坡度 15%）；同一采区中，在高度方向上每 50m 设置一个盘区，盘区矿柱中布置无轨平巷道。a 层矿体开采时，在盘区内沿矿体走向划分条带式采场（设计当 a 矿层分段开采时，采场宽 8m；当 a 矿层全段开采时，采场宽 6～8m），b 层矿体采用掘进机开采时，条带采场沿倾向布置，并且由下向上推进。

采用主副井开拓，中段高度 50m。设置 5 个中段，分别为 600m、550m、500m、450m 和 400m 中段。采用 400m 主皮带加盘区卡车运输方案。

主井井口标高 1150m，井底标高 280m，井筒净直径为 5.6m，最低服务中段标高 400m，皮带装载设在 343m 水平。在 280～400m 之间设电梯井回收粉矿。

副井提升系统担负全矿人员、设备、材料的提升任务。副井井口标高 1150m，最低服务标高 400m，最大提升高度 750m。副井同时担负进风任务。

采准工程（a 矿层分段回采）：设计于盘区间柱脉内下盘布置盘区斜坡道（开拓工程），在盘区斜坡道内每隔 50m 垂高掘进一条斜坡道联络道连通 b 矿层，斜坡道联络道布置于间柱内，在斜坡道联络道相应标高分别掘进 a 矿层切顶联络道、a 矿层上分段联络道和 b 矿层联络道，在盘区间柱靠近底柱的位置掘进进风天井连通 a 矿层切顶联络道、a 矿层上分段联络道和 b 矿层联络道，在 a 矿层切顶层盘区中间位置掘进一条 a 矿层盘区回风充填联道（与每个采场的切割天井连通），在 b 矿层盘区内沿伪倾斜方向每隔 100m 掘进一条沿走向布置的出矿道，在盘区上部水平无轨运输巷道内掘回风天井连通 a 矿层盘区回风充填联道，在盘区斜坡道靠近 a 矿层主皮带运输道的位置掘进一条 a 矿层主溜井，在 b 矿层盘区出矿道内掘进一条 b 矿层主溜井。

切割工程（a 矿层分段回采）：在 a 矿层切顶联络道内每隔 8m 沿矿体走向方向掘进一条 a 矿层切顶平巷（兼做出矿巷道），在 a 矿层上分段联络道内的每个一步骤开采采场内沿矿体走向方向掘进一条一步骤回采上分段切割平巷（兼做出矿巷道），在盘区斜坡道内每隔 8m 沿矿体走向方向掘进一条 a 矿层切割平巷（兼做出矿巷道），在每条 a 矿层切割平巷的中间位置分别掘进切割天井连通 a 矿层盘区回风充填联道。

采准工程（a 矿层全段回采）：在盘区间柱脉内下盘布置盘区斜坡道（开拓工程），在盘区斜坡道内每隔 50m 垂高掘进一条斜坡道联络道连通 b 矿层，斜坡道联络道布置于间柱内，在斜坡道联络道相应标高分别掘进 a 矿层切顶联络道和 b 矿层联络道，在盘区间柱靠近底柱的位置掘进进风天井连通 a 矿层切顶联络道和 b 矿层联络道，在 a 矿层切顶层盘区中间位置掘进一条 a 矿层盘区回风充填联道（与每个采场的切割天井连通），在 b 矿层盘区内沿伪倾斜方向每隔 100m 掘进一条沿走向布置的出矿道，设计在盘区斜坡道靠近 a 矿层主皮带运输道的位置掘进一条 a 矿层主溜井，在 b 矿层盘区出矿道内掘进一条 b 矿层主溜井。

切割工程（a 矿层全段回采）：设计在 a 矿层切顶联络道内每隔 6～8m 沿矿体走向方向掘进一条 a 矿层切顶平巷（兼做出矿巷道），在盘区斜坡道内每隔 6～8m 沿矿体走向方向掘进一条 a 矿层切割平巷（兼做出矿巷道），在每条 a 矿层切割平巷的中间位置分别掘进切割天井连通 a 矿层盘区回风充填联道。

a 矿层开采示意图见图 7-112，方案二开拓系统三维实体模型如图 7-113 所示。

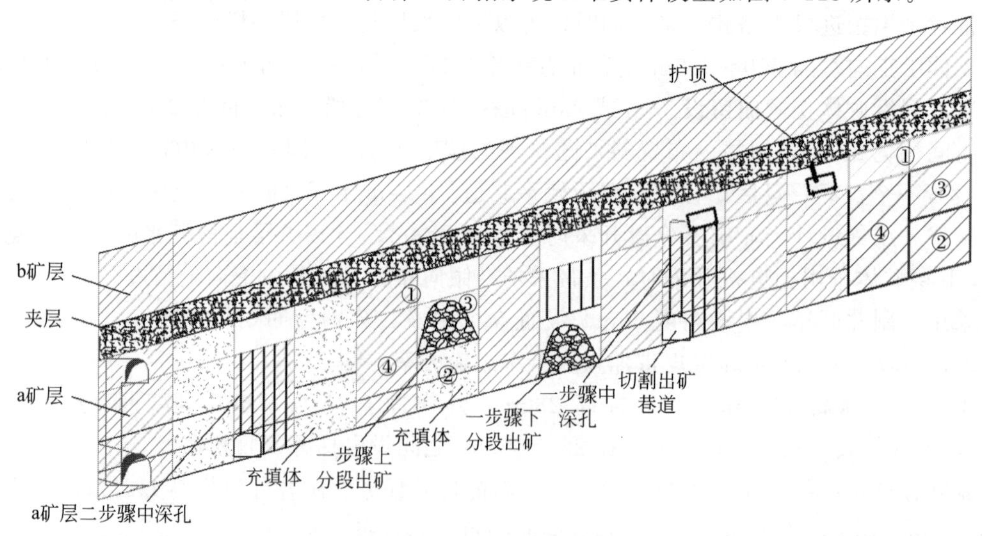


①—a 矿层切顶层；②—a 矿层一步骤下分段；③—a 矿层一步骤上分段；④—a 矿层二步骤回采条带。
a 矿层总体开采顺序：①→②→③→④

图 7-112　a 矿层开采示意图

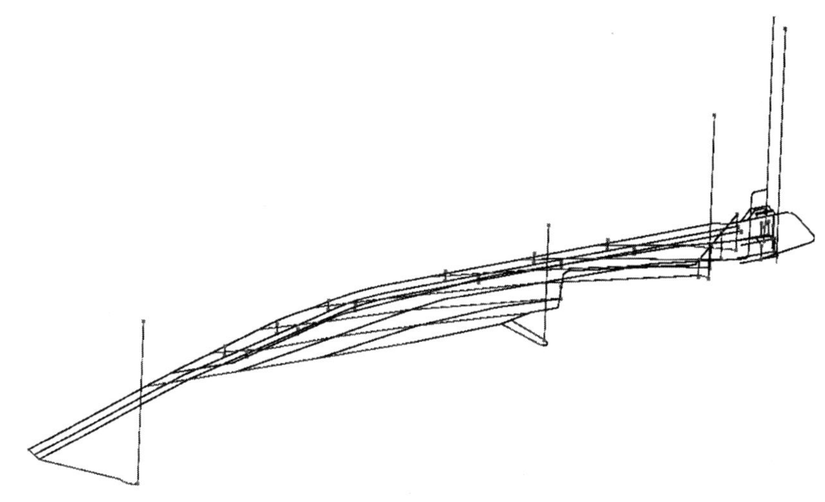

图 7-113 开拓系统三维模型（方案二）

（3）方案对比分析 方案二基建井巷工程量约 81 万立方米，投资 57766 万元，与方案一相应工程相比可节省 33629 万元，如表 7-5 所示。

表 7-5 基建井巷工程投资汇总表

<table>
<tr><th rowspan="2">项目</th><th colspan="2">①方案一</th><th colspan="2">②方案二</th><th colspan="2">②－①</th></tr>
<tr><th>工程量/m³</th><th>造价/万元</th><th>工程量/m³</th><th>造价/万元</th><th>工程量/m³</th><th>造价/万元</th></tr>
<tr><td>基建开拓</td><td>860494</td><td>60961</td><td>542002</td><td>41718</td><td>－318492</td><td>－19243</td></tr>
<tr><td>基建探矿</td><td>891</td><td>1670</td><td>891</td><td>1670</td><td>0</td><td>0</td></tr>
<tr><td>基建采准</td><td rowspan="2">548286</td><td rowspan="2">28764</td><td>84202</td><td>6548</td><td rowspan="2">－282798</td><td rowspan="2">－14386</td></tr>
<tr><td>基建切割</td><td>181286</td><td>7830</td></tr>
<tr><td>合计</td><td>1409671</td><td>91395</td><td>808381</td><td>57766</td><td>－601290</td><td>－33629</td></tr>
</table>

方案二与方案一相比，在设备投资方面与方案一相应设备投资相比可节省 6902 万元。另外方案二与方案一相比，基建时间短，能使矿山尽快投产，并且基建期附带副产矿量约 142 万吨，能尽快回笼资金。

## 7.6 开采方案优化

选择确定最优性是开采方案中的关键问题，对选取的结果起着决定性的作用。20 世纪 60 年代初，国外在利用经济数学模型进行矿井设计优化的初期阶段，采用的是单项目标决策方法。所用的最优性准则有折算费用最低，或利润最高，或劳动消耗最低（劳动生产率最高），其后又加入时间因素对投资和费用的影响等。

实际上，在矿井开采方案优化的决策中，都是从多方面进行综合分析，采取多目标决策。被提出来用于矿井开采方案优化准则的指标，有经济上的及技术上的几十项。采用多目标决策并不意味着要求考虑所有对矿井开采方案评价有关的全部指标，而应该选取其中影响较大的、起重要作用的某几项指标，进行综合性的评价。

地下开采设计中，一般都需要将矿体划分为不同的开采单元，通常的做法是对矿体在水平上划分不同的盘区，然后在盘区里设置分为不同的开采单元，即矿房和矿柱。对于规模比较小的矿体，也可不划分盘区，直接划分采场。

矿山开采生产单元布置合理性直接关系着各采场回采方案、开拓采准工程布置等一系列问题，对矿山生产组织、生产规模、生产效益产生影响。所以在矿山设计阶段、基建阶段非常有必要对首采中段（采场）的确定、盘区布置、采场划分进行论证与优化分析。由于矿井开采的矿体赋存状况多种多样，而使矿井开采方案具有截然不同的特点，所以在进行矿井开采方案优化时，往往需要根据矿体模型、品位模型等的特征，制作通用的矿井开采设计方案的优化模型。

（1）采场结构参数　为了有计划有步骤地开采矿床，必须对矿床从空间上划分成一定大小的开采单元，作为设计和组织生产的基础。回采单元的划分有两种情况，一是开采缓倾斜、倾斜和急倾斜矿体时，通常将矿体划分为阶段和矿块，而在开采水平和微倾斜矿体时，需进行盘区和采区的划分。

① 阶段和矿块。在开采缓倾斜、倾斜和急倾斜矿床时，在井田中每隔一定的垂直距离，掘进一条或几条与走向一致的主要运输巷道，将井田在垂直方向划分为阶段，阶段的范围沿走向以井田边界为限，沿倾斜以上下两个主要运输巷道为限。阶段的高度受矿体的倾角、厚度、沿走向长度、矿岩物理力学性质、开拓方法和采矿方法、阶段开拓、采准、切割和回采时间、阶段回采条件等诸多因素影响。

在阶段中沿走向每隔一定距离，掘进天井联通上下两个相邻阶段运输巷道，将阶段再划分为独立的回采单元，即为矿块，矿块的划分受埋藏条件、采矿方法、断层等因素影响。

② 盘区和采场。在开采水平和微倾斜矿床时，如果矿体高度不超过允许的阶段高度时，不再进行阶段划分，而是用盘区运输巷道划分为长方形的矿段，即为盘区。盘区通常以井田的边界为长度，以相邻运输巷道之间的距离为宽度。盘区的划分受矿床开采技术条件、所采用的采矿方法以及运输机械等因素影响。

在盘区中沿走向每隔一定距离，掘进采区巷道连通相邻的两个盘区运输巷道，将盘区再划分为独立的回采单元，即为采场。在深孔阶段空场嗣后充填采矿法中，将采场划分为矿房和矿柱，一步骤回采采矿法直接回采采场矿体，永久保留自然矿柱不予回采；二步骤回采的采场分为矿房和矿柱交替回采。合理的采场参数由采矿方法及爆破参数决定。

（2）方案分析与优化　采区开采方案设计优化内容包括两个方面，一是选择采矿方法、采区机械装备；二是确定首采中段、采区巷道布置系统及其主要参数。在采矿方法和采区机械装备确定不改变的情况下，中段、采场、巷道布置系统一经确定，并进行施工投入生产后，在整个生产期间内基本上不能改变，它是采区设计优劣的主要标志。

建立通用的开采设计优化模型时，为了保证它的适应性，尽可能扩大其应用范围，在实际应用时，对于给出的优化方案，由于地质、现有工程摆布等条件已经限定，有些明显不适宜采用的方案便需要排除，只保留技术上可行的方案。技术可行方案的初选采用系统分析方法，以一般性的技术经济论证淘汰其中的某些方案，减少不必要的软件建模和计算的方案数目。

开采设计优化模型的编制和优化方法的选择，主要取决于最优化准则及其相应的评价指标的确定，有单目标和多目标两种。最优化准则评价指标为单目标决策时比较简单实用，全部指标均采用时的优化模型比较复杂，计算工作量大，而且一些指标之间相互关联且并不完全独立。例如采区生产能力大、掘进工程量小、采出率高时必然会导致生产费用低。部分指标难以量化，所以采用多项指标时往往只从中选取几项。

在三维软件中，利用矿体三维模型和块段模型，完成各盘区布置方案模型的划分与每个采场、矿柱、隔离矿柱的划分及矿量、品位、工程量等指标计算。对不同方案的指标结果进行分析，从中选取最优方案。

（3）采矿单元划分　首先需要提出典型的采区单元工程布置图，要求它能反映不同参数下可能出现的盘区采场、巷道布置方案。

建立采矿单元模型需要将矿体按中段划分。一般中段水平和中段高度在矿山初步设计中已规定，不能进行更改，除非进行初设的改变。

在中段基础上按照盘区与采场来进行采矿单元划分。按设计的采矿方法参数建立盘区、采场内矿房及矿柱实体模型。

### 7.6.1 盘区布置方案优化与分析

通过对盘区布置方案设计及指标计算分析，对矿段盘区布置进行选优，合理确定盘区位置，这些直接影响着各采场回采方案、开拓采准工程布置等，并对矿山生产组织、生产规模、生产效益产生影响。

（1）盘区优化方案的原则

① 因盘区数较多，对各个盘区、采场按命名规则进行定义，方便数据统计与分析；

② 遵循前期研究结果，盘区布置方位与采场结构参数盘区优化时不变；

③ 盘区布置的优化调整时保证矿体资源回采最大化，隔离矿柱的矿量、品位尽量少；

④ 方案分析采用综合指标分析法，而综合指标包括平均品位、隔离矿柱损失、矿石量、金属量以及采场数目等。

（2）盘区优化方案设计　下面以沙溪铜矿凤台山矿段为例介绍盘区方案优化与分析流程。

沙溪凤台山矿段以一步骤回采方案进行回采（图 7-114），即只采矿房、留永久矿柱（盘区间柱和采区间柱）、全尾砂或废石鬜后充填采场。其隔离矿柱（盘区间柱）沿走向布置，隔离矿柱之间的距离 100m；阶段高度 120m；采场长度 80m；永久矿柱宽度 14m，不予回采；回采矿房宽度 40m。采场系统长轴布置与勘探线方向一致，使采场长轴方向与最大主应力方向呈小角度相交，让采场处于较好的受力状态，以利于控制地压。

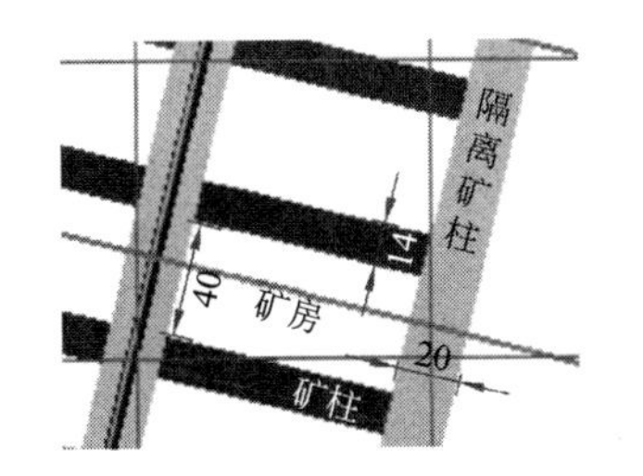


图 7-114　凤台山矿段一步骤回采采场结构示意图

以设计院初步设计方案为基础进行盘区（矿房、矿柱等）模型的建立，并命名；同时设计盘区向副井方向偏移 5m、10m、20m、30m、40m，向进风井方向偏移 5m、10m 的 7 个方案，如图 7-115～图 7-117 所示。

（3）各盘区布置方案指标计算　将矿体按盘区、采场、矿房、矿柱等进行划分，根据矿块模型，完成各盘区布置方案中每个采场、矿柱、隔离矿柱的矿量、品位等指标计算。受篇幅限制，下面列取了部分计算结果，如表 7-6、表 7-7 所示。

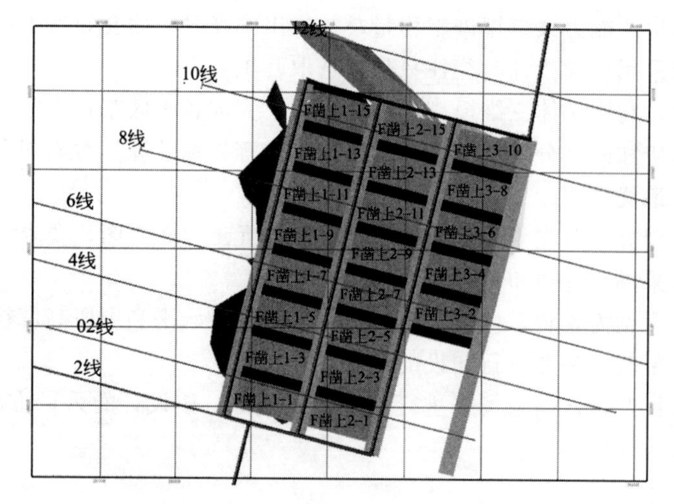


图 7-115　设计院盘区与采场布置方案

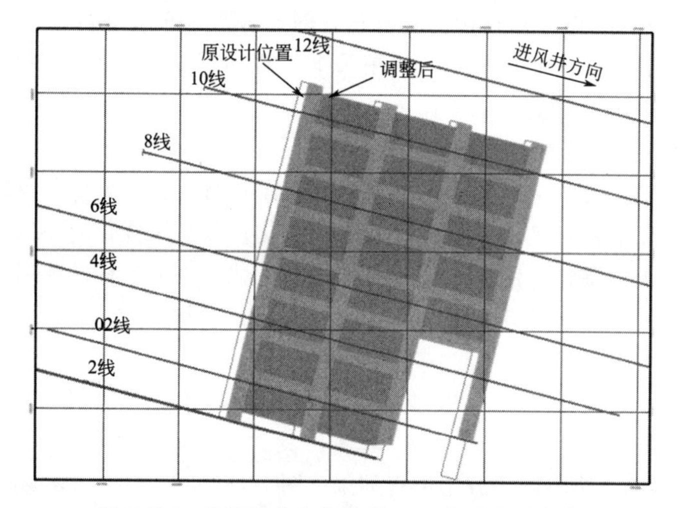


图 7-116　往进风井方向偏移 10m 盘区布置方案

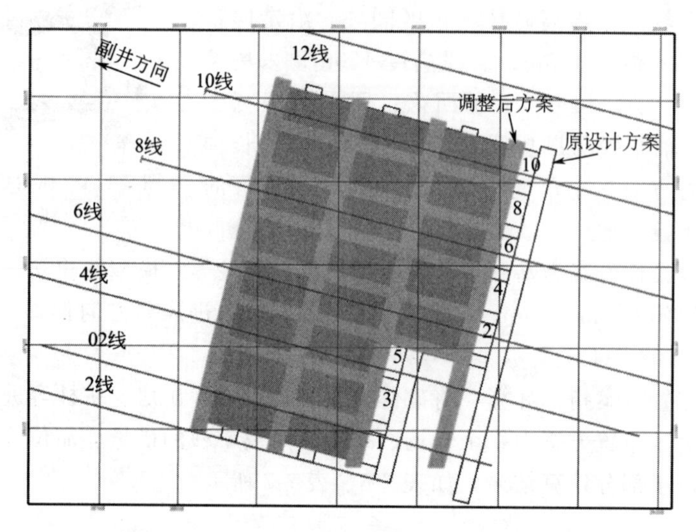


图 7-117　往副井方向偏移 40m 盘区布置方案

表 7-6 设计院方案各采场指标

| 单元名称 | 体积/m³ | 矿石量/t | Cu 品位/% | Cu 金属量/t |
|---|---|---|---|---|
| F 凿上 1-12 | 71680 | 194112 | 0.28 | 537.18 |
| F 凿上 1-13 | 179200 | 485210 | 0.28 | 1353.59 |
| F 凿上 1-7 | 179200 | 484918 | 0.28 | 1369.66 |
| F 凿上 1-6 | 53760 | 145489 | 0.29 | 419.31 |
| F 凿上 1-8 | 71680 | 193983 | 0.29 | 563.99 |
| F 凿上 1-11 | 179200 | 485294 | 0.29 | 1431.61 |
| F 凿上 1-9 | 179200 | 485121 | 0.30 | 1436.34 |
| F 凿上 1-10 | 53760 | 145578 | 0.30 | 433.47 |
| F 凿下 2-12 | 81920 | 221910 | 0.30 | 675.07 |
| F 凿下 1-6 | 61440 | 166384 | 0.31 | 512.04 |
| F 凿下 2-11 | 204800 | 554718 | 0.31 | 1712.56 |
| F 凿上 3-8 | 179200 | 485249 | 0.31 | 1499.54 |
| F 凿下 2-7 | 204800 | 554364 | 0.32 | 1769.71 |
| F 凿上 2-12 | 71680 | 194144 | 0.32 | 620.84 |
| F 凿下 2-10 | 61440 | 166416 | 0.33 | 542.19 |
| F 凿上 2-6 | 53760 | 145506 | 0.34 | 500.53 |
| F 凿下 2-9 | 204800 | 554722 | 0.35 | 1964.71 |
| F 凿上 3-3 | 71680 | 193873 | 0.37 | 716.10 |
| F 凿上 3-7 | 71680 | 194144 | 0.37 | 718.99 |
| F 凿下 2-8 | 81920 | 221852 | 0.37 | 824.79 |
| F 凿下 1-4 | 81920 | 221879 | 0.38 | 839.67 |
| F 凿上 2-11 | 179200 | 485513 | 0.38 | 1842.44 |
| F 凿上 2-10 | 53760 | 145649 | 0.39 | 568.31 |
| F 凿下 1-5 | 204800 | 554889 | 0.41 | 2269.70 |
| F 凿上 2-9 | 179200 | 485444 | 0.41 | 2010.97 |
| F 凿上 3-6 | 179200 | 485427 | 0.47 | 2258.98 |
| F 凿上 2-8 | 71680 | 194162 | 0.47 | 904.47 |
| F 凿上 3-4 | 179200 | 485077 | 0.47 | 2264.89 |
| F 凿上 2-7 | 179200 | 485330 | 0.47 | 2268.04 |
| F 凿上 3-5 | 53760 | 145601 | 0.49 | 716.20 |
| F 凿上 3 | 492800 | 1333152 | 0.31 | 4160.10 |
| F 凿下 4 | 563200 | 1520640 | 0.00 | 0.00 |
| F 凿上 1 | 492800 | 1330855 | 0.02 | 272.13 |
| F 凿上 4 | 492800 | 1331202 | 0.07 | 884.50 |
| F 凿下 2 | 563200 | 1522890 | 0.13 | 2001.74 |
| F 凿下 3 | 563200 | 1523030 | 0.18 | 2797.66 |
| F 凿下 1 | 563200 | 1523391 | 0.20 | 3016.92 |
| F 凿上 2 | 492800 | 1333657 | 0.23 | 3068.07 |

**表 7-7　副 40m 方案各采矿单元指标**

| 单元名称 | 体积/m³ | 矿石量/t | Cu 品位/% | Cu 金属量/t |
| --- | --- | --- | --- | --- |
| F 凿上 2-10 | 53760 | 145610 | 0.30 | 443.46 |
| F 凿上 2-3 | 179200 | 485109 | 0.31 | 1486.48 |
| F 凿下 1-3 | 204800 | 554298 | 0.31 | 1705.44 |
| F 凿下 2-10 | 61440 | 166389 | 0.31 | 521.01 |
| F 凿上 2-9 | 179200 | 485359 | 0.34 | 1628.78 |
| F 凿上 2-6 | 53760 | 145605 | 0.35 | 512.41 |
| F 凿上 2-7 | 179200 | 485331 | 0.36 | 1734.06 |
| F 凿上 2-8 | 71680 | 194139 | 0.36 | 697.01 |
| F 凿上 3-7 | 71680 | 194195 | 0.38 | 747.34 |
| F 凿下 1-5 | 204800 | 554775 | 0.39 | 2190.68 |
| F 凿下 1-4 | 81920 | 221939 | 0.42 | 941.97 |
| F 凿上 3-2 | 179200 | 484807 | 0.48 | 2327.95 |
| F 凿上 3-6 | 179200 | 485616 | 0.51 | 2498.88 |
| F 凿上 3-5 | 53760 | 145686 | 0.58 | 845.87 |
| F 凿上 3-4 | 179200 | 485564 | 0.67 | 3269.99 |
| F 凿上 3-3 | 71680 | 194152 | 0.70 | 1365.06 |
| F 凿上 4 | 492800 | 1332349 | 0.17 | 2227.77 |
| F 凿下 4 | 563200 | 1520719 | 0.00 | 51.33 |
| F 凿上 2 | 492800 | 1334422 | 0.31 | 4120.58 |
| F 凿下 2 | 563200 | 1523119 | 0.15 | 2270.60 |
| F 凿上 1 | 492800 | 1330577 | 0.00 | 18.73 |
| F 凿下 1 | 563200 | 1521221 | 0.04 | 605.41 |
| F 凿上 3 | 492800 | 1333389 | 0.25 | 3285.78 |
| F 凿下 3 | 563200 | 1523296 | 0.19 | 2842.81 |

（4）盘区优化结果分析　根据各方案计算结果，选取满足 0.35%及以上出矿品位的矿房和矿柱的数据，利用金属量、出矿平均品位、矿石量、隔离矿柱损失量及采场个数五个参数进行比较分析，如表 7-8 所示。

**表 7-8　凤台山矿段各盘区布置方案指标**

| 方案 | 设计 | 副 5m | 副 10m | 副 20m | 副 30m | 副 40m | 进 5m | 进 10m |
| --- | --- | --- | --- | --- | --- | --- | --- | --- |
| 采场数 | 14 | 13 | 10 | 11 | 11 | 11 | 13 | 14 |
| 品位/% | 0.42 | 0.43 | 0.45 | 0.45 | 0.48 | 0.48 | 0.49 | 0.41 |
| 金属量/t | 20168 | 18123 | 15535 | 17518 | 17131 | 17404 | 19436 | 20058 |
| 矿柱损失量/t | 16201 | 16326 | 16382 | 16382 | 15423 | 14893 | 16169 | 16143 |
| 矿石量/t | 4853562 | 4222865 | 3446386 | 3931207 | 3591809 | 3591921 | 3979824 | 4853514 |

对各方案指标进行图表综合分析，可得图 7-118：

对方案设计与计算指标数据综合分析可知：

① 方案设计中暂以原设计布置的 3 个盘区进行分析，方案副 20m、副 30m、副 40m 均可以再新增一个盘区回采 2 号矿高品位部分。

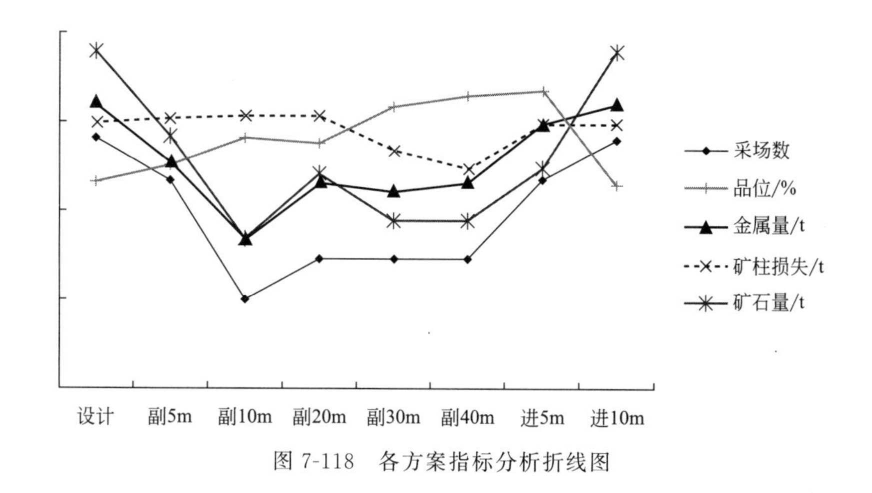


图 7-118 各方案指标分析折线图

② 因上述原因，所以 7 个方案结果中，将出矿品位、矿柱损失作为盘区优化最重要衡量指标，通过对比，柱损金属量较少的 2 个方案分别为副 30m（Cu 金属量 15423t）、副 40m（Cu 金属量 14893t），而这两个方案出矿品位接近。

③ 最终选定凤台山矿段盘区向副井方向移动 40m 的布置方案为最优方案。此方案将 6＃线高品位矿体布置在采场范围内，整体出矿平均品位较高，隔离矿柱损失量最少。

④ 副井偏移 40m 方案与原设计方案相比较，隔离矿柱可以减少 1308t 金属量损失。同时，相应开拓工程也有相应减少，一个中段可减约 80m，3 个中段节省工程量约 240m。

## 7.6.2 采场布置方案优化与分析

（1）采场布置优化的原则　回采采场的布置设计一般通过位置移动优化采场布置，使得矿房内矿体资源回采最大化。一步骤回采时，尽量将高品位矿放到矿房中；二步骤回采时，需根据采矿单元出矿品位重新确定采场边界。

采场最优化准则取多项评价指标时，评价指标可有：

① 采场生产费用低；

② 采场生产能力大；

③ 采场巷道掘进工程量小；

④ 采场准备时间短；

⑤ 资源损失少，采出率高；

⑥ 有利于采场接替和生产稳定，采场服务年限长；

⑦ 采场生产系统安全可靠。

（2）采场动态步距单元模型生成　开采动态步距单元的提出，主要是针对盘区、采场等采矿单元内地质体的不规则性，需深入分析盘区采界与采场采界，并从空间多个维度对开采对象进行动态分析，即分析其各步距单元内的矿岩范围、矿岩比例、品位等指标以及这些指标的变化规律，然后从技术可行、经济合理的角度最终确定采界以及采场范围。

下面以沙溪铜矿凤台山矿段－705～－650m 中段为例介绍采场方案优化。

由于矿块模型中包含了矿岩区分、体重、品位、矿石类型等属性，通过利用软件的动态步距单元模型自动划分与指标计算功能，完成矿段－705～－650m 中段各个盘区（图 7-119）

进行动态步距（2m）单元模型（图 7-120）自动划分和指标计算；并通过对步距单元体赋地质属性，可实现对单元体地质指标的（包括矿石量、岩石量、地质品位、出矿品位、矿岩比例等信息）自动计算。相关地质指标计算后，可进行图形化分析研究。该方法不仅技术手段简单方便，而且统计结果的精确性也大大提高。此外，由于都以单元为对象，单元动态实体模型构建后，资源的利用更加科学。

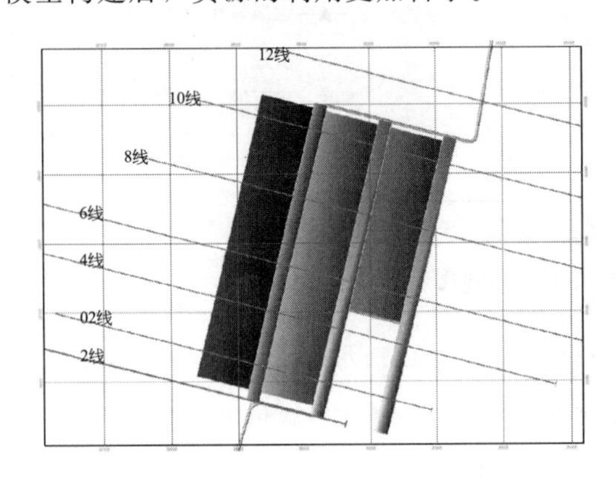


图 7-119　凤台山矿段－705～－650m 盘区布置

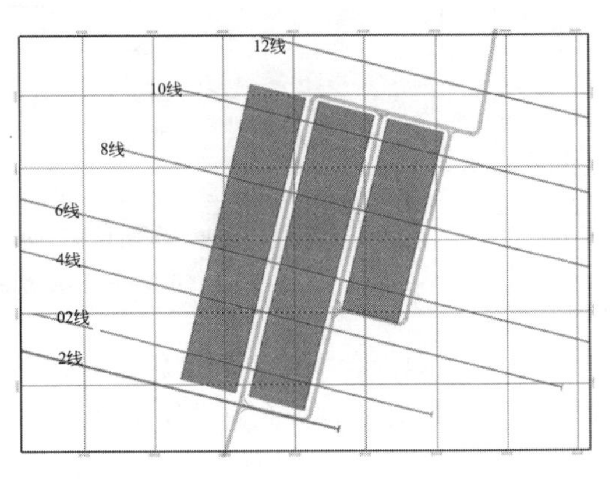


图 7-120　凤台山矿段－705～－650m 盘区动态步距单元模型

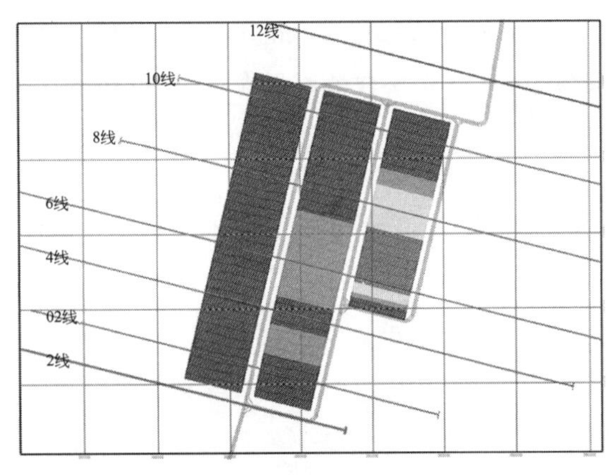


图 7-121　凤台山矿段－705～－650m 盘区动态步距单元模型品位显示

（3）采场布置优化分析　通过三维矿业软件对采矿单元布置进行多方案设计，设置矿体沿某一方向进行 2m 动态步距创建偏移单元模型（图 7-121），得到不同偏移量下的盘区布置，同时对不同布置方案进行指标计算以及结果输出，最后选出矿体资源回收最优化的方案。采矿单元布置方案设计是以整体布局为主，不考虑矿体边部形态，统一计算各方案的地质矿量、地质金属量、岩石量和岩石金属量，计算出各方案的损失率、贫化率和矿房平均品位。

采矿单元布置最优化方案的筛选主要考虑影响矿山资源合理利用、矿石经济效益的几个关键指标量，包括采场平均地质品位、回采矿石量、金属量、贫化率等。通过三维矿业软件采矿单元布置优化功能快速生成多套方案数据，通过将各方案的关键指标（如出矿品位、金属量、矿石量、贫化率以及出矿量等）生成如图 7-122 所示的折线图，可直观地显示各指标随着布置初始位置不同而发生的变化情况。

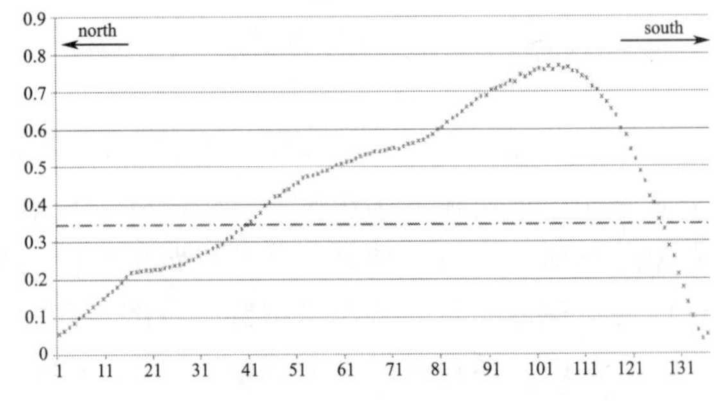


图 7-122　凤台山矿段 650-3 号盘区动态步距单元模型品位变化图

从图中可以看出，在多套方案中，单

元模型品位是变化的，也就是不同的盘区布置会产生不同的采矿效益。通过图形和数据综合分析，凤台山 650-3 号盘区出矿品位 Cu 大于 0.3%范围为 182m。考虑到从南到北品位下降趋势，所以布置采场时，南部矿房边界以区间边界为起始，按采场参数（矿房 40m、矿柱 14m）进行采场布置。优化后布置完成的采场如图 7-123 所示。

同时，考虑 650-3 号盘区高品位区有些布置在矿柱中，且凤台山主要以一步骤进行回采（只采矿房不采矿柱），所以势必造成高品位资源的浪费。为了更好回收高品位资源，对 650-3 号盘区采场结构参数进行适当调整，将位于高品位区的矿柱尺寸由 14m 扩至 20m，如图 7-124。采场结构参数调整后，矿柱就可考虑回采，较调整之前，此矿柱的回采可回收高品位矿石量 24 万吨，Cu 品位为 0.77%。

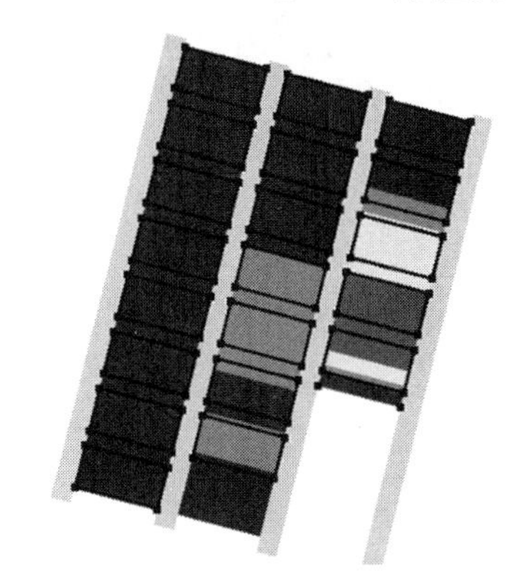

图 7-123 凤台山矿段−705～−650m 盘区采场重新布置

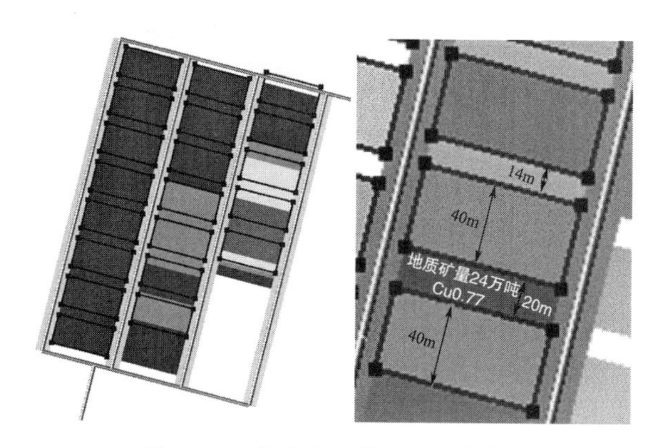


图 7-124 凤台山矿段 650-3 号盘区采场结构参数调整

采矿单元布置多方案优化方法不仅能为矿山快速提供多套方案，而且可快速计算多方案的经济技术指标，极大地提高矿山设计工作的效率；另外，由此产生的多种优化布置方案为进一步的方案组优选分析研究提供数据支撑，为最终选出最经济的采矿单元布置方案提供有力的科学依据。

## 7.7 前沿新技术——采掘计划编制系统

本章前沿新技术主要介绍采掘计划编制系统。

地下矿生产计划编制系统（简称 iSched）是以地质统计学理论和最优化方法为基础，结合数据库技术、软件技术、CAD 技术以及三维可视化技术，按照一定的目标和约束条件，高效、科学地编制地下矿生产计划的软件系统，见图 7-125。

采掘计划编制系统基于空间数据库技术和 Dimine 数字采矿软件系统平台，实现地下矿山三维计划编制。系统以采场衔接关系、工序衔接关系、设备效能为基本约束，以三级矿量平衡、产量要求、品位均衡为基本目标，实现矿山中长期规划、短期计划、作业计划计算机优化编制，适用于矿山设计及生产单位。

（1）数据准备　全方位数据支持，支持 Dimine、AutoCAD、Excel 等多种主流软件数据的一键导入。

（2）计划编制　根据基础资料和约束条件，结合矿山现有资源，自动编制中长期、短期以及作业计划、计划编制过程中，通过添加优先级、设备生产能力、工艺约束、空间关系等多种约束，让计划编制更加符合矿山实际，实现矿山生产的最优组织方式。其计划编制流程见图 7-126。

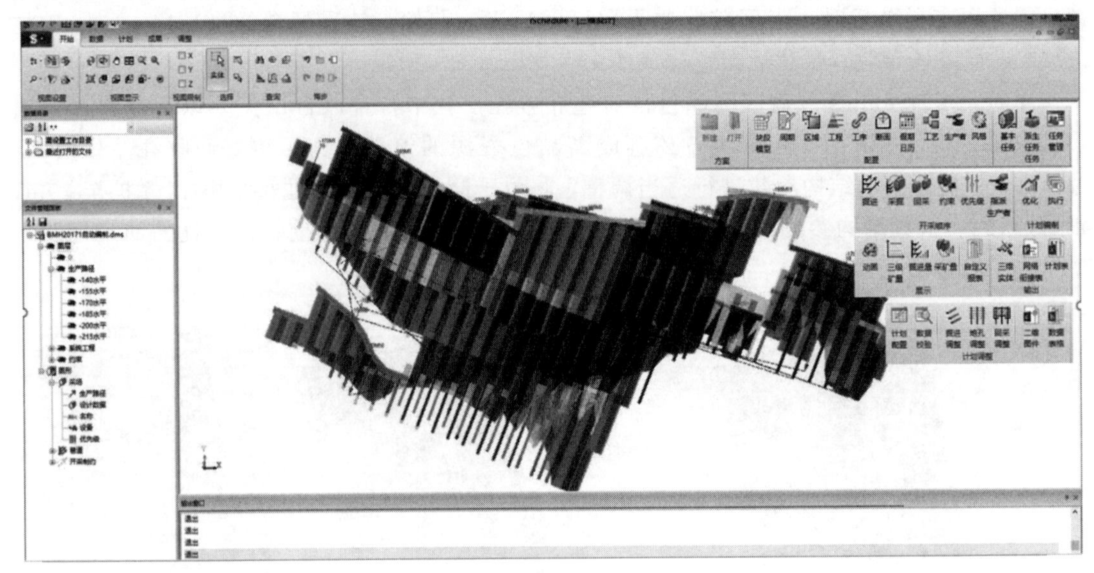

图 7-125　iSched 主体框架

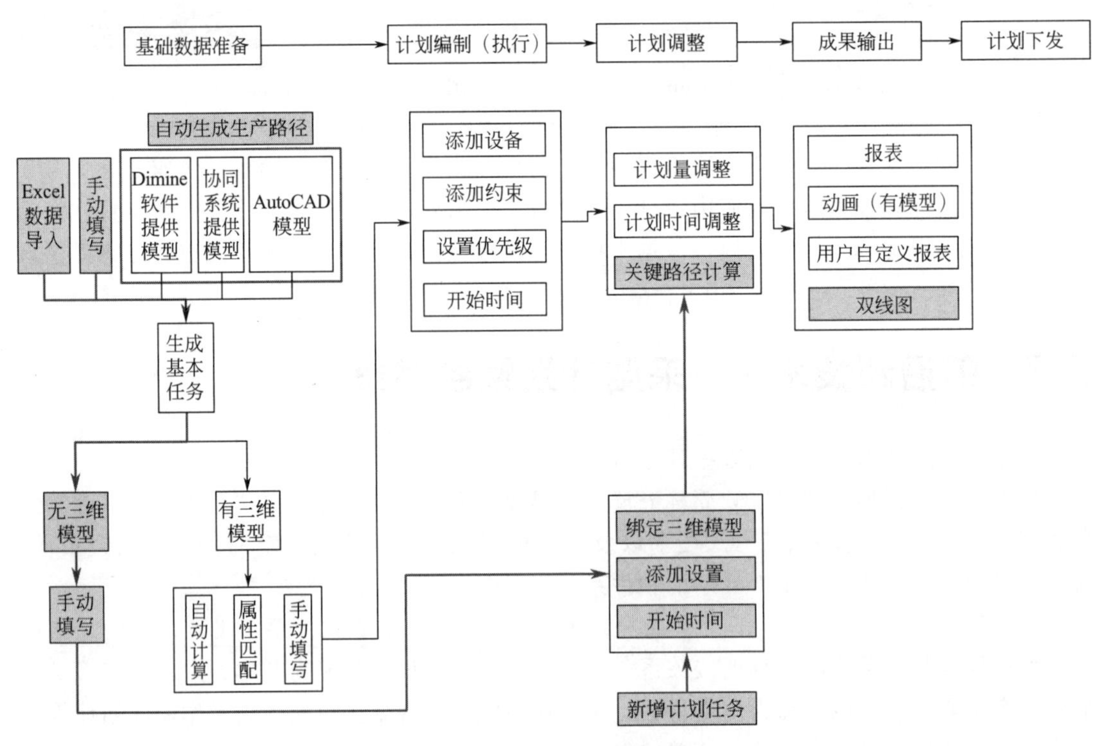


图 7-126　计划编制流程

（3）计划调整　基于表格、甘特图、三维模型以及网状图等多种途径完成计划调整，实现数据互联互通。结合甘特图技术，实时统计生产数据，实现计划与生产的动态对比，见图 7-127。

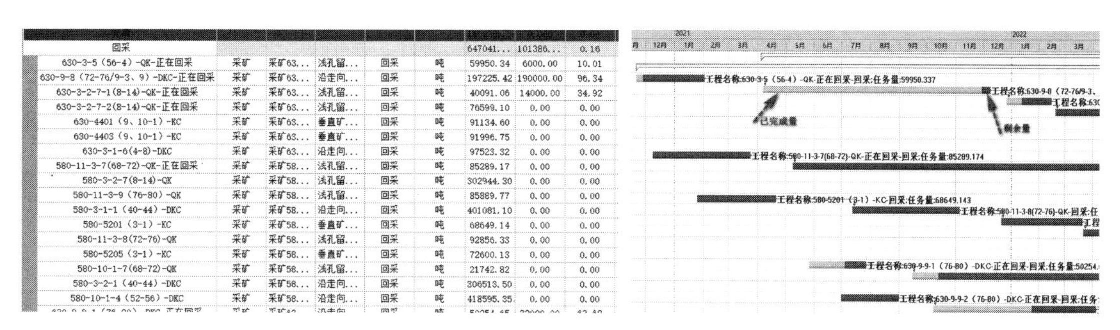

图 7-127 基于表格、甘特图的计划调整

（4）成果输出 计划编制结果可以通过多种方式进行展示，如 Excel、动画、甘特图、柱状图，并生成不同时期生产现状、提供多种报表模板，用户可以自由选择，也可以根据需要自定义各类报表，实现所见即所得报表输出模式，与其他系统灵活对接，实现数据互通，见图 7-128。

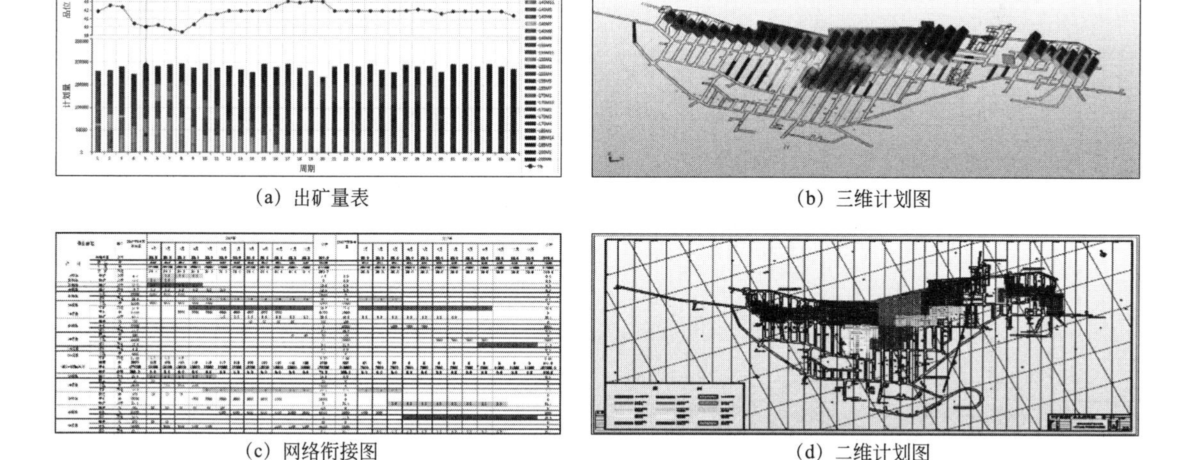

(a) 出矿量表　(b) 三维计划图

(c) 网络衔接图　(d) 二维计划图

图 7-128 多种成果输出模式

# 能力训练题

## 一、单选题

1. 罐笼井、箕斗井和混合井按开拓系统分类，属于（　　）。

A. 竖井　　B. 斜井　　C. 平硐　　D. 斜坡道

2. 利用三维开拓进行井筒设计时，确定好了井口与井底的井筒轮廓线后，用（　　）创建井筒模型。

A. 整体 DTM　　B. 腰线法　　C. 连线框法　　D. 双线法

3. 地下矿爆破设计考虑每排间距时要在（　　）进行考虑。

A. 爆破参数　　B. 排位线设计　　C. 排线切割　　D. 炮孔设计

4.（　　）是扇形炮孔的一个重要参数。若其过大，会增大下一分段炮排中部炮孔的深度及凿岩难度，致使爆破后所形成的“V”形槽角度过小，从而不利于散体的流动；如果其过小，则会使边部炮孔进入散体挤压带范围之内，无法保证炮孔爆破有足够的碎胀空间，从而爆破时容易出现药壶效应，不能有效地崩落矿岩，容易形成大块矿石产生区。

A. 孔底距　B. 孔口距　C. 边孔角　D. 边界容差

5. 在进行大直径深孔布置时，下列说法错误的是（　）。

A. 在进行布孔设计前需对矿岩凿爆性质及现有的凿岩机具、型号、性能等进行了解，从而确定最小抵抗线、炮孔排间距、孔间距、孔径、最大孔深等参数

B. 平行深孔爆破炮排分为拉槽区和侧爆区，炮孔分为拉槽孔、排炮孔

C. 大部分都是竖直孔，少部分为排面斜孔或排间斜孔

D. 参数化爆破设计前，需要定义好孔网参数，但只能通过参数设置生成孔网线

6. 三维采准设计中设计工程实体模型的创建是用（　）来生成实体。

A. 中心线＋断面　B. 双线法　C. 腰线法　D. 断面法

7. 中段开拓设计流程为（　）。

A. 绘制中段巷道中心线→调整巷道坡度→设置属性→标注→生成双线→图表输出

B. 设置属性→绘制中段巷道中心线→调整巷道坡度→图表输出→生成双线→标注

C. 绘制中段巷道中心线→调整巷道坡度→生成双线→设置属性→标注→图表输出

D. 设置属性→绘制中段巷道中心线→标注→调整巷道坡度→生成双线→图表输出

8. 地下采矿中深孔爆破设计中的排线设计可以设计排线类型包括（　）。

A. 垂直排　B. 倾斜排　C. 斜排　D. 以上全部

## 二、多选题

1. 三维开拓设计沿脉与穿脉时，需要用到调整坡度的命令有（　）。

A. 线编辑—导线赋高程　B. 井巷工程—坡度调整

C. 线编辑—移动顶点　D. 线编辑—移动复制

2. 斜坡道的布置方式有（　）。

A. 折返式　B. 圆柱螺线式　C. 圆锥螺线式　D. 直线式

3. 能用于采场划分的方式有（　）。

A. 实体切割＋裁剪　B. 实体切割＋开挖

C. 双线法＋布尔运算　D. 实体切片

4. 采场模型经过算量、配色后，能直观展现中段上高品位及低品位的分布情况，为采矿（　）提供便利。

A. 确定首采地段　B. 多个采场调节出矿

C. 多采场配矿　D. 确定开采顺序

5. 三维采切工程设计数据准备包括（　）。

A. 采矿方法的确定　B. 实测巷道的建模

C. 采场的划分　D. 井巷中心线设计

6. 采切工程设计流程分为（　）。

A. 数据准备　B. 工程布置　C. 设计指标计算　D. 图件输出

7. 在三维设计的过程中经常要用到的功能有（　）。

A. 偏移　B. 移动复制　C. 修剪　D. 坡度调整

8. 炮孔参数设置是否合理直接决定了爆破效果，包括参数内容有（　）。

A. 孔底距　　B. 孔底距容差

C. 最小孔口距　　D. 边界容差与最大孔深

9. 地下矿扇形中深孔装药设计模式包括（　　）。

A. 连续装药　　B. 交错装药　　C. 参数装药　　D. 沿线装药

10. 大直径深孔布孔时控制布孔形态的约束条件有（　　）。

A. 凿岩硐室底板面　　B. 凿岩硐室顶板面

C. 堑沟上表面　　D. 爆破范围

11. 大直径深孔地下矿爆破设计输出的图件包括（　　）。

A. 炮孔平面图　　B. 炮排剖面图　　C. 测量验收图　　D. 进路剖面图

12. 开拓系统优化多方案优选可从（　　）等方面进行比较。

A. 工程布置的合理性　　B. 基建工程量

C. 基建工期　　D. 投资成本

## 三、判断题

1. 不留和少留保安矿柱，以减少矿石损失是选择矿床开拓方案的基本要求之一。（　　）

2. 在三维开拓设计出施工图表之前进行有效性检测，能有效判断所有的线是否具备实体名称、断面号及支护类型。（　　）

3. 采场算量可通过调用已赋值的块段模型快速报量。（　　）

4. 进行采场算量的同时可通过勾选“将结果存入实体”，从而实现将采场平均品位、体积、比重等属性赋值到实体模型中。（　　）

5. 对各中段盘区分别进行储量统计，统计包括各中段盘区数目、平均品位、矿石量、金属量等指标，可分析各中段盘区的经济效益。（　　）

6. 地下矿爆破设计流程为设置爆破参数→排位线设计→爆破边界提取→排线切割→装药设计→炮孔设计→技术经济指标计算→出图。（　　）

7. 孔底距是指相邻两个炮孔孔底间的垂直距离。（　　）

8. 一般采场的炮孔都是一次布置完成的，但是根据爆破安全、施工条件、补偿空间、爆破量等因素需对炮孔进行爆破分组划分，分成多次爆破。（　　）

9. 大直径深孔爆破设计，雷管段位布置一般在平面上，拉槽孔的雷管段位从内侧向外侧逐渐减小，侧崩区中间炮孔较两边边孔的段位高。（　　）

10. 深孔爆破设计时无需考虑孔间距、排间距、炮孔倾角、孔径、钻机靠帮距离等参数影响。（　　）

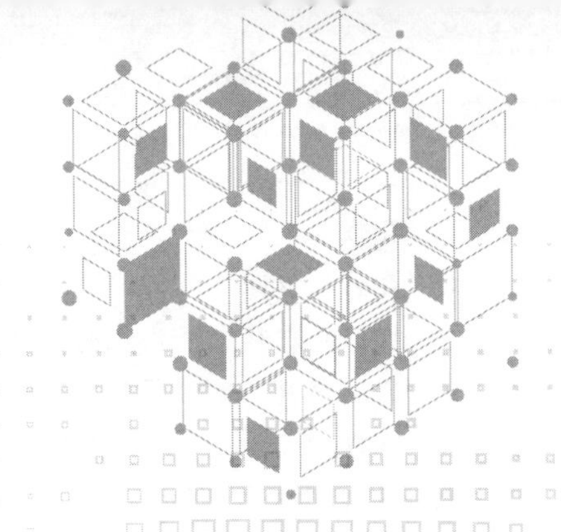

# 8 露天矿开采三维设计与优化

## 8.1 露天境界优化

露天矿最终开采境界是以目前的经济技术条件为基础，对开采终了时最终采场的几何形态做出的预估。开采境界的确定是整个露天矿山开采设计的基础，关系着矿床的投资决策，并影响着露天矿的开采程序与开拓运输。它决定了露天矿的可采矿量、岩石剥离量、生产能力、服务年限等主要技术指标。因此，合理确定露天矿开采境界对矿山企业最终获得良好的经济效益起着重要作用。

露天矿最终境界的设计与优化依赖于各生产工序的成本和产品价格，在市场经济环境下，技术、市场等因素的变化使矿山的生产成本及最终产品价格在矿山开采寿命期内发生很大变化。在设计方法与手段上主要经历了两个阶段，分别为手工方式阶段和计算机优化阶段。

(1) 手工方式阶段　它是在二维地质剖面图上通过逐渐增大境界尺寸来计算平均剥采比和境界剥采比，当境界剥采比等于经济合理剥采比且平均剥采比小于经济合理剥采比时，即认为该境界为最优境界。这种方法实际上是一种试错法，仅完成一个剖面上的圈定即需要重复多次，工作量大，耗时费力；此外利用二维剖面来代替实际三维空间，往往会造成一定误差，因此这种方法在结果上并不能达到经济最优，且具有一定随机性。

平均剥采比：指露天开采境界内总的废石量与矿石量之比，其单位为 $m^3/m^3$、t/t 或 $m^3/t$。它反映了露天矿开采工程中某个时期境界内未开采的矿岩量总体比值关系，对确定生产剥采比和开采境界有一定意义。

境界剥采比：指露天开采境界增加单位深度后，采出的废石量与矿石量之比。中国露天矿设计通常采用境界剥采比小于或等于经济合理剥采比的原则确定境界。计算境界剥采比的方法有地质横剖面图法和平面图法。

经济合理剥采比：指露天开采单位矿石经济上允许分摊的最大剥离量，也称极限剥采比。它是确定矿床露天开采界限的重要经济指标。

(2) 计算机优化阶段　它是在矿山三维实体模型的基础上对露天矿境界进行优化设计。

该方法考虑了经济、品位以及几何约束参数，能够快速准确地求解出不同参数条件下的最优开采境界，克服了传统手工方法的弊端，为矿山的设计生产和资源的优化利用提供了依据和保证。

计算机优化法是基于矿体三维块段模型，原理是将矿体在三维坐标下剖分成规则尺寸的六面体，通过数学方法或地质统计学方法对三维矿体进行品位和各属性估算，并计算每一个规则块体的生产成本和经济价值，构建经济模型，该模型考虑了地质、采矿、选矿以及财务因素，如图 8-1 所示，形成价值块段模型，在此基础上使用优化方法，形成最终的露天矿开采境界。常用的优化方法有浮动圆锥法、LG 图论法以及网络最大流法。

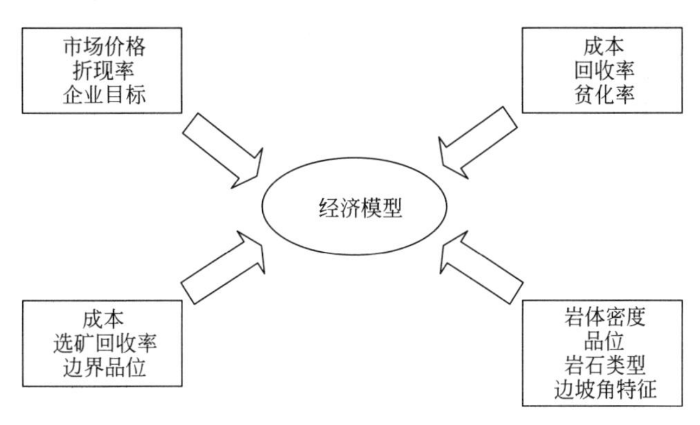


图 8-1　境界优化经济模型

浮动圆锥法：该算法的基础是价值块段模型。它的基本出发点是将露天矿开采境界近似地看成一个由倒置的圆锥体形成的锥台状几何体，这个倒置的圆锥称为锥或动锥，将其倒置在矿石价值块之上，圆锥的母线与水平线形成的夹角等于露天矿的最终边坡角。由此做相互交错或者相互重叠的锥体来模拟最终开采境界，锥体的个数越多，越逼近真实的露天境界。其实质等同于传统的“境界剥采比小于经济合理剥采比”的设计原则。

LG 图论法：该算法是具有严格数学逻辑的最终境界优化方法，只要给定价值块段模型，在任何情况下都可以求出经济效益最大的露天开采最终境界。其原理是将价值模型中的每个块段都视为一个节点，节点与节点之间的有向弧表示块段与块段之间的相互关系。利用图的概念搜索出最大闭包，网络图中有向弧的最大权之和视为盈利最大的最终开采境界。

网络最大流法：该算法矿床的块段模型是由网络表示的，分析的目标是使源节点到终节点的流量最大。每一条路径都是有向的，流向终节点。分析完成以后，那些起于源节点而且过载的路径即给出可以开采获利的正值块段。

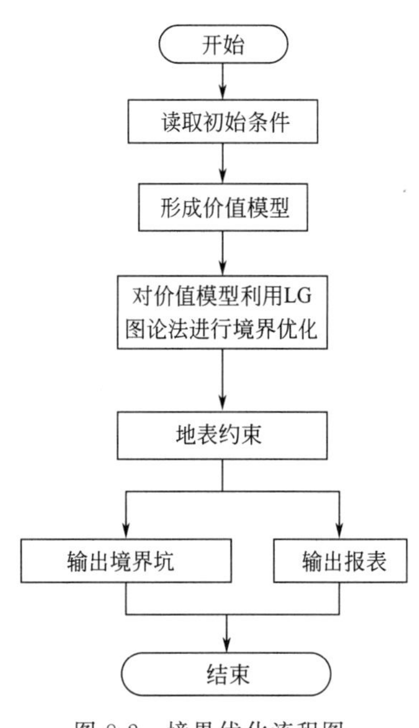


图 8-2　境界优化流程图

Dimine 软件提供了露天矿境界优化功能，其境界优化流程图如图 8-2 所示。它通过调用赋值后的块段模型，结合输入的采矿成本、剥离成本、贫化率、损失率、复垦成本、销售成本等经济参数，将块体模型转换为价值模型，再结合设定帮坡角等工程技术参数进行约束，采用 LG 图论法优化生成一个露天坑。

LG 图论法是具有严格数学逻辑的最终境界优化算法，只要给定价值模型，在任何情况下都可以求出总价值最大的最终开采境界。其基本的算法流程为：首先根据矿山开采时金属的价格、开采的成本形成价值模型块体集合；生成初始图，根据图的定义，图包括节点和分支，分支的作用在于表达节点之间的关系。从价值模型转换成图采用如下方式：

① 价值块作为图的节点。

② 根据开采的约束条件，如边坡约束条件形成分支。

③ 每个价值模型的价值即利润，作为节点的权重值。

④ 利用最大闭包的寻找算法，寻找当前图的最大闭包。

⑤ 最后输出图的最大闭包，即利润最大的图形，因为图的节点代表了价值块，因此将这些节点转换为价值块的集合，即是最大境界坑。LG 图论法流程图如图 8-3 所示。

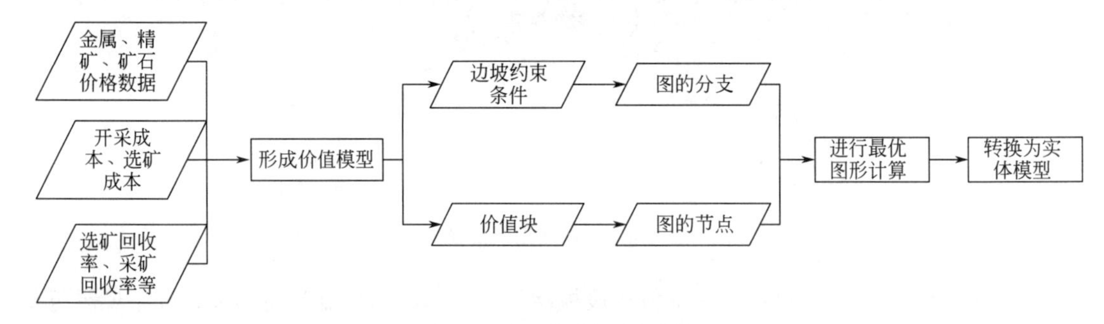


图 8-3　LG 图论法流程图

## 8.1.1　价值模型

块段模型与地表模型是境界优化的基础。在境界优化时，块段模型将转化成价值块段模型，因此，块段模型应至少包含矿岩类型、体重以及元素品位等字段。地表模型用于区分块段模型的单元块是否为空气块，空气块的价值为 0，在地表以上的为空气块，在地表以下的为矿岩块。

价值模型中每一块的特征值是假设将其采出并处理后能够带来的境界净价值。块的净价值是根据块中所含可利用矿物的品位、开采与处理中各道工序的成本及产品价格计算的。对于一个以金属为最终产品的采、选、冶联合企业，计算净价值的一般性参数较多。采、选、冶各工序的管理费用一般要分摊到每吨矿石或每吨岩石。由于许多管理工作覆盖整个矿山企业，共用部分需分摊到每吨矿石和岩石；有的金属（如黄金）需要精冶，精冶一般在企业外部进行，所以只计算精冶厂的收费和粗冶产品运至精冶地点的运输费用。为建立价值模型时使用方便，需要对各项成本进行分析归纳和单位换算，并标明归纳后每项成本的作用对象（矿石或岩石）。表 8-1 是成本参数归纳后的结果。

**表 8-1　用于建立价值模型的成本归类及作用对象**

| 成本项 | 岩石块 | 矿石块 |
| --- | --- | --- |
| 开采成本/(元/t) | $aH+b$ | $cH+d$ |

续表

| 成本项 | 岩石块 | 矿石块 |
| --- | --- | --- |
| 选矿成本： | | |
| 选矿/(元/t) | $X$ | |
| 运输/(元/t) | $X$ | |
| 管理成本： | | |
| 矿石/(元/t) | $X$ | |
| 岩石/(元/t) | $X$ | $X$ |
| 金属/(元/t) | $X$ | |
| 精冶成本：<br>最终产品/(元/t) | $X$ | |
| 销售成本：<br>最终产品/(元/t) | $X$ | |

注：1. 由于每一块的开采成本与深度有关，所以开采成本一般用深度 $H$ 的线性函数表示。
2. "$X$"表示该项成本的作用对象。

对于岩石块，只有成本没有收入，所以其净价值（$NV_W$）为负数。

$$NV_W = -T_W C_W \tag{8-1}$$

式中 $T_W$——岩石块的质量；

$C_W$——表 8-1 中所有作用于矿石并换算成吨矿成本的单位成本之和。

对于矿石块，其净价值为收入与成本之差，一般为正数，简化的计算公式为：

$$NV_o = T_o pgr - T_o C_o \tag{8-2}$$

式中 $T_o$——岩石块的质量；

$p$，$g$，$r$——分别为矿石块中矿物的售价、平均品位和综合回收率；

$C_o$——表 8-1 中所有作用于矿石并换算成吨矿成本的单位成本之和。

### 8.1.2 境界优化参数

境界优化参数包括矿物参数（边界品位、采矿回收率、选矿回收率、矿石体重、废石体重）、成本参数（采矿和剥岩成本、选矿和运输成本）、边坡参数（边坡角）、价格参数（最终产品售价）。可将上述参数归纳为 3 类，如图 8-4 所示。

（1）几何参数　几何参数主要包括边坡角约束和开采约束。边坡角是指最终边坡角，边坡角的选取直接影响资源的回收与企业的经济效益，同时也影响露天矿边坡的稳定性与生产安全。对于大型露天矿，合理地提高最终边坡角角度，其境界内废石剥离量也相应减少，经济效益十分显著。若最终边坡角选择不合理，不但境界内的矿石量增加，经济效益大幅降低，而且可能导致整个露天境界边坡失稳，边坡维护工作困难，作业极度不安全，进而导致重大人员和财产损失，严重的会导致露天矿报废。因此，应根据矿山的实际情况选取合适的边坡角。边坡角约束通常有两种方式，一是在指定方位直接设置边坡角；二是根据岩性设置边坡角，这种方式要求块段模型有岩性字段并且有属性值。

LG 图论法的基础是将所有的价值块作为节点，每个节点之间用弧进行连接，而究竟当前被采节点和哪些节点相连接则由露天边坡角度决定，下面举例对之进行说明。

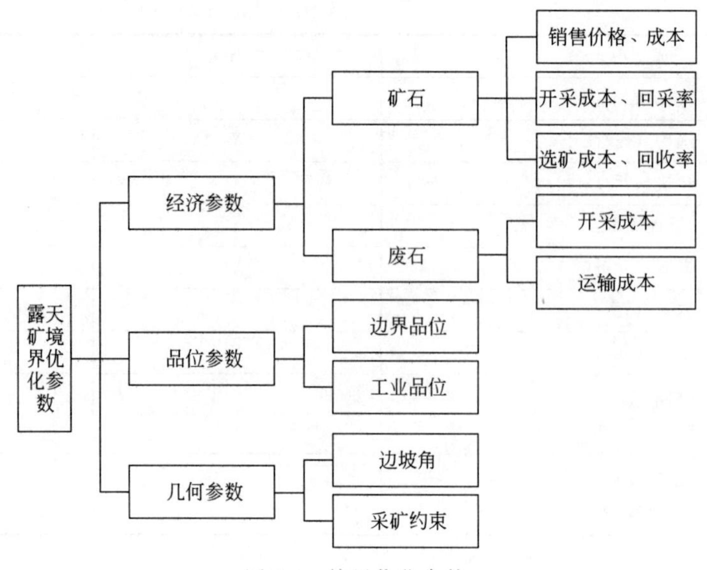


图 8-4 境界优化参数

假设在各个方向上的最大允许的边坡角度为 45°，则模型图如图 8-5 所示，为了开采价值块 1，应事先开采 2、3、4（当最终边坡角更缓时，应在 2、4 两侧增加节点）。为了开采模块 2、3、4，又要开采出 5、6、7、8、9 等模块，这种开采顺序关系用有向线段表示，按照这种格式由下向上发展，直到地表，如图 8-6 所示。

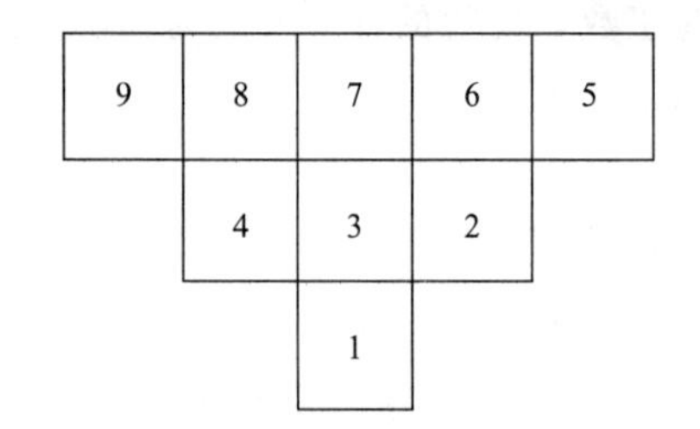


图 8-5 边坡角度为 45°时价值块约束关系图

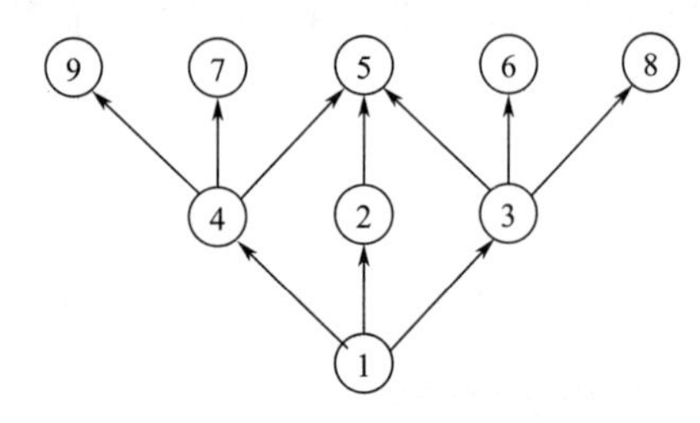


图 8-6 边坡角度为 45°时转换为有向线段示意图

开采约束是在特定情况下使用，如开采某一范围以内或者某一标高以上的矿体。主要有地表模型、平面范围约束、底部标高约束、底部 DTM 约束、全部采出等约束。

① 地表模型：添加地表模型。一般地表模型的平面范围应足够大，否则，软件在优化计算时使用到超过地表平面范围的单元块无法判断是空气块还是废石块。因为空气块没有成本和价格，而废石块有成本。

② 平面范围约束：用平面闭合线约束进行境界优化，使优化结果的平面范围不超过该闭合线的范围。一般用于对地表使用有限制的情况。

③ 底部标高约束：通过输入底部标高，使境界优化的底部不低于该标高，即大于或等于该标高。

④ 底部 DTM 约束：通过指定 DTM，使境界优化的底部不低于该 DTM 面，即大于或等于该 DTM 面。

⑤ 全部采出：指将矿体全部采出得到的境界，该境界可能不是经济效益最优的境界。

（2）经济参数　经济参数涉及价值块段模型的计算，可以从单元块是否为矿石来进行分析。当该单元块为矿石时，可以从开采、选矿、冶炼三方面来分析，开采包括开采成本、损失率、贫化率、销售价格（一般指金属的销售价格，当已知的价格为精矿或者矿石时，需要进行转换）以及销售成本；选矿包括选矿成本和选矿回收率；冶炼包括冶炼成本（非必需）。当该单元块为废石时，主要包括废石开采成本。此外，还需考虑初始投资成本以及折现率，如表 8-2 所示。

**表 8-2　经济参数表**

| 参数 | 单位 |
|---|---|
| 1. 矿物参数 | |
| ① 可利用矿物地质品位 | %或 g/t |
| ② 采矿回收率 | % |
| ③ 选矿回收率 | % |
| ④ 粗冶回收率 | % |
| ⑤ 精冶回收率 | % |
| 2. 成本参数 | |
| (1) 开采成本 | |
| ① 穿孔 | 元/t |
| ② 爆破 | 元/t |
| ③ 装载 | 元/t |
| ④ 运输 | 元/t |
| ⑤ 排土 | 元/t |
| ⑥ 排水 | 元/t |
| ⑦ 与开采有关的管理费用 | 元/t |
| (2) 选矿成本 | |
| ① 矿石二次装运 | 元/t |
| ② 选矿成本 | 元/t |
| ③ 精矿运输 | 元/t |
| ④与选矿有关的管理费用 | 元/t |
| (3) 冶炼成本 | |
| ① 粗冶 | 元/t |
| ② 与粗冶有关的管理费用 | 元/t |
| ③ 粗冶产品运输 | 元/t |
| ④ 精冶 | 元/t |
| (4) 销售成本 | 元/t |
| (5) 金属售价 | 元/t 或元/g |

成本考虑两种计算方式：一种是固定成本，通过填入矿石开采成本、岩石开采成本、复垦成本三种成本的固定值，形成价值块的开采成本。另一种是成本随高程变化，对于某些露天矿，随着采深的增加，运输成本也会随之提高，通过填入某些高度对应的成本，形成成本随高程变化曲线，系统会判断价值块所在的高程，进行成本计算。

矿山从基建开始到闭坑结束，一般少则十几年，多则几十年，经济参数也会随着技术的发展以及市场价格波动等外部因素的变化而不断变化。因此，应根据实际条件选择经济参数指标。

(3) 品位参数　设备选型：指根据拟建项目的生产能力和技术方案，来确定设备的型号与规格。设备选型是与技术方案密切相关的，二者相辅相成。

最低工业品位：指工业矿体的勘探或开采块段中有用组分的最低平均品位，又称最低可采品位。它是区分能利用储量（平衡表内储量）与暂不能利用储量（平衡表外储量）、圈定可采边界线的品位指标。这里的品位是指入选品位，即进入选场的矿石品位。边界品位是区分矿石与废石（或称岩石）的临界品位，矿床中高于边界品位的块段为矿石，低于边界品位的块段为废石。边界品位的选择直接影响矿山的生产规模、最终开采境界、设备选型和矿山生产寿命。

国内矿山一直采用"双指标"边界品位，即"地质边界品位"和"最小工业品位"，前者小于后者。品位高于最小工业品位的块段有工业开采价值，是开采加工的对象，称为表内矿；品位介于二者之间的矿段称为表外矿；品位低于地质边界品位的块段为废石。

国际上通用的是“单指标”边界品位，只区分矿石与废石，没有表内矿和表外矿之分。单指标边界品位相当于双指标边界品位中的最低工业品位，但又不完全等同。目前，常用的计算方法有以下两种。

① 使用盈亏平衡法确定边界品位，对于一给定块段的品位越高，其开采价值就越大。只要单位矿块或矿段中所含矿物的价值高于其开采和加工费用，就将其作为矿石开采加工，从而使矿山企业的总盈利增加。使矿物的价值等于其开采加工费用的品位称为盈亏平衡品位。

② 以盈利的总现值最大为目标，求出每个采掘阶段应该采用的边界品位。由于盈亏平衡品位的计算实质上是从静态经济观点进行经济评价的，但在实际应用中考虑到资金时间价值的问题，通常采用动态的经济价值指标进行计算。采用将各年的收入金额用给定的折现系数的方法将其折现到当前时间价值。

### 8.1.3 境界优化结果

在价值块段模型的基础上，输入上述参数，进行境界优化计算。通常块段的品位是不变的，选矿工艺确定后，选矿加工费和金属回收率也是不变的；而矿石价格随市场经常变化，是一个变数。若多次变更价格，则需反复优化境界，显然这是一个非常耗时而又烦琐的计算过程。因此，在进行境界优化计算时，可设置一系列收益因子（价格因子），即其他参数不变，只有价格在变，最终生成一系列嵌套坑，如图 8-7 所示。

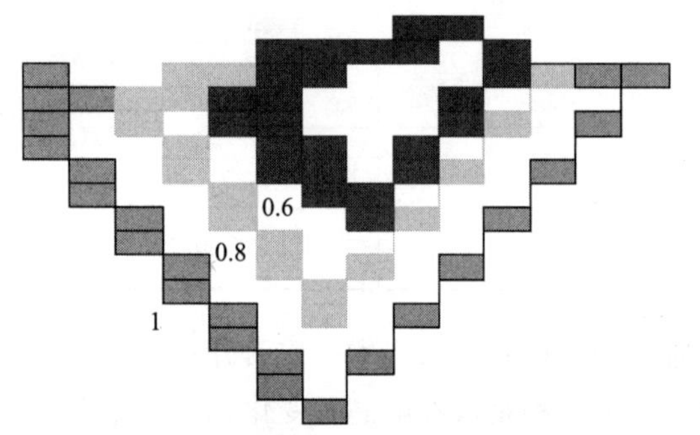

图 8-7 嵌套坑（收益因子）示意图

用收益因子或价格因子只是产生一组不同采坑的手段。每个采坑都是它相应价格的最优采坑，因而可借此选取不同价格下的最优境界。当收益因子很小时，其采坑的形状和位置可用以确定初始的采剥位置。根据采坑变化的趋势亦可确定合理的推进方向。当收益因子为 1 时，是现金流最大的采坑，即经济最优境界。当收益因子很大时，此时的采坑可作为未来的扩充境界。

现金流最大不是境界优化的唯一目标，境界优化要考虑多种因素。如矿山规模、服务年限、市场风险、资源利用等，最终需要由设计人员或投资者决策。如当市场上价格波动大或风险大时，为减少风险，选择收益因子小于 1。无论是选择价格因子大于 1 还是小于 1，相应境界的现金流都要下降。也就是附加其他因素的境界都是以牺牲现金流为代价的。

利用露天最终境界模型，根据矿岩字段、台阶高度等进行境界内矿、岩量输出，可求得剥采比等结果。

### 8.1.4 境界优化示例

本节以 Dimine 软件对某铁矿的境界优化进行实例介绍。

① 在价值模型选项卡下，主要定义金属价格、回收率、体重等，参数内容如图 8-8 所示。

② 在成本参数选项卡下，主要定义矿岩的开采成本，参数内容如图 8-9 所示。

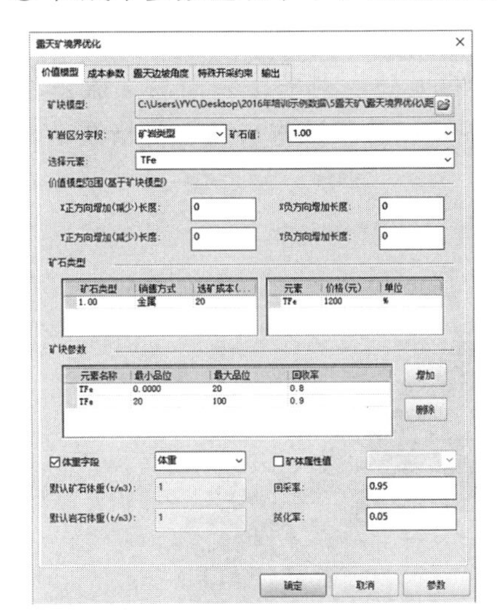


图 8-8　露天境界优化参数价值模型设置

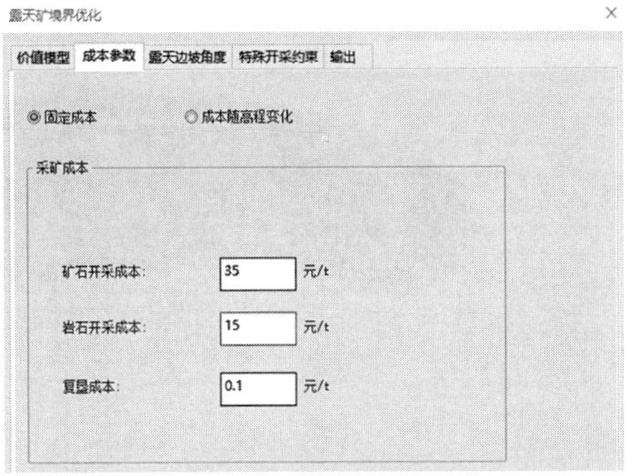

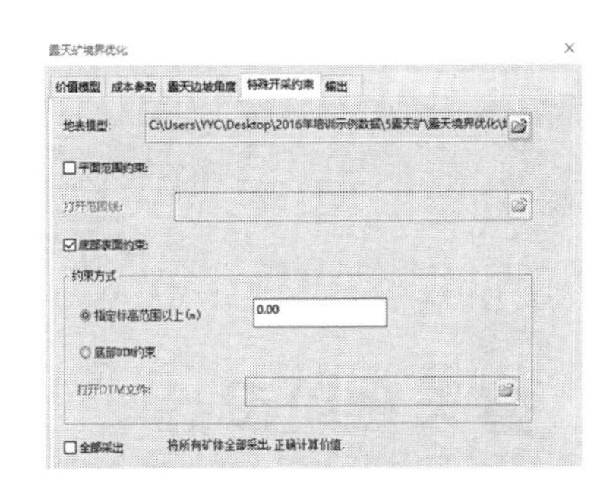


图 8-9　露天境界优化成本参数设置

③ 在边坡参数选项卡下，主要定义最终边坡角度的形态，参数内容如图 8-10 所示。

④ 在特殊约束参数选项卡下，定义特殊的开采条件，参数内容如图 8-11 所示。

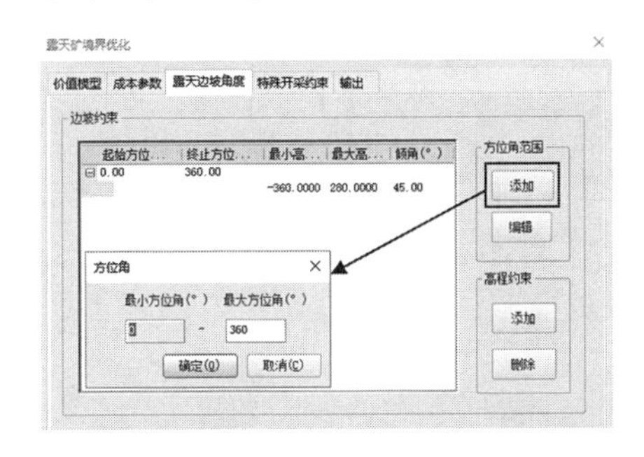


图 8-10　露天境界优化露天边坡角度参数设置

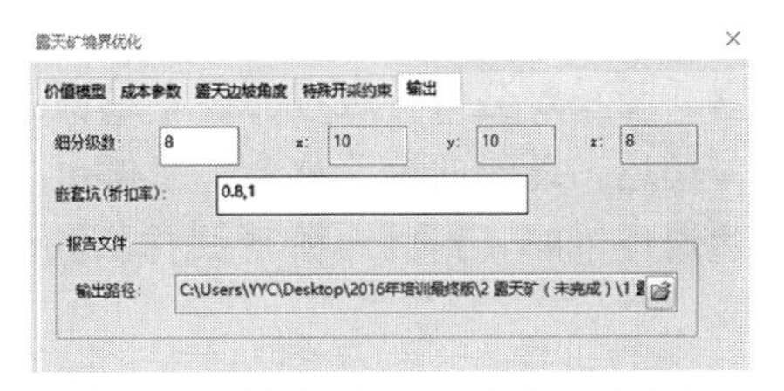


图 8-11　露天境界优化特殊开采约束参数设置

⑤ 在输出参数选项卡下，主要定义输出文件路径、是否输出嵌套坑等，参数内容如图 8-12 所示。

⑥ 点击确定，进行运算。运行结束后，生成计划结果体积报告，将“矿体 .dmf”文件拖入系统中，效果如图 8-13、图 8-14 所示。

图 8-12　露天境界优化输出参数设置

图 8-13　露天境界优化结果体与矿体显示

图 8-14　结果平面范围

如图 8-15 所示，灰色部分为折扣率 0.8 的境界、红色为折扣率为 1 的境界，黄色为折扣率为 1.2 的境界。可以看到随着矿石价值的提高，露天境界的坑无论在平面范围还是剖面范围都变大。从报告内容（图 8-16）来看，随着价格的提高，剥采比会提高，盈余也会提高。通过此方法可判断当前经济条件下适宜的开采范围，以及预计将来随着价格波动，境界坑的变化情况。

图 8-15　境界优化侧视图（见书后彩图）

| | | | | | | | 境界优化报告 | | | | | | |
|---|---|---|---|---|---|---|---|---|---|---|---|---|---|
| 折扣率:0.80 | | | | | | | | | | | | | |
| 矿岩类型 | 销售方式 | 矿石量 | 矿石价值 | “TFe”金属量 | “TFe”平均品位(%) | “TFe”收入(元) | 矿石开采成本(元) | 废石量(t) | 废石开采成本( | 选矿成本(元) | 复垦成本( | 盈余(元) | 剥采比 |
| 1 | 金属 | 28448295 | | 6836086.02 | 24.03 | 6562642584 | 995690336.3 | | | 568965906.4 | 2844830 | 4995141360 | |
| 废石 | | | | | | | | 70763472 | 1171787150 | | 7076347 | -1178863497 | |
| 总计 | | 28448295 | | 6836086.02 | 24.03 | | 995690336.3 | 70763472 | 1171787150 | 568965906.4 | 9921177 | 3816277862 | 2.49 |
| 折扣率:1.00 | | | | | | | | | | | | | |
| 矿岩类型 | 销售方式 | 矿石量 | 矿石价值 | “TFe”金属量 | “TFe”平均品位(%) | “TFe”收入(元) | 矿石开采成本(元) | 废石量(t) | 废石开采成本( | 选矿成本(元) | 复垦成本( | 盈余(元) | 剥采比 |
| 1 | 金属 | 28729191 | | 6903441.37 | 24.03 | 8284129649 | 1005521674 | | | 574583814 | 2872919 | 6701151384 | |
| 废石 | | | | | | | | 74556164 | 1231686552 | | 7455616 | -1239142169 | |
| 总计 | | 28729191 | | 6903441.37 | 24.03 | | 1005521674 | 74556164 | 1231686552 | 574583814 | 10328536 | 5462009216 | 2.6 |

图 8-16　境界优化报告

# 8.2　露天台阶设计

## 8.2.1　台阶设计基本概念

露天开采是分台阶进行的。在采剥生产组织过程中，台阶是爆破、采装与运输设备作业的工作场地，此时的台阶称为“工作台阶”。当采剥工程推进到设计境界的分期境界或最终境界边坡位置时，则以台阶形式作为边坡管理与维护的场地，此时的台阶称为“非工作台阶”。

露天矿台阶设计主要是确定台阶构成要素。台阶构成要素主要有台阶高度、台阶坡面角和平台宽度，如图 8-17 所示。

在露天矿开采中，需要在台阶坡面上修筑公路以联通台阶的上、下部平台（又称平盘），此时的上下台阶由出入沟连接起来。

在采矿工程中，用立体图不易准确表达工程体的尺寸大小和比例关系，还需要在二维平面图上表达设计内容及要求。此时，为了在平面上区分坡顶线与坡底线，通常在坡面上绘制坡面线（又称示坡线）。台阶平面图如图 8-18 所示。

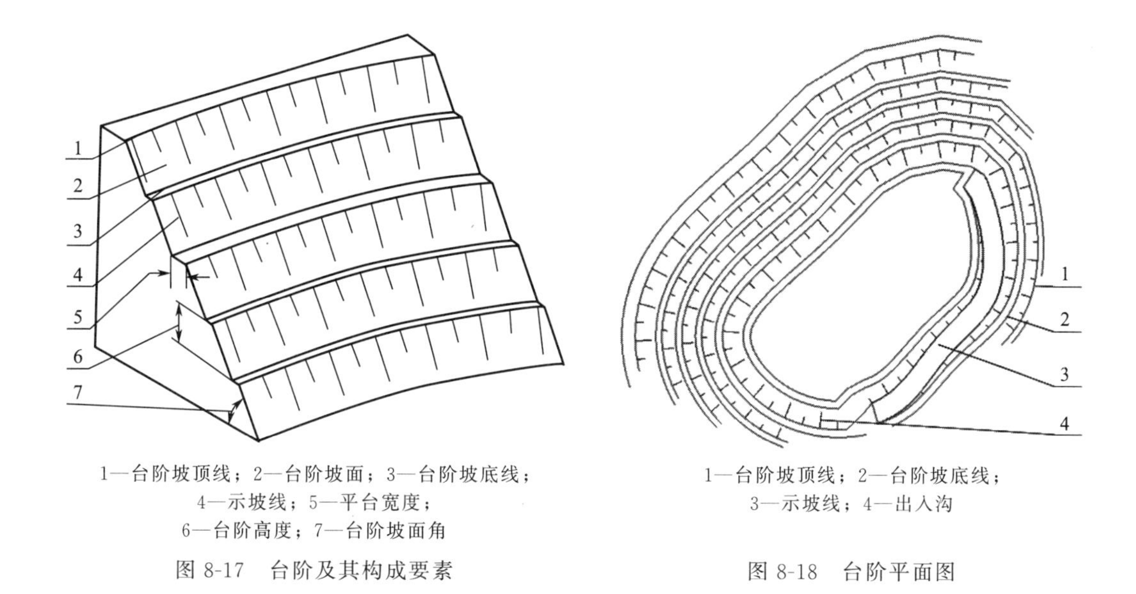


1—台阶坡顶线；2—台阶坡面；3—台阶坡底线；
4—示坡线；5—平台宽度；
6—台阶高度；7—台阶坡面角

图 8-17 台阶及其构成要素

1—台阶坡顶线；2—台阶坡底线；
3—示坡线；4—出入沟

图 8-18 台阶平面图

### 8.2.2 台阶数字化设计

（1）凹陷露天矿台阶设计　在确定了露天采场的底部周界后，设计者首先根据所设计矿山的矿岩稳固性和挖掘、运输设备规格等条件，确定台阶要素。然后运行软件提供的“露天采矿”功能，在相应的对话框中，输入相关的台阶设计参数，软件即可按台阶生成符合空间关系的台阶坡顶线、坡底线和公路边界线的线框图，利用线框图即可方便地生成三维实体图形。软件成图的效果如图 8-19 所示。

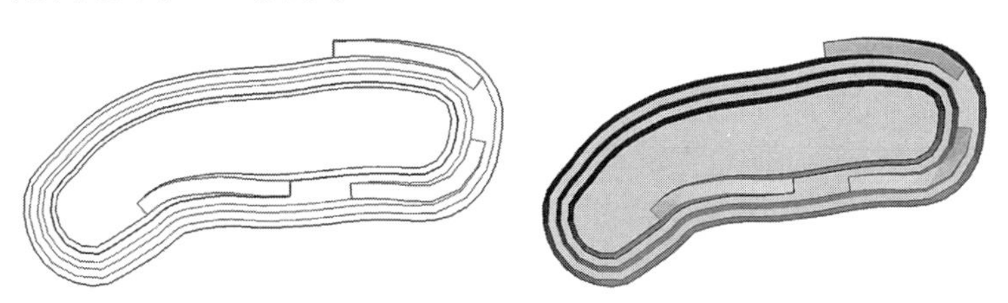

图 8-19 台阶设计线框及实体图

（2）山坡露天矿台阶设计　山坡露天矿台阶设计与凹陷露天矿不同，软件生成的台阶坡顶、底线都是凹陷露天矿才有的闭合圈，而山坡露天矿的台阶线并不存在闭合圈。为了利用软件的数字化设计功能，必须先将山坡露天矿的台阶先画成闭合圈，并将由各台阶组成的边帮生成表面实体，然后再与地表面相交切割，利用布尔运算去除闭合圈内的无关部分，即可获得山坡露天矿帮坡的台阶设计图。具体应用由以下山坡露天矿台阶设计实例说明。

（3）露天矿台阶设计实例　某山坡露天矿边坡开挖界线如图 8-20 所示。

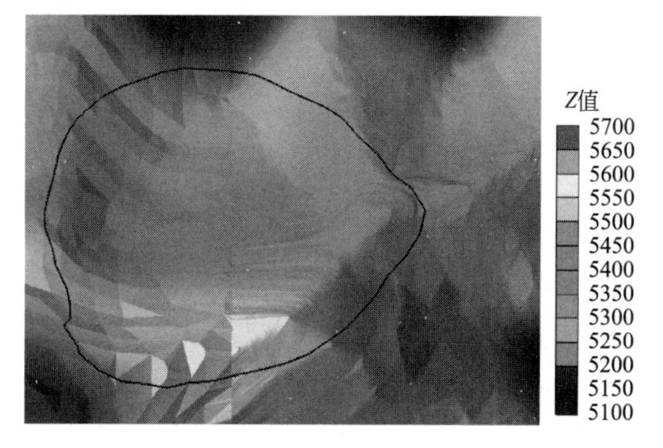


图 8-20 某山坡露天矿边坡开挖界线（见书后彩图）

根据设计矿山边坡的采矿工艺和岩

石稳定性等情况，确定边坡台阶设计参数如表 8-3。

表 8-3　露天采场设计参数表

| 内容 | 单位 | 数值 |
|---|---|---|
| 台阶高度 | m | 10 |
| 台阶坡面角 | (°) | 55 |
| 安全平台宽度 | m | 4 |
| 最终边坡角 | (°) | <45 |

图 8-21　最下部台阶坡底、坡顶线

首先根据矿体赋存情况，确定山坡露天的底部标高。边坡台阶设计步骤如下：

① 按底部标高的矿体投影线和开采工艺要求，画出最下部台阶的坡底线。利用软件“露天矿设计→扩展平台”功能即可生成最底部台阶的坡顶线，如图 8-21 所示。

② 以步骤①为基础，利用软件不断重复“扩展平台”功能操作，增加新的台阶闭合圈，直至最高台阶超过预定的边坡最高标高，即可获得类似于凹陷露天坑的闭合境界圈，如图 8-22 所示。

③ 利用步骤②的成果，生成闭合境界圈的 DTM 面，再调入地表 DTM 模型文件，即得到两个 DTM 面相交的实体模型。

④ 利用软件的布尔运算功能，去除闭合圈的无关的部分，即得到布置了台阶的山坡露天矿边坡面。

⑤ 用地形等高线和边坡的台阶坡底线、坡顶线替换地形及边坡面，即可得到山坡露天矿边坡设计图，如图 8-23 所示。

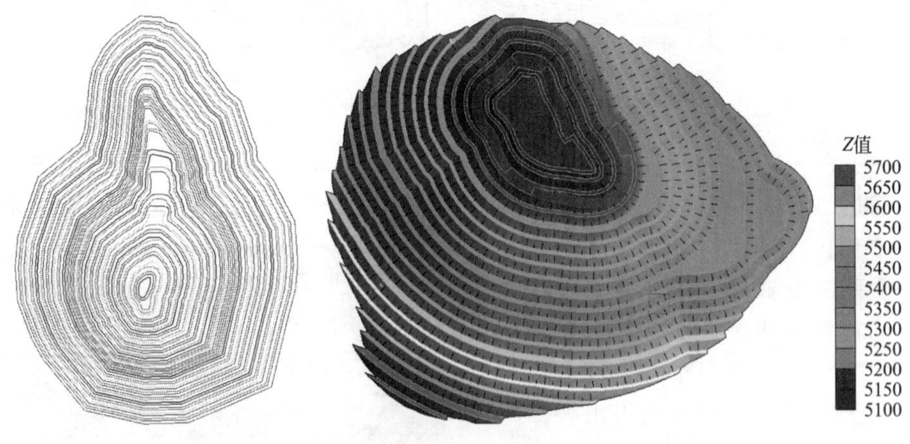

图 8-22　类似凹陷露天坑闭合境界圈（见书后彩图）

应指出的是，在上述设计边坡台阶的步骤中，并没有布置连通各台阶之间的道路。这是因为山坡露天台阶之间的道路可布置在境界之外的坡地上，从而减少边坡的开挖量。

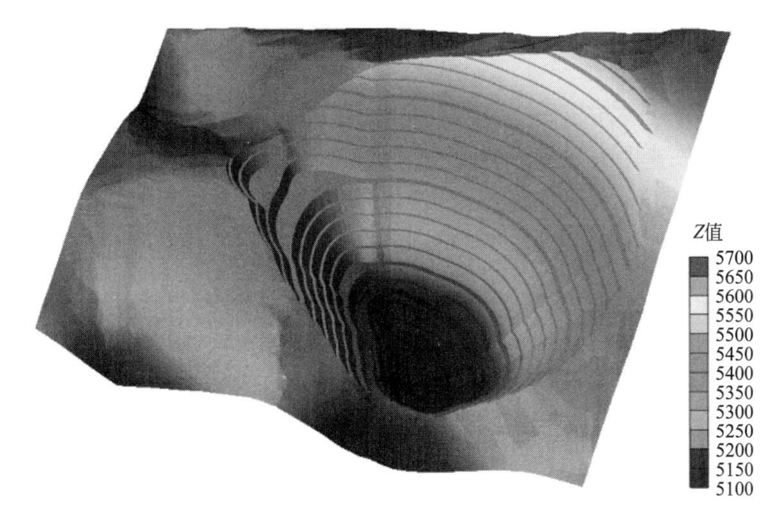


图 8-23 两个 DTM 面相交模型图（见书后彩图）

# 8.3 排土场设计

排土场方案的正确选择是一个重大而复杂的决策过程，对矿山的主要经济技术指标会产生深远的影响，而且还涉及排土场的稳定性、矿山生产安全稳定、排土场占地以及环境保护等诸多方面的问题。

排土场的设计环节包括排土场选址、排土场要素的选取以及排土工艺的选择等。其中排土场选址是需要首要确定的，对此国家有许多的规范，如排土场的容量应能容纳矿山服务年限内所排弃的全部岩土；排土场应充分利用沟谷、洼地、荒坡和劣地，不占良田，少占耕地，应避开城镇生活区等。其中在计算排土场的容量时，由于自然地表地形的不规则性，通常采用估算法，往往会耗费大量的人力和时间，为了提高设计工作效率，在地表 DTM 模型的基础上，可利用三维软件的矿山空间信息处理功能进行科学和准确的排土场轮廓设计和容积计算。

## 8.3.1 排土场位置规划

排土场位置的选择应遵循以下原则：

① 排土场位置的选择，应保证排弃土岩时不致因大块滚石、滑坡、塌方等威胁采矿场、工业场地（厂区）、居民点、铁路、道路、输电及通信干线、耕种区、水域、隧洞等设施的安全；

② 排土场不宜设在工程地质或水文地质条件不良的地带，如因地基不良而影响安全，必须采取有效措施；

③ 排土场选址时应避免成为矿山泥石流重大危险源，无法避开时要采取切实有效的措施防止泥石流灾害的发生；

④ 排土场不应设在居民区或工艺建筑的主导风向的上风向和生活水源的上游，废石中的污染物要按照《一般工业固体废物贮存、处置场污染控制标准》（GB 18599—2001）堆放、处置；

⑤ 排土场位置选定后，应进行专门的工程、水文地质勘探，进行地形测绘，并分析确定排土参数；

⑥ 内部排土场不得影响矿山正常开采和边坡稳定，排土场坡脚与矿体开采点和其他构筑物之间应有一定的安全距离，必要时应增加减少滚石或泥石流拦挡设施；

⑦ 排土场的阶段高度、总堆置高度、安全平台宽度、总边坡角、相邻阶段同时作业的超前堆置高度等参数，应满足安全生产的要求，并在设计中明确规定。

## 8.3.2 排土场设计

排土场的设计要素中包括堆置总高度、台阶高度、岩土自然安息角和边坡角等，它们相互之间有密切的联系。这些要素均对构建设计高度和总边坡的DTM模型具有决定性作用。这些要素的确定通常还需要综合考虑排土场的稳定性要求、排弃岩土的性质、排土场基底承载力和水文地质等矿区的具体条件。对于不同的排土场设计要求会有不同的侧重点，如占地面积小、稳定安全、经济节约和复垦情况等。因此其设计的参数数值都是确定在一个区间内的。为使矿山排土场的设计最优化，需要进行多方案的比较分析。对于不同的设计参数，利用人工计算的方法来判断排土场容量是否符合条件显然工作量很大，需充分利用计算机的信息处理和计算能力。

根据排土场所处的地形条件，排土场的堆排过程可分为由下向上堆排和由上向下堆排两种方式。前者主要发生于平坦地形，需将排弃土岩在地面上逐层向上堆垒形成台阶，称为平地形排土场；后者则发生在山坡或山谷地形，需将排弃土岩由上而下顺坡堆排，称为山坡形排土场。以下按平地形和山坡形排土场分别介绍三维设计过程。

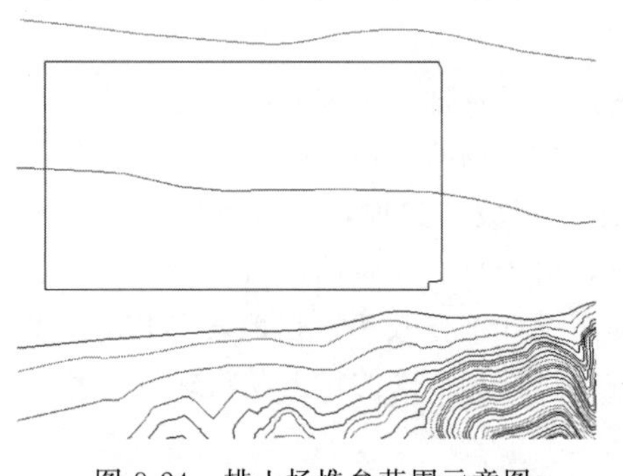
图 8-24　排土场堆垒范围示意图

（1）平地形排土场设计　首先在选址场地确定排土场堆垒范围及道路开口位置，如图8-24所示。

利用矿业软件的排土场设计功能，将确定的排土台阶高度、平台宽度、自然安息角、排土场内道路参数填入软件对话框。各参数取值如表8-4所示。

表 8-4　平地排土场堆置要素表

| 项目 | 单位 | 数值 |
|---|---|---|
| 台阶数 | 个 | 3 |
| 台阶高度 | m | 20 |
| 平台宽度 | m | 12 |
| 自然安息角 | (°) | 36 |
| 道路宽度 | m | 12 |
| 道路纵坡 | % | 10 |

按上述参数，即可由软件生成最底部排土台阶的设计图，如图8-25所示。

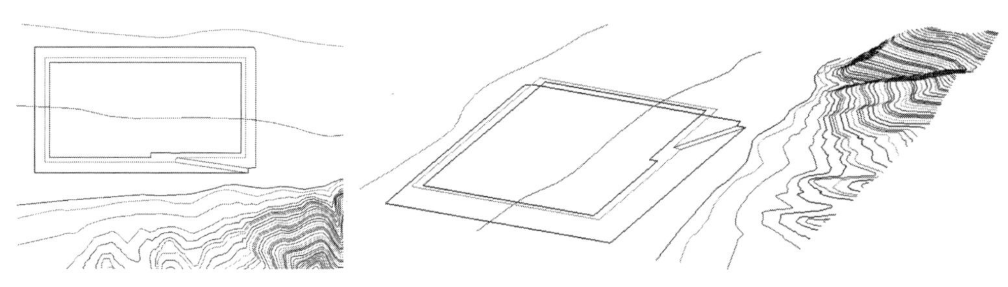

图 8-25 最底部排土台阶的设计平面及立体示意图

用同样的方法，即可完成整个排土场的设计及制图过程，如图 8-26、图 8-27 所示。

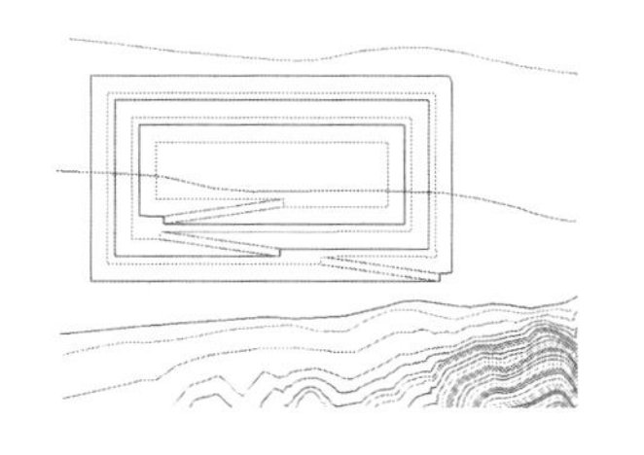

图 8-26 排土场的完整设计示意图

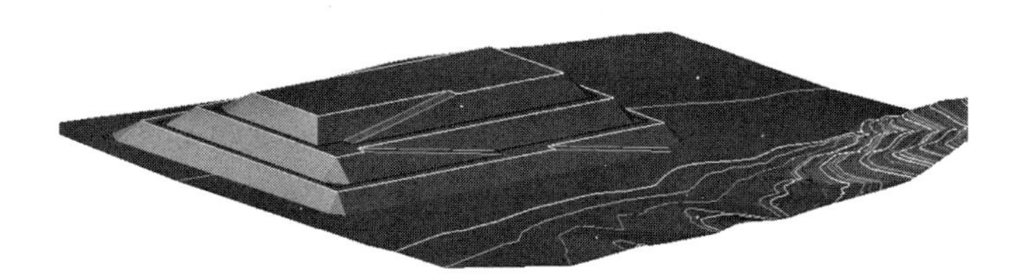

图 8-27 排土场的完整设计立体图

设计完成的排土场指标如表 8-5 所示。

**表 8-5 平地排土场设计指标**

| 项目 | 单位 | 数值 |
|---|---|---|
| 占地面积 | 万 $m^2$ | 18.3 |
| 排土场容积 | 万 $m^3$ | 652 |
| 高程范围 | m | 104～164 |
| 总堆置高度 | m | 60 |
| 总堆置边坡角 | (°) | 29.8 |

(2) 山坡排土场设计 山坡排土场一般是利用沟谷设置排土场，并利用地形高差由上向下堆排岩土。与平地排土场的设计不同，排土台阶是向下扩展。排土台阶之间一般不设置运输道路，靠排土界线外的山坡道路进行岩土运输。

当基底工程地质条件稳定时，山坡排土场的台阶高度可随地形而定，排土平台的设置主要由露天采场相应水平的出口道路高程确定。其设计过程由以下实例说明。

① 地形及排土范围 某露天矿选址山坡地形作为排土场。选址为一山谷地形，根据露天采场道路出入口高程，可修筑 1000m、950m 排土公路各一条。根据地形条件，可在山谷的 1000m 高程处排弃岩土，初步规划的排土平台范围及地形等高线如图 8-28 所示。

② 排土堆置参数及成图 在山谷地形条件下设计排土场，是为了通过绘图确定以自然安息角堆置的废石堆置体形态及其体积（即排土容积）。由于地形不规则，设计者只能决定自然安息角及平台的范围，然后利用软件的向下扩展台阶功能，逐个绘制排土台阶。台阶设计参数如表 8-6 所示，效果图如图 8-29 所示。

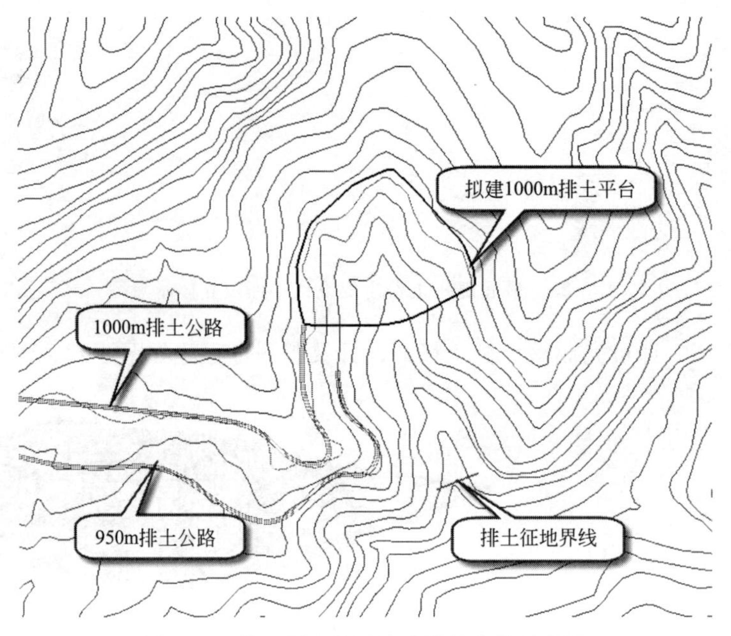


图 8-28 排土平台范围及地形等高线示意图

**表 8-6 山坡排土场设计参数表**

| 项目 | 数值 | 项目 | 数值 |
|---|---|---|---|
| 项部排土平台高程/m | 1000 | 自然安息角/(°) | 36 |
| 中部排土平台高程/m | 950 | 中部平台宽度/m | 20 |

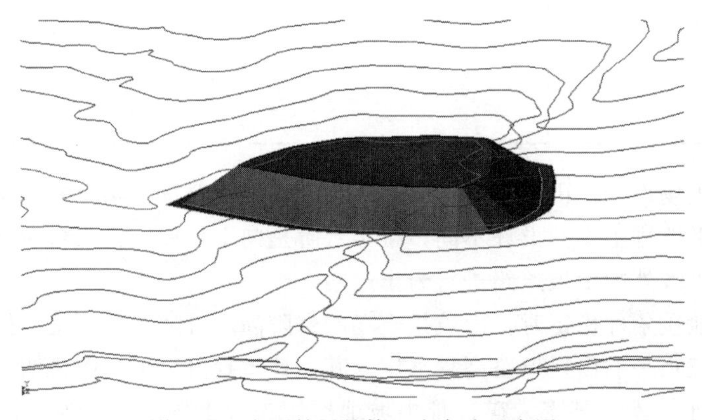

图 8-29 向下扩展的第一个台阶示意图

在此基础上继续向下扩展台阶，以完成排土场的整体形状。此时需注意的是，向下扩展的台阶高度，应大于 950m 台阶到达地表最低点的垂直高差，这样才能在地表面形成与排土坡面相交的闭合线，如图 8-30 所示。

③ 排土场设计图及体积计算 在上述成果基础上，与地形等高线代表的地表实体面相结合，即可得到排土场堆置完成后的三维立体图，如图 8-31 所示。

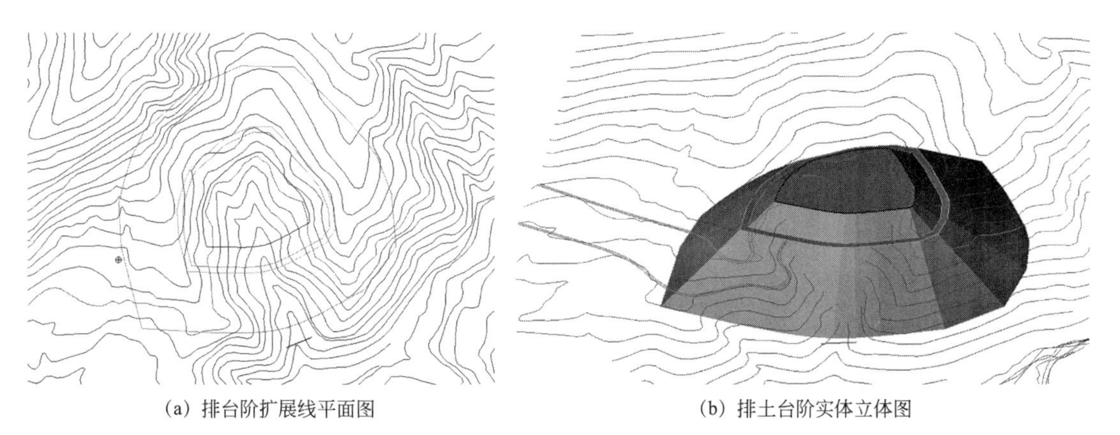

(a) 排台阶扩展线平面图　　(b) 排土台阶实体立体图

图 8-30　完整排土场堆置体示意图

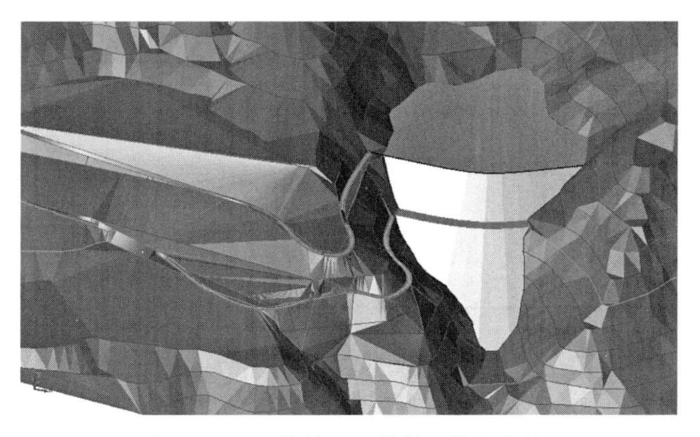

图 8-31　山坡排土场堆置三维立体图

应用软件对排土场堆置实体面与地表面进行布尔运算，即可得到排土场堆置实体，如图 8-32 所示。

将排土场堆置实体进行合并验证，软件即计算出排土场容量为 522 万立方米，占用山谷土地面积为 12.7 万平方米。为便于按设计参数施工，将立体图的表面实体隐藏，再将坡顶线、坡底线之间绘制上坡面线，即完成了排土场的设计图，如图 8-33 所示。

图 8-32　排土场堆置实体

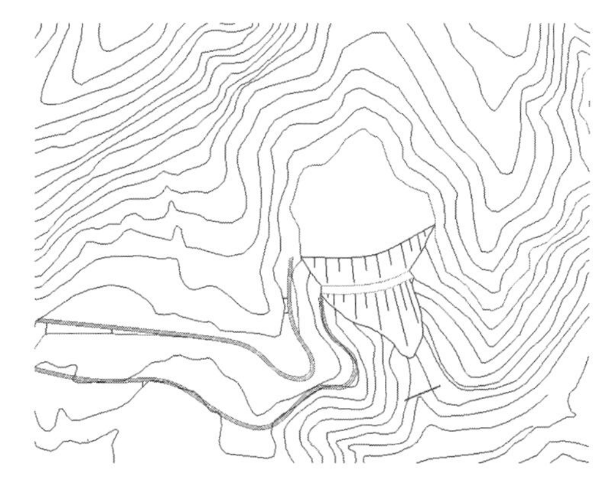

图 8-33　排土场设计平面图

### 8.3.3 排土场容量计算

排土场容量计算有两种方法：一种是通过建立排土场模型与原始地表模型做布尔运算，得到排土堆置实体模型，然后根据实体模型体积得到排土容量。另一种是通过建立排土场模型与原始地表模型，以两期 DTM 之间的部分作为约束条件，利用块段模型计算排土容量。

### 8.3.4 制定排土方案

以德兴铜矿为例，进行排土方案介绍。

（1）计算采区境界内矿岩量　根据 2019 年 6 月末铜厂采区现状地表模型、铜厂境界地表模型和铜厂块段模型，运用 Dimine 软件计算得 2019 年 6 月末铜厂境界内剩余矿岩量统计表，如表 8-7 所示。

**表 8-7　2019 年 6 月末铜厂境界内剩余矿岩量统计表**

| Cu 边界范围/% | 体积/$m^3$ | 体重/($t/m^3$) | 质量/t |
|---|---|---|---|
| 0.00～0.15 | 158422218.8 | 2.65 | 419818879.7 |
| 0.15～0.20 | 17037562.5 | 2.65 | 45149540.63 |
| 0.20～100 | 123907218.8 | 2.65 | 328354129.7 |
| 汇总 | 299367000.1 | 2.65 | 793322550.03 |

（2）排土容量现状　根据 2019 年 6 月末验收的 CAD 图纸，通过 Dimine 软件进行三维化，得到祝家排土场和杨桃坞排土场的现状地表模型，如图 8-34 所示。

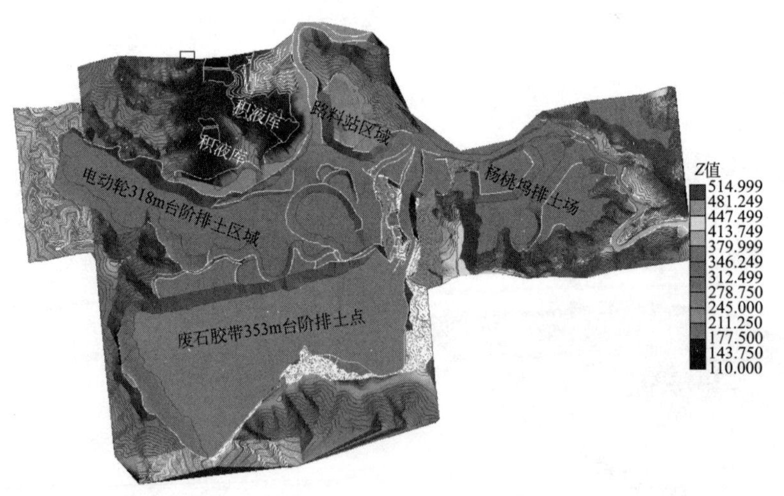


图 8-34　2019 年 6 月祝家及杨桃坞排土场现状图（见书后彩图）

根据 Dimine 软件计算得到，废石胶带 353m 排土区域在不压覆积液库的前提下，2019 年 6 月末还剩 6000 万吨排土容量；同时，电动轮排土区域在不压覆积液库的前提下西北山沟电动轮 318m 排土区域还剩 1500 万吨，电动轮 353m 排土区域还剩 1500 万吨，路料站区域按 353m 标高剩余排土量 5500 万吨，电动轮路提升段至 433m 标高还剩 4000 万吨，共计 12500 万吨。具体如图 8-35 所示。

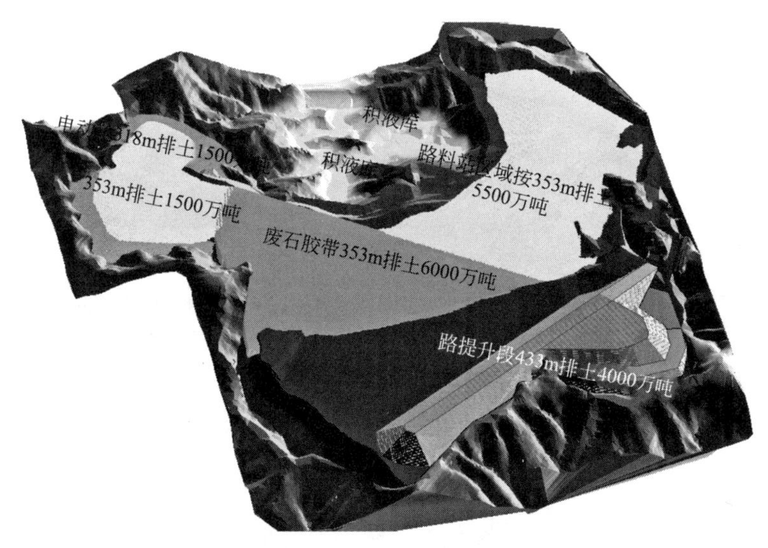


图 8-35　2019 年 6 月末祝家排土场排土容量说明

（3）排土规划　根据通常采区的年计划 6600 万吨的采剥总量，其中废石量 3950 万吨，胶带排土 2000 万吨，电动轮排土量 1950 万吨。即可推算出，胶带按 353m 标高进行排土作业，至 2022 年 6 月末将排满，故为了胶带能够具有升段作业的条件，电动轮需要提前一定的时间进行路提升段排土。而电动轮排土区域西北山沟以及路料站区域按 353m 标高排土，路提升段至 433m 标高，共计 12500 万吨，至 2025 年 12 月将排满，届时电动轮排土必须往杨桃坞排土场进行排土。故在对杨桃坞排土场的现状进行三维化的基础上，对其排土容量进行估算。根据排土规划，杨桃坞排土场先在 330m 标高先压覆一层，再预留 30m 安全平台往上升段排土。根据运系掌线摆布以及电动轮运系坡度要求，最高只能排到 400m 标高，故按最终 400m 标高排土，计算得到杨桃坞排土场剩余容量为 4500 万吨，如图 8-36 所示，即在 2028 年 3 月末排满，届时必须进行积液库排土作业。

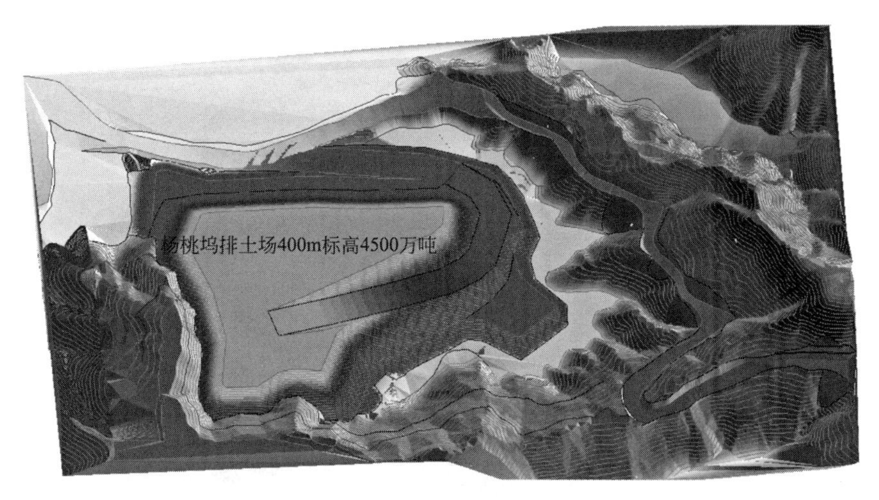


图 8-36　2019 年 6 月末杨桃坞排土场按 400m 标高排土容量说明

为了满足进一步的排土需要，胶带排土必须升段排土，而电动轮排土也需要占有积液库。根据排土规划，胶带排土升段至 433m 标高，计算得到胶带按 433m 标高排土具有容量

1.2 亿吨，如图 8-37 所示。

图 8-37　胶带排土按 433m 标高排土容量说明

最后，为了满足电动轮排土需要，必须在积液库排土。根据计算，积液库按 433m 标高排满，有 25000 万吨的容量，如图 8-38 所示。因此，由表 8-7 可知，边界品位按 0.15%圈定，铜厂采区 2019 年 6 月末境界内剩余废石量为约 4.2 亿吨，而边界品位按 0.2%圈定，铜厂采区 2019 年 6 月末境界内剩余废石量为约 4.5 亿吨。因此，在占用积液库的条件下，不管是按边界品位 0.15%，还是按边界品位 0.2%圈定矿石，排土场容量均能满足要求。如果边界品位为 0.15%时，则祝家排土场整体排土容量余量为 8000 万吨，而边界品位为 0.2%时，则祝家排土场整体排土容量余量为 5000 万吨，可以为朱砂红采区的开采奠定基础。

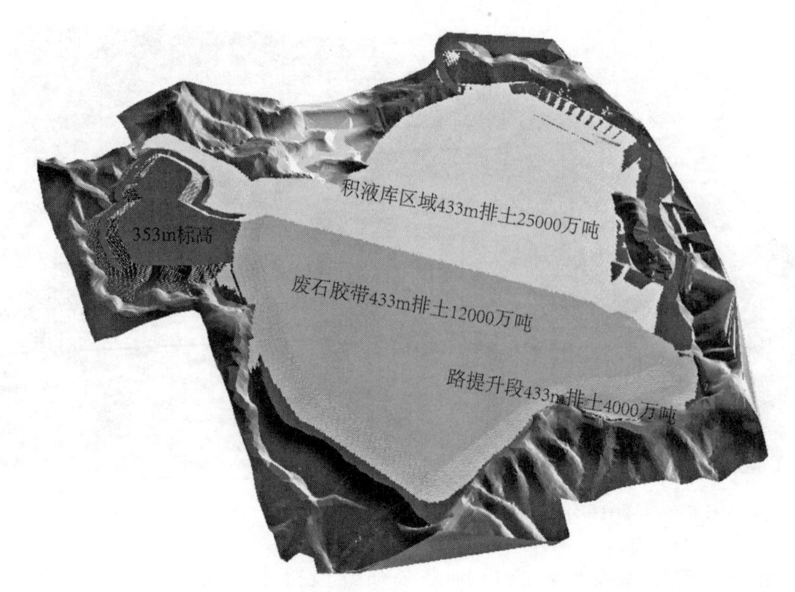


图 8-38　祝家排土场积液库按 433m 标高排土容量说明

# 8.4 露天矿道路设计

## 8.4.1 露天矿道路设计要求及类型

露天矿道路属于厂矿道，其设计方法与其他公路的设计方法相同。首先是根据道路等级确定设计路段的行车速度，再根据行车速度确定各路段所受限制的参数。路段所受限制的参数应按《厂矿道路设计规范》(GBJ 22—1987) 的要求进行选择。

按照所处地形条件，露天矿道路分为两种类型。其一是境界内台阶间布置的道路；其二是境界外原地形上布置的道路。在三维矿业软件运用中，两类道路的设计方法有较大差异，在此分别进行介绍。

## 8.4.2 露天矿台阶道路设计

境界内道路，主要由跨台阶平台的斜坡组成。按设计要求，道路具有纵坡时，需利用台阶平台提供道路缓和坡段。也可利用台阶平台布置回头曲线，如图 8-39 所示。

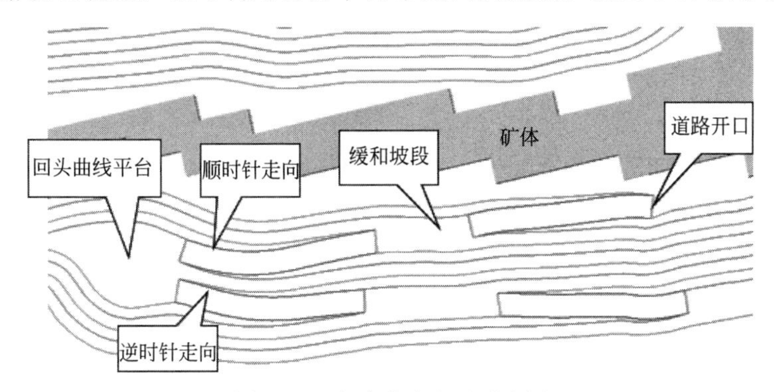


图 8-39 台阶道路布置示意图

应用三维软件设计台阶道路时，可将道路宽度、道路坡度（纵坡）等参数输入程序对话框，同时注意道路布线走向是呈“顺时针”还是“逆时针”方向。数据输入完成后，用鼠标选择台阶坡底线道路起点，指定“道路开口”位置，然后用“扩展平台”功能，软件即可自动绘制跨越台阶上、下部平台的道路平面图。在绘图过程中，设计者只需手动调整“缓和坡段”及“回头曲线”部分的台阶坡底线，即可在绘制露天矿台阶的同时，完成所设计台阶道路的绘制。一般情况下，是从底部台阶起逐个台阶向上绘制，不断重复上述操作过程，直到道路到达境界总出入沟口。

## 8.4.3 境界外地形道路设计

境界外的地形分为平坦地形与山坡地形。平坦地形的道路设计较简单，在此仅介绍山坡地形的道路设计特点及三维设计方法。

山坡道路设计主要特点是以适当的道路纵坡克服地形高差。当地形坡度较陡时，往往需要用 S 形线路延长平距以降低纵坡，此时就要用到回头曲线连接直线段道路。在道路设计中，还需要同时考虑线路的平距长度、纵坡坡度和道路工程量（即挖、填方量）等因素。

利用三维矿业软件，可以简化设计过程，同时兼顾各设计影响因素的合理安排，并能准确计算道路工程量。下面通过山坡道路设计实例介绍设计过程与方法。

### 8.4.4 山坡道路设计实例

某露天矿山坡地形如图 8-40 所示，图上的 $A$、$B$ 两点分别标志道路的起点与终点。

道路设计及绘制过程如下：

(1) 确定线型　查阅地形等高线可知两点高差为 40m（等高线步距为 5m）。按照最大设计纵坡 8%，则可计算得出线路平距长度不应小于 500m。而 $A$、$B$ 两点间直线距离为 578m，纵坡为 6.9%，虽然纵坡满足要求，但如果按此直线修筑道路，则筑路挖、填方工程量会很大，如图 8-41 所示。

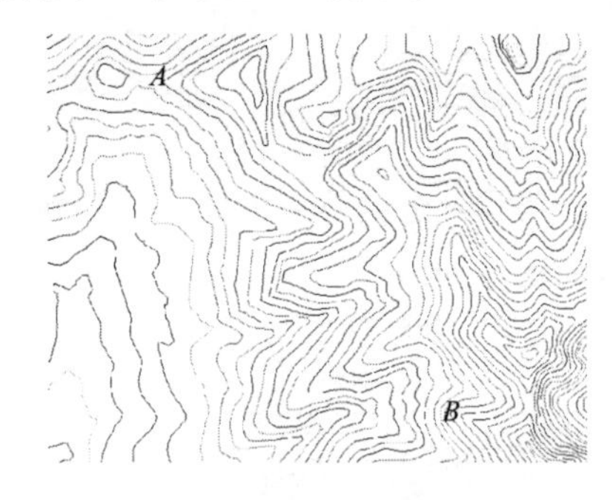


图 8-40　某露天矿山坡地形图

图 8-41　$A$、$B$ 间直线布置方案示意图

为减少道路工程量，考虑沿山坡地形布置 $A$、$B$ 点之间的道路。道路中线的布置，可应用三维软件的道路设计功能完成。只需将道路设计参数，如最大纵坡、中线左右偏移距离（即路基宽度）等输入程序对话框，然后用鼠标点击起点，即可按地形及道路坡度限制绘制中线。工程量及长度较合适的道路布置如图 8-42 所示。

(a) 地表实体图

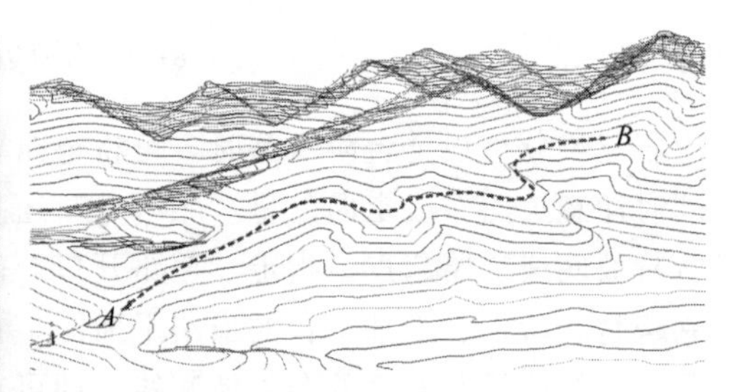


(b) 地表等高线图

图 8-42　沿山坡地形布置道路方案示意图

在利用软件绘制道路中线的同时，可以根据预先输入的左右偏移距离，生成具有宽度的道路布置设计图，如图 8-43 所示。

按上图布置的道路长度为 824m，平均坡度为 7.26%，道路宽度 10m。道路在上坡时，基本是按照地形等高线的变化布置，以尽量减少道路施工的挖、填方工程量。这是露天矿山坡道路线形布置常用的思路。

(2) 确定道路挖、填方工程范围　按路面设计标高与地形原始标高的关系，山坡道路工程可分为“挖方路基工程”与“填方路基工程”。

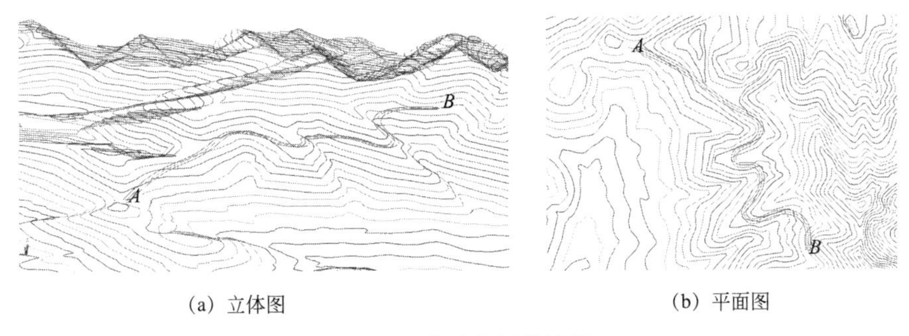


(a) 立体图　　(b) 平面图

图 8-43　道路布置设计图

对于挖方路基，需要根据被挖岩土的稳固性确定沟帮坡面角，一般为 45°～75°。而对于填方路基，在不支护时其填方体坡面角就是岩土堆积体的自然安息角，一般为 32°～40°。利用三维软件的生成边坡功能，可将所设计的挖、填体坡面角输入程序对话框，即可在等高线图上生成道路的挖、填方体边界线，如图 8-44 所示。

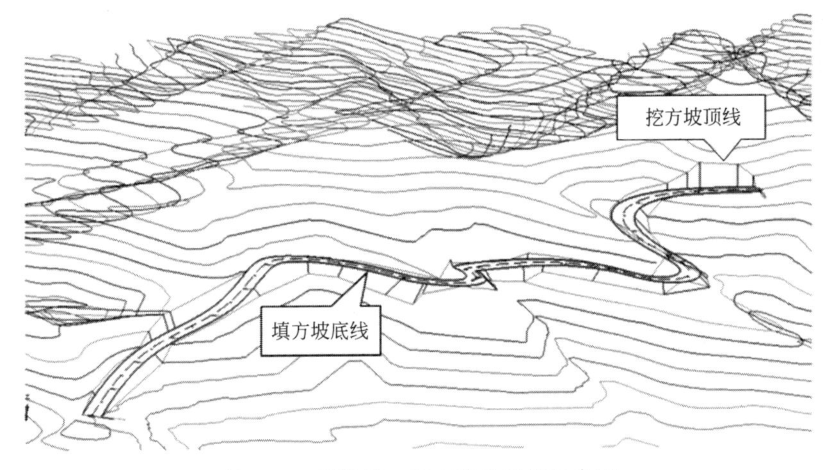


图 8-44　道路挖、填方体边界线示意图

（3）生成三维道路实体模型　应用三维软件的道路设计的“地表更新”功能，可获得道路建成后的新地形实体模型，即完成了新建道路的实体建模，如图 8-45 所示。

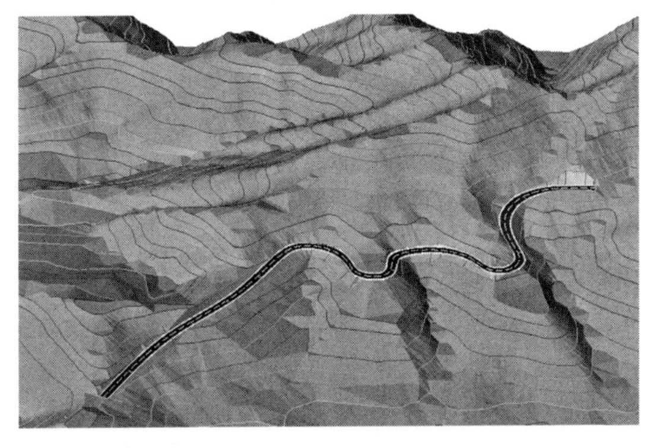

图 8-45　新建实体道路的立体效果图

（4）道路纵、横剖面及工程量计算　道路实体模型的建立并不仅实现了三维可视化，而

且还可以更方便准确地计算道路工程量。为表示道路的工程量和纵坡等线路特征，在道路设计中一般需绘制纵、横剖面图。

利用矿业软件的纵断面图功能，设置好断面图的纵、横坐标参数，即可获沿道中线的道路纵断的面，如图 8-46 所示。

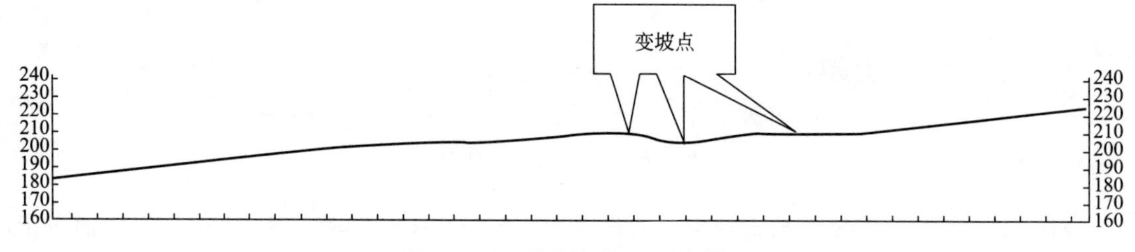


图 8-46　沿道路中线的纵断面图

从道路纵断面图中，可以观察到道路沿线的纵坡变化情况。在本例道路设计方案中，为适应地形变化，减少工程量，道路在克服高差的同时，仍有局部的下坡和近水平缓坡。在坡度改变地段，出现了变坡点，可以为设计者选择符合规范的纵坡设计参数提供直观的图形。

利用三维软件的横断面功能，可按一定间距沿道路切割若干横断面图，如图 8-47 所示。

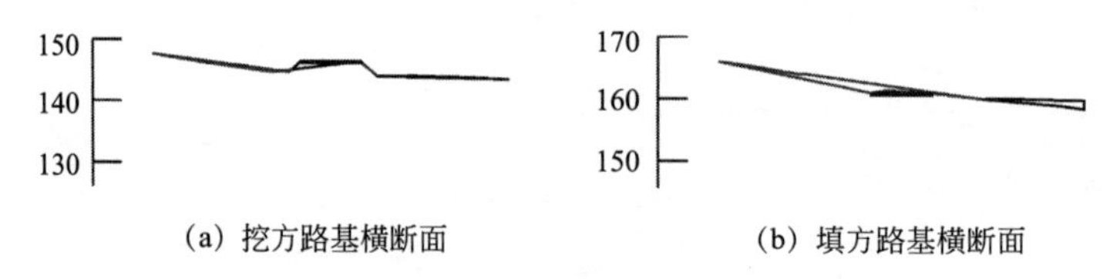


(a) 挖方路基横断面　　(b) 填方路基横断面

图 8-47　道路典型横断面图

软件在生成一系列横断面图的同时，可自动计算出每个横断面所代表长度范围内的工程量，并以报表的形式附在设计图中。工程量报表截图如图 8-48 所示。

| 填挖方量表 | | |
|---|---|---|
| 步距/m | 填方量/m³ | 挖方量/m³ |
| 0+50 | 289.22 | 498.14 |
| 0+100 | 1433.04 | 0.00 |
| 0+150 | 282.75 | 551.98 |
| 0+200 | 499.08 | 977.63 |
| 0+250 | 376.03 | 604.71 |
| 0+300 | 1258.60 | 567.73 |
| 0+350 | 298.61 | 177.82 |
| 0+400 | 476.01 | 510.90 |
| 0+450 | 1640.75 | 0.00 |
| 0+500 | 1620.81 | 73.88 |
| 0+550 | 45625.40 | 0.00 |
| 0+578 | 0.00 | 21836.47 |
| 总计 | 53800.31 | 25799.25 |

图 8-48　用道路横断面计算的工程量报表截图

# 8.5 露天矿爆破设计

露天矿爆破设计是在资源模型、现状地表模型基础上开展，是衔接矿山日常生产计划及品位控制的关键环节，爆破效果的好坏也会直接影响矿山安全生产、经济效益。随着高精度电子数码雷管及逐孔起爆技术在露天矿、采石场等推广与应用，传统爆破设计手段越来越显现出局限性，而具有三维可视化、模拟、分析与优化等技术于一体的数字化爆破软件可以满足爆破工程师三维精确爆破设计、分析与优化爆破设计。

露天台阶爆破设计流程图如图 8-49。

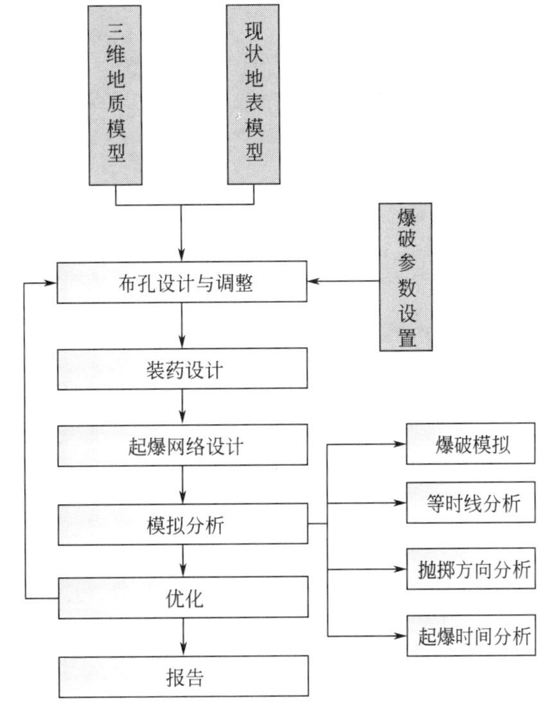


图 8-49 露天台阶爆破设计流程图

## 8.5.1 布孔设计

(1) 布孔参数设置 参数化爆破设计在设计前，需要定义好孔网参数（孔距、排距、数目）、台阶参数（台阶高度、坡面角）、布孔参数（孔径、孔深、超深等）、布孔类型（矩形、梅花形）。往往考虑到实际生产需要，可以通过约束条件（如 DTM 上下面、爆破范围、指定孔深）进行炮孔布置，如图 8-50 所示。

(2) 布孔设计与调整 指定爆区内的自动布孔。给定爆破区域，选择布孔范围后，自动识别爆破区域的前排、侧排和后排（支持手动调整），根据安全缓冲距离的约束，自动完成给定爆破区域的布孔，前排不规整时实现自动补孔，后排不规整时以沿线方式布置最后一排，倒数第二排自动补孔，如图 8-51 所示。

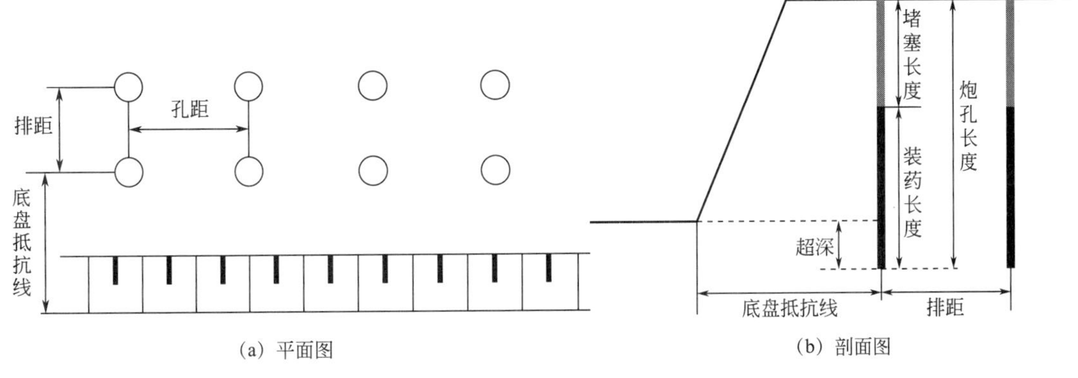


(a) 平面图　(b) 剖面图

图 8-50 台阶爆破参数示意图

局部补孔。在自动布孔后，根据需要进行局部补孔，同时动态显示该孔与坡顶线之间的距离，保证前排至坡顶线的安全距离，如图 8-52 所示。

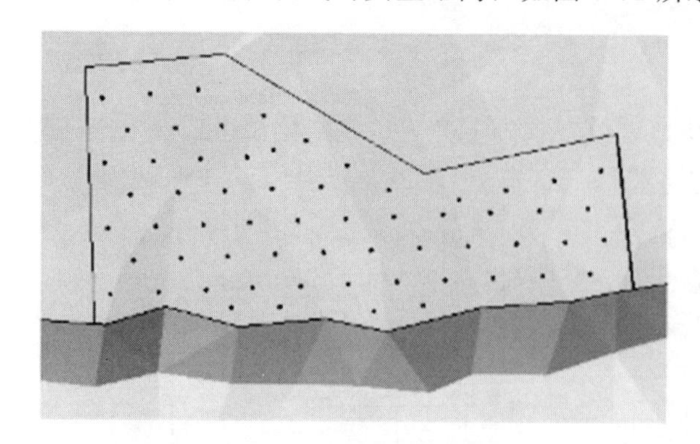

图 8-51　自动布孔示意图

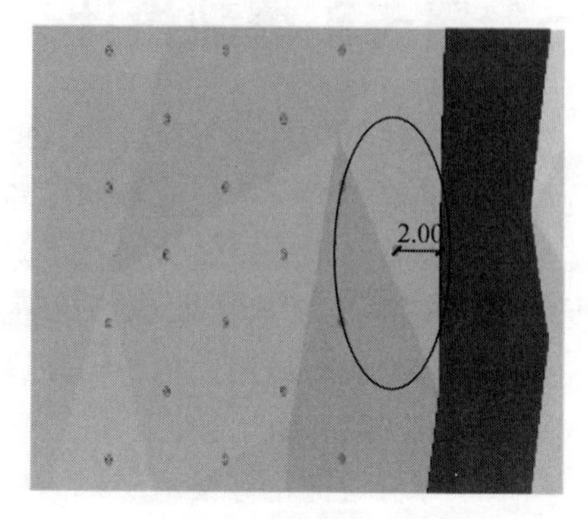


图 8-52　补充单孔示意图

## 8.5.2　装药设计

露天台阶爆破装药按装药结构分为连续装药和间隔装药，现大多数爆破软件能提供装药结构配置，并能保存成相应的模板，方便后期调用。然后各炮孔按照选定的装药结构依据欲装药炮孔的实际孔深进行装药，如图 8-53 所示。

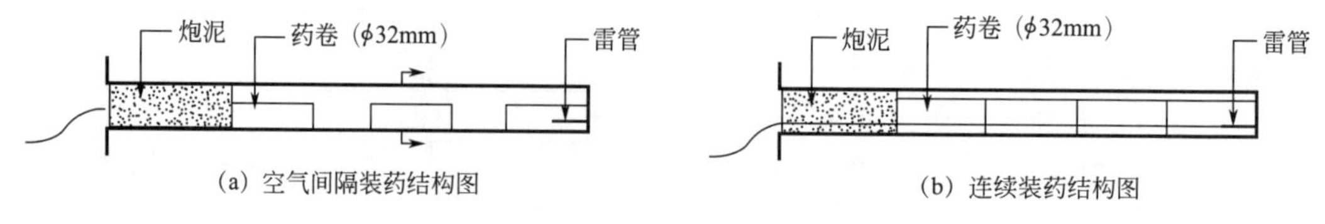


(a) 空气间隔装药结构图　　(b) 连续装药结构图

图 8-53　装药结构示意图

根据孔距、排距、台阶高度、孔径、炸药单耗等参数自动计算出单孔药量和装药长度，最后导出技术经济指标表时进行汇总统计。

## 8.5.3　起爆网络设计

炮孔布置完成后，根据矿山常用雷管来定义起爆雷管库。根据起爆类型（V 形起爆、梯形起爆、逐排起爆）定义起爆点，以起爆点、炮孔、虚拟孔等为载体，以自动或人工交互模式完成起爆网络连接，如图 8-54。自动起爆网络连接往往是在定义起爆网络设计准则由软件自动完成。网络连接过程中碰到不能跨线的情况时，需要以虚拟孔进行网络设计。

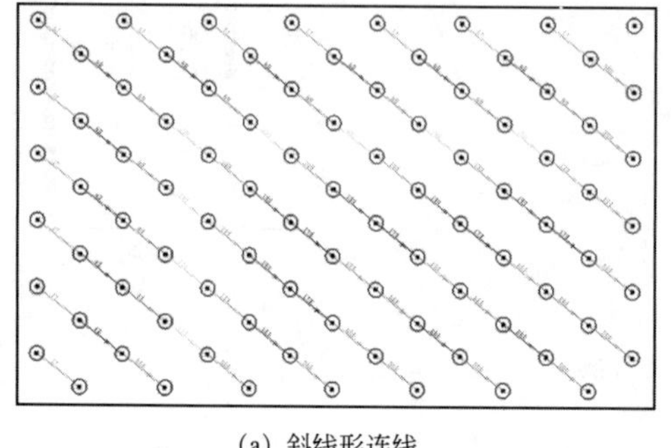

(a) 斜线形连线

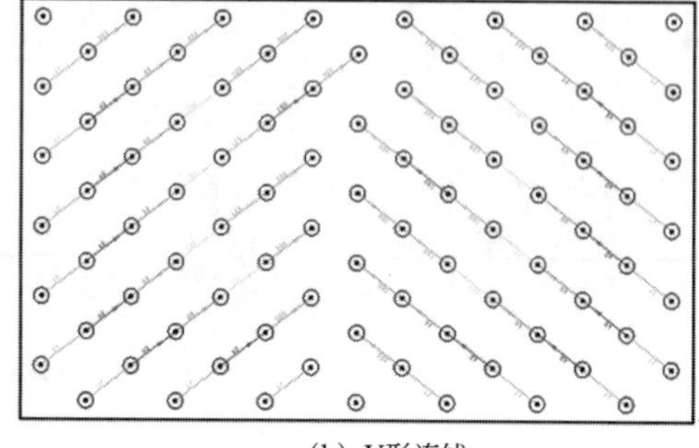

(b) V形连线

图 8-54　自动连线效果图

### 8.5.4 起爆模拟分析

爆破网络设计优劣，往往需要通过模拟技术、图形技术等辅助分析，以便能在点火前突出问题区域，方便检查设计，调整爆破顺序、装药、布孔、延迟时间等，实现最优设计结果。分析工具包括爆破顺序动画模拟、等时线分析、抛掷方向分析、起爆时间分析等。

(1) 爆破顺序动画模拟　“爆破模拟”功能以动画形式精确模拟爆破过程，如图 8-55。

图 8-55　爆破顺序动画模拟示意图

(2) 等时线分析　使用“等时线分析”功能进行连线合理性分析及查看任意时刻起爆位置，检查等时线是否均匀、规整，如图 8-56。

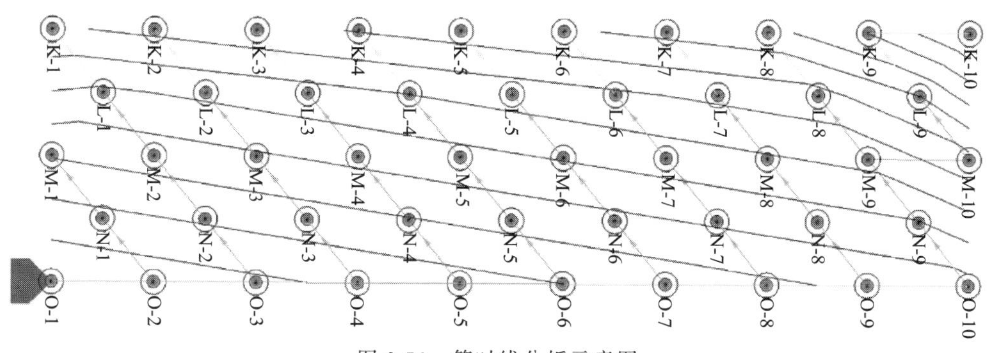


图 8-56　等时线分析示意图

(3) 抛掷方向分析　使用“抛掷方向分析”功能模拟起爆后可得爆堆抛掷信息，检查它是否杂乱及是否与预期一致，如图 8-57。

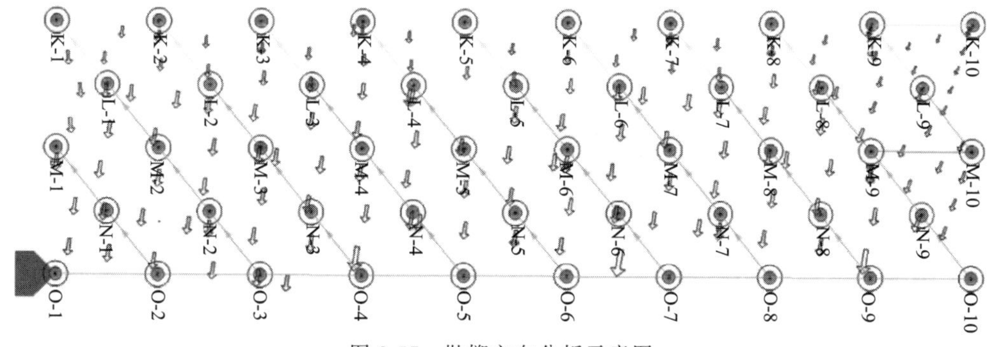


图 8-57　抛掷方向分析示意图

（4）起爆时间分析　使用“起爆时间分析”功能可查看任意时间段内同时起爆的炮孔个数，如图 8-58。

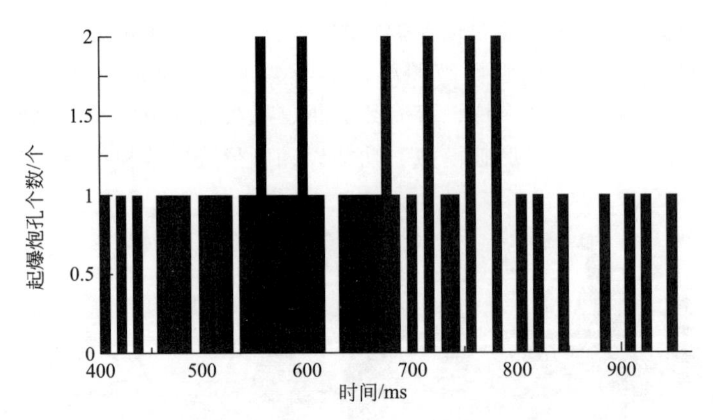


图 8-58　8ms 内同时起爆炮孔个数分析示意图

## 8.5.5　成果输出

爆破设计成果文件可以通过自定义报告模板进行输出，内容包括爆破设计、模拟以及监测结果等。爆破设计报告一般包括设计报告书、穿孔作业书、装药指导书、装药结构图、爆破连线图、起爆时间分析图、技术经济指标分析等。目前已有软件可以在设计完成后自动生成爆破设计成果信息表及各类图件（如炮孔布置连线图、装药结构图、剖面图等），如图 8-59。

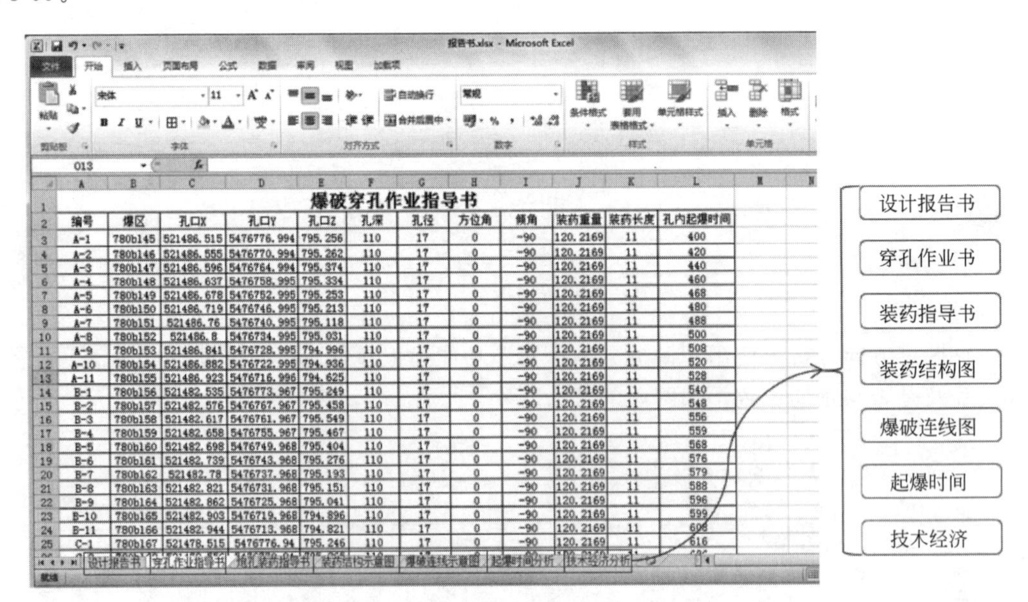

爆破穿孔作业指导书

| 编号 | 爆区 | 孔口X | 孔口Y | 孔口Z | 孔深 | 孔径 | 方位角 | 倾角 | 装药重量 | 装药长度 | 孔内起爆时间 |
|---|---|---|---|---|---|---|---|---|---|---|---|
| A-1 | 780b145 | 521486.515 | 5476776.994 | 795.256 | 110 | 17 | 0 | -90 | 120.2169 | 11 | 400 |
| A-2 | 780b146 | 521486.555 | 5476770.994 | 795.262 | 110 | 17 | 0 | -90 | 120.2169 | 11 | 420 |
| A-3 | 780b147 | 521486.596 | 5476764.994 | 795.374 | 110 | 17 | 0 | -90 | 120.2169 | 11 | 440 |
| A-4 | 780b148 | 521486.637 | 5476758.995 | 795.334 | 110 | 17 | 0 | -90 | 120.2169 | 11 | 460 |
| A-5 | 780b149 | 521486.678 | 5476752.995 | 795.253 | 110 | 17 | 0 | -90 | 120.2169 | 11 | 468 |
| A-6 | 780b150 | 521486.719 | 5476746.995 | 795.213 | 110 | 17 | 0 | -90 | 120.2169 | 11 | 480 |
| A-7 | 780b151 | 521486.76 | 5476740.995 | 795.118 | 110 | 17 | 0 | -90 | 120.2169 | 11 | 488 |
| A-8 | 780b152 | 521486.8 | 5476734.995 | 795.031 | 110 | 17 | 0 | -90 | 120.2169 | 11 | 500 |
| A-9 | 780b153 | 521486.841 | 5476728.995 | 794.996 | 110 | 17 | 0 | -90 | 120.2169 | 11 | 508 |
| A-10 | 780b154 | 521486.882 | 5476722.995 | 794.936 | 110 | 17 | 0 | -90 | 120.2169 | 11 | 520 |
| A-11 | 780b155 | 521486.923 | 5476716.996 | 794.625 | 110 | 17 | 0 | -90 | 120.2169 | 11 | 528 |
| B-1 | 780b156 | 521482.535 | 5476773.967 | 795.249 | 110 | 17 | 0 | -90 | 120.2169 | 11 | 540 |
| B-2 | 780b157 | 521482.576 | 5476767.967 | 795.458 | 110 | 17 | 0 | -90 | 120.2169 | 11 | 548 |
| B-3 | 780b158 | 521482.617 | 5476761.967 | 795.549 | 110 | 17 | 0 | -90 | 120.2169 | 11 | 556 |
| B-4 | 780b159 | 521482.658 | 5476755.967 | 795.467 | 110 | 17 | 0 | -90 | 120.2169 | 11 | 559 |
| B-5 | 780b160 | 521482.698 | 5476749.968 | 795.404 | 110 | 17 | 0 | -90 | 120.2169 | 11 | 568 |
| B-6 | 780b161 | 521482.739 | 5476743.968 | 795.276 | 110 | 17 | 0 | -90 | 120.2169 | 11 | 576 |
| B-7 | 780b162 | 521482.78 | 5476737.968 | 795.193 | 110 | 17 | 0 | -90 | 120.2169 | 11 | 579 |
| B-8 | 780b163 | 521482.821 | 5476731.968 | 795.151 | 110 | 17 | 0 | -90 | 120.2169 | 11 | 588 |
| B-9 | 780b164 | 521482.862 | 5476725.968 | 795.041 | 110 | 17 | 0 | -90 | 120.2169 | 11 | 596 |
| B-10 | 780b165 | 521482.903 | 5476719.968 | 794.896 | 110 | 17 | 0 | -90 | 120.2169 | 11 | 599 |
| B-11 | 780b166 | 521482.944 | 5476713.968 | 794.821 | 110 | 17 | 0 | -90 | 120.2169 | 11 | 608 |
| C-1 | 780b167 | 521478.515 | 5476776.94 | 795.246 | 110 | 17 | 0 | -90 | 120.2169 | 11 | 616 |



图 8-59　爆破设计说明书

## 8.5.6　爆破设计方案优化

在进行爆破设计时，可从多角度进行方案设计，然后从中选出最佳的合理的爆破方案。

① 不同的布孔参数及布孔方式都有可能导致不同的爆破效果。图 8-60 分别表示方形布孔方式与梅花形布孔方式。

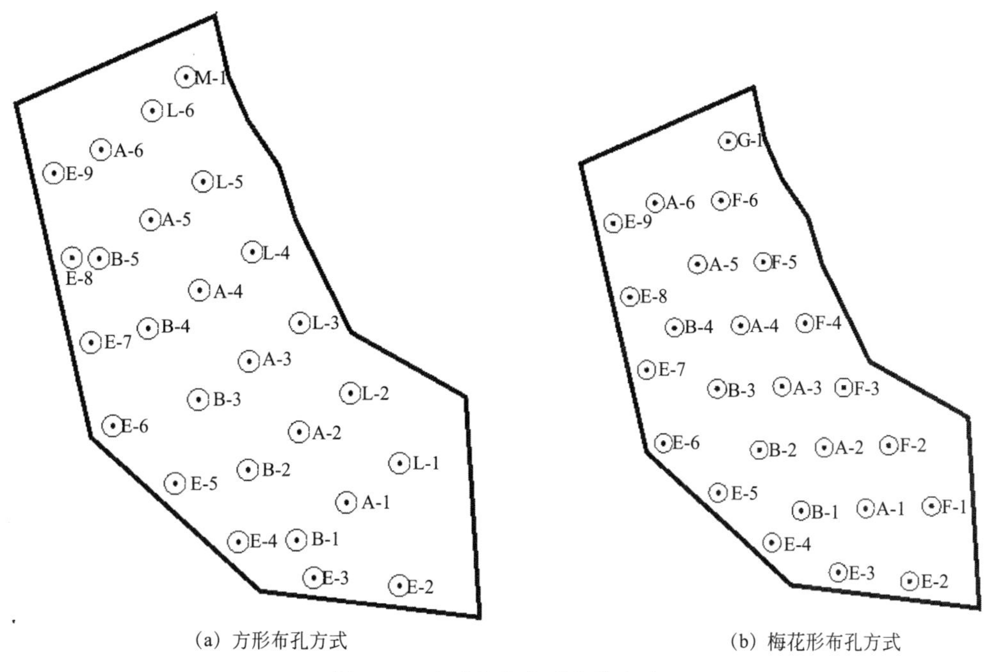


(a) 方形布孔方式　　(b) 梅花形布孔方式

图 8-60　方形及梅花形布孔方式

从图 8-60 可看出，方形布孔设计 26 个炮孔，梅花形布孔设计 25 个孔，具体哪种方式效果更好，应看实验效果。

② 同样的布孔方式，但不同的网络连线也会导致不同的爆破顺序、爆破振动、爆破抛掷方向。

图 8-61 表示的是同样的布孔方式，但一种是斜线起爆，一种是 V 形起爆。斜线起爆的爆堆往一个方向抛掷，而 V 形起爆导致两侧的爆堆相对挤压爆破，在某些时候能达到减小爆破块度、使爆堆集中的效果。

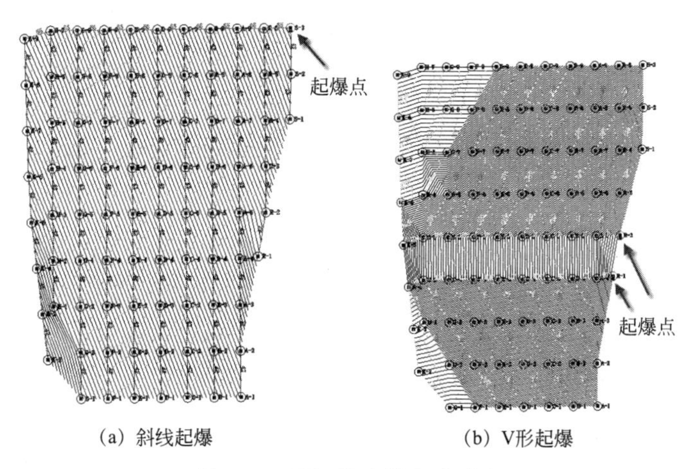


(a) 斜线起爆　　(b) V形起爆

图 8-61　不同的连线方式对比

## 8.5.7 爆破设计案例

以 Dimine 软件为例，进行露天爆破设计案例介绍。

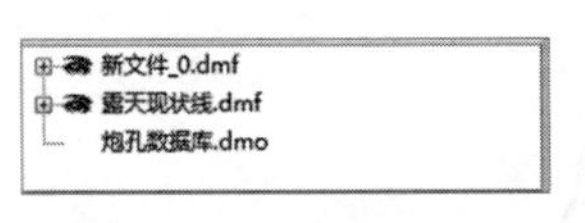


图 8-62 新建数据库

① 新建数据库。在视图中打开“现状模型（表面联合）”，点击“露天爆破”→“新建数据库”，在数据管理栏中会新产生一个“炮孔数据库 . dmo”文件。只有新建或打开炮孔数据库后，露天爆破设计后面的工作才可以开展，如图 8-62。

② 布孔参数设置。点击“露天采矿”→“爆破设计”→“布孔参数”，打开布孔参数设置框。孔口设计标高选择指定表面文件，文件选择打开的“现状模型（表面联合）”；孔底设计标高选择“指定孔深 13”，爆区填入“1＃”爆区，孔径为 120mm，方位角和倾角分别为 0°和－90°，孔间距为 5m，排间距为 4m，采用方形布孔的方式，前排安全距离为 3m，平均回采高度为 12m，其他参数参照图 8-63 所示填写。

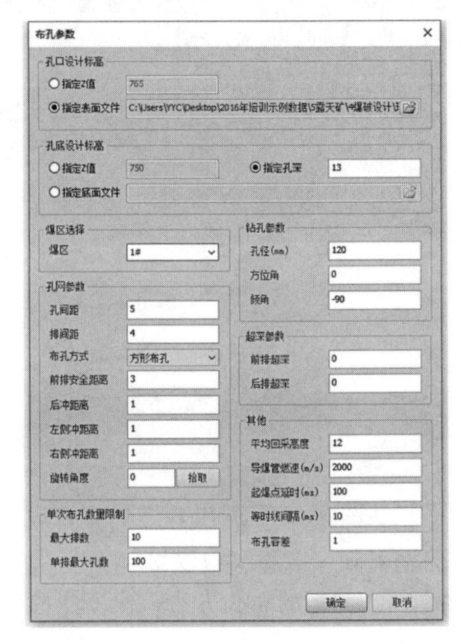


图 8-63 炮孔布置参数设置

③ 布孔。打开“示例数据”中“爆破边界线”，点击“露天采矿”→“爆破设计”→“自动布孔”，根据命令行提示“请选择范围线（闭合式布孔、非闭合式布孔）”，选择 1＃爆破边界线，然后命令行提示“绘制四边形区域至合适位置”，在爆破边界的左上角点击鼠标左键，拖动鼠标至右下角，再左键点击后，软件显示出爆破边界的前排、左侧冲、右侧冲和后冲位置，右键确认后自动生成炮孔，如图 8-64。

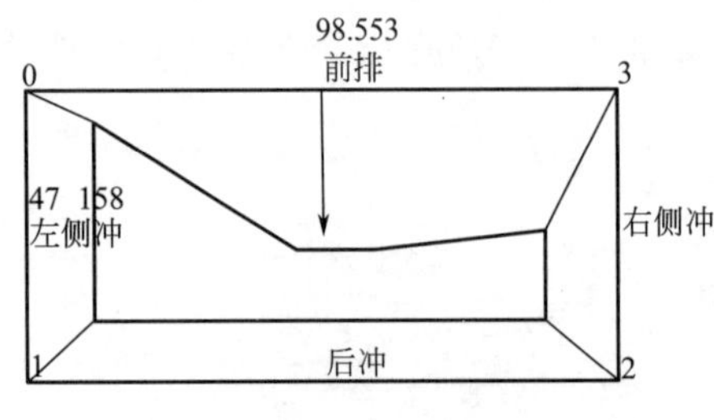


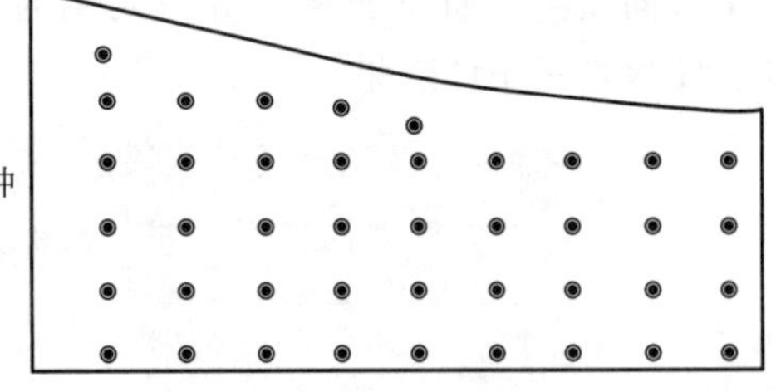

图 8-64 自动布孔

④ 查看炮孔属性。双击其中一个炮孔，或者选择炮孔后，右键选择属性，属性中显示炮孔的所属爆区、孔口（底）坐标等信息，如图 8-65。

⑤ 设置装药参数。点击“露天爆破”→“装药参数”，弹出“装药参数”对话框，如图 8-66。

最小堵塞长度：指孔口堵孔的最小长度，设置为 4m。

间隔器默认长度：间隔装药时，一个间隔器的长度，设置为 1m。

⑥ 设计装药。点击“露天爆破”→“设计装药”，弹出“设计装药”对话框，如图 8-67。

图 8-65 炮孔属性

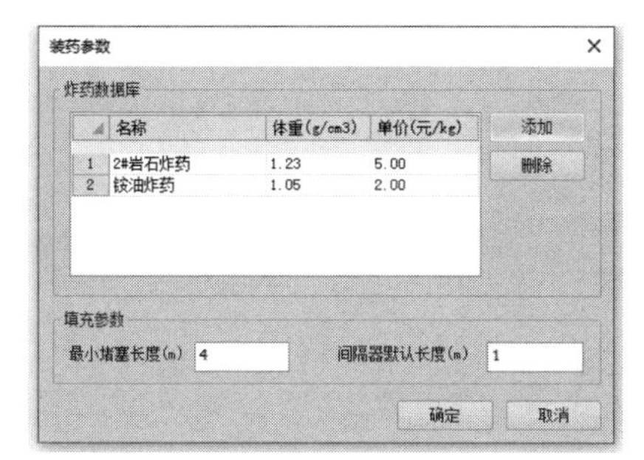


图 8-66 装药参数设置

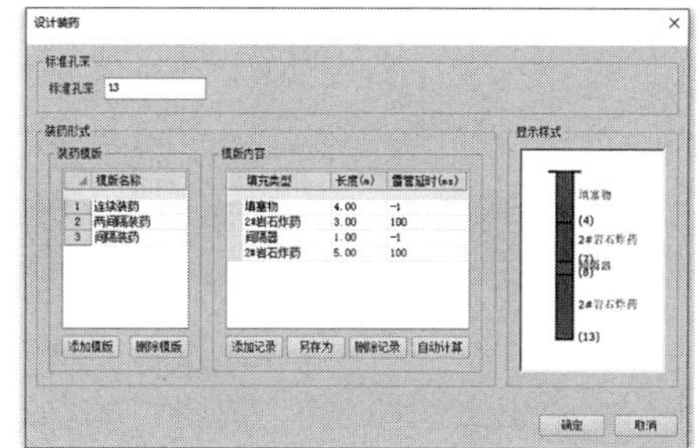


图 8-67 设计装药

⑦ 标准孔深修改为 13m，装药模板选择“间隔装药”。装药结构为：

填塞物：长度 4m；2＃岩石炸药：长度 3m；间隔器：长度 1m；2＃岩石炸药：长度 5m；雷管延时：采用默认值。

也可以根据实际情况自定义模板。设置完成后选择“确定”。按照命令行提示“选择需要装药的炮孔”，框选所有炮孔，右键确定。命令行提示“成功装药 42 个炮孔”，完成装药。可以通过查询炮孔属性来查看装药情况，如图 8-68。

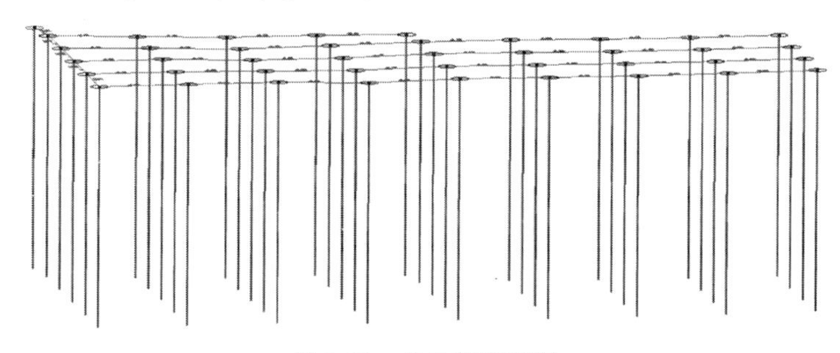

图 8-68 炮孔装药情况

⑧ 炮孔连线。炮孔连线有手动连线和自动连线两种，这里先用自动连线再用手动连线。点击“露天爆破”→“自动连线”，选择连线的第一个炮孔，再选择下一个炮孔，确定自动连线方向（捕捉的时候要确保所有炮孔在视图范围内），如图 8-69。

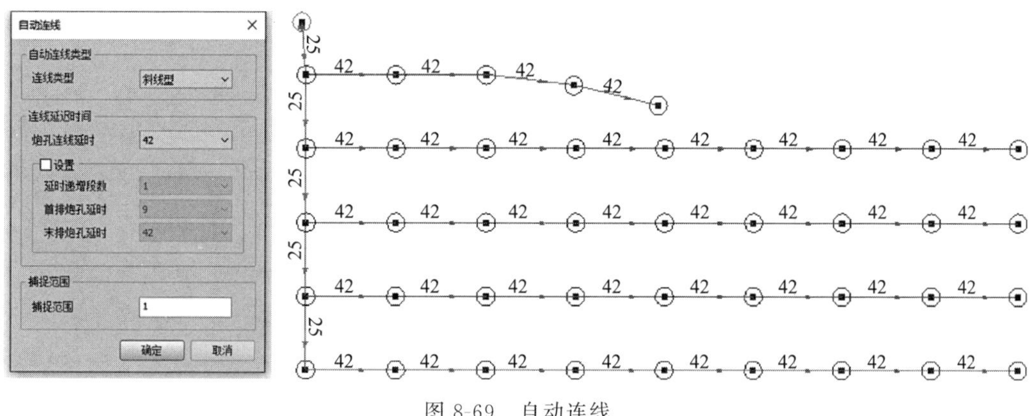


图 8-69 自动连线

⑨ 起爆点设置。点击“露天爆破”→“起爆点设置”，命令行提示“选择需要设为起爆点的炮孔”，鼠标左键点击任意一个炮孔设为起爆点。再次点击该炮孔则取消起爆点设置，

如图 8-70。

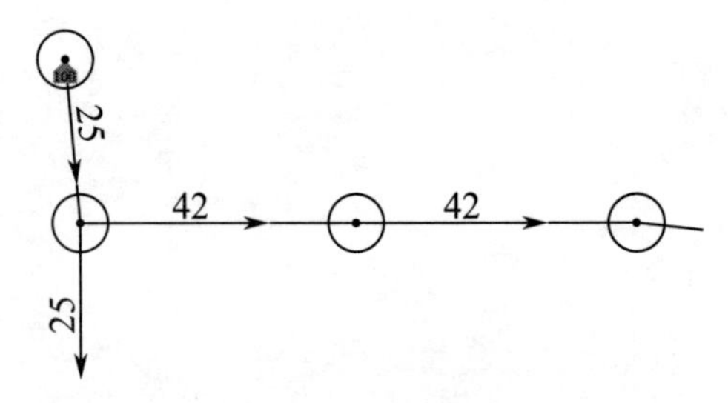


图 8-70　起爆点设置

⑩ 起爆模拟。点击“露天爆破”→“起爆模拟”，弹出“爆破模拟动画控制”对话框，倍速选择“8”，点击“开始”进行起爆模拟，如图 8-71。

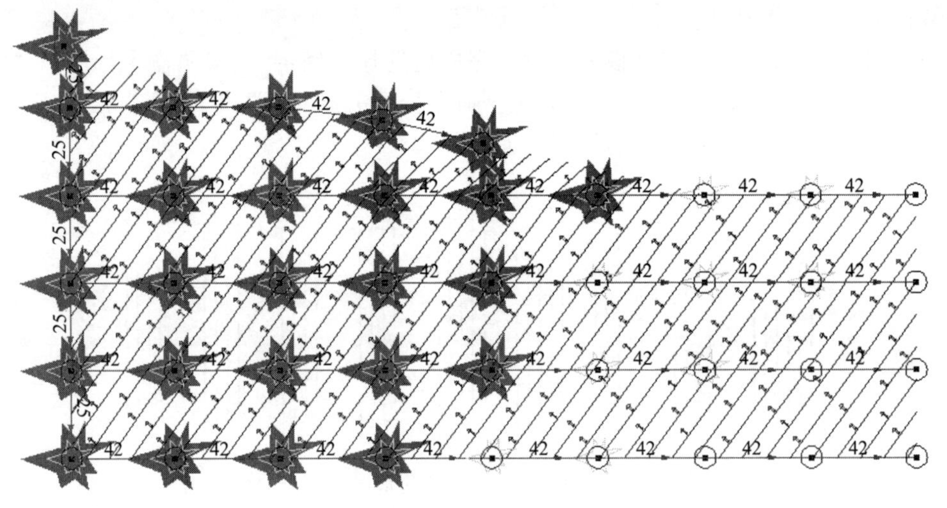

图 8-71　动画模拟

⑪ 生成等时线、抛掷方向箭头。点击“露天爆破”中的“等时线分析”和“抛掷方向分析”功能，分别生成炮孔等时线和抛掷方向箭头，如图 8-72。

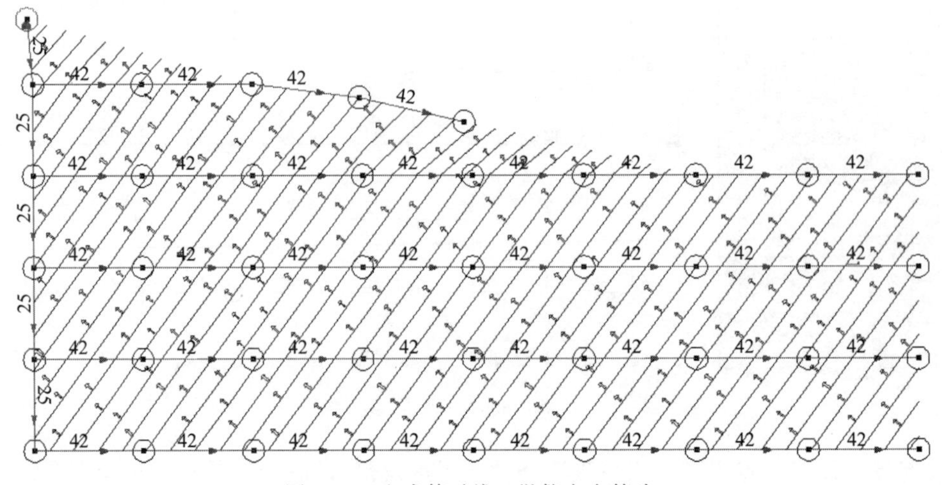

图 8-72　生成等时线、抛掷方向箭头

⑫ 起爆时间分析。主要是观察 8ms 以内最多有几个炮孔同时起爆，便于爆破振动波控制。点击“露天爆破”→“起爆时间分析”，弹出的对话框中时间间隔选择“8ms”，对话框中自动显示 8ms 以内最多有几个炮孔同时起爆，如图 8-73。选择“确定”完成操作。

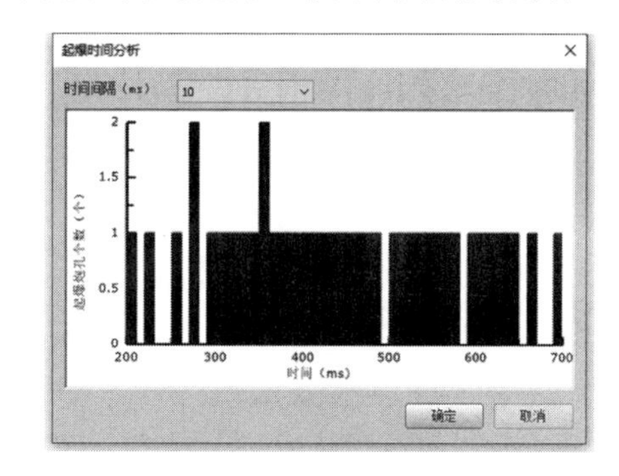


图 8-73 起爆时间分析

⑬ 生成露天爆破设计报告。点击“露天爆破”→“生成报告”，系统自动启动 Microsoft Excel，生成爆破设计报告文档，见图 8-74。报告包括 7 个部分，分别为设计报告书、穿孔作业指导书、炮孔装药指导书、装药结构示意图、爆破连线示意图、起爆时间分析图、技术经济及爆破效果分析。

爆 破 设 计 说 明 书

一、工程环境与地质条件

1. 工程环境条件

台阶水平：________ 勘探线：________

坐标： X=________ Y=________

2. 工程地质、水文条件

矿岩说明：________ 硬度系数：________

裂隙情况：________ 水文情况：________

3. 爆破要求：

① 依据《民用爆炸物品安全管理条例》（国务院第 446 号令）；（矿山安全法）；（爆破安全规程）

② 采用多排微差起爆技术，有效控制爆破震动、后冲和飞石；

③ 爆破后台阶要规整，避免出现根底、伞檐、迟爆、拒爆等现象，杜绝早爆，实行严格的控制。

二、爆破参数

| 项目 | 单位 | 数量 | 项目 | 单位 | 数量 | 项目 | 单位 | 数量 |
|---|---|---|---|---|---|---|---|---|
| 台阶高度 | m | 12.00 | 钻孔直径 | mm | 120.00 | 钻孔倾角 | ° | −90.00 |
| 孔深 | m | 13.00 | 前排超深 | m | 0.00 | 装药长度 | m | 8.00 |
| 孔距 | m | 5.00 | 后排超深 | m | 0.00 | 炮孔个数 | 个 | 42.00 |
| 间隔长度 | m | 1.00 | 排距 | m | 4.00 | | | |
| 总穿孔米数 | m | 546.00 | 填塞长度 | m | 4.00 | | | |
| 单孔药量 | kg | 222.58 | 设计单耗 | $kg/m^3$ | 0.00 | | | |
| 设计延米爆破量 | $m^3/s$ | 18.46 | 总装药量 | kg | 9348.17 | | | |

图 8-74 生成露天爆破设计报告

# 8.6 短期计划编制

利用所谓“橡皮带式”生成线技术控制作业面的位置，在露天坑内模拟各种开采增量。用计算机迅速计算这些增量，使用户可能对大量开采方案进行研究、比较和优化。能在设计工作帮、道路与坡道位置以及水坑布置时，得到高度的精确性。利用专用功能动态地模拟开采过程与计算开采增量，既不费力，又少出错。

为了制定合理严密的生产计划与调度，使企业的各项资源得到合理的配置，生产按比例协调的发展，有效降低生产成本、提高矿山生产效率、快速响应市场、达到以最少的投入获得最好的经济效益的目的，目前Dimine矿业软件针对国内露天矿山的这些需求，开发了适应于国内露天矿山生产计划编制的功能模块，如图8-75。

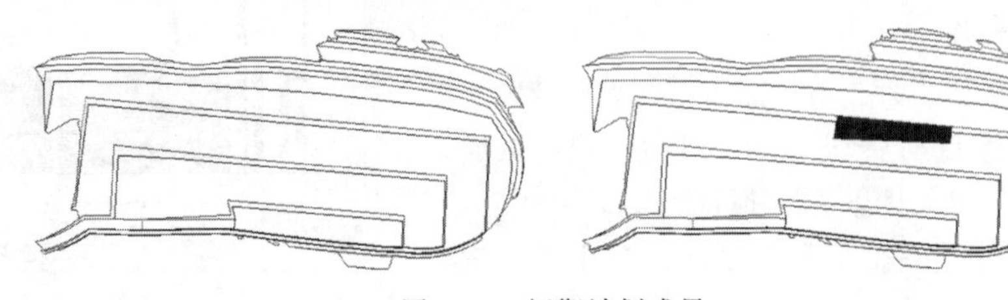

图8-75 短期计划成果

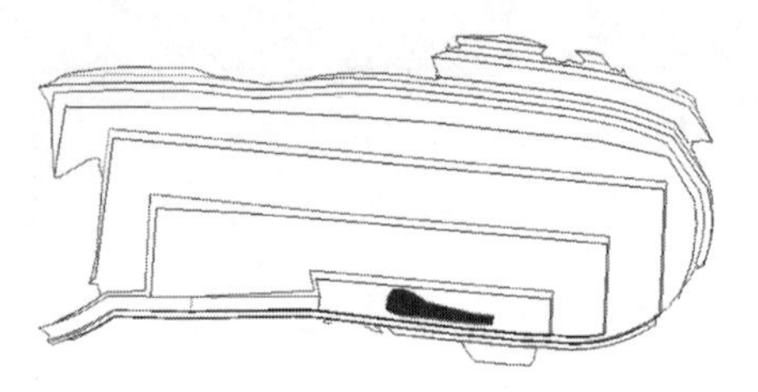

图8-76 人工交互方式实现靠帮沟

之后利用计算机辅助来做掘沟，包括中间沟和靠帮沟（图8-76）两种操作模式。

## 8.6.1 采掘带圈定

以露天现状线和矿块模型为基础，根据矿山实际设定采掘带内部块段长度、台阶坡面角、台阶高度以及最小平台宽度等参数，即可圈出采掘带。相应的也会出现所圈采掘带的相关信息。“采掘带”参数设置有四组参数：

① 配置矿块及线文件：矿块模型的目的是为了计算采掘带矿量及品位，线文件则是带坡顶底线的现状图。

② 报量输出：报量输出的元素字段选择矿块模型中已有且需要统计的元素字段，体重字段可以选矿块模型中已有的体重字段，也可以设置默认体重。

③ 矿岩区分：矿岩区分是为了更准确地计算采剥量及相关品位，以供用户在做采剥计划时参考。选择矿块模型中用于区分不同矿种的字段作为矿岩区分的字段，矿岩区分字段可通过矿块模型的约束赋值来实现。

④ 采掘带参数：输入与矿块模型相对应的内部分级和边界分级，台阶坡面角、台阶高度、最小平台宽度等其他参数按露天矿实际填写。

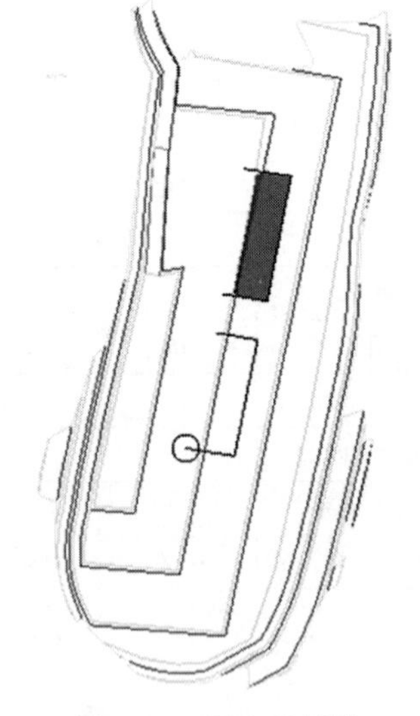

图8-77 圈定采掘带

在台阶坡底线一侧点击第一个点，移动鼠标，跨越台阶在坡顶线一侧圈定需要开采的范围，然后再跨越台阶回到坡底线一侧，右键完成操作。采掘带起始点和结束点要跨越一个平台的坡顶线和坡底线。图8-77中表示了圈定线时应走过的轨迹（圆圈位置为圈定第一点，按照线的点击顺序点击鼠标）及生成的采掘带体。图8-78为划分的采掘带计算结果。

| | 台阶标高 | 矿石体积(m3) | 剥采体积(m3) | 矿量(万t) | 岩量(万t) | 剥采总量(万t) | 剥采比 | FE(矿石) | FE(采掘带) | FE(矿石金属量) | FE(采掘带金属量) |
|---|---|---|---|---|---|---|---|---|---|---|---|
| 1 | 105.000-120.000 | 61375.000000 | 107500.000000 | 18.412500 | 13.837500 | 32.250000 | 0.751527 | 28.000000 | 15.986047 | 51555.000000 | 51555.000000 |

图8-78 划分的采掘带计算结果

### 8.6.2 采掘带调整

在短期计划编制圈定采掘带时，若采掘带报量与计划预期不符，可通过调整采掘带推进线的节点位置，重新报量，直到此处区域的计划量符合预期为止，如图 8-79。

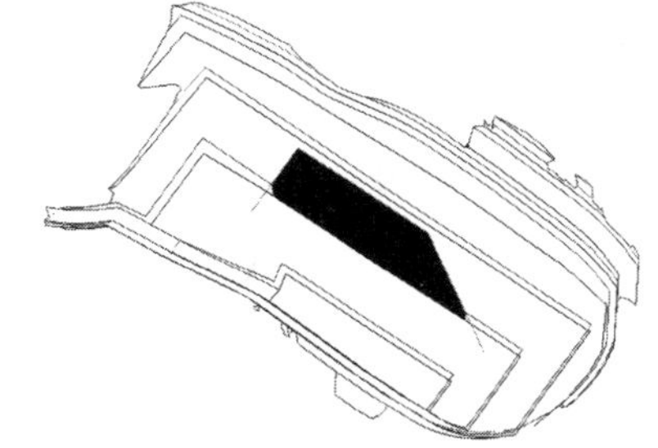

图 8-79 采掘带调整效果图

### 8.6.3 掘沟设计

在新水平开拓时，需要进行掘沟设计。“掘沟”包括中间沟［图 8-80（a）］和靠帮沟［图 8-80（b）］两种操作模式，设定沟面宽度和沟靠帮距离等参数后，用人工交互方式即可得到靠帮沟。

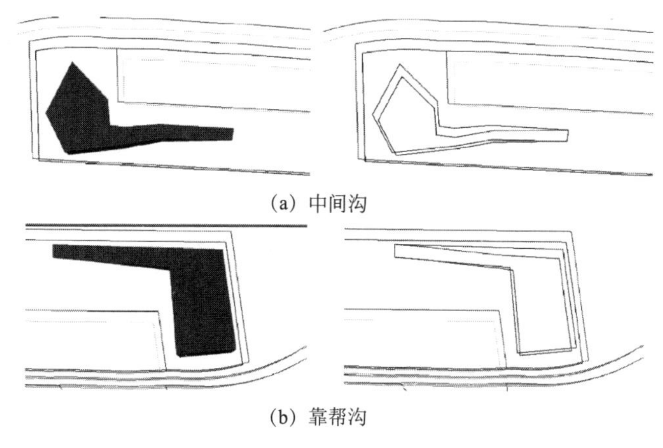

(a) 中间沟

(b) 靠帮沟

图 8-80 掘沟操作

### 8.6.4 图形更新

此外还可以借助计算机对采掘带进行调整和修图，因此短期开采计划的最有效的编制方法是计算机辅助方法，在设计过程可由计划工程师在计划编制的过程中根据实际情况随时调整。有效的开采计划将使采矿企业的利润增大，计算机辅助系统是一种能使采矿工程师方便与显著提高工作效能的工具。

在现状台阶线的基础上，根据采掘带推进线及掘沟位置线，对坡顶底线进行修图，可自动完成台阶线更新，然后生成 DTM 模型，实现图形更新，如图 8-81。

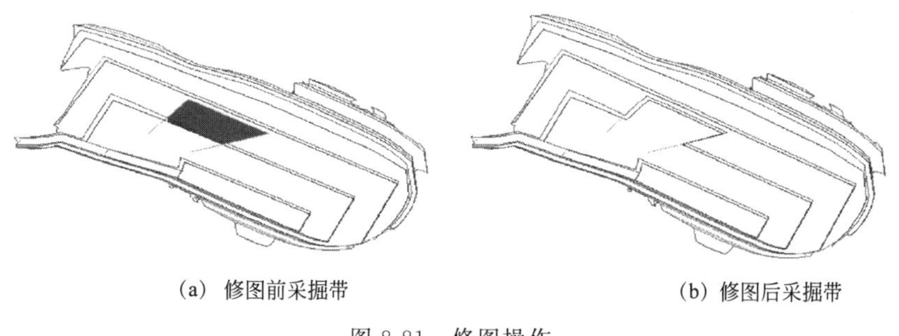

(a) 修图前采掘带　　(b) 修图后采掘带

图 8-81 修图操作

# 8.7 中长期计划编制

在完成露天矿最终境界的设计之后，需要进行采剥计划的编制，首先要进行的就是中长期计划，即将块段模型、开采现状、最终境界、工作边坡角度、台阶高度作为数据基础，设定开采年度的目标品位、剥采比、矿量和台阶的约束，同时将销售成本、销售价格、贫化率、损失率作为经济计算参数，通过线性规划算法，计算出年度的开采范围。

## 8.7.1 参数设置

（1）约束条件设置　约束条件包括已完成品位插值的块段模型、露天现状 DTM、露天矿终了境界 DTM、矿体模型、工作边坡角度、台阶高度、最小底宽、优化参数（每年计划产量、品位、剥采比）等，如图 8-82。

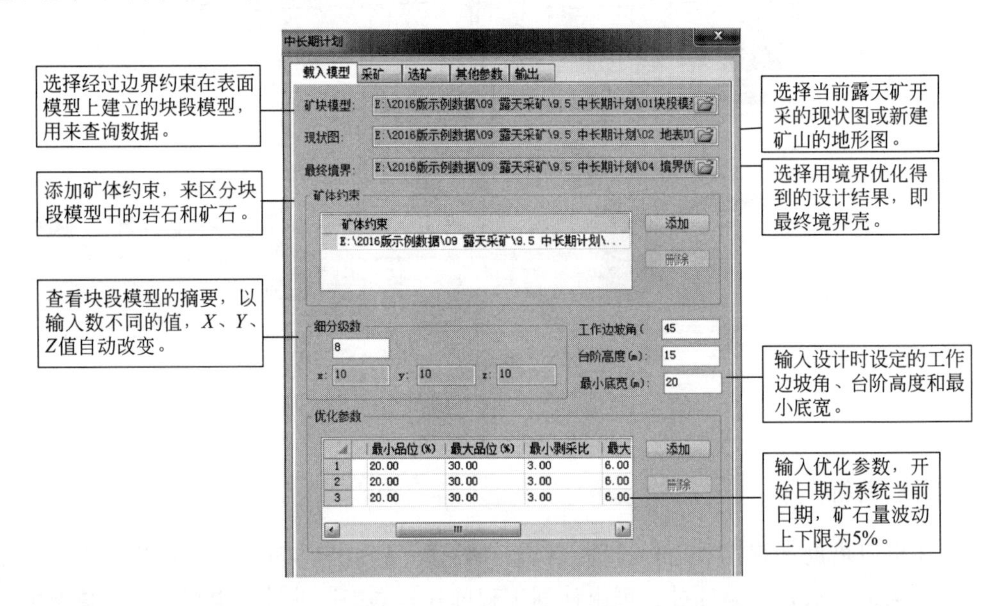


图 8-82　载入模型选项

（2）采矿成本参数　采矿成本有“固定成本”和“成本随高程变化”两个选项，根据矿山实际输入矿石开采成本、废石开采成本、贫化率、回采率，如图 8-83 所示。

（3）选矿成本参数　选矿成本参数需根据矿体类型输入选矿成本、金属的价格、金属的销售成本、选矿回收率、边际品位、阈值，如图 8-84 所示。

（4）其他参数　其他参数，包括矿石体重、废石体重、复垦成本输入，如图 8-85。

在“输出”选项中选择输出路径，如图 8-86。

## 8.7.2 结果输出

参数设好后，计算机自动计算结果，会生成各期的嵌套境界，如图 8-87、图 8-88 所示。

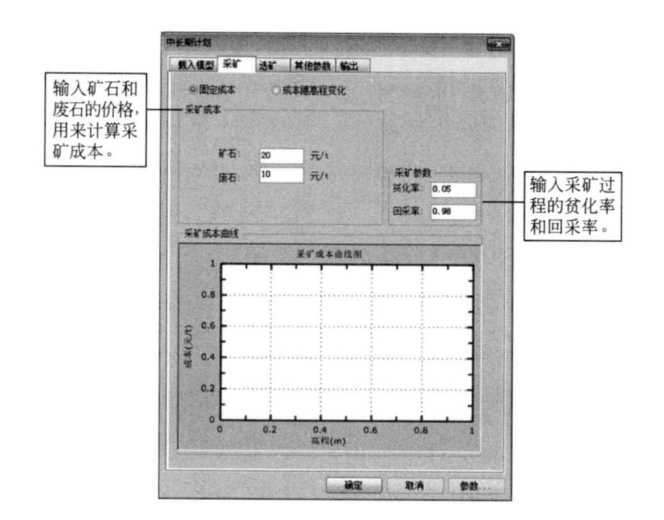


图 8-83　采矿选项

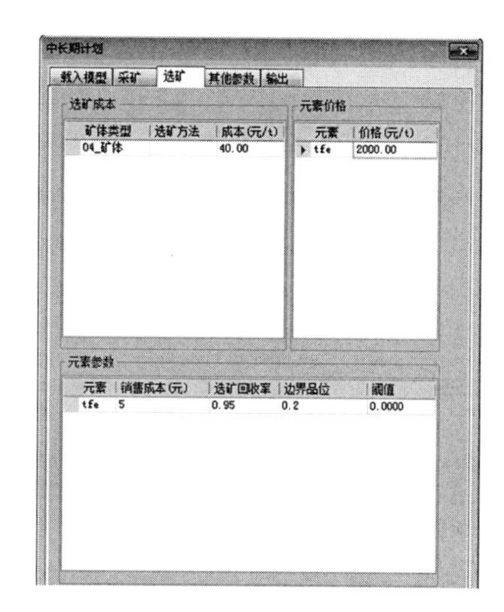


图 8-84　选矿选项

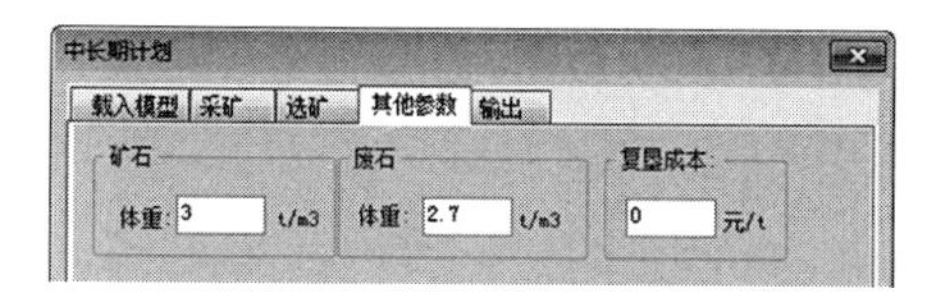


图 8-85　其他参数选项

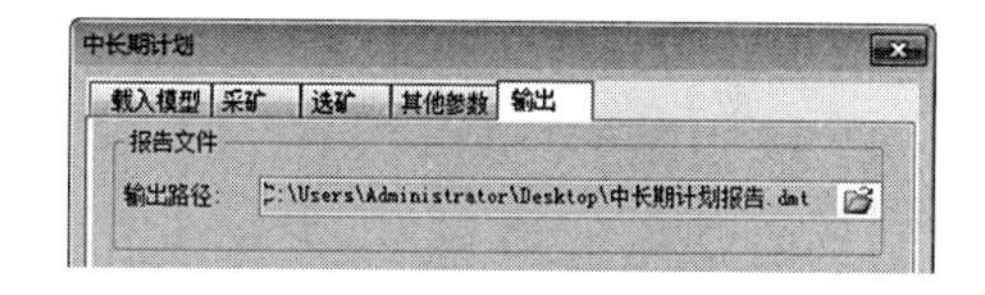


图 8-86　输出选项

图 8-87　中长期计划运行结果

|  | 开始日期 | 结束日期 | 矿量 | 岩量 | 剥采总量 | 平均品位 | 剥采比 |
|---|---|---|---|---|---|---|---|
| 1 | 2014/3/27 | 2015/3/27 | 546750.000 | 2205225.039 | 2751975.039 | 28.000 | 4.033 |
| 2 | 2015/3/27 | 2016/3/27 | 1093500.000 | 5895787.604 | 6989287.604 | 28.000 | 5.392 |
| 3 | 2016/3/27 | 2017/3/27 | 1134000.000 | 2615287.546 | 3749287.546 | 28.000 | 2.306 |

图 8-88　中长期计划报告文件

## 8.8　露天配矿

露天配矿是规划和管理矿石质量的技术方法，旨在提高被开采有用矿物及其加工产品质量的均匀性和稳定性，充分利用矿产资源，降低矿石质量的波动程度，从而提高选矿劳动生产率，提高产品质量、降低生产成本。

在露天矿开采现状和采剥计划的基础上，通过地质钻孔信息及炮孔岩粉化验数据对地质品位进行精确补充，根据地质统计学估算出的爆堆品位空间分布，按照设定的产量和品位约束条件，在爆堆之间进行优化计算出最优的矿石搭配方案，得到爆堆铲装位置、推进方向、出矿量、品位等配矿方案数据，为露天矿生产优化调度提供科学依据和数据保障。

### 8.8.1 基本原理

露天矿采场配矿的基本原理是在爆堆品位分布预测的基础上，利用0-1整数规划优化模型，以出矿量均衡为最大目标，进行爆堆的配矿工作。

(1) 爆堆品位分布预测　配矿的核心目标是矿石质量均衡与控制，准确掌握爆堆元素品位分布信息是实现该目标的关键。不同品级块段的划分方法是影响爆堆品位预测结果的一个重要因素。例如，采用二维单元格划分方法，即将爆破区域划分成规则单元块，其中每个单元块的高度等于台阶高度，长度、宽度在参考露天配矿相关资料的基础上，由用户根据矿山实际情况设定。

针对国内大多数露天金属矿山采用的松动爆破方式，即在爆破后岩体破碎的移动幅度不大，台阶上的爆堆品位分布与爆破前近似相同，因而可直接根据炮孔取样数据估计各单元块品位值（图8-89），即采用距离幂次反比法。距离幂次反比法是通过周围岩粉化验数据的加权平均计算每个单元块的品位值，各权重系数为炮孔距该块中心距离的$k$次方的反比，即：

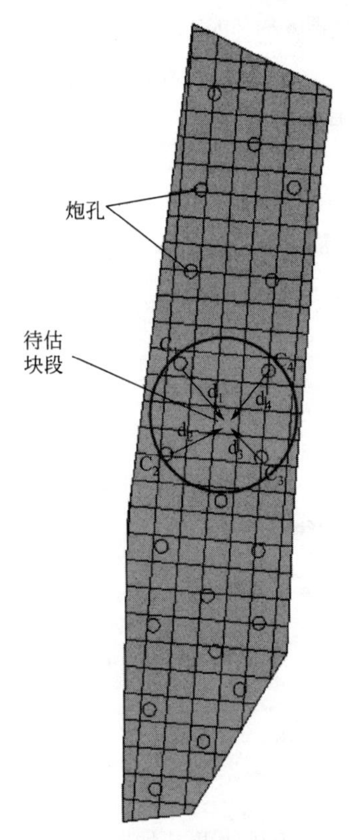

图8-89　采用距离幂次反比法估算爆堆单元块品位

$$C_A=\left(\sum_{i=1}^{n}\frac{C_i}{d_i^k}\right)\Big/\left(\sum_{i=1}^{n}\frac{1}{d_i^k}\right) \tag{8-3}$$

式中，$C_A$为待估值块段的品位；$C_i$为第$i$炮孔的品位值；$d_i$为第$i$炮孔距待估块段中心的距离。

(2) 爆堆配矿的0-1整数规划模型　设共有$n$个爆堆参与配矿，令$O_{s,i,j}$为决策变量，它代表第$s$爆堆内第$i$列第$j$行的单元块是否被开采。若开采，则$O_{s,i,j}=1$；未开采，则$O_{s,i,j}=0$。令$x_{s,i,j}$为第$s$爆堆内第$i$列第$j$行的单元块所含的矿石量，$y_{s,i,j}$为第$s$爆堆内第$i$列第$j$行的单元块所含的岩石量。爆堆配矿的0-1整数规划模型应满足以下约束条件：

① 爆堆条件约束。每个爆堆都必须能够出矿，并且每个爆堆的出矿量受到一定设备能力的限制，即：

$$\sum_{i=1}^{r}\sum_{j=1}^{l}O_{s,i,j}x_{s,i,j}>0\quad(s=1,2,\cdots,n) \tag{8-4}$$

$$\sum_{i=1}^{r}\sum_{j=1}^{l}O_{s,i,j}(x_{s,i,j}+y_{s,i,j})\leqslant q_s\quad(s=1,2,\cdots,n) \tag{8-5}$$

式中，$q_s$为约束期内单个爆堆的最大生产能力。

② 元素品位约束。该约束条件是配矿工作的核心问题，有益元素的品位有下限要求，有害元素的品位有上限要求。

$$\sum_{s=1}^{n}\sum_{i=1}^{r}\sum_{j=1}^{l}(a_{s,i,j}^{h}-A_{\max}^{h})O_{s,i,j}x_{s,i,j}\leqslant 0\quad(h=1,2,\cdots,n) \tag{8-6}$$

$$\sum_{s=1}^{n}\sum_{i=1}^{r}\sum_{j=1}^{l}(a_{s,i,j}^{h}-A_{\min}^{h})O_{s,i,j}x_{s,i,j}\geqslant 0\quad(h=1,2,\cdots,n) \tag{8-7}$$

式中，$a^h$为参与配矿的某种元素的品位；$A_{\max}^h$为该元素品位的上限值；$A_{\min}^h$为该元素品位的下限值。

③ 几何约束。由于爆堆采装的特点，内部单元块采出的前提是其外部块均已采出，因此有必要添加一定的几何约束，避免符合开采条件的单元块因位置分散而无法应用，表示式如下：

$$kO_{s,i,j}-\sum_{v=1}^{k}O_v\leqslant 0\quad(s=1,2,\cdots,n;i=1,2,\cdots,r;j=1,2,\cdots,l)\tag{8-8}$$

式中，$k$ 为单元块个数；$O_v$ 表示几何约束范围内所有 $k$ 个单元块中的第 $v$ 块是否已被开采，若开采，则 $O_v=1$；未开采，则 $O_v=0$。

④ 出矿量约束。假定某约束期内的总出矿量必须大于某一值 $Q_{\min}$，可用下式表达：

$$\sum_{s=1}^{n}\sum_{i=1}^{r}\sum_{j=1}^{l}O_{s,i,j}x_{s,i,j}\geqslant Q_{\min}\tag{8-9}$$

⑤ 扩展约束。可根据用户需求添加不同约束指标，可用下式表示：

$$\sum_{s=1}^{n}\sum_{i=1}^{r}\sum_{j=1}^{l}M_{s,i,j}O_{s,i,j}\geqslant b\quad(e\leqslant n)\tag{8-10}$$

式中，$M$ 为多项式，由数字、单元块（$s$，$i$，$j$）的信息字段及四则运算符号组成；$b$ 为常数；$e$ 为爆堆编号。这 3 个参数均可在人机对话界面中由用户指定。

爆堆配矿的 0-1 整数规划模型在以上约束条件下，以出矿量均衡为最大目标，即：

$$\text{Max}\ f=\sum_{s=1}^{n}\sum_{i=1}^{r}\sum_{j=1}^{l}O_{s,i,j}x_{s,i,j}\tag{8-11}$$

约束条件

$$\sum_{i=1}^{r}\sum_{j=1}^{l}O_{s,i,j}x_{s,i,j}>0\quad(s=1,2,\cdots,n)$$

$$\sum_{i=1}^{r}\sum_{j=1}^{l}O_{s,i,j}(x_{s,i,j}+y_{s,i,j})\leqslant q_s\quad(s=1,2,\cdots,n)$$

$$\sum_{s=1}^{n}\sum_{i=1}^{r}\sum_{j=1}^{l}O_{s,i,j}x_{s,i,j}\geqslant Q_{\min}\quad(s=1,2,\cdots,n)$$

$$\sum_{s=1}^{n}\sum_{i=1}^{r}\sum_{j=1}^{l}(a_{s,i,j}^{h}-A_{\max}^{h})O_{s,i,j}x_{s,i,j}\leqslant 0\quad(h=1,2,\cdots,n)$$

$$\sum_{s=1}^{n}\sum_{i=1}^{r}\sum_{j=1}^{l}(a_{s,i,j}^{h}-A_{\min}^{h})O_{s,i,j}x_{s,i,j}\geqslant 0\quad(h=1,2,\cdots,n)$$

$$kO_{s,i,j}-\sum_{v=1}^{k}O_v\leqslant 0(s=1,2,\cdots,n;i=1,2,\cdots,r;j=1,2,\cdots,l)$$

$$\sum_{s=1}^{n}\sum_{i=1}^{r}\sum_{j=1}^{l}M_{s,i,j}O_{s,i,j}\geqslant b(e\leqslant n)$$

$$O_{s,i,j}=0\ \text{或}\ 1(s=1,2,\cdots,n;i=1,2,\cdots,r;j=1,2,\cdots,l)$$

## 8.8.2 配矿流程

露天采场配矿基本流程为：根据载入的爆破边界线与炮孔数据库，划分估值网格估算爆堆品位，重复上述操作，直到所有参与配矿的爆堆都估值完毕，最后载入已估值的爆破区域数据，输入配矿参数，得出结果，针对结果进行局部优化并输出报告，流程图如图 8-90。

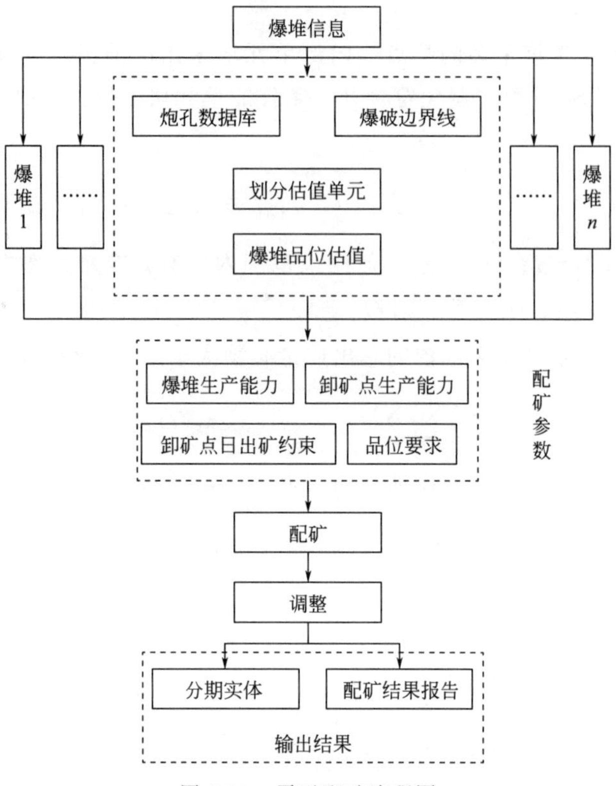


图 8-90　露天配矿流程图

## 8.8.3　露天配矿案例

基于 Dimine 软件的配矿流程如图 8-91 所示。

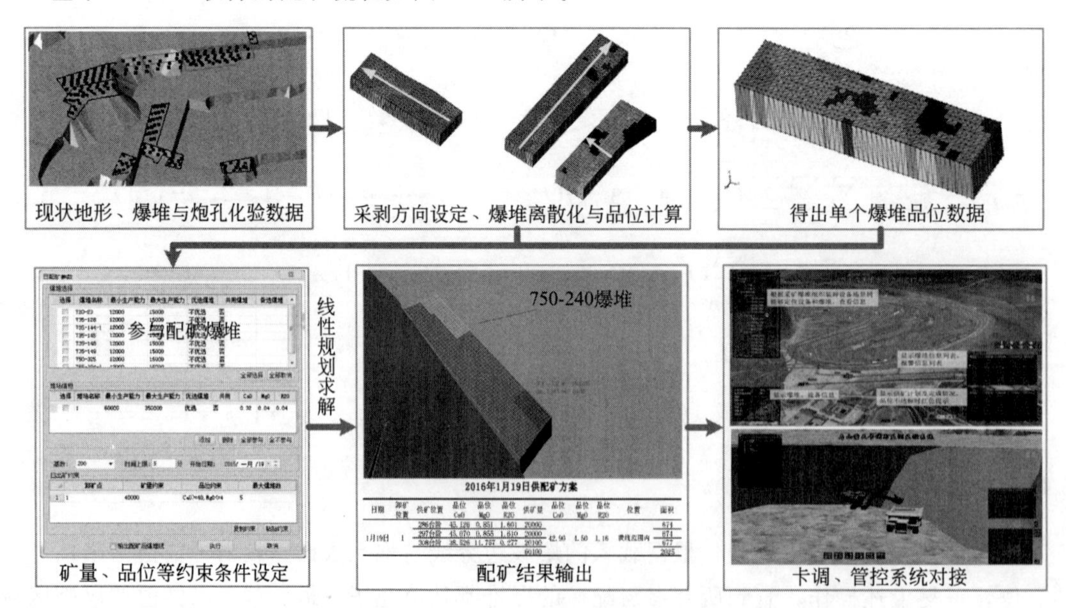


图 8-91　基于 Dimine 软件的露天配矿流程图

下面以一个运用 Dimine 软件进行配矿的实例讲述配矿流程。

（1）爆堆信息

① 炮孔取样信息　根据表 8-8 中 840 台阶某处的炮孔取样信息建立如图 8-92 所示炮孔数据库文件。

**表 8-8　840 台阶炮孔取样信息表**

| 孔编号 | X | Y | Z | 孔深/m | Cu/% | S/% |
|---|---|---|---|---|---|---|
| 1402 | 96023.847 | 15122.393 | 840 | 12 | 0.08 | 16.56 |
| 1403 | 96023.423 | 15128.363 | 840 | 12 | 0.22 | 14.68 |
| 1404 | 96027.617 | 15125.95 | 840 | 12 | 0.05 | 8.46 |
| 1405 | 96030.534 | 15129.817 | 840 | 12 | 0.24 | 10.59 |
| 1406 | 96028.605 | 15132.699 | 840 | 12 | 0.12 | 8.5 |
| 1407 | 96023.79 | 15134.704 | 840 | 12 | 0.18 | 8.64 |
| 1408 | 96024.486 | 15140.636 | 840 | 12 | 0.13 | 16.36 |
| 1409 | 96028.019 | 15136.897 | 840 | 12 | 0.16 | 13.64 |
| 1410 | 96032.109 | 15134.808 | 840 | 12 | 0.11 | 11.27 |
| 1411 | 96032.11 | 15140.227 | 840 | 12 | 0.12 | 12.43 |
| 1412 | 96029.172 | 15144.028 | 840 | 12 | 0.14 | 12.3 |
| 1413 | 96024.925 | 15147.56 | 840 | 12 | 0.02 | 18.73 |
| 1414 | 96026.08 | 15154.347 | 840 | 12 | 0.13 | 14.7 |
| 1415 | 96032.429 | 15147.252 | 840 | 12 | 0.08 | 9.72 |
| 1416 | 96033.06 | 15153.726 | 840 | 12 | 0.1 | 10.09 |
| 1417 | 96026.989 | 15161.283 | 840 | 12 | 0.19 | 9.38 |
| 1418 | 96027.834 | 15167.402 | 840 | 12 | 0.09 | 8.86 |
| 1419 | 96033.383 | 15160.53 | 840 | 12 | 0.14 | 8.21 |
| 1420 | 96035.123 | 15167.501 | 840 | 12 | 0.14 | 9.91 |
| 1421 | 96032.119 | 15170.778 | 840 | 12 | 0.13 | 12.63 |
| 1422 | 96028.95 | 15174.587 | 840 | 12 | 0.08 | 11.04 |

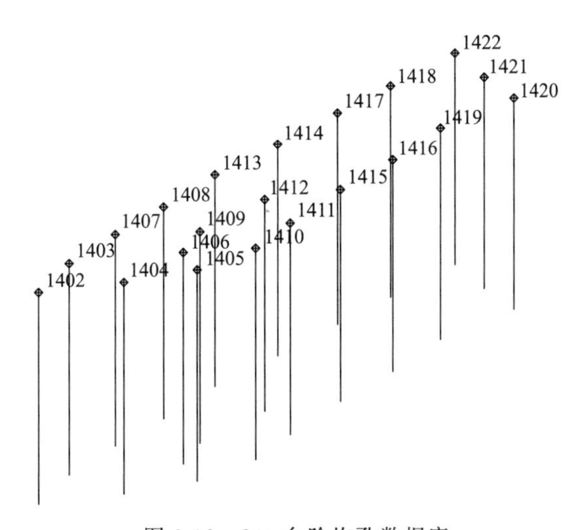


图 8-92　840 台阶炮孔数据库

② 爆破边界线圈定　利用软件钻孔数据库的风格显示功能，分别对 Cu、S 元素进行样品分区间颜色显示，在俯视图状态下来圈定台阶爆破平面边界，如图 8-93 所示。圈定爆破边界时，可用软件根据前冲、后冲、左侧冲、右侧冲的影响半径及台阶坡面等自动生成，也可人工根据最边缘的一圈炮孔来圈定爆破边界。

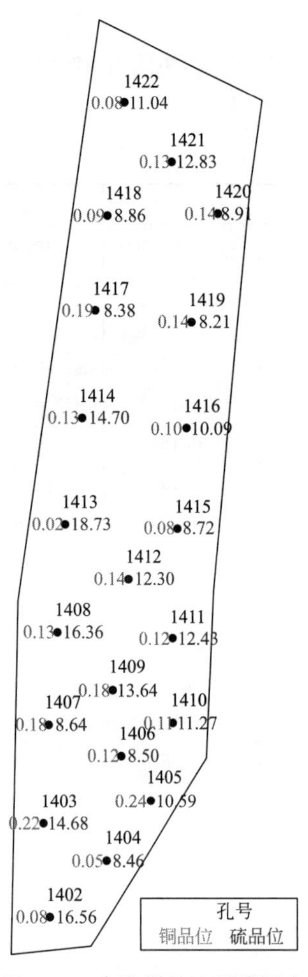


图 8-93　台阶爆破边界线圈定

③ 单元网格划分估值　采用一定尺寸的单元块（单元块的高度等于台阶高度，长度、宽度在参考露天配矿相关资料的基础上，由用户根据矿山实际情况设定），将爆堆分割，然后用炮孔取样的岩粉数据对这些单元块进行估值，以这些单元块作为配矿的基础数据的最小单元。

估值采用距离幂反比法，即通过周围炮孔岩粉化验数据的加权平均计算每个单元块的品位值，各权重系数为炮孔距该块中心距离的 $n$ 次方的反比。

840 台阶爆堆单元网格划分如图 8-94 所示。

（2）配矿参数　配矿模型的建立需要一系列的参数来进行约束，除了最基本的开采参数如配矿元素、体重、台阶高度、炮孔半径、卸矿点数目等参数外，还需要爆堆、堆场的最大、最小生产能力及出矿元素品位等。

① 最大生产能力约束。每个爆堆都必须能够出矿，并且每个爆堆的出矿量受到一定设备能力的限制。

② 最小生产能力约束。使采矿场的开采原矿量要保证选矿厂正常生产，即每日采出的原矿量要小于或等于所有矿堆最大存贮量减去矿堆的实际存贮量和日消耗量的差值之和。

③ 元素品位约束。该约束条件是配矿工作的核心问题，有益元素的品位有下限要求，有害元素的品位有上限要求。

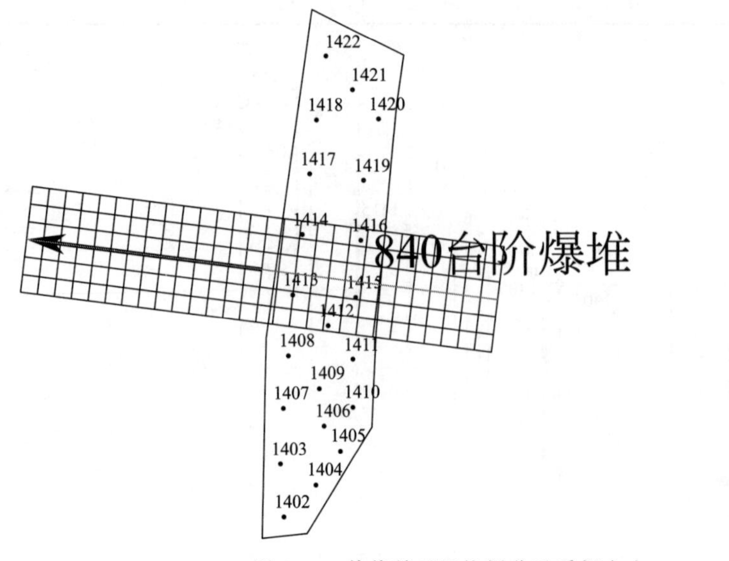


图 8-94　估值单元网格划分及采掘方向

④ 开采方向约束。由于爆堆采装的特点，内部单元块采出的前提是其外部块均已采出，因此有必要添加一定的几何方向约束表示开采方向，同时避免符合开采条件的单元块因位置分散而无法应用。

（3）配矿调整　设定参数后根据范围估值结果进行自动配矿工作。每日自动化配矿完成后，当矿山实际执行时出现偏差，或者根据配矿结果需要微调时，可对自动配矿进行计划调整，自动更新矿量信息，如图 8-95。

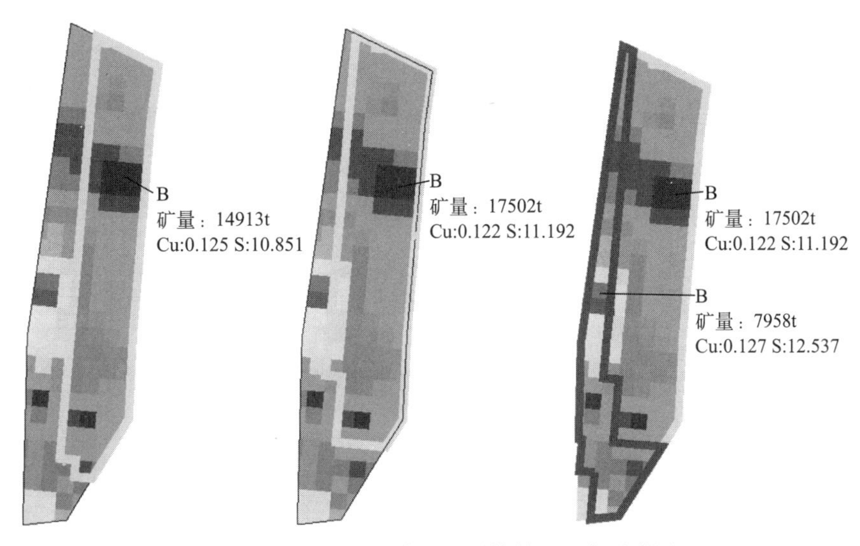


图 8-95　配矿调整及多日配矿结果（见书后彩图）

（4）结果报告输出　按设定的日期范围输出所有的供配矿方案。表 8-9 中供矿品位为单个配矿点的品位，当日品位为多个配矿点加权平均品位。

**表 8-9　供配矿方案**

| 日期 | 星期 | 卸矿位置 | 供矿位置 | 供矿品位 Cu/% | 供矿品位 S/% | 当日总供矿量/t | 当日品位 Cu/% | 当日品位 S/% | 位置 | 面积 | 供矿金属量 Cu/t | 供矿金属量 S/t |
|---|---|---|---|---|---|---|---|---|---|---|---|---|
| 2017 年 6 月 14 日 | 星期三 | 卸矿点 A | B | 0.122 | 11.192 | 17502 | 0.122 | 11.192 | 黄色线圈范围内 | 442 | 21.353 | 1958.810 |
| 2017 年 6 月 15 日 | 星期四 | 卸矿点 A | B | 0.127 | 12.537 | 7958 | 0.127 | 12.537 | 粉红色线圈范围内 | 201 | 10.111 | 997.687 |

露天配矿系统能很好地对爆堆的出矿顺序进行最优规划与品位控制，提高品位控制精度；可以解决爆堆优选、备用爆堆、混合矿堆参与配矿等问题；可以选择不同推进方向、不同台阶高度、不同细分粒度、不同品位和矿量要求进行配矿；也可与三维管控系统、卡调系统无缝对接，以实现各系统数据的互联互通，提高矿山的生产效率与经济效益，保证矿山企业高质量、高效率以及可持续发展。

露天矿配矿也可通过两级规划配矿，弥补日配矿计划与月采剥计划之间的鸿沟。其中两级规划配矿指：

① 一次配矿针对周、月计划问题，解决选定哪些区域爆破的问题。

② 二次配矿针对日、周生产配矿，解决选定哪些爆堆供矿的问题。

# 8.9 前沿新技术——露天矿卡车智能调度系统

本章前沿新技术主要介绍露天矿卡车智能调度系统。现今，智能矿山建设如火如荼，而在露天智能矿山建设方面，卡车智能调度管理系统是其中非常重要的一个部分。

智能矿山建设主要包括“一个中心、三个平台、多个系统”，即中心数据库（或称矿山数据中心）、数字采矿软件系统平台、三维可视化管控平台、生产执行平台、车辆智能调度管理系统、视频监控系统等，其整体架构如图 8-96 所示。

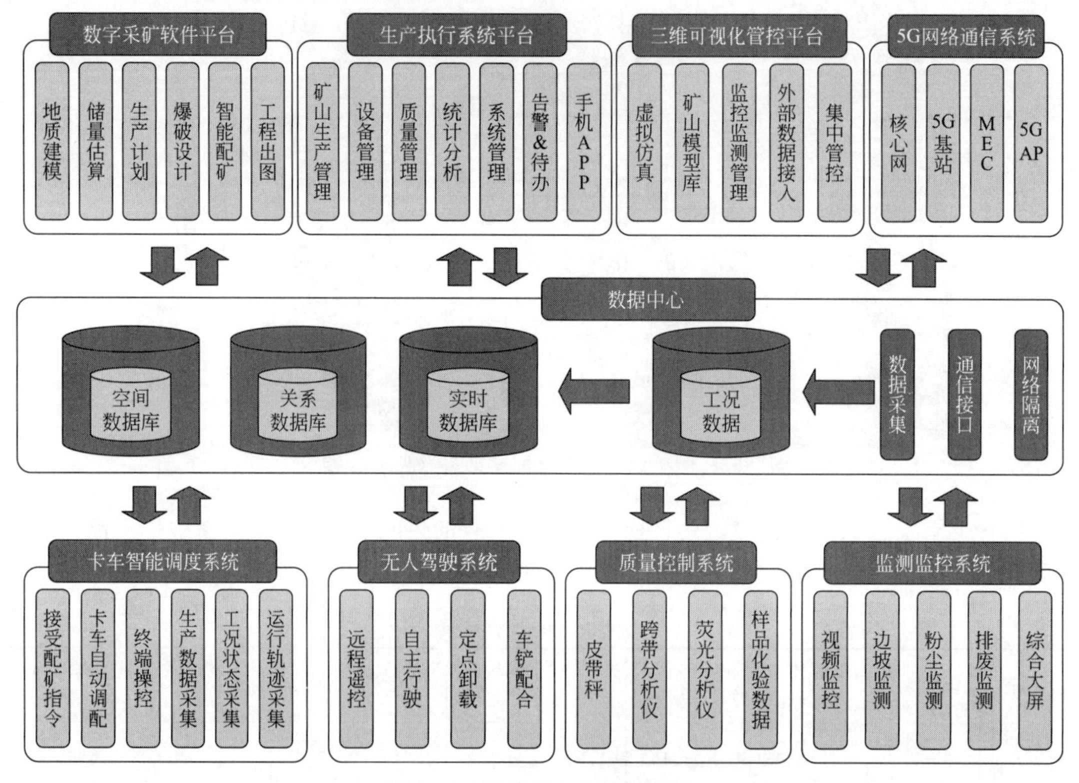


图 8-96　智能矿山整体架构图

露天矿智能调度系统主要针对露天矿车铲系统，以安全生产和降本增效为建设目标，围绕矿石流和业务流两条主线，应用计算机自动化、4G/5G 网络通信、卫星定位、地理空间信息、物联网、智能感知、大数据分析及无人驾驶等技术，建立的大型矿山集成化生产管理与自动化装备控制的智能化车队管理系统。通过采集、监测矿山实时生产数据及设备运行状态，自动生成、优化调度策略，并将调度指令分发到智能装备，在满足各项生产约束条件下，实现露天矿自动化、智能化运输，并在集成化的采矿环境下保证车铲系统的生产效率最优，见图 8-97。

卡车智能调度系统由通信系统、车载终端系统、现场监控中心、智能调度及管理系统平台组成。

（1）通信系统　主要是在矿区建立通信铁塔并安装无线基站设备，负责车载终端和调度中心服务器之间的信息交互系统，见图 8-98。其作用具体包括：

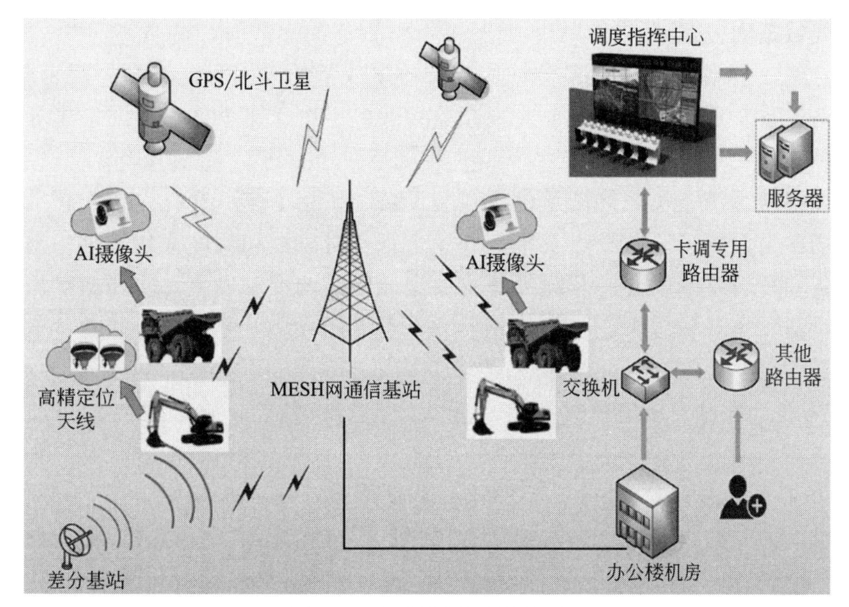


图 8-97　智能调度系统架构

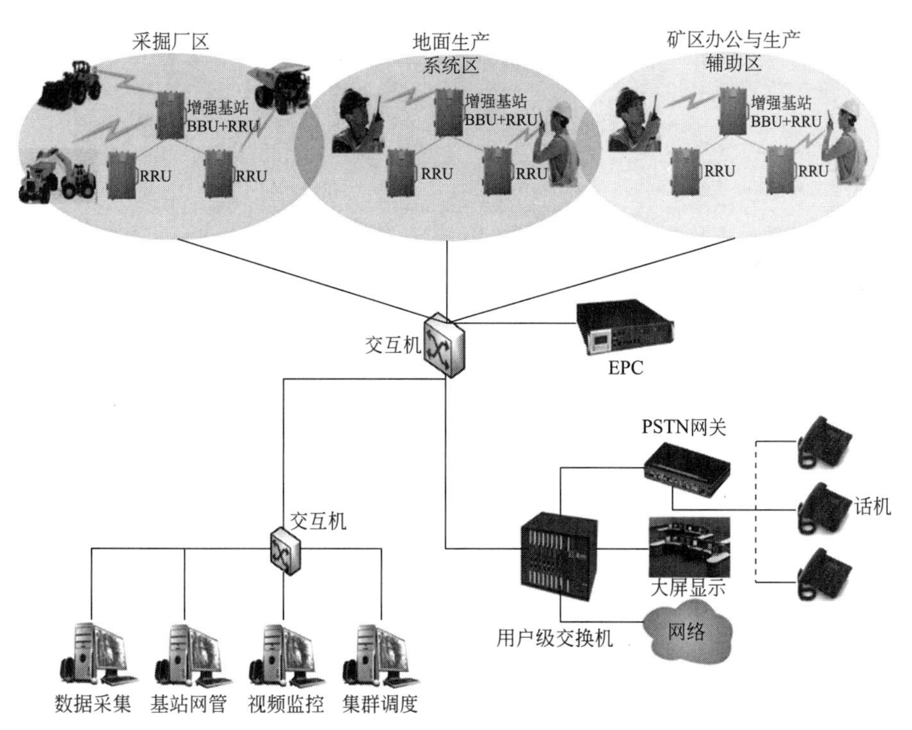


图 8-98　4G-LTE 通信系统架构图

① 在调度室安装 4G 网管服务器，通过 IP 网络连接其他设备，提供配置、告警、性能、安全、网络健康检查等管理功能。

② 在矿区高处建设若干台一体化基站组网覆盖矿区，主要完成基带信号和射频信号的调制解调、数据处理、功率放大、驻波检测等功能；通过工业环网、光纤连接地面用信息传输接口，用于地面无线信号覆盖。

③ 每辆作业工程车上安装 1 台宽带无线路由器（CPE），通过基站的 LTE 信号，与调度

中心进行无线数据回传。

④ 矿区工作人员作为可调控单位，应配备一定数量的专网智能终端。后台各种服务器、交换机等网络设备实现宽带集群业务、视频监控业务、PSTN业务和数据采集等业务，并互联互通。

(2) 车载终端系统　车载终端系统有铲装设备、矿用卡车、穿孔设备、辅助设备四种类型，可对现场各类设备、装卸载点及生产现场进行实时监控和调度优化管理；整个系统分为车载硬件设备和车载终端软件。车载设备主要安装在需调度车辆上，主要由矿用本安型车载终端、语音设备、车载摄像头、各类传感器、车载CPE（4G通信）等组成。车载终端具备功能有：

① 定位功能。通过卫星定位天线自动采集卫星定位信息，自动寻星、自动定位，确定卡车设备在采场的实时位置。

② 导航功能。加载路网地图，高亮显示优化路径，结合车辆定位信息以及调度指令，实现车辆导航功能（路口向左、向右提示），并可进行语音、文字信息提示，见图8-99。

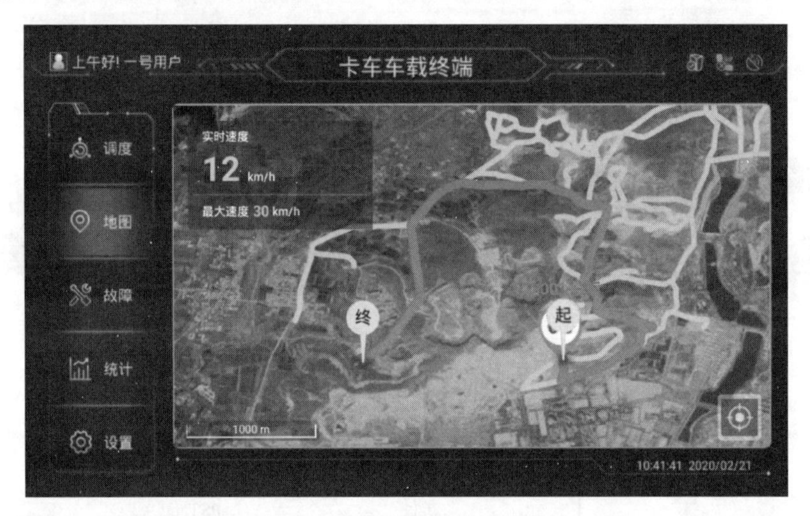


图8-99　车载终端导航界面

③ 调度功能。车载终端可接收调度系统下发的调度指令，并以文字结合图形方式显示在屏幕上，伴随声光提示司机。铲车终端可以通过该功能及时了解是否已经派往矿车，实时显示所有派往的矿车、正在装载的矿车和装完的矿车。

④ 语音播报提示功能。设备的调度指令、工作状态、告警信息、采区作业状况的变化、路况变化等信息，系统可以以文字、语音播报的方式提醒司机。

⑤ 设备状态自动识别。车载终端能够自动采集卫星定位信息、卸车状态等信息，并根据这些信息自动识别设备的工作状态，如设备的位置，矿车空运、待装、装载、重运、卸载，铲车忙闲等状态。卡车司机正常作业时，不需要在终端上作任何操作，系统就能够自动判断卡车作业状态。

⑥ 车辆状态报告功能。状态报告可根据不同类型的终端进行定制，状态报告包括时间、调度信息、实时产量、货物类型、设备状态、生产状态、运距、司机登录情况、定位与通信强度指示等。用户自定义的状态可以根据需求通过无线传送的方式发送到指定的车载终端上。

⑦ 通信功能。车载终端兼容了对讲机系统，信息控制中心可与智能调度系统进行实时

通话，进行语音调度。

⑧ 接口功能。车载终端预留 RS485、以太网数据通信接口，为将来生产设备的各类信息自动化采集做准备。

⑨ 信息缓存功能。车载终端自动检测通信状态，在通信情况差的时候，终端自动记录各类需上传的信息及请求，并维持生产流程检测。通信恢复后，自动将存储的信息发送至调度中心，使生产过程不间断进行。

⑩ 信息查询。司机可以通过车载终端屏幕查询生产量、设备运行状态等信息，可统计当班该车辆的工作成果，可通过车载终端了解自己的工作情况。统计功能可设置时间区间，查询铲装设备的工作成果信息，见图 8-100。

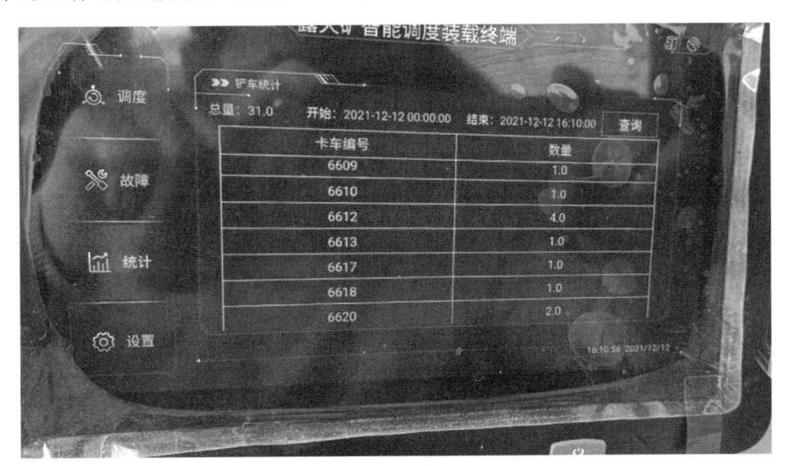


图 8-100　查询统计当班成果

⑪ 故障上报。由于各种原因，设备可能会不能正常作业，司机可通过终端向调度中心上报故障，调度中心确认后退出调度并安排相关人员尽心检修设备。

⑫ 自检功能。终端具有自检功能、语音测试功能，还可手动输入 IP 地址，来判断当前的网络通信情况。当终端网络连接断开后，终端会每隔一定时间进行语音提醒。

（3）现场监控中心　现场监控中心通过建立高清视频监控系统、语音对讲系统、大屏显示系统等，借助后台数据库模块，可以让生产管理人员实时查看现场生产情况及相关数据，实时调整生产计划，最终达到生产智能管控的目标，见图 8-101。

图 8-101　某矿区智能矿山调度中心

（4）智能调度及管理系统平台　智能调度及管理系统平台采用B/S架构和服务相结合的混合方式，通信采用标准的中间件技术，因此不管是子公司项目现场还是集团总部都可以很方便地通过Web页面进行访问，且没有并发访问限制。智能调度及管理系统主要包括配矿或生产计划调度、智能调度、生产场景维护、调度可视化、调度实时监控、系统配置管理、生产管理、设备监测等功能。其系统架构见图8-102。其功能具体有：

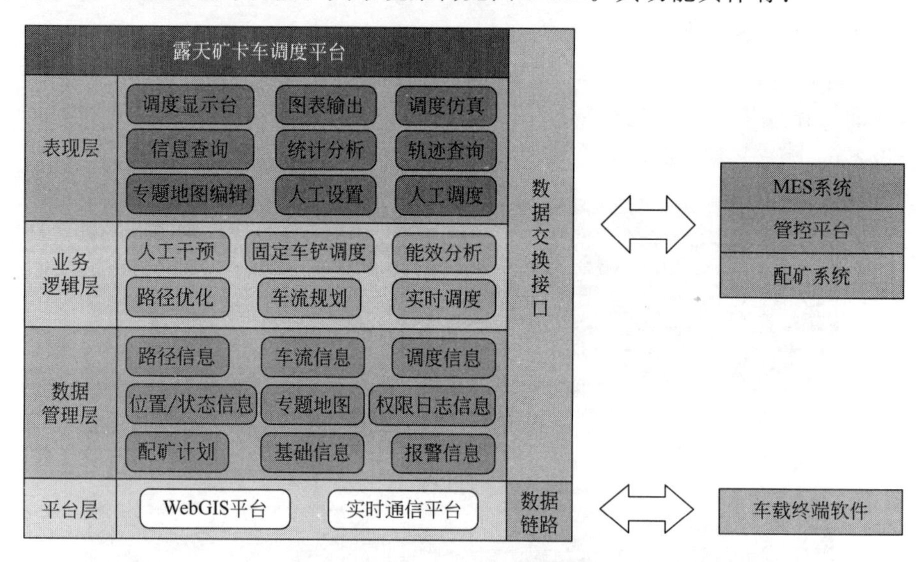


图8-102　系统架构

① 基于铲装计划调度。系统可以同步访问来自数字采矿软件系统的地质模型软件数据，从而实现根据配矿结果（铲装计划）对卡车调度系统下达配矿指令，调度挖机前往指定工作面，调度卡车执行最优路径装矿的效果。

② 智能调度。以配矿下达的指令为目标，依据最短路径、产量最大等原则，结合路网及属性，根据铲车的装车能力、卡车的运输能力以及实时监控情况等，动态指派卡车的装矿位置和卸矿位置，从而实现生产调度智能化。调度界面见图8-103。可实现有智能调度具体有：

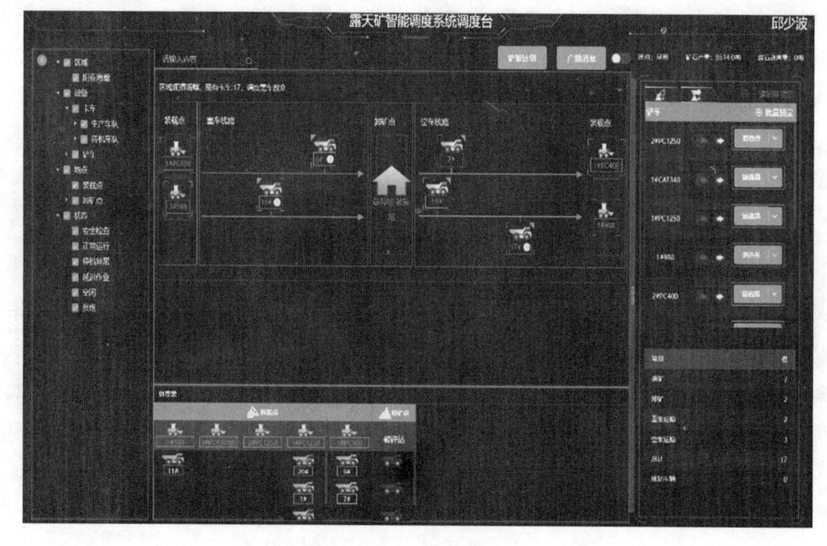


图8-103　调度界面

实时自动调度：一定范围内给定铲车、破碎站和卡车集合的自动化实时调度。

车铲锁定调度：提供车铲锁定调度的界面供用户指定铲车、破碎站和若干辆卡车。

人工临时调度：此功能主要用于一些特殊情况的处理，此功能可通过拖拽卡车图标进行人工调度指令快速生成与下发。

混合调度：是指部分车辆采用车铲锁定的方式调度，部分车辆采用实时自动调度策略，以适应矿山特殊生产需要，包括局部自动调度、局部半自动调度、局部人工调度。

车铲卸锁定调度：提供车铲卸锁定调度的界面供用户指定挖掘机、卸载点和若干辆汽车。界面同时支持铲卸锁定、车铲锁定、车卸锁定 3 种类型的调度和卸载模式，当车卸锁定模式和铲卸锁定模式中的卸载点不一致时，车卸锁定模式优先于铲卸锁定模式，从而满足将装载的物料按要求卸载到指定地方的需求。并且系统支持反锁定调度模式，即支持将部分车辆禁止派送到某些铲车的功能。

区域调度：区域调度是指针对矿山开采平台复杂的矿山车辆调度采取分而治之的思路，依据实际的生产作业规划将整个矿坑或生产作业区域划分成不同的子生产作业区域，以及将卡车划分到不同的车队中，通过区域和车队的逻辑关联关系，实现各个子生产区域内的卡车自动调度或车铲卸锁定调度。也可以支持通过修改卡车与车队、车队与区域之间的关联关系，适应不同卡车在不同区域的调度需求。其适用于多个独立采矿区域的场景。

车队调度：是指针对矿山生产设备隶属关系复杂的矿山车辆调度，通过将铲车和卡车同时划分到不同车队，分别设置自动调度或车铲卸锁定调度，实现各个车队的独立生产和计量。其适用于采用多个外包生产运输队的场景。

③ 生产场景维护。在三维可视化环境下，提供路网及矿山地图维护与管理、道路管理、地点管理、物料管理、配矿管理、定位管理等功能。

④ 调度可视化。调度可视化可实时显示在线的所有车辆的状态、实时位置、出发地、目的地、装载能力、速度等信息，为卡车调度提供最实时的依据和参考，见图 8-104。

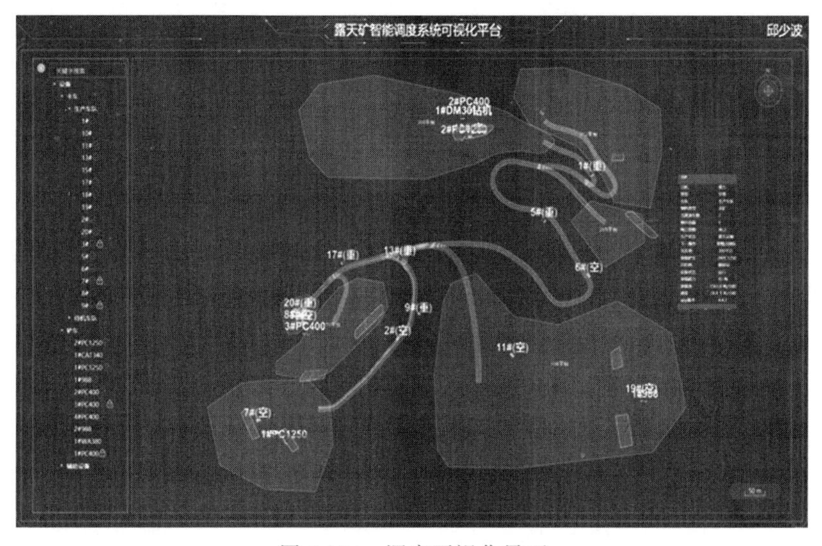


图 8-104　调度可视化界面

⑤ 实时监控。监控平台主要用于实时显示和反馈车辆的各种调度信息及异常信息的处理，消息类型包括设备业务、生产业务、系统业务、安全业务等 4 种类型，见图 8-105。

图 8-105　实时监控

⑥ 安全生产管理。生产管理主要进行各种类型的产量自动统计，包括铲装计划、铲车产量统计、卡车产量统计、人员产量统计、局控产量统计和产量申诉等功能，可以导出生成 Excel 表格，如图 8-106 所示，并可以将数据共享给三维可视化管控平台。

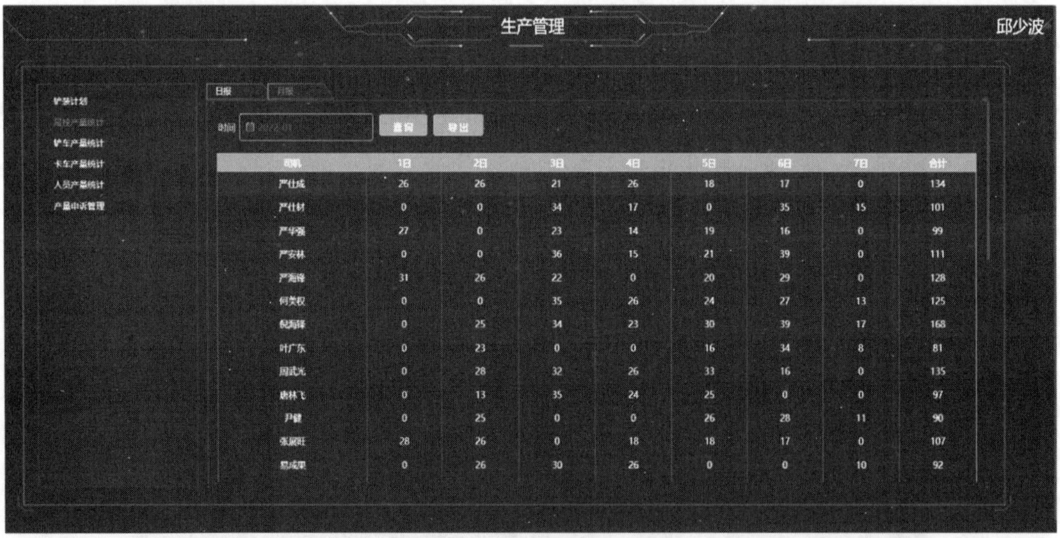

| 司机 | 1日 | 2日 | 3日 | 4日 | 5日 | 6日 | 7日 | 合计 |
|---|---|---|---|---|---|---|---|---|
| 严仕成 | 26 | 26 | 21 | 26 | 18 | 17 | 0 | 134 |
| 严仕材 | 0 | 0 | 34 | 17 | 0 | 35 | 15 | 101 |
| 严华强 | 27 | 0 | 23 | 14 | 19 | 16 | 0 | 99 |
| 严安林 | 0 | 0 | 36 | 15 | 21 | 39 | 0 | 111 |
| 严海锋 | 31 | 26 | 22 | 0 | 20 | 29 | 0 | 128 |
| 何美权 | 0 | 0 | 35 | 26 | 24 | 27 | 13 | 125 |
| 倪海锋 | 0 | 25 | 34 | 23 | 30 | 39 | 17 | 168 |
| 叶广东 | 0 | 23 | 0 | 0 | 16 | 34 | 8 | 81 |
| 周武光 | 0 | 28 | 32 | 26 | 33 | 16 | 0 | 135 |
| 唐林飞 | 0 | 13 | 35 | 24 | 25 | 0 | 0 | 97 |
| 尹健 | 0 | 25 | 0 | 0 | 26 | 28 | 11 | 90 |
| 张展旺 | 28 | 26 | 0 | 18 | 18 | 17 | 0 | 107 |
| 易成果 | 0 | 26 | 30 | 26 | 0 | 0 | 10 | 92 |

图 8-106　安全生产管理

局控产量统计：可以自动生成每辆车、每个时段、每个司机的产量统计，自动生成日报、月报并可以导出生成 Excel 表。

铲车产量统计：可自动进行铲车产量的统计，显示铲车型号、车数和铲装量、铲车日产量、月度产量并可导出生成 Excel 表。

卡车产量统计：可自动进行卡车产量的统计，显示司机姓名、物料信息、出矿点、卸矿点、卸矿时间等信息，可以作为 KPI 考核的依据。

人员产量统计：可自动进行司机产量的统计，显示司机姓名、班次、产量、里程等信息。

产量申诉管理：用于各种原因导致的司机产量漏报而需要补报产量的特殊情形，申诉管理的审核状态分为未审核、已通过、已拒绝。

⑦ 设备监测。设备监测主要用于车辆轨迹回放、用户登录信息的查看、检测用户登录账户异常消息、终端设备故障预警、终端设备故障远程诊断（主要包括网络信号、GNSS 定位信号诊断）、超速统计、超速报表等。

## 能力训练题

### 一、单选题

1. 在短期计划编制圈定采掘带时，若采掘带报量与计划预期不符，可通过调整采掘带（　　）的节点位置，重新报量，直到此处区域的计划量符合预期为止。

A. 等高线　　B. 边界线　　C. 轮廓线　　D. 推进线

2. 露天台阶爆破设计流程主要包括：三维地质模型、现状地表模型→（　　）→模拟分析→优化→生成报告。

① 爆破参数设置　② 布孔设计与调整　③ 装药设计　④ 起爆网络设计

A. ①②③④　　B. ②③①④　　C. ③④①②　　D. ①④②③

3. 露天采矿-短期计划功能应用前需要先对采场现状线设置（　　）。

A. 实体名称　　B. 宽度属性　　C. 坡顶底线类型　　D. 长度属性

4. 露天境界优化手工法是在二维地质剖面图上通过逐渐增大境界尺寸来计算平均剥采比和境界剥采比，当境界剥采比（　　）经济合理剥采比且平均剥采比（　　）经济合理剥采比时，即认为该境界为最优境界。

A. 小于，等于　　B. 大于，等于　　C. 等于，小于　　D. 等于，大于

5. 爆堆配矿的 0-1 整数规划模型应满足的约束条件不包括（　　）。

A. 爆堆条件约束　　B. 元素品位约束　　C. 卡车载重量约束　　D. 出矿量约束

6. 使用“实体建模”—“布尔运算”下的（　　）功能，对地表模型和露天最终境界模型进行运算，可以得到露天开采最终境界模型。

A. 实体求差　　B. 表面相交　　C. 表面求差　　D. 表面联合

7. 当采剥工程推进到设计境界的分期境界或最终境界边坡位置时，则以台阶形式作为边坡管理与维护的场地，此时的台阶称为（　　）。

A. 最终台阶　　B. 非工作台阶　　C. 安全台阶　　D. 靠帮台阶

8. 露天矿配矿的流程为：对爆破区域网格划分，并计算其相应（　　）的属性值，并根据要求进行配矿。

A. 矿量　　B. 品位　　C. 矿量及品位　　D. 储量级别

9. 境界优化中，块的净价值是根据块中所含有可利用（　　）计算的。

A. 矿物的品位、开发

B. 处理中各道工序的成本

C. 产品价格

D. 矿物的品位、开发与处理中各道工序的成本及产品价格

10. 关于露天采矿-配矿功能组描述错误的是（　　）。

A. 软件对爆破区域划分为若干小的单元块，然后对每个单元块用样品进行估值，最后根据每一个小单元块的值进行配矿

B. 可以自动输出配矿日计划报告

C. 可以只用一个爆堆进行配矿

D. 配矿时除了矿块模型数据还可以利用岩粉数据进行估值

**二、多选题**

1. 起爆模拟分析包括（　　）。

A. 爆破顺序动画模拟　　B. 等时线分析

C. 抛掷方向分析　　D. 起爆孔时间图分析

2. 露天矿短期计划编制，采掘带圈定时设置的参数有（　　）。

A. 配置矿块及线文件　　B. 报量输出

C. 矿岩区分　　D. 采掘参数

3. 露天采矿爆破设计提供的炮孔设计方式有（　　）。

A. 沿线布孔　　B. 单孔布置　　C. 多孔布置　　D. 实测孔导入

4. 布尔运算的类型包括：实体合并、实体求交、实体求差、实体联合、（　　）、表面求差、表面联合、表面相交。

A. 表面上的实体　　B. 表面下的实体　　C. 实体内部的表面　　D. 实体外部的表面

5. 利用三维软件进行露天境界优化时，必要的模型是（　　）。

A. 矿体模型　　B. 岩体模型　　C. 矿块模型　　D. 地表模型

6. 露天矿台阶设计主要是确定台阶构成要素，台阶构成要素主要有（　　）。

A. 台阶数量　　B. 台阶高度　　C. 台阶坡面角　　D. 平台宽度

7. 露天境界优化常用的计算机优化方法有（　　）。

A. 浮动圆锥法　　B. LG 图论法　　C. 网络最大流法　　D. 价值最优法

8. 利用“实体建模—运算”下的（　　）功能，可得到露天境界优化壳底部边界。

A. 交线　　B. 分割　　C. 切片　　D. 等值线

9. 爆破设计方案优化主要可从（　　）方面着手。

A. 不同的布孔参数　　B. 不同的布孔方式

C. 不同的爆破连线方式　　D. 不同的装药结构

10. 爆堆配矿的 0-1 整数规划模型应满足的约束条件包括（　　）。

A. 爆堆条件约束　　B. 元素品位约束

C. 卡车载重量约束　　D. 出矿量约束

**三、判断题**

1. 排土场方案的选择会对矿山的主要经济技术指标、排土场的稳定性、矿山生产安全稳定、排土场占地及环境保护等诸多方面产生深远的影响。（　　）

2. 根据排土场所处的地形条件，排土场可分为平地形和山坡排土场。（　　）

3. 露天台阶爆破装药按装药结构分为连续装药和间隔装药。（　　）

4. 不同的布孔参数及布孔方式，相同的装药结构，有相同的爆破效果。（　　）

5. 编制露天短期计划时，掘沟设计包括中间沟和靠帮沟两种操作模式。（　　）

6. 山坡露天矿和凹陷露天矿生成的台阶坡顶/底线都是闭合圈。（　　）

7. 露天配矿是规划和管理矿石质量的技术方法，旨在提高被开采有用矿物及其加工产品质量的均匀性和稳定性，充分利用矿产资源，降低矿石质量的波动程度，从而提高选矿劳动生产率，提高产品质量，降低生产成本。（　）

8. 三维露天境界优化使用的价值模型是由矿块模型得来。（　）

9. 利用 Dimine 境界优化的露天境界可以直接作为施工图使用。（　）

10. 露天矿配矿功能可以自动输出日配矿计划表。（　）

## 思政育人

**王运敏**，1955 年 10 月 18 日出生于安徽省砀山县，非煤矿山采矿工程专家，中国工程院院士，中钢集团马鞍山矿山研究院院长、党委书记、教授级高级工程师、博士生导师。

1978 年，王运敏考上江西冶金学院采矿专业，开始关注中国矿山资源开发。1982 年大学毕业后，他进入马鞍山矿山从事科研工作。入行之初，王运敏就深知采用现代科学技术改造传统矿业，是推动我国冶金矿产资源高效、安全、绿色开发的必经之路。改造传统矿业无疑是一项大工程。20 世纪 80 年代到 90 年代期间，王运敏带领团队，从现实问题出发，深入大山深处现场勘探，足迹遍布马钢南山铁矿、武钢大冶铁矿、太钢峨口和尖山铁矿、海南铁矿等全国 40 多个大中型矿山，获取了丰富的第一手资料。经过调查，王运敏发现，长期以来，我国的露天矿一直采用单台阶开采技术，存在前期剥岩量大、采矿强度低、下降速度慢、生产成本高、边坡滑坡多等问题，严重制约矿山产能。针对这一状况，他创造性地提出了组合台阶式的陡帮开采工艺技术——将工作帮的台阶划分成组，每组由一个工作台阶和若干个非工作台阶组成，组内台阶自上而下逐个开采。通过对陡帮开采技术参数与矿床条件、装备水平、生产能力、开采程序和工艺技术之间关系的研究，揭示了陡帮开采的技术特点和各工艺间的协调关系，研究出了陡帮工作帮坡角与结构参数的关联规律，确定了陡帮开采工艺参数设计原则，首次提出了不同开采深度的工作帮坡角及其参数的确定方法。同时，他还针对陡帮开采特点，提出了以爆破、采装和运输为中心进行采矿工艺优化的技术思路和方法，这一系列的研究成果使露天矿前期剥采比降低 20%以上，采矿强度提高 30%以上，为我国推行陡帮开采提供了理论依据和实践经验，使露天矿设计从经验转向理论指导。

露天转地下开采是一项庞大而复杂的系统工程，开发这部分资源难度很大，国内外都没有成熟技术可借鉴。如何实现露天开采平稳转入地下开采，尚有许多技术难题亟待解决。为国解忧，再难也要上！2006 年，王运敏主持开展了“露天转地下开采平稳过渡关键技术”项目，进行了露天和地下两种工艺要素为一体的综合性技术研究，包括露天转地下开采的安全、经济、高效、节能、环保等多个层面。他首次将大型倾斜金属矿床的开采生命周期集约规划，创造性地提出了露天地下三阶段开采的设计理论，发明了露天转地下开采平稳过渡合理时机的确定方法，创建了露天转地下开采界线两步算法理论，并开发了矿山露天转地下开采理论最佳经济深度相关可视化计算软件。

此外，王运敏还成功研发了大型露天矿边坡体矿产资源地下开采技术，提出了低扰动爆破和控制边坡灾变的思路，采用虚拟现实辨识技术对边坡内空区灾变部位进行评判，采用预留（或不留）顶柱的分段空场法（或充填法）和毫秒微差单孔起爆降震技术，解决了遗留矿体开采安全技术难题，为建设资源节约型、环境友好型矿山做出了重要贡献，被认为是近年铁矿开采技术方面的重大突破。

现在，王运敏的这些科研成果已经在石人沟铁矿、南芬铁矿、马钢姑山铁矿、海南石碌铁矿等地示范、推广应用，创造的经济效益超过10亿元。更重要的是，这其中的部分关键技术，如防灾变监测预报系统、采空区处理技术等，完全可以应用于峒室、隧道、城市地铁、水利等工程中，其推广应用价值更不可估量。

在矿山，安全是永恒的追求，无论何时，安全都不能被忽略。王运敏十分清楚这一点。因此，2011年，在“露天矿岩土工程灾变控制技术”研究中，王运敏带领团队创造性地提出了露天矿边坡设计优化方法，实现了露天矿边坡风险、资源利用、经济收益、土地利用和灾变控制投入等多目标优化决策，促进了露天矿的边坡安全和经济效益的最优化。

此外，在地下开采技术研究领域中，王运敏院士还带领团队突破了多项安全技术：他们揭示了崩落采矿法覆盖层结构特性和移动规律，发明了覆盖岩层安全厚度定量化计算方法；发明了井下二步骤回采的采场底部结构及其生产工艺，实现了复杂开采环境下矿产资源的安全、经济和高效回采；创造性地提出了在地下大水矿山设置应急水仓的防突水思路，发明了地下大水矿山应急水仓的建设方法。这些成果，为矿山的安全开采添加了一道道更为坚实的“防护墙”。

采矿要安全、要高效，还要绿色，没有了绿色，就谈不上绿水青山，更谈不上可持续发展。所以，数十年来，王运敏与团队成员们一直在积极推进矿山的绿色开发，并将集成创新的多项采矿工艺技术应用到矿山设计中，建成了国内第一座基本无废料的大型绿色铁矿山，资源回收率达90%以上，为我国绿色矿山建设提供了先进实用的成套技术。除此之外，他们开发的多矿体露天地下时空同步高效绿色开采技术，将露天开采、地下开采、尾废处置、环境保护、综合治理基于一体，实现了矿山固体废料的协调高效利用和源头减量。

从安全到高效，再到绿色，不难看出，王运敏院士的每一项研究成果都是极富有创新性的。“绿水青山就是金山银山”，多年以来，对于王运敏院士而言，这早已不仅仅是一句口号，而是一个融在心里、体现在行动上的理念。

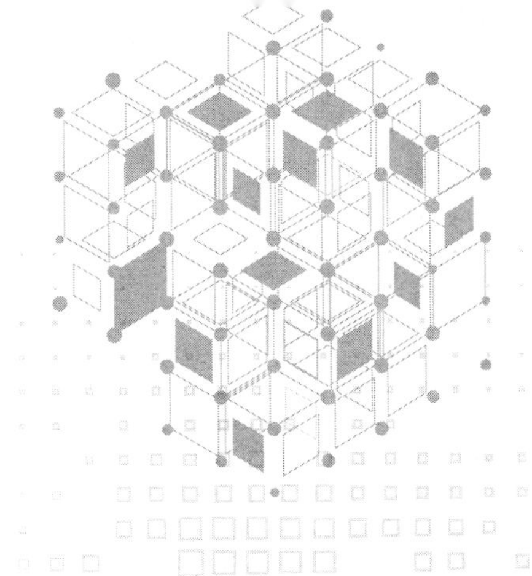

# 9

# 工程出图

利用软件建立了图形文件后，通常要进行绘图的最后一个环节，即出图。在这个过程中，要在一张图纸上得到一幅完整的图形，必须合理地规划图形的布局和设置图纸规格和尺寸，正确地选择打印设备及参数。

在进行工程出图前需先检查出图对象实体类型、实体类别的设置，然后再进行工程图的输出。工程出图的基本步骤为先创建水平或剖面布局，再设置工程、矿岩、钻孔等属性，然后生成水平或剖面图，最后在布局或图幅上绘制网格、图签、图框及指北针。也可以在布局或图幅上对图形进行编辑。编辑完成后可以对图幅进行打印输出。

## 9.1 布局

创建布局是为了所出的图形落在一个平面或剖面上。布局分为水平布局与剖面布局。

### 9.1.1 水平布局

水平布局有动态绘制、选择线和水平标高三种创建方式。

动态绘制创建：视图自动调整为从前往后看，按照命令提示选择高程相同的两点，即可创建水平布局。

选择对象创建：选择一条水平的线性对象，将该线性对象所在的平面创建为水平布局。如果选取的线性对象非水平，则创建该线性对象平均高程的水平布局。

水平标高创建：在指定的标高上创建水平布局。

正方向厚度：输入线在其正上方偏移一定的距离值，切割实体时保留一定厚度值。

反方向厚度：输入线在其正下方偏移一定的距离值，切割实体时保留一定厚度值。

水平布局的设置界面如图 9-1 所示。

### 9.1.2 剖面布局

剖面布局有动态绘制创建与选择线对象创建两种模式，如图 9-2 所示。

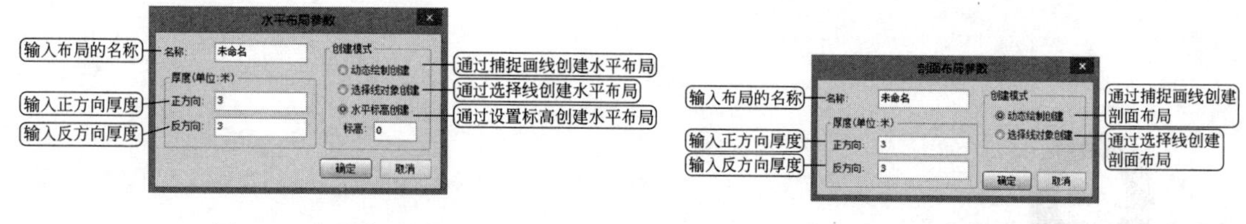


图 9-1　水平布局设置

图 9-2　剖面布局设置

动态绘制创建：视图自动调整为 *XOY* 视图，按照命令提示选择两点，即可在两点所在视图的竖直平面内创建剖面布局。

选择线对象创建：选择一条线性对象，将该线性对象所在的竖直平面创建为剖面布局。

# 9.2　属性设置

## 9.2.1　工程属性设置

在水平布局或剖面布局上出图时，工程属性设置可以设置实体类型对象的输出方式及风格样式。对于各种实体类型的输出共有投影、切割和拷贝三种模式可供选择。其中：

投影：实体在布局上会生成投影轮廓线。

切割：实体被布局所在平面切割，在布局上生成切割出的轮廓线。

拷贝：要求实体包含在切割厚度内，该实体将完整拷贝至布局内。

输出颜色：当设置了不同实体类型对应的输出颜色时，按设置颜色出图；不设置时，保留实体在三维空间中的颜色。

实体类型：在指定的实体类别中选择对应的实体类型，用于设置对应的输出模式。

## 9.2.2　矿岩属性设置

根据实体对象的矿岩属性，设置不同的填充图案，并能设置不同填充图案的比例和角度，如图 9-3 所示。

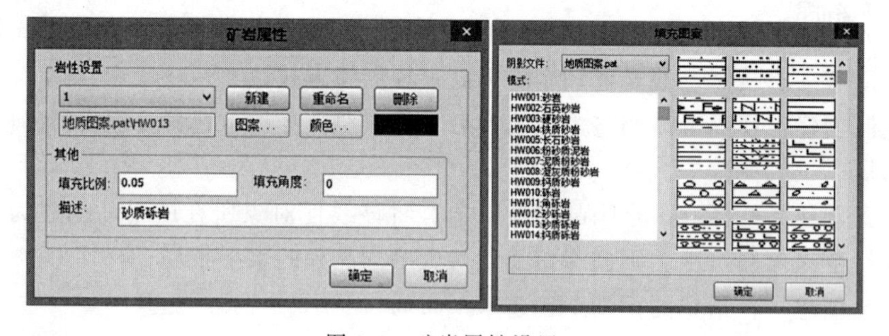


图 9-3　矿岩属性设置

## 9.2.3　钻孔属性设置

钻孔属性设置是为了在出钻孔图时，设置哪些钻孔的出图模式，并在出图后对孔号、样号、样品信息表等标注样式。

### 9.2.4 块段属性设置

块段属性的设置在出块段切面图时，设置输出属性，包括输出字段选择、文字大小、颜色、显示面、显示边、收缩系数等，如图 9-4 所示。

显示边、面：切割矿块模型后，每个单元块以显示边显示或以显示面显示。

收缩系数：控制生成的块边界大小，范围为 0～1 之间，值为 11 则与原始大小一致，0.85 表示为收缩为原来的 0.85。

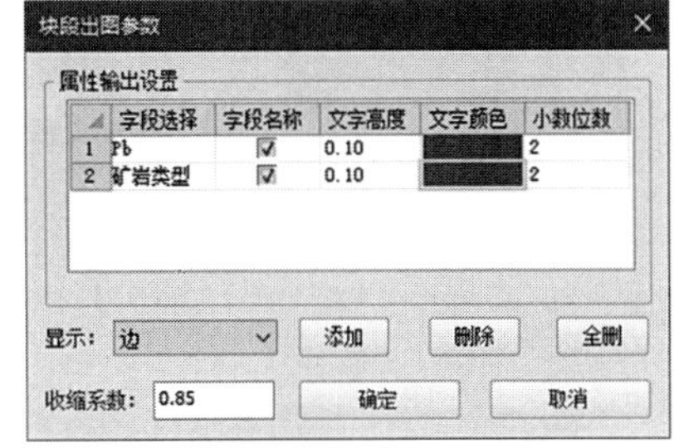


图 9-4 块段输出参数

## 9.3 图件输出

系统在出图时，按照“所见即所得”原则进行图形的输出。布局只输出视图窗口中显示的图形对象，用户可以通过对文件、图层、对象进行显示隐藏操作来控制图形是否被输出。布局及属性设置好后，点击出图即可输出平面图或剖面图。

## 9.4 标注

平剖面图输出后，需添加网格、指北针、图签、图框、长度标注、文字标注等内容完善图形。

标注完善后，图形输出才可以完整，这时可将布局另存为 dwg 或 dxf 等文件。

## 9.5 出图示例

### 9.5.1 出矿体剖面图

① 打开矿体模型，如图 9-5 所示。

图 9-5 矿体模型

② 双击各个矿体，设置实体类别、实体类型、实体名称、岩性等属性值，如图 9-6 所示。

③ 布局设置，选择动态绘制创建绘制模式。在实体上沿所要出图的勘探线画线，如图 9-7 所示。结束后，软件在当前层所在的文件下会创建布局图层。

④ 点击“属性设置”→“工程”，设置工程出图的属性，如图 9-8 所示，设置剖面布局上矿体出图的线型、线宽、切割输出模式等。设置“矿体”实体类型的输出模式为“切割”。

⑤ 点击“属性设置”→“矿岩”，弹出如图 9-9 所示对话框，创建与矿体岩性值“1”“2”对应的编码，并根据“岩性”设置填充属性，包括填充图案、颜色、比例、角度及文字描述等。

⑥ 点击“图件”→“剖面图”，生成矿体剖面图，软件会同时自动添加坐标网格、图例及方位角信息，如图 9-10 所示。

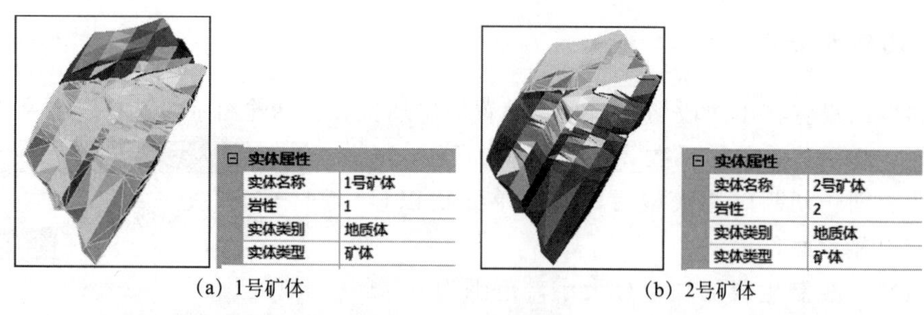


(a) 1号矿体　　　　(b) 2号矿体

图 9-6　矿体属性

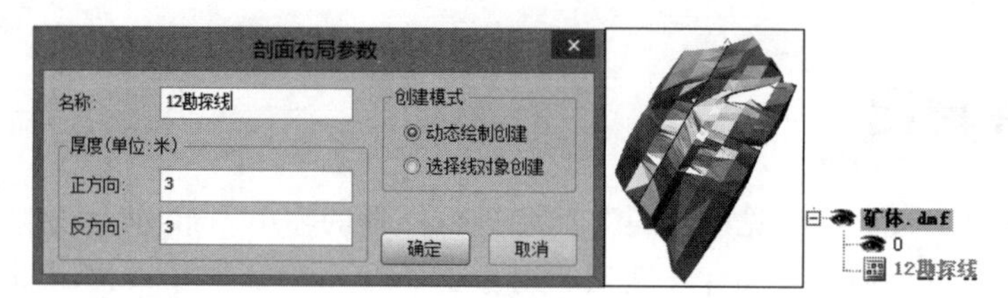


图 9-7　布局设置

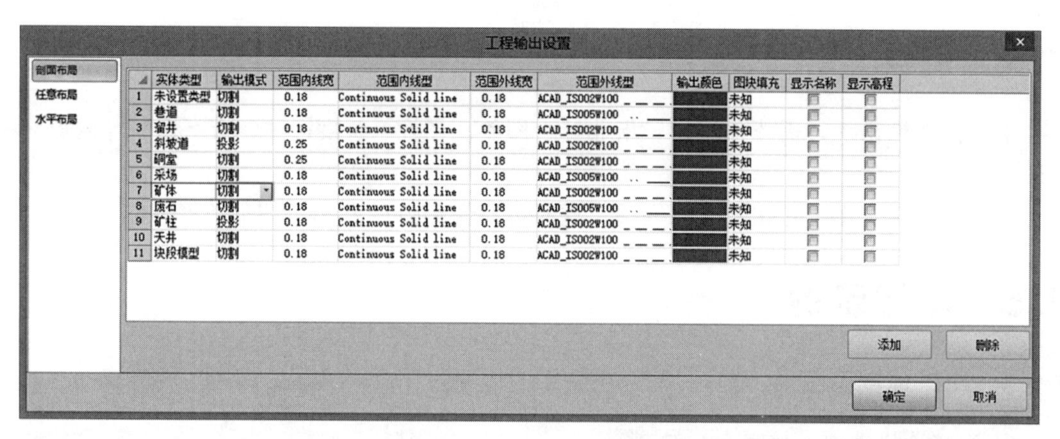


| | 实体类型 | 输出模式 | 范围内线宽 | 范围内线型 | 范围外线宽 | 范围外线型 | 输出颜色 | 图块填充 | 显示名称 | 显示高程 |
|---|---|---|---|---|---|---|---|---|---|---|
| 1 | 未设置类型 | 切割 | 0.18 | Continuous Solid line | 0.18 | ACAD_ISO02W100 | | 未知 | | |
| 2 | 巷道 | 切割 | 0.18 | Continuous Solid line | 0.18 | ACAD_ISO05W100 | | 未知 | | |
| 3 | 溜井 | 切割 | 0.18 | Continuous Solid line | 0.18 | ACAD_ISO02W100 | | 未知 | | |
| 4 | 斜坡道 | 投影 | 0.25 | Continuous Solid line | 0.18 | ACAD_ISO02W100 | | 未知 | | |
| 5 | 硐室 | 切割 | 0.25 | Continuous Solid line | 0.18 | ACAD_ISO02W100 | | 未知 | | |
| 6 | 采场 | 切割 | 0.18 | Continuous Solid line | 0.18 | ACAD_ISO05W100 | | 未知 | | |
| 7 | 矿体 | 切割 | 0.18 | Continuous Solid line | 0.18 | ACAD_ISO02W100 | | 未知 | | |
| 8 | 废石 | 切割 | 0.18 | Continuous Solid line | 0.18 | ACAD_ISO05W100 | | 未知 | | |
| 9 | 矿柱 | 投影 | 0.18 | Continuous Solid line | 0.18 | ACAD_ISO02W100 | | 未知 | | |
| 10 | 天井 | 切割 | 0.18 | Continuous Solid line | 0.18 | ACAD_ISO02W100 | | 未知 | | |
| 11 | 块段模型 | 切割 | 0.18 | Continuous Solid line | 0.18 | ACAD_ISO02W100 | | 未知 | | |

图 9-8　设置工程出图属性

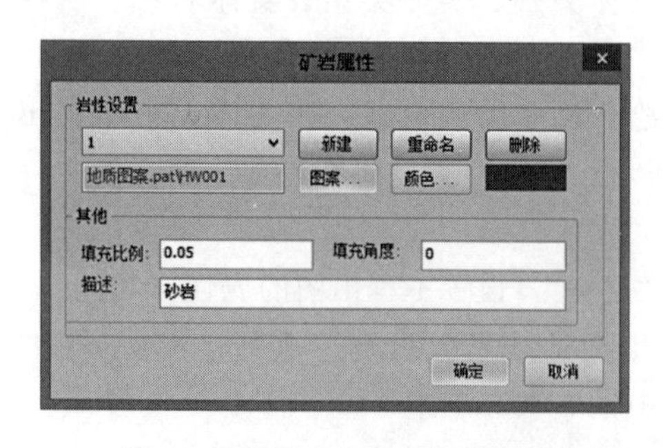


图 9-9　设置矿岩体的填充图案

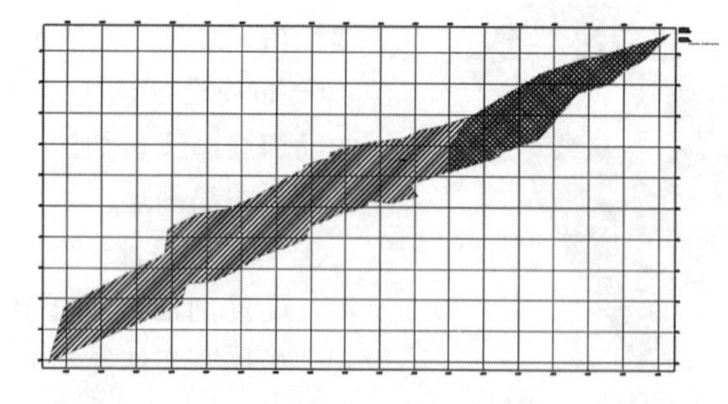

图 9-10　生成剖面图

⑦ 点击“图框”工具，在合适的位置添加图框，如图 9-11 所示。

⑧ 点击“图签”工具，捕捉端点在右下角的位置添加图签。软件会根据图签位置自动裁剪坐标网格，如图 9-12 所示。

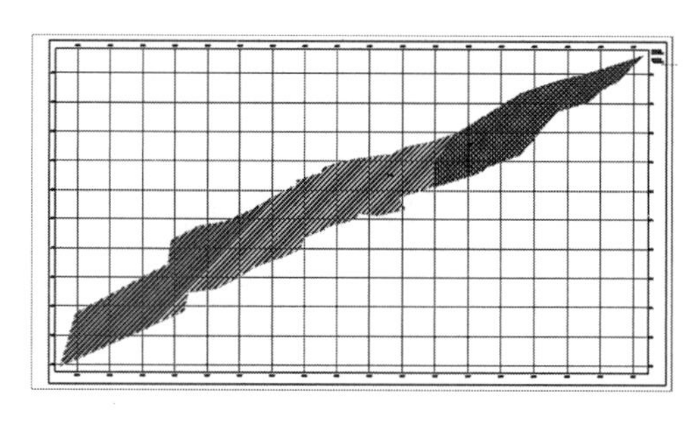

图 9-11 添加图框

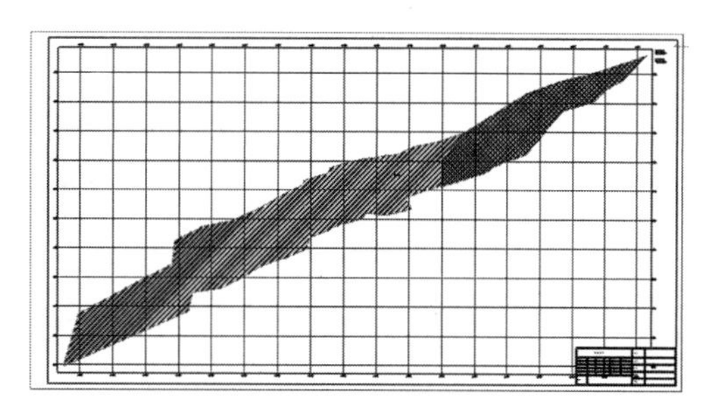

图 9-12 添加图签

## 9.5.2 钻孔剖面图出图

① 打开并设置钻孔数据库并设置其显示风格，如图 9-13 所示。

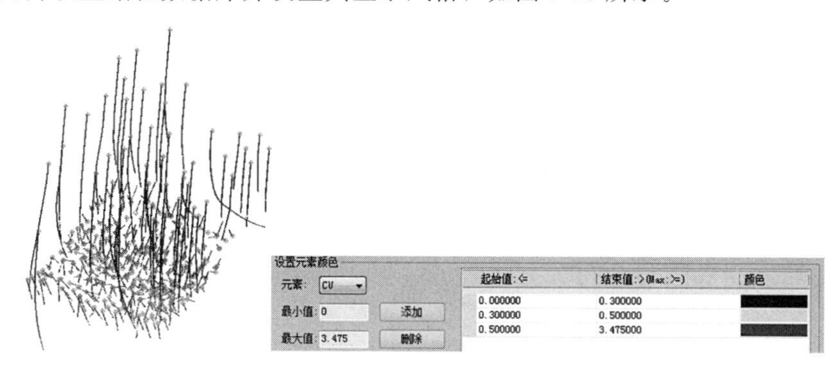


图 9-13 钻孔数据库风格显示

② 点击创建剖面布局工具，弹出如图 9-14 所示对话框，输入布局名称，选择动态绘制创建绘制模式。

③ 开启端点、孤立点捕捉，在钻孔上沿 13 勘探线位置画线，结束后，软件在当前层所在的文件下创建了布局图层，如图 9-15。

④ 点击“属性设置”→“钻孔”，弹出如图 9-16 所示对话框，设置钻孔标注间隔、钻孔表输出的品位字段及钻孔号和开口标高标注的位置。

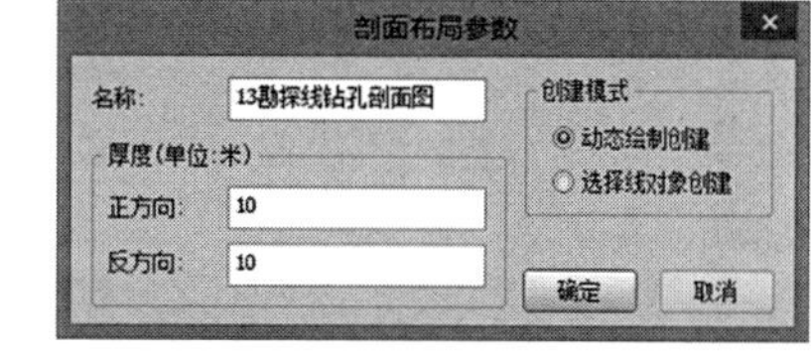


图 9-14 剖面布局参数设置

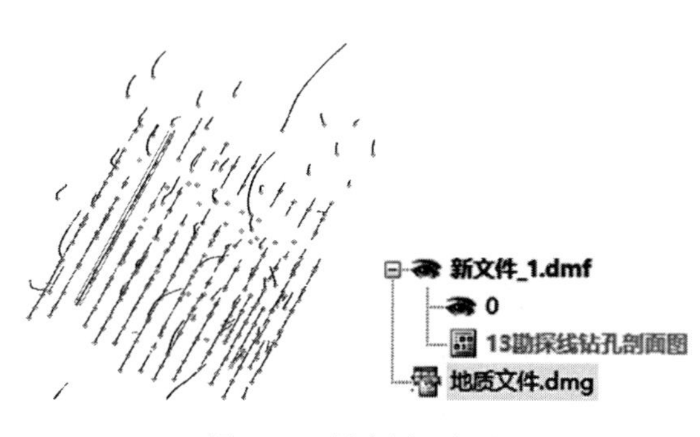


图 9-15 创建剖面布局

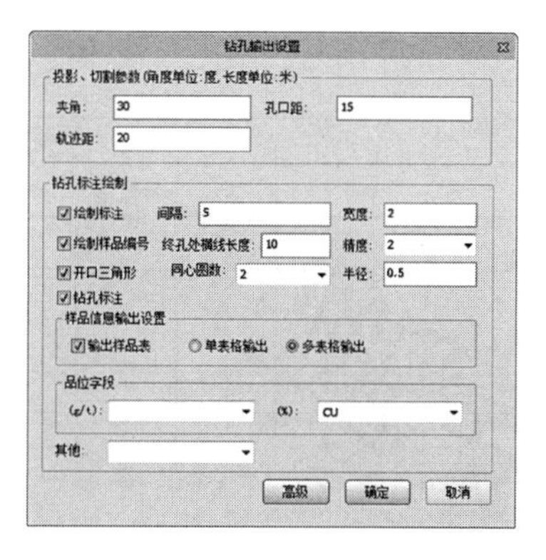


图 9-16 设置钻孔出图参数

⑤ 点击“图件”→“剖面图”，生成钻孔剖面图，如图 9-17 所示。

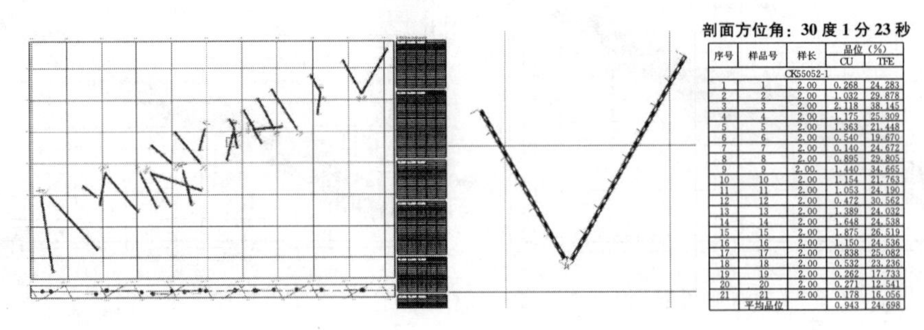
剖面方位角：30 度 1 分 23 秒

| 序号 | 样品号 | 样长 | 品位（%） | |
|---|---|---|---|---|
| | | | CU | TFE |
| CK55052-1 | | | | |
| 1 | 1 | 2.00 | 0.268 | 24.283 |
| 2 | 2 | 2.00 | 1.032 | 29.878 |
| 3 | 3 | 2.00 | 2.118 | 38.145 |
| 4 | 4 | 2.00 | 1.175 | 25.309 |
| 5 | 5 | 2.00 | 1.363 | 21.448 |
| 6 | 6 | 2.00 | 0.540 | 19.670 |
| 7 | 7 | 2.00 | 0.140 | 24.672 |
| 8 | 8 | 2.00 | 0.895 | 29.805 |
| 9 | 9 | 2.00. | 1.440 | 34.665 |
| 10 | 10 | 2.00 | 1.154 | 21.763 |
| 11 | 11 | 2.00 | 1.053 | 24.190 |
| 12 | 12 | 2.00 | 0.472 | 30.562 |
| 13 | 13 | 2.00 | 1.389 | 24.032 |
| 14 | 14 | 2.00 | 1.648 | 24.538 |
| 15 | 15 | 2.00 | 1.875 | 26.519 |
| 16 | 16 | 2.00 | 1.150 | 24.536 |
| 17 | 17 | 2.00 | 0.838 | 25.082 |
| 18 | 18 | 2.00 | 0.532 | 23.236 |
| 19 | 19 | 2.00 | 0.262 | 17.733 |
| 20 | 20 | 2.00 | 0.271 | 12.541 |
| 21 | 21 | 2.00 | 0.178 | 16.056 |
| | 平均品位 | | 0.943 | 24.698 |

图 9-17　钻孔图输出结果

## 9.5.3　出巷道中段平面图

① 打开井巷工程文件，显示某一水平图层，关闭其他图层，然后点击“水平布局”工具创建水平布局，如图 9-18 所示。

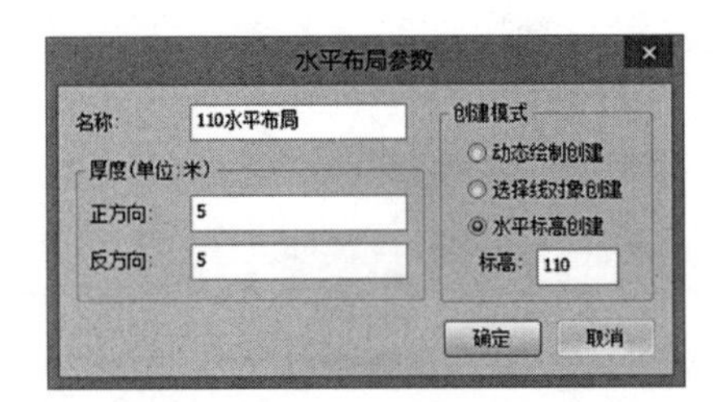


图 9-18　水平布局参数设置

② 进行工程出图属性设置。点击“属性”→“工程”，设置巷道为投影输出模式，并设置颜色、线型、线宽等，没有“巷道”时，点击添加，手动输入“巷道”或从实体类型中选择“巷道”，并勾上“显示名称”，如图 9-19 所示。

③ 点击“图件”→“水平图”，生成巷道平面图，如图 9-20 所示。

| | 实体类型 | 输出模式 | 范围内线宽 | 范围内线型 | 范围外线宽 | 范围外线型 | 输出颜色 | 图块填充 | 显示名称 | 显示高程 |
|---|---|---|---|---|---|---|---|---|---|---|
| 1 | 未设置类型 | 投影 | 0.18 | Continuous Solid line | 0.18 | ACAD_ISO02W100 | | 未知 | | |
| 2 | 巷道 | 投影 | 0.18 | Continuous Solid line | 0.18 | ACAD_ISO05W100 | | 未知 | | |
| 3 | 钻孔 | 投影 | 0.18 | Continuous Solid line | 0.18 | ACAD_ISO02W100 | | 未知 | | |
| 4 | 斜坡道 | 投影 | 0.25 | Continuous Solid line | 0.18 | ACAD_ISO02W100 | | 未知 | | |
| 5 | 硐室 | 切割 | 0.25 | Continuous Solid line | 0.18 | ACAD_ISO02W100 | | 未知 | | |
| 6 | 采场 | 切割 | 0.18 | Continuous Solid line | 0.18 | ACAD_ISO05W100 | | 未知 | | |
| 7 | 矿体 | 投影 | 0.18 | Continuous Solid line | 0.18 | ACAD_ISO02W100 | | 未知 | | |
| 8 | 废石 | 切割 | 0.18 | Continuous Solid line | 0.18 | ACAD_ISO05W100 | | 未知 | | |
| 9 | 矿柱 | 投影 | 0.18 | Continuous Solid line | 0.18 | ACAD_ISO02W100 | | 未知 | | |
| 10 | 天井 | 切割 | 0.18 | Continuous Solid line | 0.18 | ACAD_ISO02W100 | | 未知 | | |
| 11 | 块段模型 | 切割 | 0.18 | Continuous Solid line | 0.18 | ACAD_ISO02W100 | | 未知 | | |

图 9-19　工程出图参数设置

④ 点击“图框”和“图签”工具，加入图框和图签，如图 9-21 所示。右击布局名称，可直接打印，也可导出为 CAD 文件。

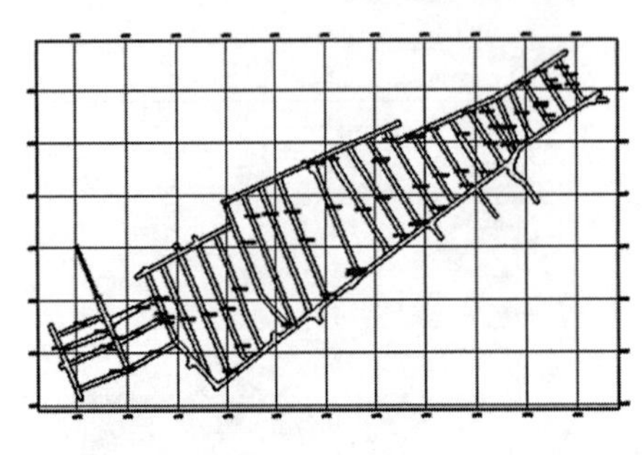

图 9-20　工程出图

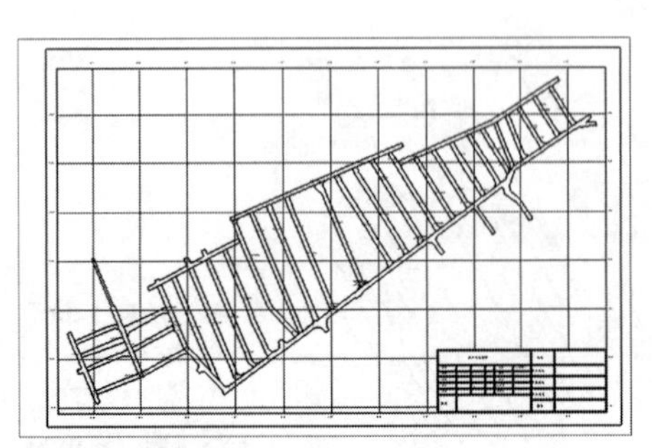

图 9-21　添加图签

⑤ 在布局名称上点右键“创建图幅”，弹出如图 9-22 对话框，点击设置。

⑥ 设置图幅参数，软件会自动分幅，如图 9-23 所示，右击图幅名称，可打印。

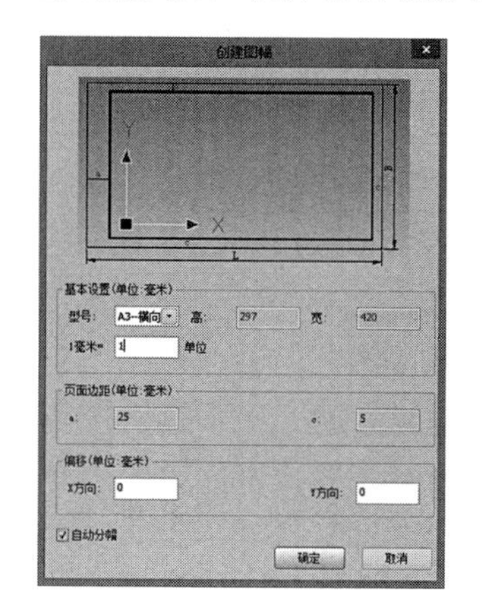


图 9-22　添加图框

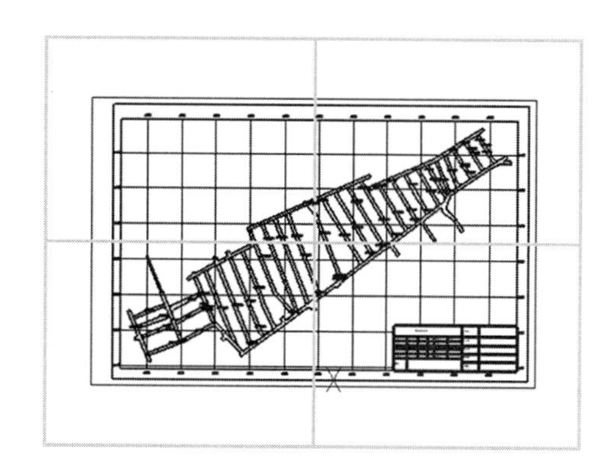

图 9-23　图形的自动分幅

## 9.5.4　块段模型出图

① 打开块段模型，对此块段模型进行阈值约束，将 CU 大于 0 的块段显示出来，即显示估值后有品位的块段，显示约束后的矿体内部块段，如图 9-24、图 9-25 所示。

图 9-24　块段模型约束设置

图 9-25　块段模型约束

② 点击“工程出图”→“布局”→“水平”，创建一个 500m 标高的水平布局，如图 9-26 所示。若成功创建布局后视图内看不到任何东西，可以右键视图重新生成一下。

③ 点击“属性设置”→“工程”，会出现水平布局上“未设置类型”的输出模式是否为“切割”，由于块段模型未设置类型，所以它的输出模式应为切割。

④ 点击“属性设置”→“块段”，点击添加，字段选择“CU”，勾选字段，设置出图参数，显示下拉框选择“显示边”点击确定，如图 9-27。

图 9-26　创建布局对话框

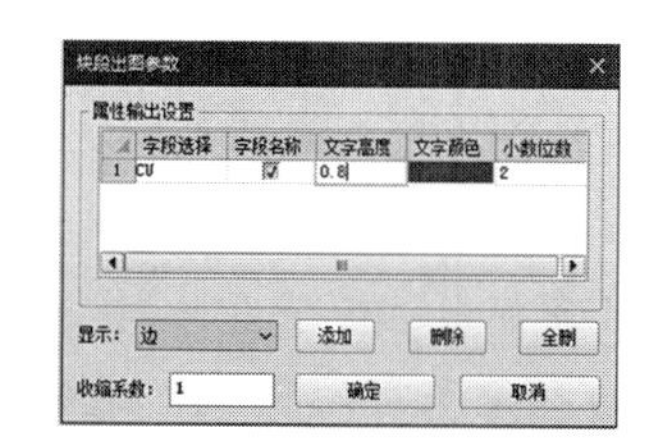


图 9-27　块段出图参数设置对话框

⑤ 点击“工程出图”→“图件”→“水平图”，生成500水平块段模型切面图，然后将原块段模型隐藏，结果如图9-28所示。

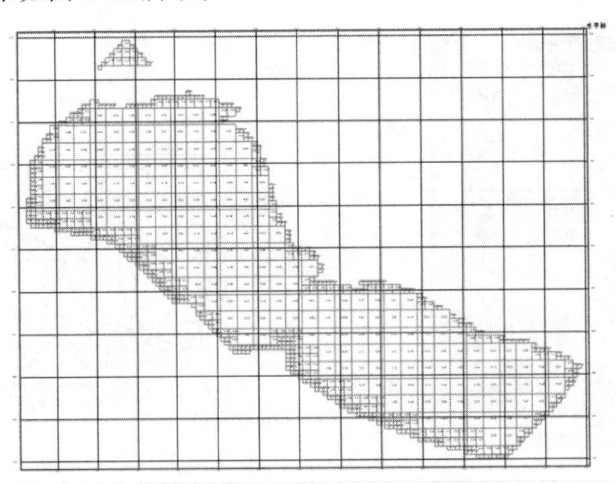

图9-28　块段模型水平出图

⑥ 右键点击布局所在文件名，选择“属性配色”，如图9-29、图9-30所示。

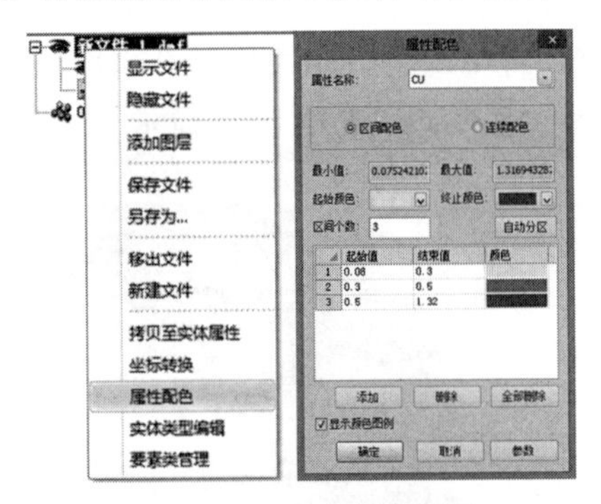


图9-29　属性按颜色设置

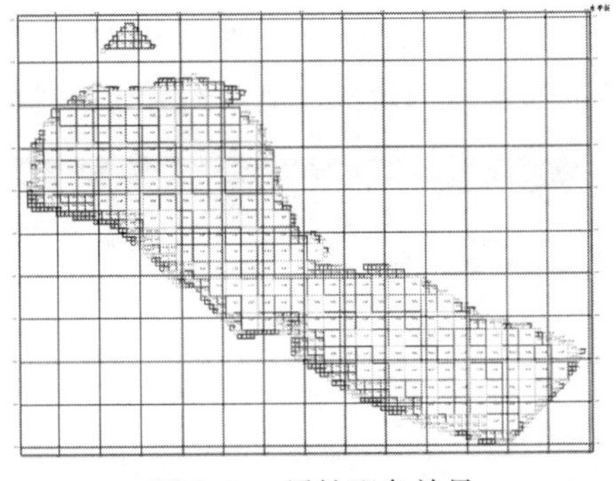

图9-30　属性配色效果

⑦ 将布局图层设为当前层并关闭，框选“标注”图层上的元素品位文字，右键“移动到当前层”。

⑧ 右键点击布局名，选择“保存为CAD文件”，得到dwg格式的块段模型平面图。

其他出图，如矿体与钻孔复合的勘探线剖面图、矿体与巷道复合的中段平面图，读者可自行练习。

## 能力训练题

### 一、单选题

1. 布局分为平面布局与（　　）。

A. 侧面布局　　B. 剖面布局　　C. 任意布局　　D. 斜面布局

2. 剖面布局创建分为（　　）创建与选择线创建两种模式。

A. 动态绘制　　B. 选择面　　C. 按高程　　D. 选择点

3. 根据实体对象的（　　），可设置不同的填充图案。

A. 矿体属性　　B. 颜色属性　　C. 矿岩属性　　D. 实体属性

4. 工程出图中设置水平布局出图时，如果出图中段在400m水平可以选择（　　）创建模式进行输出。

A. 水平标高创建　　B. 动态绘制　　C. 选择线对象　　D. 以上都不行

5. 工程出图时，如果需要对应颜色进行输出的时候，需要在工程出图工程中（　　）项目进行对应。

A. 输出颜色　　B. 图块填充　　C. 显示名称　　D. 显示高程

6. 工程出图时出地质平面图，矿体模型对应的输出模式为（　　）。

A. 投影　　B. 切割　　C. 拷贝　　D. 延伸

7. 工程出图的布局图层中的内容可以进行打印，其功能为（　　）。

A. 创建图幅　　B. 显示属性

C. 基本布局参数设置　　D. 以上都不是

8. 工程出图中插入自己定义的工程图签、图框等，应用（　　）功能实现。

A. 网格　　B. 图框　　C. 图签　　D. 图块

9. Dimine 软件工程出图功能可以输出（　　）。

A. 平面图　　B. 投影图　　C. 剖面图　　D. 以上都能输出

10. Dimine 软件工程出图中可以进行（　　）标注。

A. 对齐标注　　B. 水平标注　　C. 圆心标注　　D. 以上都可以

## 二、多选题

1. 水平布局创建分为（　　）和水平标高方式。

A. 动态绘制　　B. 选择面　　C. 选择线　　D. 选择点

2. 对于各种实体类型的输出方式包含（　　）。

A. 投影　　B. 切割　　C. 拷贝　　D. 复制

3. 可以对（　　）类型输出综合类图件。

A. 钻孔　　B. 巷道　　C. 矿体　　D. 块段

4. 工程出图功能的布局中布局对应方式有（　　）。

A. 折线布局　　B. 剖面布局　　C. 水平布局　　D. 任意布局

5. Dimine 工程出图功能组可以输出（　　）。

A. 钻孔柱状图　　B. 地质中段平面图

C. 地质剖面图　　D. 矿块品位分布图

6. 对于井巷工程，如果想要输出工程量表，设计中心线必须包含（　　）实体属性。

A. 实体名称　　B. 断面号　　C. 支护类型　　D. 实体类型

7. 块段模型出图可以设置（　　）参数。

A. 品位元素　　B. 字体大小　　C. 字体颜色　　D. 小数位数

8. 钻孔属性设置是为了在出钻孔图时，设置钻孔的出图模式，并在出图后设置（　　）等标注样式。

A. 孔号　　B. 样号　　C. 样品信息表　　D. 线型

9. 块段模型出图时可设置出图样式为（　　）。

A. 边　　B. 线　　C. 面　　D. 点

10. 工程出图后可设置添加（　　）。

A. 指北针　　B. 图签　　C. 图框　　D. 长度标注

**三、判断题**

1. 创建各类图件可以不用创建布局直接输出。（　　）

2. 在出块段切面图时，块段属性可设置字段选择、文字大小、颜色、显示面、显示边、收缩系数等。（　　）

3. 平剖面图输出后，不能再添加网格。（　　）

4. 块段模型出图可选择“属性配色”进行配色。（　　）

5. 布局及属性设置好后，点击出图即可输出平面图或剖面图。（　　）

6. 收缩系数设置值为1和原始大小一致，设置为1.85表示为原来的1.85倍。（　　）

7. 工程出图中，通过对模型实体属性一项设置对应的岩性编码，并通过“工程出图-岩性”功能设置对应的岩性可实现填充。（　　）

8. 在工程出图时，因网格比例固定为1∶1000，所以坐标网格间距是无法修改的。（　　）

9. 平剖面出图时模型“切割”模式输出的结果一般是线。（　　）

10. 对于各种实体类型的工程出图输出，共有投影、切割和拷贝三种模式可供选择。（　　）

## 思政育人

**于学馥教授**，新中国第一批博士生导师（采矿工程），一直从事采矿工艺的科研工作，是中国岩石力学与工程学科的创始人、奠基人与学科前沿开拓者之一。他在我国首次提出“轴变论”，为研究和分析地下应力分布与采矿工程的稳定问题奠定了理论基础，对解决金川等一批矿山的支护与压力控制问题起到了关键性作用。

1944年，于学馥教授毕业于西北工学院采矿系，毕业后曾任四川东林、湖南湘江、湖南中湘、辽宁阜新等煤矿助理工程师、厂主任等职。在矿山工作多年后，他深感采矿缺乏科学理论指导，遂立志进学校从事教学和研究工作。结合在矿山实践中出现的问题，于20世纪50年代，于学馥教授提出了以“动态”为核心的地下结构稳定系统的研究方法，建立了不同于过去力学地压理论的轴变论，在三峡工程结构设计与弓长岭铁矿、易门铜矿等5个矿山地压灾害处理中果断解决问题，保证了人员和设备的安全，作出了巨大贡献。1979年后，在金川资源综合利用课题攻关过程中，于学馥教授采用了岩石力学中的应力、应变历史过程的研究方法，把计算机计算和采矿施工工艺方案决策研究技术，引进到课题之中，攻克了难关，解决了多年未能解决的“金川资源综合利用”中的采矿问题。在金川资源综合利用研究过程中，于学馥教授所提出的岩石记忆特性和岩石力学新概念，以及在采矿和岩石开挖过程研究中的应用，被认为研究思路新颖，是多学科交叉的结晶。金川资源综合利用课题经国家科技进步奖评审委员会评审，国务院批准授予国家级科技进步特等奖。

于学馥教授热爱教学，是一位德高望重、深受爱戴的良师。他带学生，第一个特点是以身作则，要求学生要有独立思维、有新思想。他的学生中国工程院院士蔡美峰曾表示对自己影响最深的便是导师于学馥教授，于教授在80～90岁高龄的时候还能够提出很有创新性的想法，对于岩石力学的一些理论依然能娓娓道来。于学馥教授带学生的第二个特点是深入实践，从20世纪50年代初开始，他年年带学生到矿山实习和进行科学研究。他多次发现矿山生产隐患，本着对国家负责的态度，在复杂的条件下，总是坚持原则，勇于反映情况和解决问题，并成为多家矿山的生产顾问，为解决生产、安全实践中的重大课题作出了贡献。

于学馥教授2010年1月8日因病逝世，享年91岁。他善于创新，勤于开拓，一生中曾获得国务院及各部委授予的教育事业和科技攻关突出贡献奖6项，国家级、部级科学技术奖12项；他治学严谨、倾心育人，桃李满天下，为我国采矿、岩石工程界培养输送大批高级科学技术人才。

# 参考文献

[1] 唐辉明．工程地质学基础［M］．北京：化学工业出版社，2008.
[2] 陈清华，章大港，宋全友．地质学基础［M］．北京：石油工业出版社，2015.
[3] 陈步尚，陈国山．矿山测量技术［M］．北京：冶金工业出版社，2009.
[4] 张国良．矿山测量学［M］．徐州：中国矿业大学出版社，2001.
[5] 张钦礼，王新民．金属矿床地下开采技术［M］．长沙：中南大学出版社，2016.
[6] 高永涛，吴顺昌．露天采矿学［M］．长沙：中南大学出版社，2010.
[7] 于润沧．采矿工程师手册［M］．北京：冶金工业出版社，2009.
[8] 侯景儒，黄竞先．地质统计学的理论与方法［M］．北京：地质出版社，1990.
[9] 刘海英．多种克里格方法在固矿储量估算中的应用研究［D］．武汉：中国地质大学，2010.
[10] 吴立新．数字矿山技术［M］．长沙：中南大学出版社，2009.
[11] 高航校，任小华，李福让，等．变异函数变程在矿产资源量分类中的应用研究［J］．硅谷，2011（14）：66，109.
[12] 古德生，李夕兵，等．现代金属矿床开采科学技术［M］．北京：冶金工业出版社，2006.
[13] 汪朝，王李管，刘晓明，等．基于三维环境下资源量估算及分级方法研究［J］．现代矿业，2011，27（5）：8-9.
[14] 肖英才，王李管，易丽平，等．基于 DIMINE 软件的露天采剥计划编制技术［J］．矿业工程研究，2010（04）：6-9.
[15] 徐少游，毕林，王李管．基于 DIMINE 软件的地下金属矿山生产计划编制系统［J］．金属矿山，2010（11）：51-55.
[16] 谭正华．三维可视化环境下采矿设计与生产规划关键技术研究［D］．长沙：中南大学．2010.
[17] 易丽平，王李管，肖英才．基于 DIMINE 软件的露天采剥计划编制技术研究［J］．中国钼业，2010（06）：12-15.
[18] 李英龙，童光煦．矿山生产计划编制方法的发展概况［J］．金属矿山，1994（12）：11-16.
[19] 陈放，李玉．矿山采矿手册［M］．北京：冶金工业出版社，2006.
[20] 荆永滨．地下矿山生产计划三维可视化编制技术研究［D］．长沙：中南大学，2007.
[21] 曾庆田，李德，汪德文，等．地下矿生产计划三维编制技术及动态管理［J］．矿业研究与开发，2011（04）：62-65.

图 2-5　品位估值模型

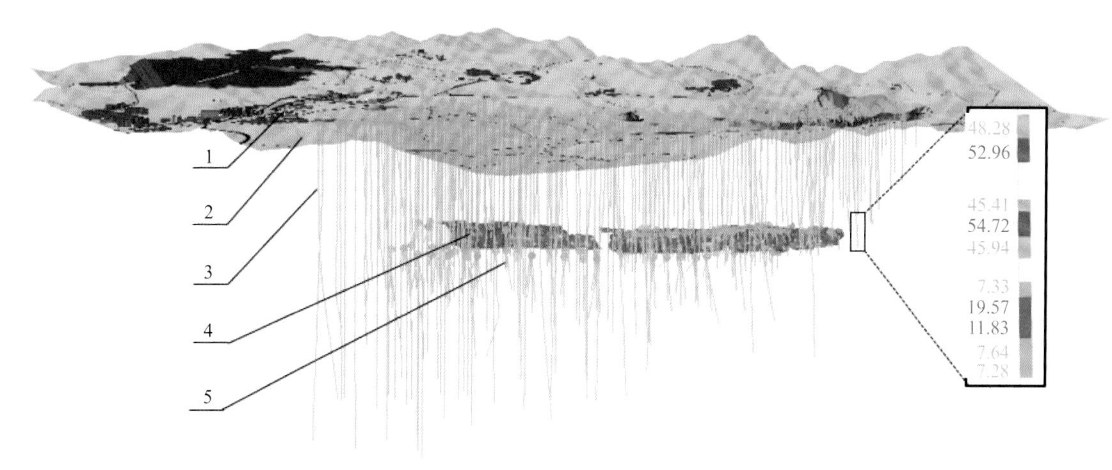


1—矿山构筑物；2—矿山地表；3—勘探钻孔；4—矿体模型；5—生产钻孔

图 3-2　钻孔数据库显示

图 3-9　等高线赋高程

图 3-10　矿区 DTM 效果图

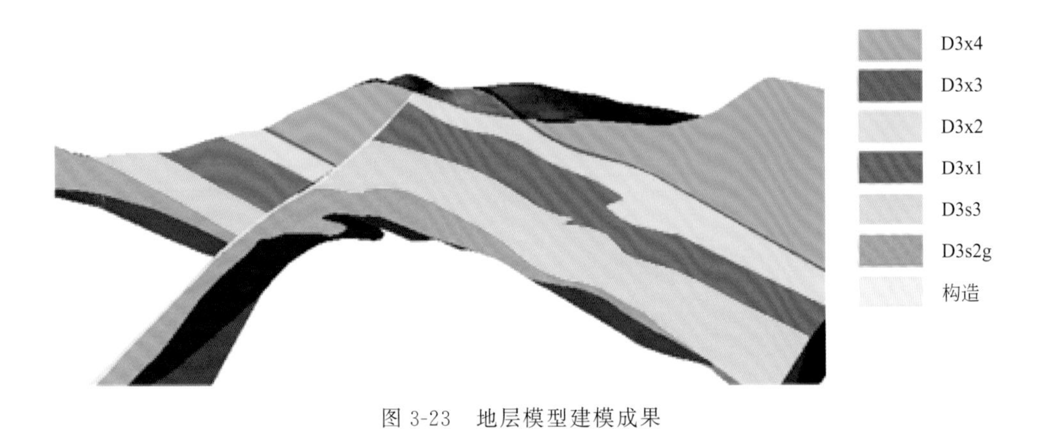


图 3-23　地层模型建模成果

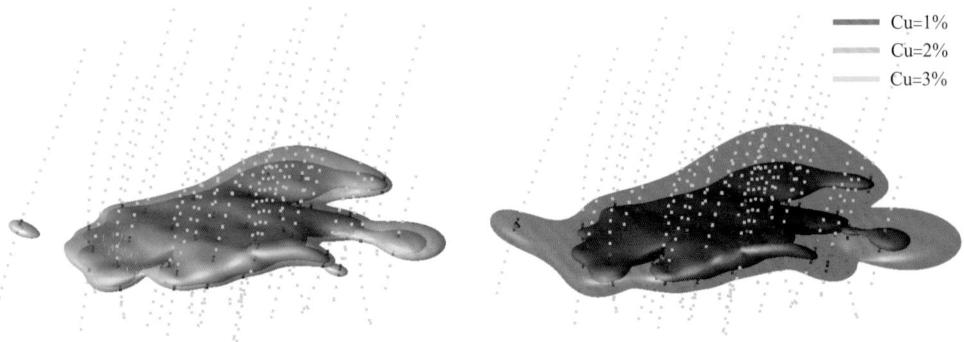

Cu=1%
Cu=2%
Cu=3%

图 3-38　矿体模型动态品位壳

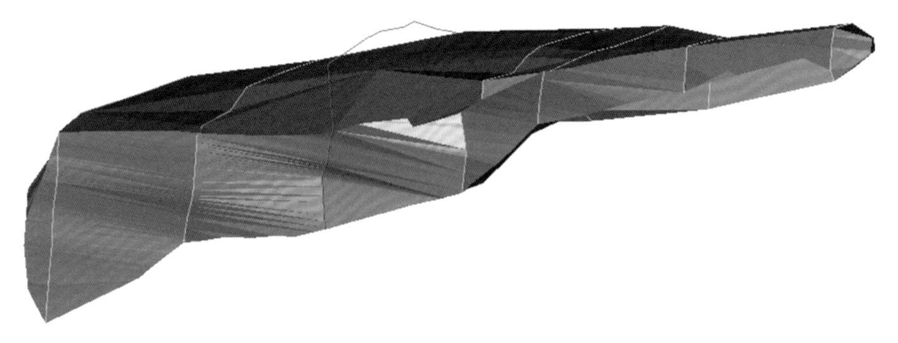

图 3-45　矿体轮廓线有变动

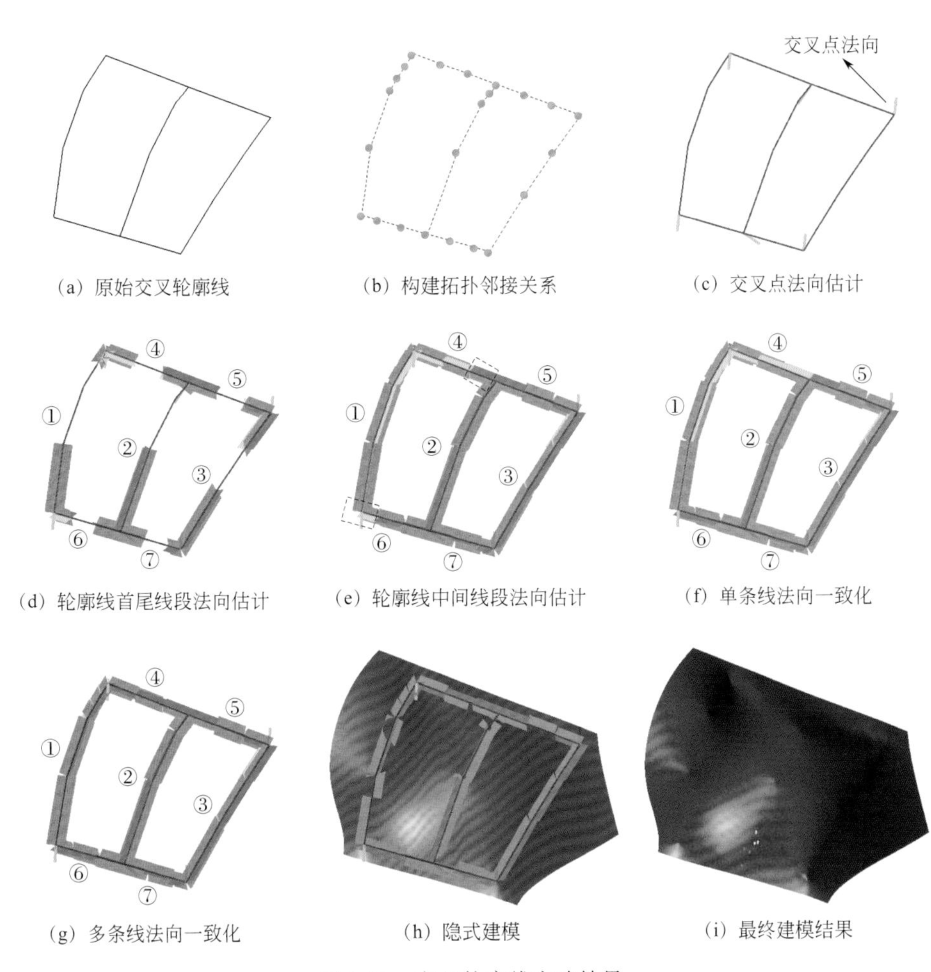


(a) 原始交叉轮廓线　(b) 构建拓扑邻接关系　(c) 交叉点法向估计

(d) 轮廓线首尾线段法向估计　(e) 轮廓线中间线段法向估计　(f) 单条线法向一致化

(g) 多条线法向一致化　(h) 隐式建模　(i) 最终建模结果

图 3-73　交叉轮廓线实验结果

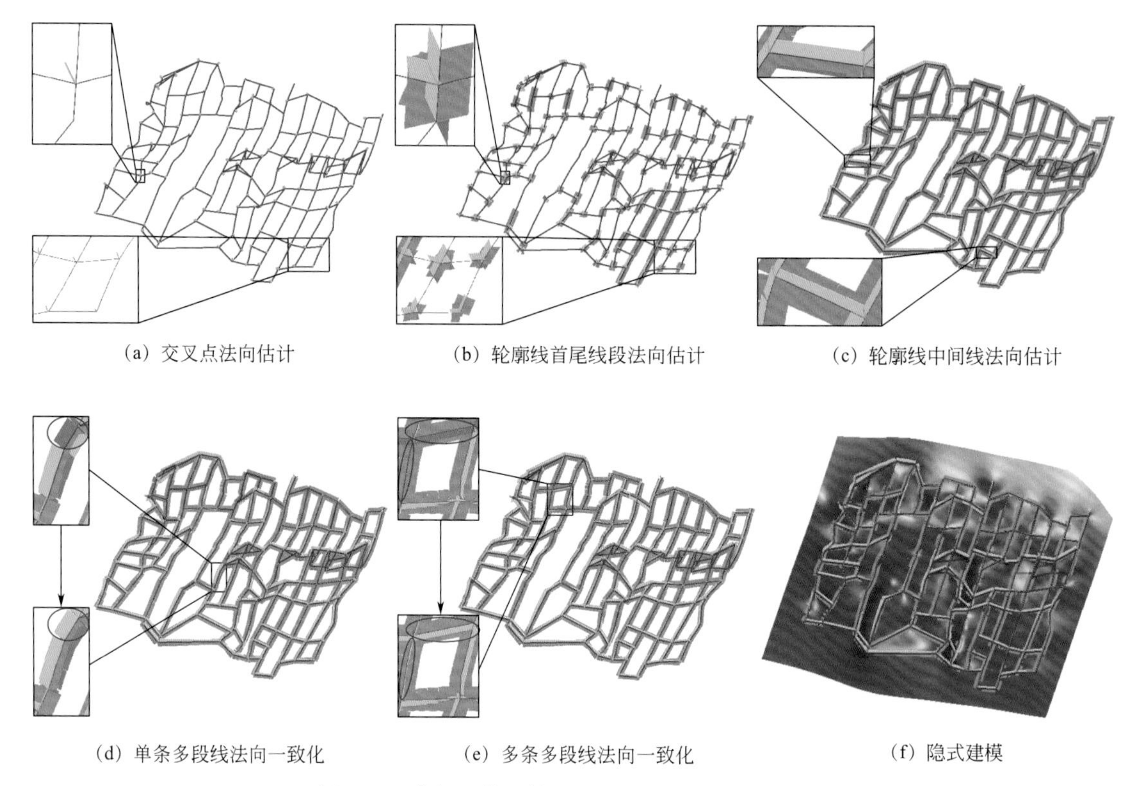

(a) 交叉点法向估计　(b) 轮廓线首尾线段法向估计　(c) 轮廓线中间线法向估计

(d) 单条多段线法向一致化　(e) 多条多段线法向一致化　(f) 隐式建模

图 3-74　某锡矿薄矿体基于交叉剖面数据隐式建模

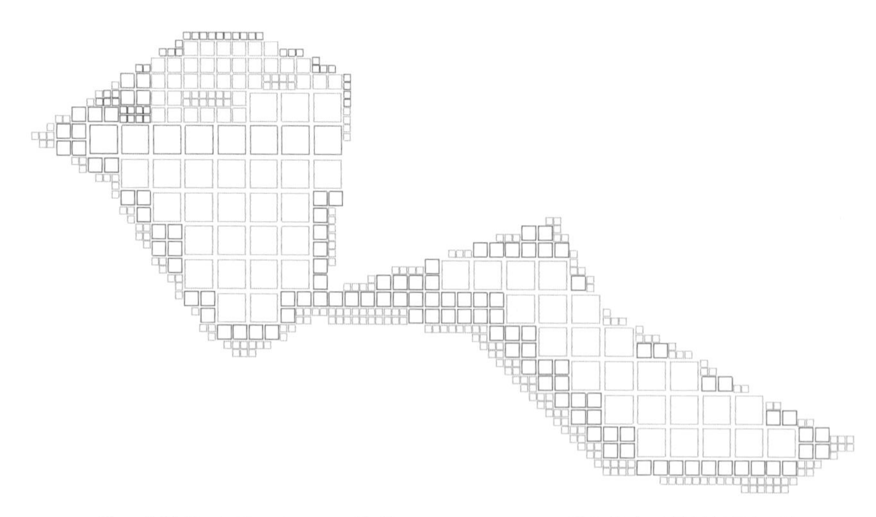

注：内部 20m×20m×10m，边界 10m×10m×5m，颜色代表不同的品位级别

图 4-10　某中段平面矿块尺寸图

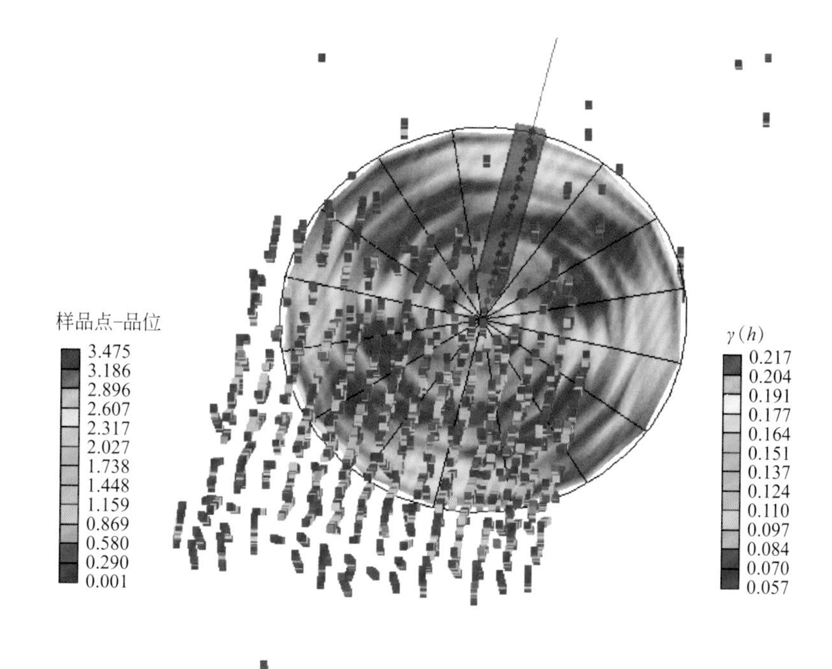


图 4-21　样品搜索示意图

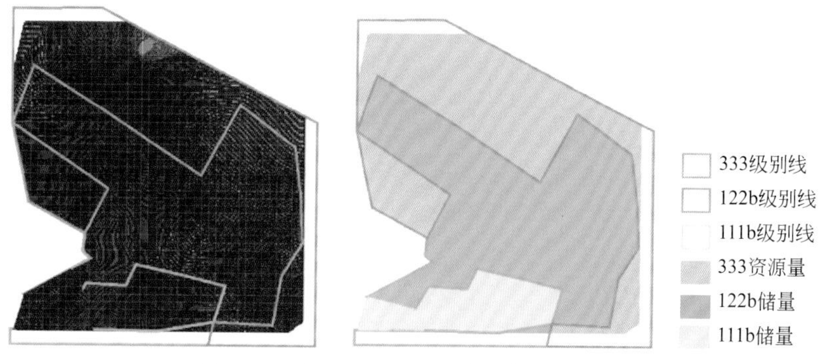


图 4-26　某矿区 Ph21 磷矿层资源分类图

图 4-33　矿块模型约束配色

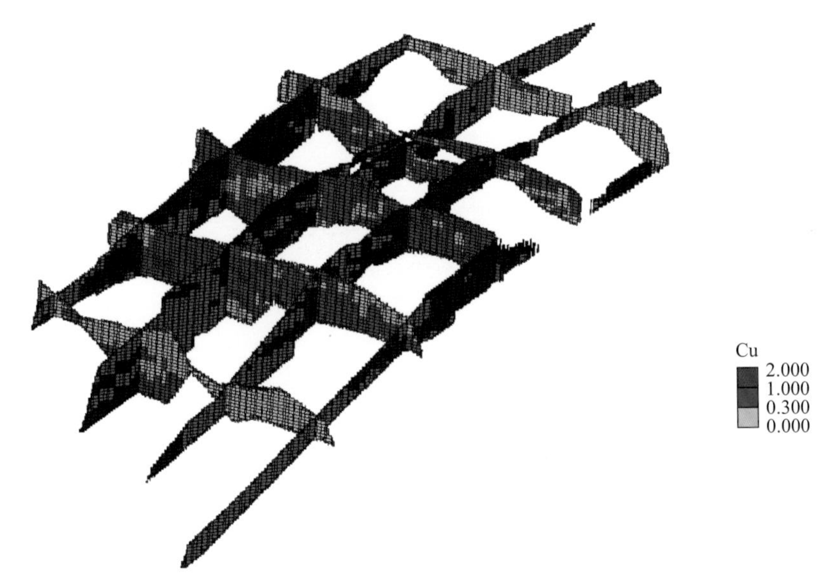


图 4-34　矿块模型品位分布图

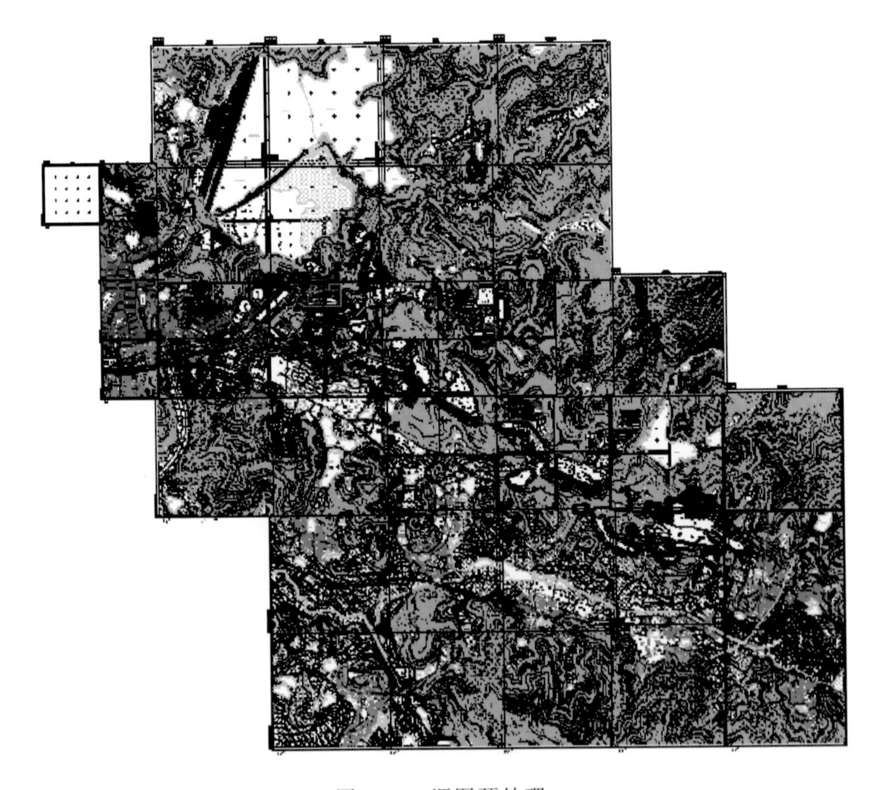

图 5-23　源图预处理

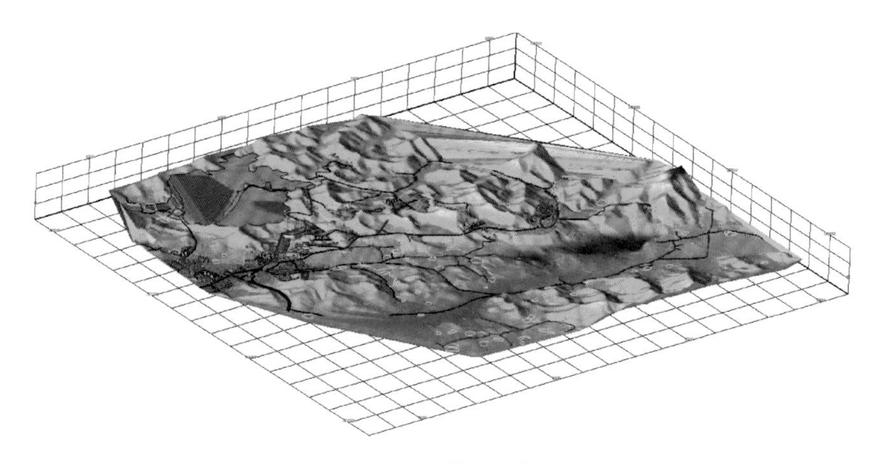

图 5-33　地表模型整体展示

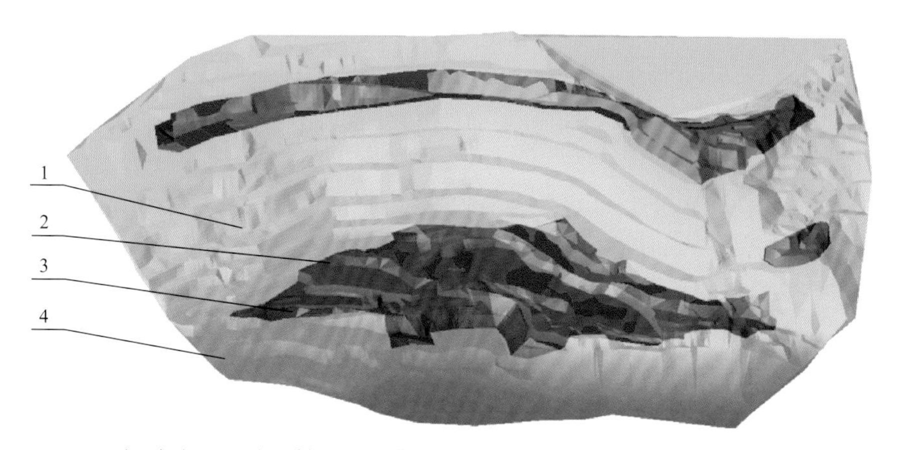


1—露天台阶；2—露天采场挖方量模型；3—露天采场填方量模型；4—露天坑现状

图 5-40　露天采矿场填挖模型

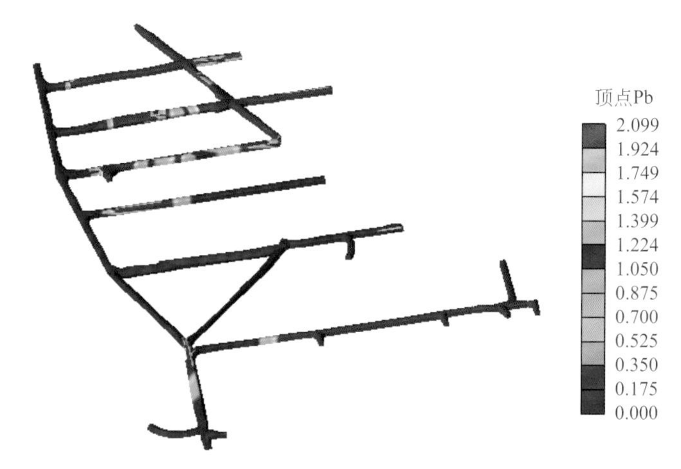


图 6-15　资源品位分布

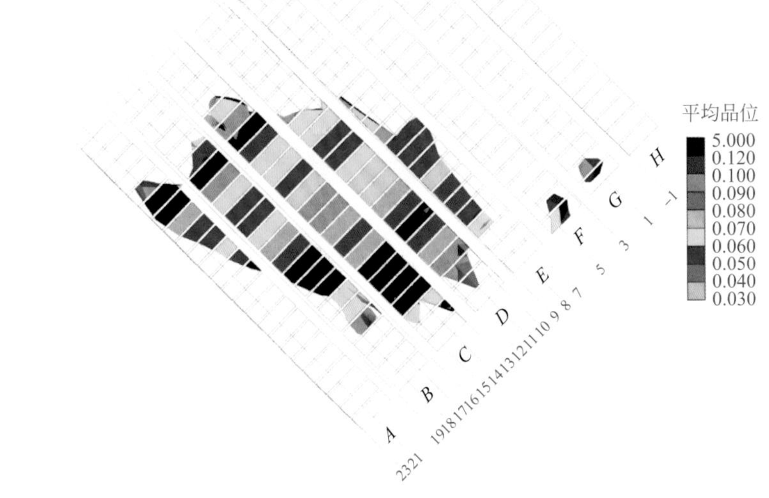


图 7-37　－400m 中段盘区按平均品位显示图

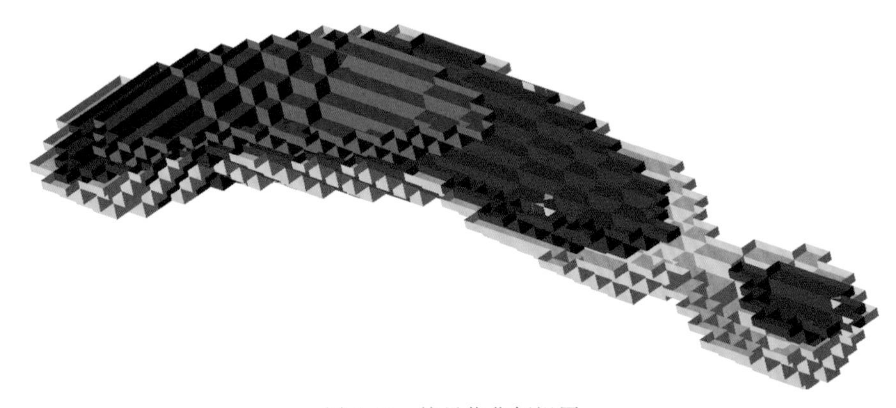

图 8-15　境界优化侧视图

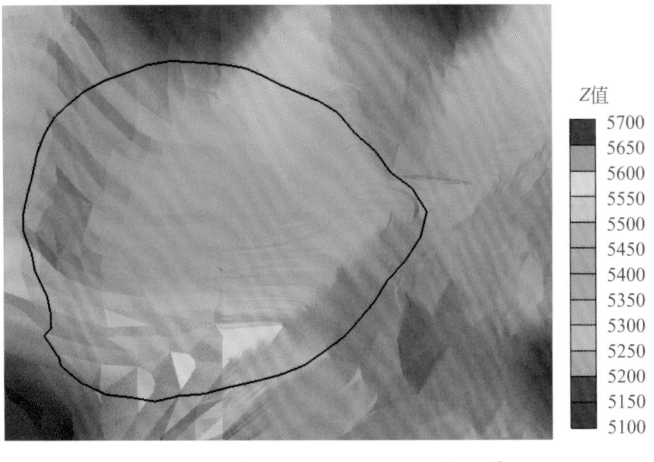


图 8-20　某山坡露天矿边坡开挖界线

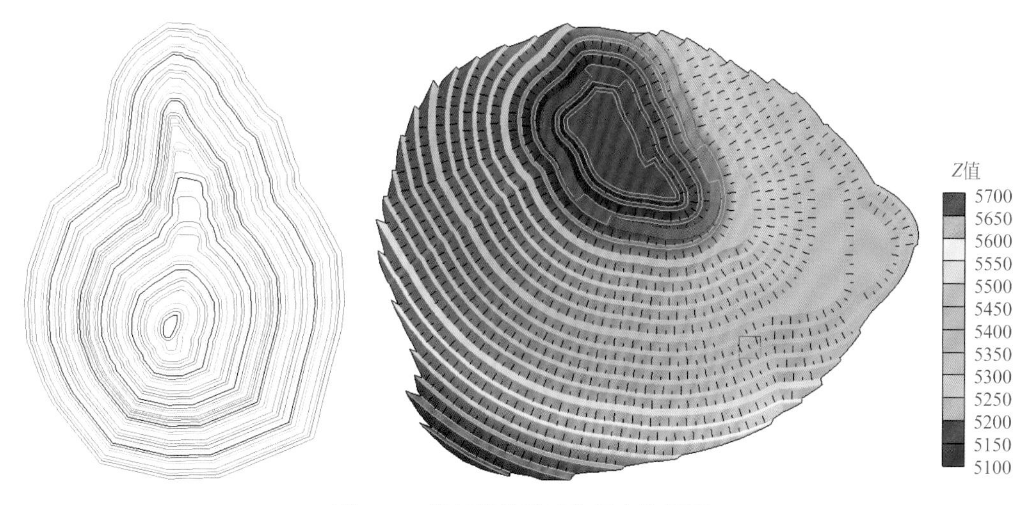


图 8-22 类似凹陷露天坑闭合境界圈

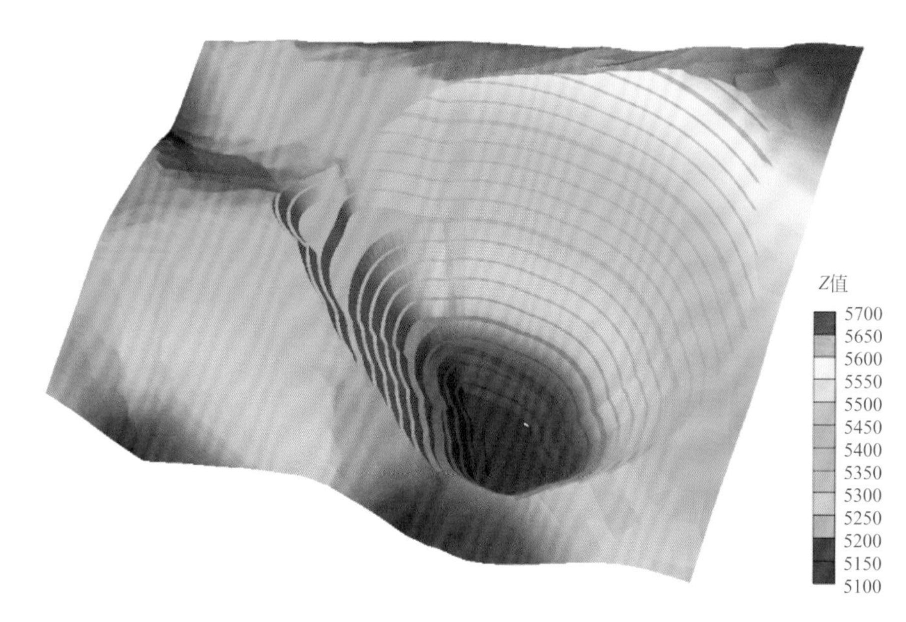


图 8-23 两个 DTM 面相交模型图

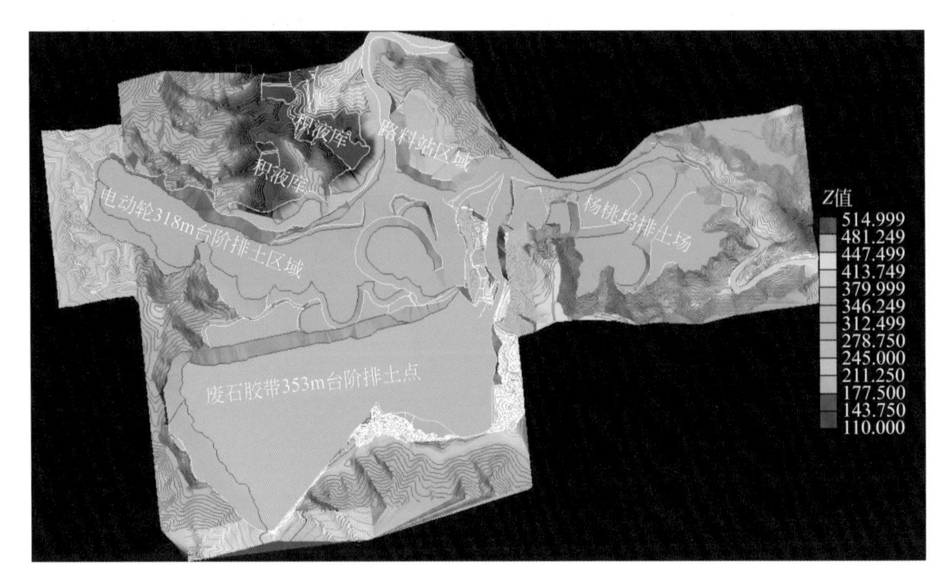


图 8-34　2019 年 6 月祝家及杨桃坞排土场现状图

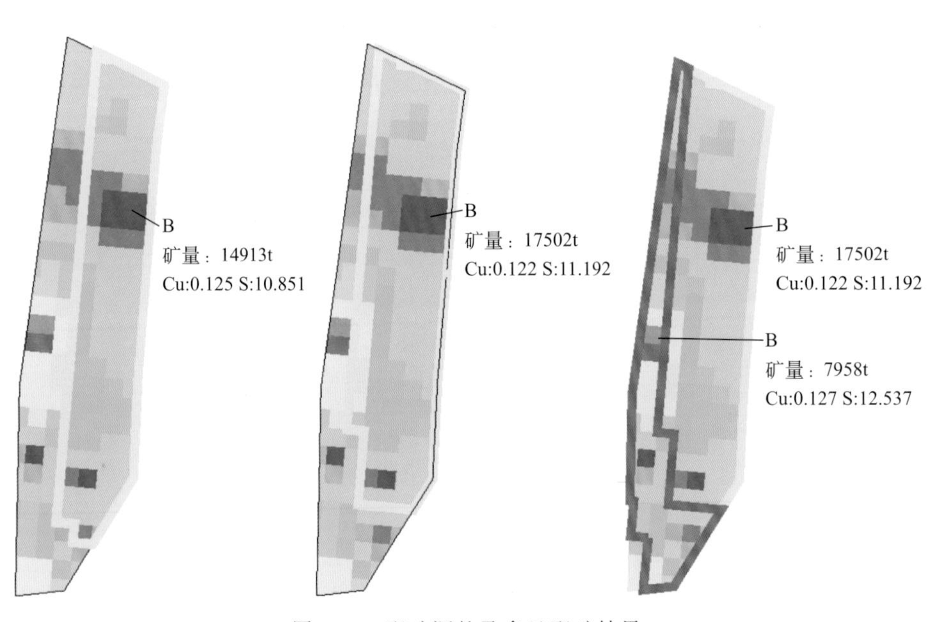


图 8-95　配矿调整及多日配矿结果